Photo N. Hüttenbach, Zürich

Heinz Hopf

SELECTA HEINZ HOPF

Photo N. Hüttenbach, Zürich

Heinz Hopf

SELECTA
HEINZ HOPF

Herausgegeben zu seinem 70. Geburtstag von der Eidgenössischen Technischen Hochschule Zürich

Springer-Verlag Berlin Heidelberg GmbH
1964

Ursprünglich erschienen bei Springer-Verlag Berlin · Göttingen · Heidelberg 1964
Softcover reprint of the hardcover 1st edition 1964

Library of Congreß Catalog Card Number 64-8516

ISBN 978-3-662-23079-4 ISBN 978-3-662-25046-4 (eBook)
DOI 10.1007/978-3-662-25046-4

Druck der Universitätsdruckerei H. Stürtz AG, Würzburg

Titel-Nr. 958

VORWORT

Am 19. November begeht Heinz Hopf seinen siebzigsten Geburtstag. Mit der Herausgabe dieser Selecta möchte die Eidgenössische Technische Hochschule, welcher er den größten Teil seiner akademischen Tätigkeit gewidmet hat, ihren Dank zum Ausdruck bringen für sein fruchtbares Wirken als Forscher und Lehrer; sie ist stolz darauf, in ihm einen der bedeutendsten Mathematiker unserer Zeit zu den Ihren zählen zu dürfen. Die Ehrung zu seinem Geburtstage könnte kaum in schönerer Weise geschehen als durch die Publikation einer Sammlung seiner eigenen Arbeiten, in denen sich sein ganzes Lebenswerk widerspiegelt; jede einzelne hat durch ihre Tiefe und Originalität über ihren Gegenstand hinaus die Entwicklung der Mathematik entscheidend beeinflußt. Ausstrahlend von geometrischer, topologischer und algebraischer Sicht hat das Gedankengut Heinz Hopfs in ganz erstaunlicher Weise den meisten Teilen mathematischer Forschung der letzten Jahrzehnte das Gepräge gegeben. Wem es vergönnt war, als Schüler oder Kollege mit Heinz Hopf in näheren Kontakt zu treten, dem wird der starke Einfluß seiner Persönlichkeit in menschlicher und mathematischer Beziehung stets unvergeßlich sein; darüber hinaus aber hat eine unabsehbare Zahl von Mathematikern aus seinem Schaffen direkt und indirekt Anregung geschöpft und an seine Ideen angeknüpft und wird es auch weiterhin tun. Die Herausgeber sind davon überzeugt, daß die mathematische Welt den vorliegenden Rückblick auf das überragende wissenschaftliche Werk Heinz Hopfs mit großer Freude begrüßen wird.

Die Auswahl der aufzunehmenden Arbeiten war nicht leicht; sie mußte dem Wunsche Rechnung tragen, daß das Buch möglichst vielen zugänglich, also nicht zu umfangreich sein sollte. Dies brachte es mit sich, daß auf manches Schöne und Wichtige verzichtet werden mußte. Herr Hopf half in freundlicher Weise bei der Wahl durch Rat und Wunsch mit und eliminierte manches, was er in unerbittlicher Objektivität für entbehrlich hielt. Einige Arbeiten sind gekürzt wiedergegeben, und an vielen Stellen fügte er kurze Zusätze oder Kommentare hinzu, in denen die weitere Entwicklung des Gegenstandes angedeutet ist; im übrigen wurde der Text der ausgewählten Arbeiten unverändert übernommen, abgesehen von der Korrektur einiger Druckfehler. Alle Zusätze, Fußnoten oder Bemerkungen, die bei der Herausgabe dieser Selecta neu hinzukamen, sind in eckige Klammern gesetzt und wenn nötig durch einen besonderen Hinweis gekennzeichnet.

Die Herausgabe dieses Festbandes wäre nicht möglich gewesen ohne die Hilfe des Präsidiums des Schweizerischen Schulrates und des Zentenarfonds der Eidgenössischen Technischen Hochschule; es sei ihnen hier für ihre großzügige Unterstützung der aufrichtigste Dank ausgesprochen. Dem Springer-Verlag sei für sein großes Entgegenkommen und für die vorzügliche Betreuung dieses Buches herzlich gedankt, ebenso Herrn Dr. G. Karrer für alle vorbereitenden Arbeiten und für die sorgfältige Durchsicht der Korrekturen.

Im Namen der Herausgeber

Zürich, im Oktober 1964

B. Eckmann

INHALTSVERZEICHNIS

Die dem ursprünglichen Text zugefügten Nachträge 1964 stehen in eckigen Klammern [ ]

Abbildung geschlossener Mannigfaltigkeiten auf Kugeln in n Dimensionen

Jahresbericht der Deutschen Mathematiker-Vereinigung
34 (1925).

(Bericht über die Jahresversammlung in Danzig, 11.—17. September 1925)

Die Gegenstände dieses Vortrages schließen sich an BROUWERS Untersuchungen der Abbildung von Mannigfaltigkeiten[1]) an. Bei diesen handelt es sich um eindeutige und stetige Abbildungen einer n-dimensionalen geschlossenen, orientierten Mannigfaltigkeit M^n auf eine andere n-dimensionale Mannigfaltigkeit $\overline{M}^n$. Im folgenden steht der Spezialfall im Vordergrund, daß $\overline{M}^n$ eine Kugel S^n ist. Diese Spezialisierung gestattet, gewisse Sätze auszusprechen, die im allgemeinen Fall nicht gelten, und ist wichtig für Anwendungen, in denen S^n die „Richtungskugel" des $(n+1)$-dimensionalen euklidischen Raumes ist.

G und G' seien zwei mit euklidischen Koordinatensystemen versehene n-dimensionale Gebiete, f_1, f_2 zwei eindeutige stetige Abbildungen von G auf Punktmengen von G'; der Punkt A von G sei ein „*isolierter Übereinstimmungspunkt*" von f_1 und f_2, d.h. die in seiner Umgebung einzige Lösung der Gleichung $f_1(P) = f_2(P)$. Als zugehöriger „*Übereinstimmungsindex*" wird der Grad derjenigen Abbildung einer A umgebenden $(n-1)$ dimensionalen Kugel k auf die Richtungskugel von G' bezeichnet, die durch die zu den Punkten P von k gehörigen, von $f_1(P)$ nach $f_2(P)$ weisenden Vektoren vermittelt wird. Unter Zugrundelegung dieser Verallgemeinerung der Begriffe des „Fixpunktes" und seines „Index" wird durch Modifikation der von BROUWER beim Beweis seines Fixpunktsatzes für die n-dimensionalen Kugeln angestellten Betrachtungen[1]) folgende Verallgemeinerung dieses Satzes bewiesen:

(1) Wird die zweiseitige, geschlossene, n-dimensionale Mannigfaltigkeit M^n zwei Abbildungen f_1, f_2 von den Graden γ_1, γ_2 auf die n-dimensionale Kugel S^n unterworfen, so ist, vorausgesetzt, daß f_1 und f_2 höchstens endlich viele Übereinstimmungspunkte besitzen, die Summe der zugehörigen Indizes gleich $(-1)^n\gamma_1 + \gamma_2$.

Dieser Satz spielt eine wesentliche Rolle bei den im folgenden skizzierten Untersuchungen.

[1]) BROUWER, Über Abbildung von Mannigfaltigkeiten, Math. Ann. 71 (1911).

Die erste von diesen beschäftigt sich mit der Frage, wann zwei Abbildungen einer M^n auf eine andere $\overline{M}^n$ zur selben „Klasse" gehören, d.h. wann sie sich durch stetige Abänderung ineinander überführen lassen. Notwendig hierfür ist[1]) die Gleichheit der beiden Gradzahlen, und diese ist, wie BROUWER gezeigt hat[2]), auch hinreichend, falls $n=2$ und $\overline{M}^n$ die Kugel ist. Dieses Brouwersche Resultat wird, ohne daß es benutzt wird, durch Schluß von $n-1$ auf n Dimensionen und unter Verwendung von (1) zu folgendem Satz verallgemeinert:

(2) Haben zwei Abbildungen von M^n auf die Kugel S^n gleichen Grad, so gehören sie zu derselben Klasse.

Ein Spezialfall von (2) enthält die

(3) Lösbarkeit der *„Randwertaufgabe"*: auf dem Rande U^{n-1} des dem n-dimensionalen euklidischen Raum angehörigen Elements E^n ist eine stetige n-dimensionale Vektorverteilung V gegeben, die eine Abbildung des Grades 0 von U^{n-1} auf die Richtungskugel vermittelt; man soll V zu einer in ganz E^n stetigen Vektorverteilung ergänzen. *)

(3) findet eine Anwendung bei der Behandlung der nächsten Problemstellung.

Bei dieser handelt es sich um die Ausdehnung des Satzes von POINCARÉ, daß die Summe der Indizes der Singularitäten eines an eine geschlossene Fläche tangentialen, in höchstens endlich vielen Punkten unstetigen Vektorfeldes eine topologische Invariante der Fläche ist[3]), auf beliebige M^n. Für die Kugeln S^n ist der entsprechende Satz von BROUWER bewiesen[1]), für alle M^n wird er von HADAMARD[4]) ohne nähere Beweisangabe ausgesprochen. Unter der Annahme, daß M^n derart mit Koordinaten versehen ist, daß man von „Vektoren in M^n" — die, falls M^n in einen Raum höherer Dimensionenzahl regulär eingebettet ist, Tangentialvektoren sind — reden kann, wird unter Benutzung von (1) gezeigt:

(4) Die Summe der Indizes der Singularitäten jedes in M^n überall bis auf höchstens endlich viele Ausnahmepunkte stetigen Vektorfeldes ist gleich der Eulerschen Charakteristik von M^n. *)

---

*) [Alle „Vektoren" sollen $\neq 0$ sein; Nullstellen eines Vektorfeldes im üblichen Sinne gelten also als „Singularitäten" oder „Ausnahmepunkte".]

[2]) BROUWER, Over één-éénduidige continue transformaties ..., Amst. Akad. Versl. 21 (1913).

[3]) POINCARÉ, Sur les courbes définies par les équations différentielles, 3. partie, chap. 13, Journ. de Math. (4) I (1885).

[4]) HADAMARD, Note sur quelques applications de l'indice de Kronecker, abgedruckt in TANNERY, Introduction à la théorie des fonctions II, 2. éd. (1910).

Beim Beweis wird ein Schluß von $n-1$ auf n Dimensionen gemacht; dabei ist das $(n-1)$-dimensionale Gebilde, auf das man im Verlauf der Untersuchung von M^n zurückzugehen hat, aber keine „Mannigfaltigkeit" mehr, sondern ein „Komplex". Dieser Umstand macht, da man in Komplexen nicht von Stetigkeit einer Vektorverteilung im gewöhnlichen Sinne reden kann, die Einführung eines neuen Begriffs notwendig, des Begriffs des „*komplexstetigen* Vektorfeldes". — Satz (4) läßt sich so wenden, daß in ihm, ohne daß über Koordinatensysteme in M^n eine Annahme gemacht wird, der *Fixpunktsatz* enthalten ist:

(5) Jede „hinreichend kleine" Transformation einer M^n mit von 0 verschiedener Eulerscher Charakteristik in sich besitzt mindestens einen Fixpunkt.

Auf Grund der Lösbarkeit der Randwertaufgabe (3) läßt sich (5) umkehren in:

(6) Jede M^n, deren Charakteristik 0 ist, also insbesondere jede geschlossene unberandete Mannigfaltigkeit ungerader Dimensionenzahl, gestattet „beliebig kleine" fixpunktfreie Transformationen in sich.

Ein analoger Satz gilt über die Anbringung von singularitätenfreien Vektorfeldern. — Die Sätze (4), (5), (6) behalten im wesentlichen ihre Gültigkeit auch wenn M^n eine *berandete* Mannigfaltigkeit ist; so hat man bei Satz (4) nur zu beachten, daß die Randvektoren ins Innere von M^n gerichtet sein müssen, und ferner ist dann bei ungeradem n die Indexsumme entgegengesetzt gleich der Charakteristik.

Aus dem so modifizierten Satz (4) folgt nun leicht folgende Tatsache: Die Jordansche Hyperfläche M^n begrenze im $(n+1)$-dimensionalen euklidischen Raum R^{n+1} eine M^{n+1}; in M^{n+1} sei eine Vektorverteilung V gegeben, die auf M^n keine, in M^{n+1} höchstens endlich viele Unstetigkeitsstellen besitzt und auf M^n überall ins Äußere von M^{n+1} gerichtet ist. Dann ist die Charakteristik von M^{n+1} gleich der Summe der Indizes der Singularitäten von V, und diese Summe ist gleich dem Grade der durch V vermittelten Abbildung von M^n auf die Richtungskugel. Dieser Abbildungsgrad aber ist bei Zugrundelegung der Gaußschen Definition des Krümmungsmaßes vermittels der Normalenabbildung bis auf einen konstanten Faktor, der gleich der Oberfläche der n-dimensionalen Einheitskugel ist und den wir vernachlässigen wollen, die „*Curvatura integra*" von M^n. Es gilt also der Satz:

(7) Die Curvatura integra einer n-dimensionalen Jordanschen Hyperfläche im R^{n+1}, die eine M^{n+1} begrenzt, ist gleich der Charakteristik von M^{n+1}.

Nun entspricht es aber nicht dem Wesen der Curvatura integra, wenn man sich bei ihrer Untersuchung auf *Jordansche* Hyperflächen beschränkt, vielmehr sind alle die geschlossenen Hyperflächen zu betrachten, auf denen man in üblicher Weise Differentialgeometrie treiben kann. Wir definieren daher: eine Punktmenge m des R^{n+1} heißt ein „*Modell*" von M^n, wenn M^n eindeutig und stetig so auf m bezogen ist, daß diese Abbildung in der Umgebung jedes Punktes eineindeutig ist. Wir betrachten nun Modelle m von M^n, die Hyperflächen sind, d.h. bei denen es zu jedem Punkt P von M^n einen sich mit P stetig ändernden ebenen Tangentialraum an m gibt, und fragen, ob der für $n=2$ gültige Satz, daß die Curvatura integra aller Modelle von M^n eine topologische Invariante von M^n ist[5]), auch für höhere n gilt. Mit Hilfe von (7) beweist man leicht:

(8) Für *ungerades n* ist die Curvatura integra der Modelle von M^n *keine* Invariante von M^n, für ungerades $n \geqq 3$ nicht einmal bei Beschränkung auf Jordansche Modelle.

Dagegen zeigt man unter wesentlicher Benutzung von (1):

(9) Ist *n gerade*, so ist die Curvatura integra der Modelle von M^n eine Invariante von M^n,

und mit Hilfe von (4) folgt:

(9a) Diese Invariante ist die halbe Charakteristik von M^n.

Aus (9a) läßt sich nun noch eine Folgerung ziehen: Da die Curvatura integra als Abbildungsgrad eine ganze Zahl ist, muß jede zweiseitige M^n, die eine Hyperfläche im R^{n+1} als Modell besitzt, eine *gerade* Charakteristik haben. Auf Grund dieser Tatsache wird bewiesen:

(10) Es gibt M^n, die keine Hyperfläche im R^{n+1} als Modell besitzen, auch nicht unter Zulassung von Selbstdurchdringungen; ein Beispiel einer solchen M^n ist die komplexe projektive Ebene.

Diese 4-dimensionale Mannigfaltigkeit ist geschlossen, einfach zusammenhängend, also zweiseitig, und hat die Charakteristik $+3$, was man am einfachsten mit Hilfe von Satz (4) erkennt. —

Ausführliche Darstellung erscheint in den Math. Ann. in 3 Abhandlungen: „Über die Curvatura integra geschlossener Hyperflächen" ((1), (8), (9), (10)); „Abbildungsklassen n-dimensionaler Mannigfaltigkeiten" ((2), (3)); „Vektorfelder in n-dimensionalen Mannigfaltigkeiten" ((4), (5), (6), (7), (9a)).

[5]) Siehe z. B. BLASCHKE, Vorles. über Diff.-Geom. I (1921), § 64.

Eine Verallgemeinerung der Euler-Poincaréschen Formel

Nachrichten der Gesellschaft der Wissenschaften zu Göttingen,
Mathematisch-Physikalische Klasse 1928

Zwischen den Bettischen Zahlen p^i und den Anzahlen a^i der i-dimensionalen Simplexe eines aus Simplexen aufgebauten n-dimensionalen Komplexes besteht die als „Euler-Poincarésche Formel" bekannte Gleichung

$$\sum_{i=0}^{n} (-1)^i p^i = \sum_{i=0}^{n} (-1)^i a^i. \tag{1}$$

Aus einer Verallgemeinerung von (1) entspringt, wie ich gezeigt habe[1]), die Formel für die algebraische Anzahl der Fixpunkte einer beliebigen eindeutigen Abbildung eines beliebigen Komplexes auf sich, die von einer anderen Seite her für einen Bereich von Abbildungen, der sich mit dem eben genannten teilweise deckt, zuerst von LEFSCHETZ gefunden wurde[2]). Meinen ursprünglichen Beweis[3]) dieser Verallgemeinerung der Euler-Poincaréschen Formel konnte ich im Verlauf einer im Sommer 1928 in Göttingen von mir gehaltenen Vorlesung durch Heranziehung gruppentheoretischer Begriffe unter dem Einfluß von Fräulein E. NOETHER wesentlich durchsichtiger und einfacher gestalten. Der so abgeänderte Beweis wird im folgenden mitgeteilt. *)

Im § 1 werden gruppentheoretische, im § 2 kombinatorisch-topologische Tatsachen zusammengestellt, im § 3 wird der Beweis geführt.

§ 1

Wir stellen zunächst die notwendigen Sätze zusammen und sprechen dann von den Beweisen.

---

*) [Die obige Note ist wohl die erste Publikation gewesen, in der die heute geläufige, von EMMY NOETHER stammende gruppentheoretische Auffassung der Homologietheorie zur Geltung kommt.]

[1]) a) A new proof of the Lefschetz formula on invariant points, Proc. Nat. Acad. of Sciences U. S. A. 14, Nr. 2 (1928). b) Über die algebraische Anzahl von Fixpunkten, erscheint demnächst in der Mathematischen Zeitschrift.

[2]) Der Beweis von LEFSCHETZ gilt für eine alle eindeutigen stetigen Abbildungen umfassende Klasse *mehrdeutiger* Abbildungen beliebiger *Mannigfaltigkeiten*, also spezieller Komplexe, auf sich. — Literaturangaben in den unter [1]) genannten Arbeiten.

[3]) § 3 der unter [1]) genannten Arbeit b).

1. $\mathfrak{G}$ sei eine von endlich vielen ihrer Elemente erzeugte Abelsche Gruppe; die gruppenbildende Operation wird mit $+$ bezeichnet. Dann ist $\mathfrak{G}$ direkte Summe von endlich vielen zyklischen Gruppen. Die Anzahl der dabei auftretenden unendlichen Zyklen ist die Höchstzahl der von einander linear unabhängigen Elemente in $\mathfrak{G}$ und heißt der Rang von $\mathfrak{G}$. Treten keine endlichen Zyklen auf, so heißt $\mathfrak{G}$ eine freie Gruppe; $\mathfrak{G}$ ist demnach frei, wenn sie kein Element endlicher Ordnung enthält.

2. Jede Untergruppe von $\mathfrak{G}$ ist ebenfalls eine von endlich vielen ihrer Elemente erzeugte Abelsche Gruppe.

3. $\mathfrak{G}$ zerfällt modulo jeder Untergruppe $\mathfrak{U}$ in Restklassen, die selbst wieder eine Abelsche, von endlich vielen ihrer Elemente erzeugte Gruppe bilden; diese Restklassengruppe bezeichnen wir mit $\mathfrak{G}/\mathfrak{U}$.

4. Unter einem Homomorphismus der Gruppe $\mathfrak{G}$ in die Gruppe $\mathfrak{H}$ verstehen wir eine eindeutige Abbildung f von $\mathfrak{G}$ auf einen echten oder unechten Teil von $\mathfrak{H}$, bei der stets $f(x+y)=f(x)+f(y)$ ist. Sind dabei alle Elemente von $\mathfrak{H}$ Bilder und ist die Abbildung eindeutig umkehrbar, so heißt f ein Isomorphismus zwischen $\mathfrak{G}$ und $\mathfrak{H}$. Ist f ein Homomorphismus, $\mathfrak{U}$ Untergruppe von $\mathfrak{G}$, $\mathfrak{V}$ Untergruppe von $\mathfrak{H}$, und $f(\mathfrak{U})\subset\mathfrak{V}$, so ist das Bild jeder Restklasse von $\mathfrak{G}$ modulo $\mathfrak{U}$ in einer Restklasse von $\mathfrak{H}$ modulo $\mathfrak{V}$ enthalten, und diese Abbildung von $\mathfrak{G}/\mathfrak{U}$ auf $\mathfrak{H}/\mathfrak{V}$ oder einen Teil von $\mathfrak{H}/\mathfrak{V}$ ist selbst ein Homomorphismus. Die Elemente x, für die $f(x)=0$ ist, bilden eine Untergruppe $\mathfrak{U}$ von $\mathfrak{G}$; der nach dem eben Gesagten bestehende Homomorphismus von $\mathfrak{G}/\mathfrak{U}$ in $\mathfrak{H}=\mathfrak{H}/0$ ist ein Isomorphismus zwischen $\mathfrak{G}/\mathfrak{U}$ und der Untergruppe der Bildelemente in $\mathfrak{H}$.

5. $\mathfrak{G}$ sei die freie Gruppe vom Rang n und einem Homomorphismus f in sich unterworfen. Dann gibt es eine, als „Spur" von f bezeichnete, Zahl S mit folgender Eigenschaft: sind $x_1, x_2, \ldots, x_n$ irgendwelche freie Erzeugende von $\mathfrak{G}$, d.h. die Erzeugenden von n unendlichen Zyklen, als deren direkte Summe sich $\mathfrak{G}$ darstellen läßt, und ist $f(x_i)=\sum_{j=1}^{n} a_{ij}\,x_j$, so ist $S=\sum_{i=1}^{n} a_{ii}$.

6. $\mathfrak{G}$, n, f, S haben dieselben Bedeutungen wie eben; es sei ferner $\mathfrak{U}$ eine Untergruppe von $\mathfrak{G}$, die ebenfalls den Rang n habe und ebenfalls durch f in sich transformiert werde: $f(\mathfrak{U})\subset\mathfrak{U}$. Da $\mathfrak{U}$ als Untergruppe der freien Gruppe $\mathfrak{G}$, die kein Element endlicher Ordnung enthält, selbst kein Element endlicher Ordnung enthält, ist sie nach 1. frei. Es existiert also nach 5. die Spur S' des Homomorphismus f von $\mathfrak{U}$ in sich. Dann ist $S'=S$.

7. $\mathfrak{G}$, n, f, S haben wieder dieselben Bedeutungen. $\mathfrak{V}$ sei eine Untergruppe beliebigen Ranges von $\mathfrak{G}$, deren Restklassengruppe $\mathfrak{G}/\mathfrak{V}$, die nach 3. ein Abelsche Gruppe mit endlich vielen Erzeugenden ist, auch

frei sei, und $\mathfrak{V}$ werde durch f in sich transformiert. Dann erleidet nach 4. $\mathfrak{G}/\mathfrak{V}$ einen Homomorphismus in sich, der nach 5. eine Spur $S\,\mathfrak{G}/\mathfrak{V}$ besitzt. Außerdem besitzt der Homomorphismus von $\mathfrak{V}$ in sich eine Spur $S\,\mathfrak{V}$, (da $\mathfrak{V}$ ebenso wie $\mathfrak{U}$ in 6. frei ist, es treten also drei Spuren auf: $S\mathfrak{G}=S$, $S\,\mathfrak{V}$, $S\,\mathfrak{G}/\mathfrak{V}$. Für sie gilt: $S\mathfrak{G}=S\,\mathfrak{V}+S\,\mathfrak{G}/\mathfrak{V}$.

Die Beweise von 1., 2., 3., 4., 5. dürfen als bekannt vorausgesetzt werden.

Beweis von 6.: $x_1, x_2, \ldots, x_n$ seien freie Erzeugende von $\mathfrak{G}$, $y_1, y_2, \ldots, y_n$ freie Erzeugende von $\mathfrak{U}$. Die y_i sind wegen $\mathfrak{U}\subset\mathfrak{G}$ lineare Verbindungen der x_i: $y=U(x)$ mit einer quadratischen Matrix U, die den Rang n hat, da andernfalls der Rang der von den y_i erzeugten Gruppe $\mathfrak{U}$ kleiner als n wäre. Die x_i bzw. die y_i erleiden durch f lineare Substitutionen mit Matrizen A bzw. B:

$$f(x)=A(x), \qquad f(y)=B(y).$$

Es ist also einerseits

$$f(y)=B(y)=B\,U(x),$$

andererseits, da f ein Homomorphismus ist,

$$f\big(U(x)\big)=U\big(f(x)\big),$$

also

$$f(y)=f\big(U(x)\big)=U\big(f(x)\big)=UA(x),$$

mithin

$$BU(x)=UA(x).$$

Da aber die x_i als freie Erzeugende von $\mathfrak{G}$ voneinander unabhängig sind, ist diese Gleichung eine Identität, d.h. es ist im Sinne der Matrizenrechnung:

$$BU=UA.$$

Ist nun E die n-reihige Einheitsmatrix, λ ein Parameter, so ist

$$(B-\lambda E)\,U=BU-\lambda U=UA-\lambda U=U(A-\lambda E),$$

und für die Determinanten gilt mit Rücksicht auf $|U|\neq 0$

$$|B-\lambda E|=|A-\lambda E|.$$

Diese somit identischen Polynome in λ haben als Koeffizienten von $(-1)^{n-1}\lambda^{n-1}$ die Spuren S' bzw. S. Damit ist die Behauptung bewiesen.

Beweis von 7.: $y_1, y_2, \ldots, y_s$ seien freie Erzeugende von $\mathfrak{V}$; dann ist

$$f(y_i)=\sum_{j=1}^{s} a_{ij}\,y_j, \qquad \sum_{i=1}^{s} a_{ii}=S\,\mathfrak{V}. \tag{2}$$

$z_1, z_2, \ldots, z_t$ seien Elemente aus Restklassen modulo $\mathfrak{B}$, die ein System freier Erzeugender der Restklassengruppe $\mathfrak{G}/\mathfrak{B}$ bilden; dann ist

$$(3) \qquad f(z_i) \equiv \sum_{j=1}^{t} b_{ij} z_j \quad (\text{mod. } \mathfrak{B}), \qquad \sum_{i=1}^{t} b_{ii} = S\,\mathfrak{G}/\mathfrak{B}.$$

Die y_i und z_i bilden zusammen ein System freier Erzeugender von $\mathfrak{G}$. Denn ist x irgend ein Element von $\mathfrak{G}$, so ist die Restklasse, in der x ist, eine lineare Verbindung der Restklassen, in denen die z_i sind, es ist also

$$x \equiv \sum_{i=1}^{t} p_i z_i \quad (\text{mod. } \mathfrak{B}),$$

d.h. $x - \sum_{i=1}^{t} p_i z_i \subset \mathfrak{B}$,

$$(4) \qquad x = \sum_{i=1}^{s} q_i y_i + \sum_{i=1}^{t} p_i z_i.$$

Die y_i und z_i erzeugen also $\mathfrak{G}$; um zu sehen, daß sie freie Erzeugende sind, haben wir uns noch davon zu überzeugen, daß sich x nur auf eine Weise in der Form (4) darstellen läßt, oder, was dasselbe ist, daß in (4) aus $x=0$ stets das Verschwinden aller q_i und p_i folgt. $x=0$ bedeutet aber: $\sum_{i=1}^{t} p_i z_i \equiv 0$ (mod. $\mathfrak{B}$), also, da die z_i freie Erzeugende der Restklassengruppe repräsentieren, $p_i=0$; dann ist $\sum_{i=1}^{s} q_i y_i = 0$, also, da die y_i freie Erzeugende von $\mathfrak{B}$ sind, auch $q_i=0$.

Mithin sind die y_i und z_i freie Erzeugende von $\mathfrak{G}$. Die Substitution, die sie bei f erleiden und die die Spur $S\mathfrak{G}$ hat, ist gegeben durch (2) und das in Gleichungsform geschriebene System (3):

$$(3\,\text{a}) \qquad f(z_i) = \sum_{j=1}^{s} c_{ij} y_j + \sum_{j=1}^{t} b_{ij} z_j.$$

Die Matrix des aus (2) und (3 a) zusammengesetzten Systems hat aber die Spur

$$\sum_{i=1}^{s} a_{ii} + \sum_{i=1}^{t} b_{ii} = S\,\mathfrak{B} + S\,\mathfrak{G}/\mathfrak{B};$$

damit ist die Behauptung bewiesen.

Bemerkung: Ist eine der Gruppen $\mathfrak{G}/\mathfrak{B}$ und $\mathfrak{B}$ die Identität, so bleibt der Satz trivialerweise richtig, wenn man für diese Gruppe die Spur $=0$ setzt.

§ 2

1. C^n sei ein n-dimensionaler Komplex, T_j^i ($i=0, 1, \ldots, n$; $j=1, 2, \ldots, a^i$) seien seine i-dimensionalen Simplexe. Diese seien willkürlich orientiert, d.h. für jedes T_j^i sei eine Reihenfolge seiner $i+1$ Ecken

samt ihren geraden Permutationen als „positiv", die anderen Eckenreihenfolgen seien als „negativ" bezeichnet; in dem Fall $i=0$, in dem es nur eine Ecke gibt, sei die einzige „Reihenfolge" dieser Ecke die positive. Wir ordnen nun jedem T_j^i zwei Symbole $+T_j^i$ und $-T_j^i$ zu und sagen: $+T_j^i$ gehört zum Rande von $+T_k^{i+1}$ oder $-T_k^{i+1}$ (geschrieben: $+T_j^i \subset + T_k^{i+1}$ oder $+T_j^i \subset -T_k^{i+1}$), wenn T_j^i Randsimplex von T_k^{i+1} ist, und zwar $+T_j^i \subset +T_k^{i+1}$ oder $+T_j^i \subset -T_k^{i+1}$, je nachdem eine positive Eckenreihenfolge von T_j^i mit der nicht zu T_j^i gehörigen Ecke von T_k^{i+1} davorgesetzt eine positive oder negative Eckenreihenfolge von T_k^{i+1} ist; dann definieren wir: aus $+T_j^i \subset \pm T_k^{i+1}$ folgt $-T_j^i \subset \mp T_k^{i+1}$; für $i>0$ bedeutet dies: $-T_j^i \subset T_k^{i+1}$ oder $-T_j^i \subset -T_k^{i+1}$, jenachdem eine negative Reihenfolge von T_j^i mit der nicht zu T_j^i gehörigen Ecke von T_k^{i+1} davorgesetzt eine positive oder negative Reihenfolge von T_k^{i+1} ist.

2. Für jedes i nennen wir die Linearformen in den T_j^i mit beliebigen ganzzahligen Koeffizienten „die in C^n liegenden i-dimensionalen Komplexe". Als Rand $\varrho(+T_j^i)$ von $+T_j^i$ bezeichnen wir denjenigen $(i-1)$-dimensionalen Komplex, der die formale Summe der $+T_h^{i-1}$ und $-T_h^{i-1}$ ist, die nach 1. zum Rand von $+T_j^i$ gehören. Für einen beliebigen i-dimensionalen Komplex $L^i = \sum_j c_j T_j^i$ definieren wir als Rand:

$$\varrho(L^i) = \varrho\Big(\sum_j c_j T_j^i\Big) = \sum_j c_j \varrho(T_j^i). \tag{5}$$

Diese nur für $i>0$ sinnvolle Definition vervollständigen wir durch

$$\varrho(L^0) = 0, \tag{5a}$$

da ein T^0 keinen Rand besitzt. Aus (5) und (5a) folgt

$$\varrho(L_1^i + L_2^i) = \varrho(L_1^i) + \varrho(L_2^i). \tag{6}$$

3. Ist $\varrho(L^i)=0$, so heißt L^i ein Zyklus. Es folgt aus (6): die Summe von Zyklen ist ein Zyklus; ist ein Vielfaches eines Komplexes ein Zyklus, so ist der Komplex selbst ein Zyklus.

4. Da, wie man leicht verifiziert, der Rand eines Simplex ein Zyklus ist, ist nach (5) und (3) jeder Rand ein Zyklus. Ferner ist nach (6) die Summe von Rändern selbst Rand. n-dimensionale Ränder gibt es nicht.

5. Ein Komplex, von dem ein Vielfaches ein Rand ist, heiße ein „Randteiler". Aus 3. und 4. ergibt sich, daß jeder Randteiler ein Zyklus ist, aus (6) folgt leicht, daß die Summe von Randteilern selbst Randteiler ist. n-dimensionale Randteiler gibt es nicht.

6. Diese Tatsachen lassen sich folgendermaßen zusammenfassen: die Komplexe L^i, die Zyklen Z^i, die Randteiler $\overline{R}^i$, die Ränder R_i bilden bezüglich der Addition Abelsche Gruppen $\mathfrak{L}^i$, $\mathfrak{Z}^i$, $\overline{\mathfrak{R}}^i$, $\mathfrak{R}^i$, die so ineinander

enthalten sind:

$$\mathfrak{L}^i \supset \mathfrak{Z}^i \supset \overline{\mathfrak{R}}^i \supset \mathfrak{R}^i; \tag{7}$$

dabei ist insbesondere

$$\mathfrak{L}^0 = \mathfrak{Z}^0, \tag{7a}$$

$$\overline{\mathfrak{R}}^n = \mathfrak{R}^n = 0. \tag{7b}$$

$\mathfrak{L}^i$ wird von den Elementen $+T_j^i$ erzeugt; mithin besitzen nach § 1, 1. auch $\mathfrak{Z}^i$, $\overline{\mathfrak{R}}^i$, $\mathfrak{R}^i$ endliche Erzeugendensysteme und endliche Ränge.

Da ein Vielfaches jedes Elementes von $\overline{\mathfrak{R}}^i$ in $\mathfrak{R}^i$ enthalten ist, kann $\overline{\mathfrak{R}}^i$ nicht höheren Rang haben als $\mathfrak{R}^i$, und da $\mathfrak{R}^i \subset \overline{\mathfrak{R}}^i$ ist, kann $\overline{\mathfrak{R}}^i$ nicht kleineren Rang haben als $\mathfrak{R}^i$; mithin haben $\overline{\mathfrak{R}}^i$ und $\mathfrak{R}^i$ gleichen Rang.

Da $\mathfrak{L}^i$ freie Gruppe ist, enthalten die genannten Untergruppen keine Elemente endlicher Ordnung, sind also nach § 1, 1. selbst frei.

7. Die Restklassengruppe $\mathfrak{Z}^i/\overline{\mathfrak{R}}^i$ ist eine freie Gruppe; denn andernfalls würde sie ein Element endlicher Ordnung enthalten, es wäre also für einen gewissen Zyklus Z^i und ein $a > 1$

$$a Z^i \equiv 0, \qquad Z^i \not\equiv 0 \quad (\text{mod. } \overline{\mathfrak{R}}^i),$$

d.h. es wäre aZ^i Randteiler, ohne daß Z^i es ist, was der Definition der Randteiler widerspricht. Diese somit freie Gruppe

$$\mathfrak{Z}^i/\overline{\mathfrak{R}}^i = \mathfrak{B}^i \tag{8}$$

nennen wir die „i-te Bettische Gruppe", ihren Rang p^i die „i-te Bettische Zahl" von C^n.

8. Die Berandungsrelation ϱ bildet die Elemente von $\mathfrak{L}^i$ auf die Elemente von $\mathfrak{R}^{i-1}$ so ab, daß jedes Element von $\mathfrak{R}^{i-1}$ Bild ist, daß diejenigen L^i, für die $\varrho(L^i) = 0$ ist, $\mathfrak{Z}^i$ bilden, und daß die Abbildung [infolge (6)] ein Homomorphismus ist. Dann vermittelt nach § 1, 4. ϱ einen Isomorphismus zwischen der Restklassengruppe $\mathfrak{L}^i/\mathfrak{Z}^i$ und $\mathfrak{R}^{i-1}$. Diese zunächst nur für $i > 0$ sinnvolle Tatsache bleibt mit Rücksicht auf (7a), wonach $\mathfrak{L}^0/\mathfrak{Z}^0$ nur aus der Identität besteht, auch für $i = 0$ gültig, wenn wir als „Gruppe der (-1)-dimensionalen Ränder" die nur aus der Null bestehende Gruppe einführen:

$$\mathfrak{R}^{-1} = 0. \tag{9}$$

§ 3

Unter einer simplizialen Abbildung von C^n auf einen zweiten n-dimensionalen Komplex K^n verstehen wir eine eindeutige Abbildung der Menge der Eckpunkte von C^n auf einen echten oder unechten Teil der Menge der Eckpunkte von K^n, bei der die Bilder der Ecken jedes Simplex von C^n Ecken eines Simplex (beliebiger Dimension) von K^n sind. Eine simpliziale

Abbildung läßt sich durch baryzentrische Abbildungen auf die inneren Punkte der Simplexe von C^n eindeutig und stetig erweitern; jedoch spielt diese Möglichkeit hier keine Rolle.

Sind bei einer solchen simplizialen Abbildung f die Bilder der Ecken des Simplex T_j^i von C^n nicht sämtlich voneinander verschieden, ist also die Dimension des Bildsimplex $<i$, so sagen wir:

$$f(+T_j^i)=f(-T_i^i)=0.$$

Ist dagegen das Bild von T_j^i ein i-dimensionales Simplex U^i von K^n, so sagen wir

$$f(+T_j^i)=+U^i \quad \text{oder} \quad f(+T_j^i)=-U^i,$$

je nachdem einer positiven Eckenreihenfolge von T_j^i vermöge f eine positive oder negative Eckenreihenfolge von U^i entspricht. Dann definieren wir für jeden in C^n liegenden Komplex $L^i=\sum\limits_j c_j T_j^i$:

(10) $$f(L^i)=f\Big(\sum_j c_j T_j^i\Big)=\sum_j c_j f(+T_j^i);$$

daraus folgt

(11) $$f(L_1^i)+f(L_2^i)=f(L_1^i+L_2^i);$$

die Gruppe der i-dimensionalen Komplexe in C^n wird also homomorph in die Gruppe der i-dimensionalen Komplexe in K^n abgebildet.

Bezeichnet ϱ in beiden Komplexen C^n und K^n die Berandungsrelation so ist

(12) $$f\,\varrho(L^i)=\varrho\,f(L^i).$$

Um dies zu beweisen, genügt es mit Rücksicht auf (6) und (11), den Spezialfall zu betrachten, in dem L^i ein Simplex $+T^i$ ist. Sind dann die Eckpunktbilder von T^i sämtlich voneinander verschieden, so folgt die Behauptung $f\,\varrho(+T^i)=\varrho\,f(+T^i)$ unmittelbar aus den Definitionen. Es bleibt zu zeigen, daß falls die Eckpunktbilder nicht sämtlich voneinander verschieden sind, falls also $f(+T^i)=0$ ist, $f\,\varrho(+T^i)=\varrho(0)=0$ ist; $\big(\varrho(0)=0$ ergibt sich aus (6)$\big)$. Wenn höchstens $i-1$ Eckpunktbilder voneinander verschieden sind, so ist auch das Bild jedes $(i-1)$-dimensionalen Randsimplex von T^i gleich 0 zu setzen, die Behauptung ist also auch dann richtig. Somit bleibt allein der Fall übrig, in dem die $i+1$ Ecken $e_1, e_2, \ldots, e_{i+1}$ von T^i auf genau i Eckpunkte in K^n abgebildet werden, die dort ein Simplex U^{i-1} bilden. Sei etwa $f(e_1)=f(e_2)$, seien aber die Bilder der anderen Ecken hiervon und voneinander verschieden. Dann sind die Bilder aller derjenigen Randsimplexe von T^i, die sowohl e_1 wie e_2 enthalten, $=0$, und wir haben nur die Simplexe T_1^{i-1} und T_2^{i-1} zu betrachten, die durch Weglassung von e_1 bzw. e_2 aus T^i entstehen. Die Reihenfolgen $e_2, e_3, \ldots, e_{i+1}$ und $e_1, e_3, \ldots, e_{i+1}$ mögen $a\,T_1^{i-1}$ bzw. $b\,T_2^{i-1}$

entsprechen, wobei a und b $+1$ oder -1 sind; dann ist $f(aT_1^{i-1})=f(bT_2^{i-1})$. Die Eckenreihenfolgen von T^i, die aus den angegebenen Reihenfolgen von aT_1^{i-1} und bT_2^{i-1} durch Voraussetzen der jeweils fehlenden Ecke von T^i entstehen, sind $e_1, e_2, e_3, \ldots, e_{i+1}$ und $e_2, e_1, e_3, \ldots, e_{i+1}$, also ungerade Permutationen voneinander; daher ist entweder $\varrho(+T^i)=aT_1^{i-1}-bT_2^{i-1}+\cdots$ oder $\varrho(+T^i)=-aT_1^{i-1}+bT_2^{i-1}+\cdots$, mithin $f\varrho(+T^i)=\pm\big(f(aT_1^{i-1})-f(bT_2^{i-1})\big)=0$. Damit ist (12) bewiesen.

Aus (12) folgt unmittelbar, daß die Gruppen der Zyklen, Randteiler und Ränder von C^n durch f in die entsprechenden Gruppen von K^n transformiert werden, und diese Abbildungen sind auf Grund von (11) Homomorphismen.

Es sei nun C^n eine simpliziale Unterteilung von K^n, jedes Simplex von K^n also Summe von geeignet orientierten[4]) Simplexen von C^n, mithin jeder in K^n liegende Komplex zugleich ein in C^n liegender Komplex. Die zu C^n gehörigen Gruppen $\mathfrak{L}^i$, $\mathfrak{Z}^i$, $\overline{\mathfrak{R}}^i$, $\mathfrak{R}^i$ werden durch f homomorph in sich transformiert. Da sie freie Gruppen sind (§ 2, 6), gehören zu diesen Homomorphismen Spuren (§ 1, 5.) $S\mathfrak{L}^i$, $S\mathfrak{Z}^i$, $S\overline{\mathfrak{R}}^i$, $S\mathfrak{R}^i$. Da $\mathfrak{R}^i$ Untergruppe von $\overline{\mathfrak{R}}^i$ ist und denselben Rang hat wie $\overline{\mathfrak{R}}^i$ (§ 2, 6.), ist nach § 1, 6.

$$S\mathfrak{R}^i=S\overline{\mathfrak{R}}^i. \tag{13}$$

Nach § 1, 4. wird auch die Restklassengruppe $\mathfrak{B}^i$ (§ 2, 7.) homomorph in sich abgebildet, und da auch sie frei ist (§ 2, 7.) existiert die Spur $S\mathfrak{B}^i$ und erfüllt nach (8) und § 1, 7. die Gleichung

$$S\mathfrak{Z}^i=S\overline{\mathfrak{R}}^i+S\mathfrak{B}^i \tag{14}$$

und wegen (13):

$$S\mathfrak{Z}^i=S\mathfrak{B}^i+S\mathfrak{R}^i. \tag{15}$$

Auch $\mathfrak{L}^i/\mathfrak{Z}^i$ wird nach § 1, 4. homomorph in sich abgebildet, und da sie nach § 2, 8. mit der freien Gruppe $\mathfrak{R}^{i-1}$ isomorph ist, existiert auch die Spur $S\,\mathfrak{L}^i/\mathfrak{Z}^i$. Der eben genannte durch ϱ vermittelte Isomorphismus läßt wegen (12) die Homomorphismen einander entsprechen, die $\mathfrak{L}^i/\mathfrak{Z}^i$ und $\mathfrak{R}^{i-1}$ in sich erleiden. Folglich ist

$$S\,\mathfrak{L}^i/\mathfrak{Z}^i=S\mathfrak{R}^{i-1} \tag{16}$$

und nach § 1, 7.

$$S\mathfrak{L}^i=S\mathfrak{Z}^i+S\mathfrak{R}^{i-1}. \tag{17}$$

Ersetzt man hierin $S\mathfrak{Z}^i$ aus (15), so ergibt sich nach Multiplikation mit $(-1)^i$

$$(-1)^i\,S\mathfrak{L}^i=(-1)^i\,S\mathfrak{B}^i+(-1)^i\,S\mathfrak{R}^i-(-1)^{i-1}\,S\mathfrak{R}^{i-1}. \tag{18}$$

[4]) Die Simplexe von C^n müssen so orientiert sein, daß der Rand eines als Komplex in C^n aufgefaßten Simplexes von K^n eine Unterteilung des im Sinne von K^n definierten Randes dieses Simplexes ist.

Summiert man nun von $i=0$ bis $i=n$, so heben sich auf der rechten Seite die Spuren der Rändergruppen fort bis auf $S\mathfrak{R}^n$ und $S\mathfrak{R}^{-1}$; diese beiden sind aber wegen (7b) und (9) auf Grund der am Schluß von § 2 gemachten Bemerkung gleich 0. Es ergibt sich also

$$\sum_{i=0}^{n}(-1)^i\, S\mathfrak{B}^i = \sum_{i=0}^{n}(-1)^i\, S\mathfrak{L}^i. \tag{19}$$

Dies ist die zu beweisende Formel. Sie ist eine Verallgemeinerung von (1); denn wenn C^n mit K^n identisch und f die Identität ist, sind in (19) die Spuren durch die Ränge zu ersetzen.

Zum Schluß sei der Zusammenhang von (19) mit Fixpunktsätzen wenigstens noch angedeutet: Wenn f die Eigenschaft hat, daß die linke Seite von (19) nicht verschwindet, so muß auch wenigstens eine der rechts stehenden Spuren $S\mathfrak{L}^i \neq 0$ sein. Für die Substitution

$$f(T_j^i) = \sum_k c_{jk} T_k^i, \tag{20}$$

die die freien Erzeugenden T_j^i von $\mathfrak{L}^i$ in sich erleiden, bedeutet dies, daß für wenigstens ein j $c_{jj} \neq 0$ ist. Dann ist T_j^i ein „Fixsimplex", d.h. es wird von seinem Bilde $f(T_j^i)$ bedeckt, denn es tritt in der durch (20) gegebenen Zerlegung von $f(T_j^i)$ in Simplexe mit einem von 0 verschiedenen Koeffizienten auf. Durch Approximation einer beliebigen eindeutigen und stetigen Abbildung f von C^n auf sich mittels simplizialer Abbildungen ergibt sich dann, daß $\sum_{i=0}^{n}(-1)^i\, S\mathfrak{B}^i$ für das Auftreten und die Anzahl der Fix*punkte* von f ausschlaggebend ist[5]).

---

[5]) Siehe die unter [1]) genannten Arbeiten, besonders b). — [Zusatz 1964: Die Bemerkung „besonders b)" soll nicht bedeuten, daß die in der Fußnote [1]) zitierte Note a) durch die Arbeit b) vollständig majorisiert würde. Vielmehr möchte ich gerade auf den Beweis der Lefschetzschen Formel für die Indexsumme der Fixpunkte in a) hinweisen: im Gegensatz zu dem — übrigens in das Buch von Alexandroff und mir übernommenen — Beweis in b) führt er die Lefschetzsche Formel direkt auf das Korollar der obigen Formel (19) zurück, welches besagt, daß für eine stetige Abbildung ohne Fixpunkte die Lefschetzsche Zahl, also die linke Seite von (19), gleich 0 ist.]

Zur Algebra der Abbildungen von Mannigfaltigkeiten

Journal für die reine und angewandte Mathematik 163 (1930)

Die Versuche der kombinatorischen Topologie, die Zusammenhangsverhältnisse der n-dimensionalen Komplexe und Mannigfaltigkeiten zu beschreiben, führen zu algebraischen Betrachtungen, nämlich zur Betrachtung von *Gruppen*, die mit dem geometrischen Gebilde topologisch invariant verknüpft sind: es sind dies die Fundamentalgruppe und die Gruppen der i-dimensionalen Homologieklassen ($i = 0, 1, \ldots, n$). Handelt es sich um (geschlossene und orientierbare) *Mannigfaltigkeiten*, so läßt sich diesen von POINCARÉ eingeführten Begriffen dadurch etwas wesentlich Neues hinzufügen, daß man die Homologiegruppen der verschiedenen Dimensionszahlen zu einem *Ring* verschmilzt: man hat — wie unten ausführlicher auseinandergesetzt werden wird — den *Schnitt* zweier Zyklen (geschlossener Komplexe) in der Mannigfaltigkeit als *Produkt* zu deuten, was auf Grund neuerer Untersuchungen von ALEXANDER und LEFSCHETZ auf keine Schwierigkeit stößt. Diese Gruppen und Ringe bilden nach dem gegenwärtigen Stand unserer Kenntnisse im wesentlichen das algebraische Gerüst der Mannigfaltigkeiten, das deren Zusammenhangsverhältnisse schildert, freilich ohne sie zu erschöpfen.

Eine eindeutige und stetige (nicht notwendigerweise eindeutig umkehrbare) Abbildung f einer n-dimensionalen Mannigfaltigkeit M auf eine n-dimensionale Mannigfaltigkeit μ bewirkt eine eindeutige Abbildung des Ringes und der Fundamentalgruppe der ersteren auf Ring und Fundamentalgruppe der letzteren. Die Gesamtheit der Eigenschaften dieser Gruppen- und Ringbeziehungen möge als *Algebra* der Abbildungen von Mannigfaltigkeiten bezeichnet werden; von *Topologie* der Abbildungen wird man sprechen, wenn man nicht die Gruppen- und Ringelemente, sondern die Punkte der beiden Mannigfaltigkeiten und die durch f zwischen ihnen vermittelten Beziehungen betrachtet. Es ist von besonderem Interesse, den Zusammenhängen zwischen Algebra und Topologie einer Abbildung nachzugehen; ein Beispiel eines solchen Zusammenhanges ist der Lefschetzsche Fixpunktsatz[1]), der die Fixpunktzahl einer Abbildung von M auf sich — also eine topologische Eigenschaft — mit den Spuren der Substitutionen, denen die Homologiegruppen unterworfen werden — also mit algebraischen Eigenschaften — in Verbindung

---

[1]) S. LEFSCHETZ, (a) Intersections and transformations of complexes and manifolds; (b) Manifolds with a boundary and their transformations; Trans. Am. Math. Soc. XXVIII (1926), XXIX (1927).

bringt; ein anderes einfacheres Beispiel liefert die Betrachtung des Abbildungsgrades c von f: er läßt sich einerseits algebraisch durch die Homologie $f(M) \sim c\mu$ definieren und kann andererseits (wenigstens seinem absoluten Betrage nach) topologisch als die Mindestzahl der eineindeutigen Bedeckungen eines Gebietes von μ charakterisiert werden, die sich durch stetige Abänderung von f erreichen läßt[2]), was insbesondere die wesentliche topologische Verschiedenheit der Abbildungen mit $c \neq 0$ von denen mit $c = 0$ erhellt: die ersteren sind dadurch *gekennzeichnet*, daß man keinen Punkt von μ durch stetige Änderung von f von der Bedeckung durch die Bildmenge befreien kann.

In dieser Arbeit werden Sätze über die durch Abbildungen von M auf μ zwischen den Homologiegruppen und -ringen der beiden Mannigfaltigkeiten hergestellten Beziehungen bewiesen; die Fundamentalgruppen werden nur gelegentlich und dann im wesentlichen als Hilfsmittel herangezogen. Die Sätze zeigen, daß auch diese algebraischen Beziehungen wesentlich verschiedenartig ausfallen, je nachdem der *Abbildungsgrad* von 0 verschieden oder 0 ist, und daß überhaupt der Betrag des Grades eine beherrschende Rolle spielt. Sie liefern unter anderem für die Gesamtheit der möglichen Abbildungen von M auf μ Einschränkungen, die man aus den Eigenschaften der beiden Ringe ablesen kann; die einfachste derartige Bedingung lautet, daß man M auf μ nicht mit einem von 0 verschiedenen Grade abbilden kann, falls für irgendein i die i-te Bettische Zahl von M kleiner ist als die i-te Bettische Zahl von μ. Als wesentliches Hilfsmittel beim Beweis des Hauptsatzes (Satz I, § 3), aus dem sich alles andere leicht ergibt, dient die *Produktmannigfaltigkeit* von M und μ, deren Wert für die Untersuchung der Abbildungen seit den Arbeiten von LEFSCHETZ[1]) feststeht.[3])

§ 1. Der Homologiering einer Mannigfaltigkeit

Es sei zunächst kurz an einige Grundbegriffe und -tatsachen aus der kombinatorischen Topologie erinnert, deren Kenntnis hier als bekannt vorausgesetzt werden muß[4]).

---

[2]) H. HOPF, Zur Topologie der Abbildungen von Mannigfaltigkeiten, Zweiter Teil, Math. Annalen 102 (1929); H. KNESER, Glättung von Flächenabbildungen, Math. Annalen 100 (1928).

[3]) Der größte Teil der Sätze dieser Arbeit ist bereits — mit wesentlich umständlicheren, rechnerischen Beweisen — in der folgenden Note mitgeteilt worden: H. HOPF, On some properties of one-valued transformations of manifolds, Proc. Nat. Acad. of Sciences U. S. A. 14 (1928), S. 206—214; Druckfehlerberichtigung dazu S. 600.

[4]) Zur Einführung in die kombinatorische Topologie können das Buch von O. VEBLEN, Analysis situs, Cambridge Colloquium 1922, und die folgenden Arbeiten dienen: J. W. ALEXANDER, Combinatorial analysis situs, Trans. Am. Math. Soc. XXVIII (1926); E. R. VAN KAMPEN, Di kombinatorische Topologie und die Dualitätssätze, Dissertation Leiden 1929.

Unter dem Orientieren eines n-dimensionalen Komplexes C^n versteht man ein willkürliches Orientieren seiner n-dimensionalen Zellen. Der Rand einer orientierten n-dimensionalen Zelle ist ein wohlbestimmter orientierter $(n-1)$-dimensionaler Komplex; der Rand von C^n ist die Summe der Ränder seiner n-dimensionalen Zellen. Dabei ist diese Summe algebraisch zu bilden, sie ist also eine Linearform in den $(n-1)$-dimensionalen Zellen von C^n; ist sie 0, so heißt C^n geschlossen.

Unter einem in C^n liegenden i-dimensionalen Zyklus versteht man das eindeutige und stetige Bild eines geschlossenen i-dimensionalen Komplexes, das nicht lediglich als Punktmenge in C^n, sondern in bestimmter Weise als Bild seines Originalkomplexes aufzufassen ist. Ein i-dimensionaler Zyklus z^i heißt homolog 0, geschrieben: $z^i \sim 0$, wenn er das Bild des Randes eines in C^n hinein abgebildeten $(i+1)$-dimensionalen Komplexes ist. Da z^i (d.h. sein Original) orientiert ist, ist klar, was man unter $z^i = +z^i$ und unter $-z^i$ zu verstehen hat. Ferner ist die Summe und nach der eben über das Vorzeichen gemachten Bemerkungen auch die Differenz zweier Zyklen in naheliegender Weise zu erklären. Statt $z_1^i - z_2^i \sim 0$ sagt man auch: $z_1^i \sim z_2^i$; aus $z_1^i \sim z_2^i$, $z_2^i \sim z_3^i$ folgt $z_1^i \sim z_3^i$; man nennt dann die Zyklen zu derselben Homologieklasse gehörig.

Die i-dimensionalen Homologieklassen bilden bezüglich der Addition eine Abelsche Gruppe. Es gilt der Satz, daß dies eine Gruppe von endlich vielen Erzeugenden ist; sie hat also einen endlichen Rang und endlich viele Elementarteiler und ist durch diese Zahlen vollständig bestimmt. Den Rang nennt man die i-te Bettische Zahl, die Elementarteiler die i-ten Torsionskoeffizienten von C^n. Bei dieser Art von Definition ist es klar, daß dies topologische Invarianten von C^n sind. Die genannte Endlichkeitseigenschaft beruht darauf, daß es in jeder Homologieklasse einen Zyklus gibt, der aus i-dimensionalen Zellen der vorgelegten Zelleinteilung von C^n aufgebaut ist, (und in den Beweis dieser Tatsache ist bei der hier skizzierten Darstellung die Schwierigkeit des Beweises der Invarianz von Bettischen Zahlen und Torsionskoeffizienten im wesentlichen verschoben).

Ist $C^n = M$ eine orientierte und geschlossene Mannigfaltigkeit — wir übergehen die verschiedenen Möglichkeiten und Schwierigkeiten bei der Mannigfaltigkeitsdefinition —, so lassen sich[5]) aus irgend zwei Homologieklassen H^i, H^j der Dimensionen i, j Zyklen z^i, z^j auswählen, die aus Zellen von Unterteilungen der gegebenen Zelleinteilung von M aufgebaut sind und sich zueinander in allgemeiner Lage befinden; d.h. eine Zelle Z^i von z^i und eine Zelle Z^j von z^j haben entweder keinen Punkt gemeinsam oder schneiden sich in einer $(i+j-n)$-dimensionalen Zelle einer weiteren Unterteilung; letzteres kommt nur in Frage, wenn $i+j \leqq n$ ist. Es gelten

[5]) Die Sätze über die Schnitte von Zyklen in einer Mannigfaltigkeit sind im Teil I der in Fußnote 1 genannten Arbeit (a) von LEFSCHETZ enthalten.

die Sätze, daß der von diesen Durchschnittszellen gebildete Komplex selbst ein Zyklus ist und daß die Homologieklasse, der er angehört, nicht von z^i, z^j, sondern nur von den Klassen H^i, H^j abhängt; sie wird mit $H^i \cdot H^j$ bezeichnet; dabei ist die Orientierung der Durchschnittszelle zweier orientierter Zellen in der orientierten M durch eine einfache Festsetzung gegeben. Die Schnittbildung ist bis auf das Vorzeichen kommutativ; die eben erwähnte Festsetzung liefert $H^i \cdot H^j = (-1)^{(n-i)(n-j)} H^j \cdot H^i$. Sie ist ferner distributiv; daraus folgt, daß man die Schnittklasse irgendeiner i-dimensionalen Klasse H^i mit irgendeiner j-dimensionalen Klasse H^j kennt, wenn nur die Schnitte der Elemente $H^i_1, H^i_2, \ldots$ einer Basis der i-dimensionalen Homologieklassengruppen mit den Elementen $H^j_1, H^j_2, \ldots$ einer j-dimensionalen Basis bekannt sind[6]):

$$H^i_r \cdot H^j_s \sim \sum_u a^u_{rs} H^k_u; \tag{1}$$

dabei durchlaufen die H^k_u eine k-dimensionale Basis mit $k = i + j - n$. Beim Übergang zu anderen i-, j- und k-dimensionalen Basen ändert sich das Koeffizientenschema a^u_{rs}, es besitzt jedoch gewisse Invarianten; eine solche ist z. B. der Rang der Menge derjenigen k-dimensionalen Klassen, die als Schnitte i-dimensionaler Klassen mit j-dimensionalen Klassen auftreten. Diese gegenüber Basiswechsel invarianten Größen sind bei homöomorphen Mannigfaltigkeiten einander gleich, sie sind also topologische Invarianten, die „Alexanderschen Schnittinvarianten" von M.

Die Schnittbildung erfüllt außer dem distributiven auch das assoziative Gesetz: $H^h \cdot (H^i \cdot H^j) = (H^h \cdot H^i) \cdot H^j = H^h \cdot H^i \cdot H^j$[7]). Man kann nun die eben geschilderten Schnittinvarianten, und gleichzeitig die Bettischen und Torsionszahlen, auch folgendermaßen zusammenfassend beschreiben: Wir betrachten nicht mehr wie bisher Zyklen und Homologieklassen einzelner fester Dimensionszahlen, sondern auch Zyklen gemischter Dimension und entsprechende Homologieklassen; wir betrachten also jetzt die Gruppe *aller* Homologieklassen, d. h. die direkte Summe der Gruppen der Homologieklassen der einzelnen Dimensionszahlen i für $i = 0, 1, \ldots, n$. In dieser additiven Gruppe ist auf Grund des distributiven Gesetzes und der Gl. (1) für je zwei Elemente ein „Produkt",

[6]) Die Homologiesysteme (1) und die sich daraus ergebenden Invarianten sind von ALEXANDER eingeführt worden: J. W. ALEXANDER, New topological invariants expressible as tensors; On certain new topological invariants of a manifold; Topological invariants of manifolds; On the intersection invariants of a manifold. Proc. Nat. Acad. of Sciences U. S. A. 10 (1924), S. 99—103 und S. 493—494; 11 (1925), S. 143—146. — Auf die in diesen Noten eingeführten Begriffe „mod. π" gehen wir hier nicht ein; auf Grund von ihnen dürfte sich ein Teil der Ergebnisse dieser Arbeit verschärfen und verallgemeinern lassen.

[7]) Die zum Beweis des assoziativen Gesetzes notwendige Vorzeichenbetrachtung ist bei LEFSCHETZ ausgelassen, aber leicht nachzuholen.

nämlich die Schnittklasse, definiert, und diese Multiplikation genügt dem assoziativen und zusammen mit der Addition dem distributiven Gesetz. *Die Homologieklassen bilden nunmehr ein System hyperkomplexer Zahlen oder einen Ring mit einer endlichen Basis.* Die Aussage der topologischen Invarianz der Alexanderschen Schnittinvarianten sowie der Bettischen und Torsionszahlen läßt sich in den Satz zusammenfassen: *Die Ringe homöomorpher Mannigfaltigkeiten sind einander dimensionstreu-isomorph.* Dabei ist klar, was unter der Dimensionstreue des Isomorphismus zu verstehen ist: jedem Ringelement reiner, d.h. ungemischter, Dimension muß bei dem Isomorphismus ein Element ebenfalls reiner, und zwar derselben, Dimension entsprechen.

Für manche Zwecke ist es bequem und ausreichend, die Betrachtungen durch eine Modifikation des Homologiebegriffes zu vereinfachen: ein Zyklus z soll „divisionshomolog“ 0, oder kurz: „d.-homolog“ 0, geschrieben: $z \approx 0$, heißen, wenn es eine von 0 verschiedene Zahl a gibt, so daß $az \sim 0$ ist. Rechnet man mit D.-Homologien statt mit gewöhnlichen Homologien, so bedeutet das, daß man alle „Nullteiler“, — d.h. die im Fall der Existenz von Torsionskoeffizienten vorhandenen Klassen H mit $H \nsim 0$, $aH \sim 0$, $a \neq 0$ —, gleich 0 setzt; der Name „divisionshomolog“ ist dadurch gerechtfertigt, daß aus $aH \approx 0$ stets $H \approx 0$ folgt. Die D.-Homologieklassen bilden ebenfalls bezüglich Addition und Schnittbildung einen Ring; man erhält ihn aus dem früheren durch Nullsetzen aller Nullteiler, d.h. der neue Ring ist der Restklassenring des aus den Nullteilern bestehenden Ideals in dem alten Ring.

Wir werden uns im folgenden ausschließlich mit dem Ring der D.-Homologieklassen beschäftigen und ihn kurz „den Ring von M“ nennen. Er soll mit $\mathfrak{R}(M)$, sein Rang, also die Summe aller Bettischen Zahlen, soll mit $P(M)$, die einzelnen Bettischen Zahlen sollen mit $p^i(M)$ bezeichnet werden ($i=0, 1, \ldots, n$).

$\mathfrak{R}(M)$ besitzt eine Eins, nämlich M selbst; denn es ist, wie aus der Definition des Schnittes unmittelbar hervorgeht,

$$M \cdot z = z \cdot M = z \tag{2}$$

für jeden Zyklus z.

Wichtig sind die Dualitätseigenschaften von $\mathfrak{R}(M)$: Nach dem Poincaréschen Dualitätssatz[8]) ist

$$p^i(M) = p^{n-i}(M) \qquad (i=0, 1, \ldots, n).$$

Insbesondere ist $p^0(M) = p^n(M) = 1$; für $i=0$ und $i=n$ gibt es überdies keine Nullteiler; also ist jeder 0-dimensionale Zyklus einem mit einer Vielfachheit versehenen Punkt homolog, und erst recht d.-homolog. In den

[8]) Beweise finden sich z. B. in dem Buch von Veblen und in der Arbeit von van Kampen (s. Fußn. 4).

Relationen (1) fällt daher für $i+j=n$, $k=0$ der Index u fort, und die Koeffizienten a_{rs} bilden nach dem Dualitätssatz eine quadratische Matrix. Ihre Betrachtung liefert im Gegensatz zu den anderen Dimensionszahlen keine Alexanderschen Invarianten von M. Nach einem Satz von VEBLEN[9]) hat nämlich ihre Determinante stets den Wert ± 1, und daraus folgt, daß bei geeigneter Basenwahl die Schnittrelationen die Gestalt bekommen:

$$H_r^{n-j} \cdot H_s^j \sim 0 \quad \text{für} \quad r \neq s; \qquad H_r^{n-j} \cdot H_r^j \sim H^0,$$

wobei H^0 die durch einen positiv signierten, einfach gezählten Punkt bestimmte 0-dimensionale Homologieklasse ist. Diese Basis $H_1^{n-j}, H_2^{n-j}, \ldots, H_{p^j}^{n-j}$ heißt die zu der Basis $H_1^j, H_2^j, \ldots, H_{p^j}^j$ „duale" Basis; aus dem Veblenschen Satz folgt leicht, daß es zu jeder j-dimensionalen Basis eine und nur eine duale $(n-j)$-dimensionale Basis gibt.

§ 2. Algebraische Abbildungsinvarianten

Im folgenden sind stets M und μ zwei n-dimensionale, orientierte, geschlossene Mannigfaltigkeiten, und M ist einer eindeutigen und stetigen Abbildung f auf μ unterworfen.

Aus den am Anfang des § 1 genannten Tatsachen folgt unmittelbar, daß die f-Bilder homologer Zyklen in M homologe Zyklen in μ sind und daß das Bild der Summe oder Differenz zweier Zyklen die Summe bzw. Differenz der Bilder der beiden Zyklen ist. Daraus ergibt sich, daß f eine eindeutige Abbildung des Ringes $\mathfrak{R}(M)$ in den Ring $\mathfrak{R}(\mu)$ bewirkt und daß diese Abbildung ein additiver Homomorphismus ist, d.h. daß für jedes Paar von Elementen H_1, H_2 aus $\mathfrak{R}(M)$ die Gleichung $f(H_1+H_2) \approx f(H_1)+f(H_2)$ gilt.

Da wir Eigenschaften dieser Ringabbildung untersuchen wollen, werden wir zwei Abbildungen f, g von M auf μ als nur unwesentlich voneinander verschieden betrachten, wenn sie dieselbe Ringabbildung bewirken, wenn also $f(z) \approx g(z)$ für jeden Zyklus z aus M ist. Die Gesamtheit aller Abbildungen von M auf μ, die zu f in dieser Beziehung stehen, möge der durch f bestimmte „Abbildungskreis" heißen. Die Sätze, die wir beweisen werden, beziehen sich also auf Eigenschaften, die allen Abbildungen des ganzen Kreises gemein sind und daher als „Kreisinvarianten" von Abbildungen bezeichnet werden können. Da sich die Homologieklasse eines Zykels bei stetiger Abänderung des Zykels nicht ändert, gehören zwei Abbildungen, die sich durch stetige Modifikation auseinander herstellen lassen, die also derselben „Abbildungsklasse" angehören, erst recht demselben Kreis an; ein solcher zerfällt also im

[9]) O. VEBLEN, The intersection numbers, Trans. Am. Math. Soc. XXV (1923); s. auch die Arbeit von VAN KAMPEN.

allgemeinen in ein System von Abbildungsklassen, und die Kreisinvarianten, die in der in der Einleitung gebrauchten Ausdrucksweise zu den „algebraischen" Invarianten der Abbildung gehören, sind a fortiori „Klasseninvarianten".

Es ist leicht, numerische Kreisinvarianten anzugeben. Da die Ringabbildung ein additiver Homomorphismus ist, wird sie für jede Dimensionszahl i durch eine lineare Substitution einer i-dimensionalen D.-Homologiebasis $z_1^i, z_2^i, \ldots, z_{p^i}^i$ von M in eine i-dimensionale D.-Homologiebasis $\zeta_1^i, \zeta_2^i, \ldots, \zeta_{\pi^i}^i$ von μ dargestellt; dabei ist $p^i(M) = p^i$, $p^i(\mu) = \pi^i$ gesetzt. Wechsel der Basen geschieht durch unimodulare Substitutionen; die gegenüber unimodularen Substitutionen der Variabelnreihen invarianten Größen einer linearen Substitution sind daher Kreisinvarianten der Abbildungen. Es sind dies der Rang und die Elementarteiler der Substitution. Der geometrische Sinn des Ranges ist klar: diejenigen i-dimensionalen Homologieklassen von μ, die Bilder von Homologieklassen von M sind, bilden eine Untergruppe aller i-dimensionalen Homologieklassen von μ, und der Rang der Substitution ist der Rang dieser Untergruppe. Er heiße der „i-te Rang von f" und werde mit p_f^i bezeichnet; $\sum\limits_i p_f^i = P_f$ heiße der „Gesamtrang von f"; die Elementarteiler mögen die „i-dimensionalen Elementarteiler von f" heißen und mit $c_1^i, c_2^i, \ldots$ bezeichnet werden.

Für $i=0$ liefern diese Begriffe nichts; denn das Bild eines einfach gezählten Punktes von M ist stets ein einfach zu zählender Punkt von μ; es ist also immer $p_f^0 = 1$, und es gibt immer einen und nur einen 0-dimensionalen Elementarteiler $c^0 = 1$. Die Substitution der n-dimensionalen Zyklen wird, da die Mannigfaltigkeiten M bzw. μ hier Basen sind, durch

$$f(M) \approx c\mu \tag{3}$$

dargestellt; hierin ist $c = c^n$ der *Grad* der Abbildung[10]). Es wird sich zeigen, daß der Grad vor den anderen Elementarteilern wesentlich ausgezeichnet ist.

Diese Invarianten beziehen sich nur auf die additive Eigenschaften der Ringabbildungen und haben mit der Produktbildung in den Ringen, also mit den Eigenschaften, die M und μ als Mannigfaltigkeiten vor anderen Komplexen auszeichnen, nichts zu tun. Zweckmäßige Definitionen von Invarianten, die sich auf multiplikative Eigenschaften der Ringe beziehen, liegen viel weniger nahe, und das dürfte seinen Grund in dem Umstand haben, daß die Ringabbildung zwar, wie wir sahen, ein additiver, aber im allgemeinen kein multiplikativer Homomorphismus ist, d. h. daß im allgemeinen *nicht* die D.-Homologie $f(z_1 \cdot z_2) \approx f(z_1) \cdot f(z_2)$

---

[10]) L. J. Brouwer, Über Abbildung von Mannigfaltigkeiten, Math. Annalen 71 (1911).

gilt; denn ist z.B. $z_1 = M$ und z_2 ein Punkt, so ist $f(z_1 \cdot z_2) = f(z_2) \approx \zeta$, wobei ζ ein Punkt in μ ist, aber $f(z_1) \approx c\mu$, also $f(z_1) \cdot f(z_2) \approx c\mu \cdot \zeta \approx c\zeta$; hiernach könnte man vielleicht vermuten, daß immer $f(z_1) \cdot f(z_2) \approx c f(z_1 \cdot z_2)$ sei; daß jedoch dies nicht zutrifft, zeigt das Beispiel einer Abbildung einer Torusfläche auf eine Kugel; bei ihr sind die Bilder zweier geschlossener Kurven, deren Schnitt ein einfacher Punkt ist, homolog 0, also ist auch ihr Schnitt ≈ 0; hier ist also $f(z_1 \cdot z_2) \not\approx 0$, $f(z_1) \cdot f(z_2) \approx 0$, wenn z_1, z_2 die eben genannten Kurven sind. Es ist leicht, an weiteren Flächenabbildungen zu zeigen, daß die Bilder der Schnitte geschlossener Kurven sich sehr verschiedenartig zu dem Schnitte der Bilder der Kurven verhalten können.

Es ist also wünschenswert, Gesetze aufzufinden, die einen Ersatz für den fehlenden multiplikativen Homomorphismus schaffen; es besteht ferner die Aufgabe, festzustellen, ob die oben auf Grund des additiven Homomorphismus definierten numerischen Invarianten voneinander unabhängig sind oder ob Bindungen zwischen ihnen bestehen. Die Sätze, die im folgenden bewiesen werden, sind Beiträge zur Beantwortung dieser Fragen. Das erstrebenswerte Ziel ist, algebraische Abbildungseigenschaften anzugeben, die bei beliebigen Mannigfaltigkeiten M und μ notwendige und hinreichende Bedingungen dafür sind, daß eine vorgegebene Abbildung von $\mathfrak{R}(M)$ auf $\mathfrak{R}(\mu)$ durch eine Abbildung f von M auf μ bewirkt wird. Dieses Ziel wird nicht erreicht, denn alle allgemeinen Sätze, die hier bewiesen werden, haben nur den Charakter notwendiger Bedingungen.

§ 3. Der Umkehrungshomomorphismus einer Abbildung

Alle unsere Sätze folgen im wesentlichen aus der Tatsache, daß eine gewisse Ringabbildung existiert, die eine Art „Umkehrung" der durch f bewirkten Ringabbildung ist:

Satz I: *Es gibt eine eindeutige Abbildung φ des Ringes $\mathfrak{R}(\mu)$ in den Ring $\mathfrak{R}(M)$ mit den folgenden beiden Eigenschaften:*

1. *φ ist ein Ringhomomorphismus (d.h. additiver und multiplikativer Homomorphismus)*[11];

2. *für jedes Element z von $\mathfrak{R}(M)$ und jedes Element ζ von $\mathfrak{R}(\mu)$ gilt*

$$f(\varphi(\zeta) \cdot z) \approx \zeta \cdot f(z)^{11a}). \tag{4}$$

[11]) Dabei braucht nicht jedes Element von $\mathfrak{R}(M)$ Bild eines Elements von $\mathfrak{R}(\mu)$ zu sein.

[11a]) Der Satz ist trivial, wenn man Summe und Produkt nicht im algebraischen Sinne, sondern als Vereinigung und Durchschnitt von Punktmengen in M bzw. μ auffaßt und $\varphi(\zeta)$ als die Menge derjenigen Punkte von M erklärt, die durch f auf Punkte von ζ abgebildet werden.

Dem Beweise, der die Konstruktion von φ enthält, schicken wir einige Folgerungen aus dem Satze voran, die von der Art dieser Konstruktion nicht abhängen und die wir später hauptsächlich benutzen werden:

Satz Ia: *φ ist durch die in Satz I genannten Eigenschaften eindeutig bestimmt. Sind nämlich $z_1^i, z_2^i, \ldots, z_{p^i}^i$ bzw. $\zeta_1^i, \zeta_2^i, \ldots, \zeta_{\pi^i}^i$ i-dimensionale Basen in $\mathfrak{R}(M)$ bzw. $\mathfrak{R}(\mu)$, $z_1^{n-i}, z_2^{n-i}, \ldots, z_{p^i}^{n-i}$ bzw. $\zeta_1^{n-i}, \zeta_2^{n-i}, \ldots, \zeta_{\pi^i}^{n-i}$ ihre dualen Basen (s. § 1, Schluß), und ist*

$$f(z_r^i) \approx \sum_s a_{rs}^i \zeta_s^i,$$

so ist

$$\varphi(\zeta_s^{n-i}) \approx \sum_r a_{rs}^i z_r^{n-i}.$$ [11b]

Beweis: Es sei

$$\varphi(\zeta_\sigma^{n-i}) \approx \sum_\varrho \alpha_{\sigma\varrho}^{n-i} z_\varrho^{n-i};$$

dann folgt

$$\varphi(\zeta_\sigma^{n-i}) \cdot z_r^i \approx \sum_\varrho \alpha_{\sigma\varrho}^{n-i} z_\varrho^{n-i} \cdot z_r^i \approx \alpha_{\sigma r}^{n-i} z^0,$$

worin z^0 die durch einen einfachen Punkt bestimmte Homologieklasse von $\mathfrak{R}(M)$ ist, und, wenn ζ^0 die analoge Bedeutung in $\mathfrak{R}(\mu)$ hat,

$$f(\varphi(\zeta_\sigma^{n-i}) \cdot z_r^i) \approx \alpha_{\sigma r}^{n-i} \zeta^0.$$

Andererseits ist

$$\zeta_\sigma^{n-i} \cdot f(z_r^i) \approx \sum_s a_{rs}^i \zeta_\sigma^{n-i} \cdot \zeta_s^i \approx a_{r\sigma}^i \zeta^0,$$

also nach (4)

$$\alpha_{\sigma r}^{n-i} = a_{r\sigma}^i.$$

Satz Ib: *Für jedes Element ζ von $\mathfrak{R}(\mu)$ ist*

(5) $$f(\varphi(\zeta)) \approx c\zeta,$$

wobei c der Grad von f ist.

Der **Beweis** ergibt sich unmittelbar aus (2), (3) und (4), wenn man in (4) $z = M$ setzt.

Satz Ic: *Wenn f eineindeutig ist, so ist φ die durch f^{-1} bewirkte Ringabbildung.*

Beweis: Wegen der Eineindeutigkeit ist die Ringabbildung f^{-1} ein Ringisomorphismus; denn diese Tatsache ist mit der topologischen Invarianz des Ringes (§ 1) gleichbedeutend. Ebenso folgt aus der Eineindeutigkeit von f

$$f(f^{-1}(\zeta) \cdot z) \approx f f^{-1}(\zeta) \cdot f(z) \approx \zeta \cdot f(z).$$

Die Ringabbildung f^{-1} hat also die in Satz I von φ ausgesagten Eigenschaften und ist daher nach Satz Ia mit φ identisch.

[11b]) Als additiver Homomorphismus ist φ hierdurch vollständig bestimmt. Die multiplikativ-homomorphe Eigenschaft ist für den Satz Ia ohne Bedeutung.

Beweis von Satz I: Wir betrachten die Produktmannigfaltigkeit $M \times \mu$ und setzen die einfachsten Eigenschaften der Produktmannigfaltigkeiten als bekannt voraus[12]; die Bezeichnungen sind dieselben wie bei LEFSCHETZ; nur soll die Bildung des Schnittes in $M \times \mu$ zur besseren Unterscheidung von den Schnittbildungen in M und μ nicht durch einen Punkt, sondern durch einen kleinen Kreis angedeutet werden. Wir nennen zunächst einige einfache Tatsachen, die wir brauchen werden:

1. In $M \times \mu$ ist durch die Orientierungen von M und μ eine Orientierung ausgezeichnet. Sind $t, \bar{t}$ bzw. $\tau, \bar{\tau}$ Zellenpaare aus „dualen" Zelleinteilungen von M bzw. μ, so ist die Gleichung

$$(t \times \tau) \circ (\bar{t} \times \bar{\tau}) = \pm (t \cdot \bar{t} \times \tau \cdot \bar{\tau})$$

bis auf das Vorzeichen selbstverständlich; die Orientierungsfestsetzungen liefern, wenn t a-dimensional, $\bar{\tau}$ $\bar{\alpha}$-dimensional ist

$$(t \times \tau) \circ (\bar{t} \times \bar{\tau}) = (-1)^{(n-a)(n-\bar{\alpha})} (t \cdot \bar{t} \times \tau \cdot \bar{\tau})$$ [12a],

also insbesondere, wenn $t = t^n$ n-dimensional ist,

$$(t^n \times \tau) \circ (\bar{t} \times \bar{\tau}) = t^n \cdot \bar{t} \times \tau \cdot \bar{\tau}.$$

Hieraus folgt durch Summation über alle n-dimensionalen Zellen t^n von M

$$(M \times \tau) \circ (\bar{t} \times \bar{\tau}) = \bar{t} \times \tau \cdot \bar{\tau},$$

und wenn π ein i-dimensionaler polyedraler Zyklus in μ ist, durch Summation über dessen i-dimensionalen Zellen τ

(6) $$(M \times \pi) \circ (\bar{t} \times \bar{\tau}) = \bar{t} \times \pi \cdot \bar{\tau}.$$

Sind ζ_1, ζ_2 zwei beliebige Zyklen in μ, so liefern polyedrale Approximationen und nochmalige Summierungen

(7a) $$(M \times \zeta_1) \circ (M \times \zeta_2) \approx M \times \zeta_1 \cdot \zeta_2.$$

Ferner ist

(7b) $$(M \times \zeta_1) + (M \times \zeta_2) \approx M \times (\zeta_1 + \zeta_2).$$

2. Jeder Punkt von $M \times \mu$ ist in eindeutiger Weise durch $x \times \xi$ zu bezeichnen, wobei x, ξ Punkte von M bzw. μ sind. Ordnet man dem Punkt $x \times \xi$ den Punkt ξ zu, so ist das eine eindeutige und stetige Abbildung von $M \times \mu$ auf μ, die wir mit F bezeichnen. Sind wieder t, τ Zellen von M bzw. μ, so ist

(8) $$F(t \times \tau) = \tau.$$

---

[12]) Siehe z. B. Teil II der in Fußn. 1 genannten Arbeit (a) von LEFSCHETZ; wir brauchen aber nur die einfachsten Tatsachen und z. B. nicht die Bildung der Homologiebasen in dem Produktkomplex.

[12a]) LEFSCHETZ (a), S. 35, Nr. 55; die dort unterdrückte Vorzeichenbetrachtung läßt sich auf Grund von (a), Nr. 53, leicht durchführen.

3. Sind $t_1^i, t_2^i, \ldots$ bzw. $\tau_1^j, \tau_2^j, \ldots$ $(i, j = 0, 1, \ldots, n)$ die Zellen von Zerlegungen von M und μ, so gibt es eine Zelleneinteilung von $M \times \mu$, deren Zellen die Produkte $t_r^i \times \tau_s^j$ sind. Folglich ist jeder Zyklus in $M \times \mu$ einer linearen Verbindung der $t_r^i \times \tau_s^j$ d.-homolog.

4. Wir brauchen noch folgende Bemerkung, die sich nicht nur auf Produktmannigfaltigkeiten bezieht: $\overline{M}$ sei eine in einer Mannigfaltigkeit N gelegene Mannigfaltigkeit, Z_1 ein Zyklus in N, Z_2 ein Zyklus in $\overline{M}$. Die Schnittbildung in $\overline{M}$ bezeichnen wir durch einen Punkt, die in N durch einen Kreis. Dann ist klar, daß die Schnitte $(Z_1 \circ \overline{M}) \cdot Z_2$ und $Z_1 \circ Z_2$ sich höchstens um das Vorzeichen unterscheiden; es gilt aber der Satz[13]), daß auch die Vorzeichen übereinstimmen, daß also

$$(Z_1 \circ \overline{M}) \cdot Z_2 = Z_1 \circ Z_2 \tag{9}$$

ist . Wenden wir dies an auf $N = M \times \mu$, $Z_1 = M \times \zeta_1$, $Z_2 = (M \times \zeta_2) \circ \overline{M}$, wobei ζ_1, ζ_2 Zyklen in μ, Z_1, Z_2 also Zyklen in $M \times \mu$ sind, so ergibt sich unter Verwendung des assoziativen Gesetzes

$$\big((M \times \zeta_1) \circ \overline{M}\big) \cdot \big((M \times \zeta_2) \circ \overline{M}\big) = (M \times \zeta_1) \circ (M \times \zeta_2) \circ \overline{M},$$

also nach (7a)

$$\big((M \times \zeta_1) \circ \overline{M}\big) \cdot \big((M \times \zeta_2) \circ \overline{M}\big) \approx (M \times \zeta_1 \cdot \zeta_2) \circ \overline{M}. \tag{10}$$

Wir gehen zum Beweis von Satz I über. Die Punkte $x \times f(x)$ bilden, wenn x alle Punkte von M durchläuft, ein eineindeutiges Bild $\overline{M}$ von M. Wir fassen f als Abbildung von $\overline{M}$ auf μ auf; dann ist

$$f(x) = F\big(x \times f(x)\big).$$

Wir setzen nun für jeden Zyklus ζ aus μ

$$\varphi(\zeta) \approx (M \times \zeta) \circ \overline{M}.$$

Aus dieser Konstruktion ist die Tatsache ersichtlich, daß φ die Rolle einer „Umkehrung" von f spielt. Wir haben zu zeigen, daß φ ein Ringhomomorphismus ist und (4) erfüllt.

Aus (7b) folgt durch rechtsseitiges Schneiden mit $\overline{M}$, daß φ ein additiver, aus (10), daß φ ein multiplikativer Homomorphismus ist.

Nach (9) ist, wenn $\bar{z}$ ein Zyklus in $\overline{M}$ ist,

$$\varphi(\zeta) \cdot \bar{z} = \big((M \times \zeta) \circ \overline{M}\big) \cdot \bar{z} = (M \times \zeta) \circ \bar{z};$$

die Behauptung (4) läßt sich daher schreiben:

$$F\big((M \times \zeta) \circ \bar{z}\big) \approx \zeta \cdot F(\bar{z}). \tag{4'}$$

Ist z' ein Zyklus in $M \times \mu$, so daß

$$z' \approx \bar{z} \quad \text{in} \quad M \times \mu$$

---

[13]) LEFSCHETZ (b), Nr. 1.

ist, so folgt, da Zyklen, die in $M \times \mu$ d.-homolog sind, durch F auf Zyklen abgebildet werden, die in μ d.-homolog sind, die Behauptung (4′) aus

$$F((M \times \zeta) \circ z') = \zeta \cdot F(z'), \tag{4''}$$

wo wir auch ζ als aus Zellen einer Zerlegung von μ bestehend annehmen; (4″) ist also für einen geeigneten z' zu beweisen.

$t_1^i, t_2^i, \ldots$, und $\tau_1^j, \tau_2^j, \ldots$ $(i, j = 0, 1, \ldots, n)$ seien die Zellen von Zerlegungen von M und μ. Wir können z' so wählen, daß

$$z' = \sum_{r,s} u_{rs} (t_r \times \tau_s) \tag{11}$$

ist; dann folgt aus (8) durch Summierung über r und s

$$F(z') = \sum_{r,s} u_{rs} \tau_s. \tag{12}$$

Nach (6) und (11) ist

$$(M \times \zeta) \circ z' = \sum_{r,s} u_{rs} (t_r \times \zeta \cdot \tau_s); \tag{11'}$$

ζ darf man als zu den τ_s in allgemeiner Lage befindlich annehmen; dann ist $\zeta \cdot \tau_s$ eine Zelle; aus (11′) und (8) folgt durch Summierung

$$F((M \times \zeta) \circ z') = \sum_{r,s} u_{rs} \zeta \cdot \tau_s = \zeta \cdot \sum_{r,s} u_{rs} \tau_s,$$

also nach (12) die Behauptung (4″).

§ 4. Sätze über algebraische Eigenschaften einer Abbildung

Die Sätze dieses Paragraphen sind rein algebraische Folgerungen aus der Tatsache, daß es eine ringhomomorphe Abbildung φ des Ringes $\mathfrak{R}(\mu)$ in den Ring $\mathfrak{R}(M)$ gibt, die die Eigenschaften Ia und Ib besitzt. Weitere Eigenschaften von φ werden nicht herangezogen, Gl. (4) wird also nicht voll ausgenutzt. c ist immer der Grad von f, und es gelten überhaupt die im § 2 eingeführten Bezeichnungen. Es bedeute ferner $\mathfrak{N}_f$ die additive Untergruppe von $\mathfrak{R}(M)$, die aus denjenigen Elementen besteht, deren f-Bilder ≈ 0 sind.

Satz II: *Ist $c \neq 0$, so hat f folgende Eigenschaften:*

1. *jeder c-fache Zyklus $c\zeta$ aus μ ist dem Bild eines Zyklus aus M d.-homolog;*

2. *die (additive) Gruppe derjenigen Elemente von $\mathfrak{R}(M)$, deren Bilder c-fache Elemente*[14]) *von $\mathfrak{R}(\mu)$ sind, — die also alle c-fachen Elemente von $\mathfrak{R}(M)$ als Untergruppe enthält —, ist die direkte Summe der Gruppe $\mathfrak{N}_f$ und eines mit $\mathfrak{R}(\mu)$ dimensionstreu-isomorphen Ringes $\mathfrak{R}_f$;*

[14]) Ein Element A heißt c-fach, wenn es ein Element B gibt, so daß $A \approx cB$ ist.

3. *der eben genannte Isomorphismus wird durch Ausübung der Abbildung* $\frac{1}{c} f$ *auf die Elemente von* $\mathfrak{R}_f$ *vermittelt; für je zwei Elemente* z_1, z_2 *von* $\mathfrak{R}_f$ *gilt also*

$$\frac{1}{c} f(z_1) \cdot \frac{1}{c} f(z_2) \approx \frac{1}{c} f(z_1 \cdot z_2)$$

oder, was dasselbe ist,

$$f(z_1) \cdot f(z_2) \approx c f(z_1 \cdot z_2). \tag{13}$$

Beweis: 1. Nach Ib ist $c\zeta \approx f(\varphi(\zeta))$.

2. Der Homomorphismus φ ist eineindeutig; denn aus

$$\varphi(\zeta_1) \approx \varphi(\zeta_2)$$

folgt nach Ib

$$c\zeta_1 \approx c\zeta_2,$$

also

$$\zeta_1 \approx \zeta_2.$$

Die Gesamtheit aller Elemente $\varphi(\zeta)$ ist also ein zu $\mathfrak{R}(\mu)$ dimensionstreu-isomorpher Unterring $\mathfrak{R}_f$ von $\mathfrak{R}(M)$. Ist

$$f(z) \approx c\zeta, \tag{14}$$

so ist nach Ib

$$f(z - \varphi(\zeta)) \approx 0,$$

also

$$z \approx y + \varphi(\zeta),$$

wobei

$$y \subset \mathfrak{N}_f$$

ist. Mithin ist jedes z, das (14) erfüllt, Summe eines Elements aus $\mathfrak{N}_f$ und eines Elements aus $\mathfrak{R}_f$. Diese Summendarstellung ist eindeutig bestimmt; denn aus

$$y_1 + \varphi(\zeta_1) \approx y_2 + \varphi(\zeta_2)$$

mit $y_1, y_2 \subset \mathfrak{N}_f$ folgt

$$y_2 - y_1 \approx \varphi(\zeta_1 - \zeta_2),$$

also nach Ib

$$0 \approx c(\zeta_1 - \zeta_2)$$

und daher

$$\zeta_1 \approx \zeta_2$$

sowie

$$y_1 \approx y_2.$$

Diese eindeutige Darstellbarkeit jedes Elements z, das (14) erfüllt, als Summe besagt, daß die Gesamtheit dieser Elemente die direkte Summe von $\mathfrak{N}_f$ und $\mathfrak{R}_f$ ist.

3. Sind z, ζ einander entsprechende Elemente von $\mathfrak{N}_f$ bzw. $\mathfrak{R}(\mu)$, so ist $z \approx \varphi(\zeta)$, also nach Ib: $f(z) \approx c\zeta, \zeta \approx \frac{1}{c} f(z)$.

Satz IIa: *Ist* $c \neq 0$, *so ist*

$$p_f^i = p^i(\mu) \qquad (i=0, 1, \ldots, n)$$

und mithin

$$P_f = P(\mu).$$

(Die Bezeichnungen sind in den §§ 1, 2 erklärt.)

Beweis: Die Gruppe der c-fachen, i-dimensionalen Elemente von $\mathfrak{R}(\mu)$ hat den Rang $p^i(\mu)$; nach Satz II, 1 sind alle diese Elemente Bilder. Folglich ist $p_f^i \geqq p^i(\mu)$, und da nach Definition von p_f^i immer $p_f^i \leqq p^i(\mu)$ ist, gilt die Behauptung.

Satz IIb: *Ist* $c = \pm 1$, *so ist* $\mathfrak{R}(M)$ *die direkte Summe der Gruppe* $\mathfrak{N}_f$ *und des mit* $\mathfrak{R}(\mu)$ *dimensionstreu-isomorphen Ringes* $\mathfrak{R}_f$.

Der **Beweis** ist in II, 2 enthalten.

Satz IIc: *Ist für jedes* i $p^i(M) = p^i(\mu)$, *— ist also z. B.* $M = \mu$, *— und* $c \neq 0$, *so ist für je zwei Zyklen* z_1, z_2

$$f(z_1) \cdot f(z_2) \approx c f(z_1 \cdot z_2).$$

Beweis: Da die i-dimensionalen Elemente z, die (14) erfüllen, stets den Rang $p^i(M)$ und die i-dimensionalen Elemente von $\mathfrak{R}_f$ nach II, 2 stets den Rang $p^i(\mu)$ haben, haben die i-dimensionalen Elemente von $\mathfrak{N}_f$ nach II, 2 stets den Rang $p^i(M) - p^i(\mu)$, in unserem Fall also den Rang 0, d. h. $\mathfrak{N}_f$ besteht nur aus dem Nullelement. Da nach II, 2 stets $cz \subset \mathfrak{R}_f + \mathfrak{N}_f$ ist, also unter unseren Voraussetzungen $cz \subset \mathfrak{R}_f$ für jedes Element z. Folglich ist nach II, 3 für zwei beliebige Elemente z_1, z_2

$$c^2 f(z_1) \cdot f(z_2) \approx c^3 f(z_1 \cdot z_2),$$

woraus die Behauptung folgt.

Aus diesem Satz und aus II, 1 folgt unmittelbar:

Satz IId: *Ist unter den Voraussetzungen von* IIc *noch* $c = 1$, *so ist die Ringabbildung* f *ein dimensionstreuer Isomorphismus zwischen* $\mathfrak{R}(M)$ *und* $\mathfrak{R}(\mu)$. *Also bewirkt* f, *wenn sie* M *auf sich mit* $c=1$ *abbildet, einen dimensionstreuen Automorphismus von* $\mathfrak{R}(M)$.

In Satz II, 2 ist enthalten

Satz III: *Eine notwendige Bedingung für die Abbildbarkeit mit von* 0 *verschiedenem Grade von* M *auf* μ *ist die Existenz eines zu* $\mathfrak{R}(\mu)$ *dimensionstreu-isomorphen Unterrings von* $\mathfrak{R}(M)$.

Dieser Satz enthält den schwächeren

Satz IIIa: *Notwendige Bedingungen für die eben genannte Abbildbarkeit sind die Ungleichungen*

$$p^i(M) \geqq p^i(\mu) \qquad (i=1, 2, \ldots, n-1).$$

Hieraus ergibt sich die folgende Verallgemeinerung des Satzes von der topologischen Invarianz der Bettischen Zahlen:

Satz IIIb: *Zwei Mannigfaltigkeiten, von denen man jede auf die andere mit einem von* 0 *verschiedenen Grade abbilden kann, haben für jede Dimension gleiche Bettische Zahlen.*

Ebenso ergibt sich aus IId eine Verallgemeinerung des Satzes von der topologischen Invarianz des Ringes einer Mannigfaltigkeit:

Satz IIIc: *Haben M und μ in jeder Dimension gleiche Bettische Zahlen, und kann man M auf μ mit dem Grade* 1 *abbilden, so sind die beiden Ringe dimensionstreu-isomorph.*

Nach Satz IIa gibt es $p^i(\mu)$ i-dimensionale Elementarteiler (s. § 2) von f; sie seien — in ihrer natürlichen Reihenfolge — $c_1^i, c_2^i, \ldots, c_{p^i(\mu)}^i$. Unter den Voraussetzungen von Satz IIc besteht zwischen den i-dimensionalen und den $(n-i)$-dimensionalen Elementarteilern eine gewisse Dualität:

Satz IV: *Haben M und μ in jeder Dimension gleiche Bettische Zahlen p^i, — ist also z. B. $M=\mu$, — und ist $c \neq 0$, so ist*

$$c_r^i \cdot c_{p^i-r+1}^{n-i} = |c| \qquad (i=0, 1, \ldots, n; \; r=1, 2, \ldots, p^i).$$

Beweis: Man kann i-dimensionale Basen $z_1^i, z_2^i, \ldots, z_{p^i}^i$ und $\zeta_1^i, \zeta_2^i, \ldots, \zeta_{p^i}^i$ in M und μ so wählen, daß

$$f(z_r^i) \approx c_r^i \zeta_r^i \qquad (r=1, 2, \ldots, p^i)$$

ist. Ihre dualen Basen seien $z_1^{n-i}, z_2^{n-i}, \ldots, z_{p^i}^{n-i}$ bzw. $\zeta_1^{n-i}, \zeta_2^{n-i}, \ldots, \zeta_{p^i}^{n-i}$; dann ist nach Ia

$$\varphi(\zeta_r^{n-i}) \approx c_r^i z_r^{n-i} \qquad (r=1, 2, \ldots, p^i). \tag{15}$$

Es sei

$$f(z_r^{n-i}) \approx \sum_s a_{rs} \zeta_s^{n-i} \qquad (r=1, 2, \ldots, p^i); \tag{16}$$

wendet man f auf (15) an, so ergibt sich nach Ib und (16)

$$c\, \zeta_r^{n-i} \approx c_r^i \sum_s a_{rs} \zeta_s^{n-i},$$

also ist $a_{rs}=0$ für $r \neq s$ und $c=c_r^i\, a_{rr}$, d.h. (16) hat die Gestalt

$$f(z_r^{n-i}) \approx \frac{c}{c_r^i}\,\zeta_r^{n-i} \qquad (r=1, 2, \ldots, p^i). \tag{16'}$$

Da c_r^i Teiler von c_{r+1}^i ist, ist $\frac{c}{c_{r+1}^i}$ Teiler von $\frac{c}{c_r^i}$. Schreibt man die Gl. (16′) in der umgekehrten Reihenfolge auf als bisher, also zuerst die Gleichung mit $r=p^i$, zuletzt die mit $r=1$, so hat man die $(n-i)$-dimensionale f-Substitution durch Einführung neuer Basen auf eine Diagonalform gebracht, in der jedes Element durch das vorhergehende teilbar ist; dann sind aber die Elemente der Substitutionsmatrix bis auf das Vorzeichen die Elementarteiler der Substitution. Es ist also

$$c_{p^i-r+1}^{n-i} = \left|\frac{c}{c_r^i}\right|, \qquad c_r^i \cdot c_{p^i-r+1}^{n-i} = |c|.$$

Der folgende Satz ist ein Gegenstück zu dem Satz IIa:

Satz V: *Ist $c=0$, so ist*

$$p_f^i + p_f^{n-i} \leqq p^i(M) = \frac{p^i(M)+p^{n-i}(M)}{2} \qquad (i=0, 1, \ldots, n)$$

und mithin

$$P_f \leqq \tfrac{1}{2}\, P(M).$$

Beweis: $\mathfrak{N}_f^i$ sei die (additive) Gruppe derjenigen i-dimensionalen Elemente von $\mathfrak{R}(M)$, deren Bilder ≈ 0 sind. Ist $\mathfrak{B}^i$ die Gruppe aller i-dimensionalen Elemente von $\mathfrak{R}(M)$, so wird die Gruppe der Restklassen (Faktorgruppe) von $\mathfrak{N}_f^i$ in $\mathfrak{B}^i$ isomorph auf die Gruppe der i-dimensionalen Bilder in $\mathfrak{R}(\mu)$ abgebildet. Folglich hat die Restklassengruppe den Rang p_f^i, und da der Rang einer Untergruppe stets gleich dem Rang der ganzen Gruppe, vermindert um den Rang der Restklassengruppe ist, hat $\mathfrak{N}_f^i$ den Rang $p^i(M)-p_f^i$. Andererseits sind infolge Ib und $c=0$ alle Elemente $\varphi(\zeta^i)$ in $\mathfrak{N}_f^i$ enthalten, der Rang von $\mathfrak{N}^i$ ist also mindestens gleich dem Rang der i-dimensionalen φ-Substitution; der letztgenannte Rang ist nach Ia gleich dem Rang der $(n-i)$-dimensionalen f-Substitution, also gleich p_f^{n-i}. Folglich ist $p^i(M)-p_f^i \geqq p_f^{n-i}$, w.z.b.w.

Für den Fall $M=\mu$ und seine mehrfach herangezogene Verallgemeinerung seien die Sätze IIa und V noch einmal gegenübergestellt:

Satz Va: *Haben M und μ in jeder Dimension gleiche Bettische Zahlen, ist also z.B. $M=\mu$, so ist entweder*

$$c \neq 0, \quad p_f^i = p^i(M) \quad (i=0, 1, \ldots, n), \quad P_f = P(M)$$

oder

$$c=0, \quad p_f^i + p_f^{n-i} \leqq p^i(M) = \frac{p^i(M)+p^{n-i}(M)}{2}$$

$$(i=0, 1, \ldots, n), \; P_f \leqq \tfrac{1}{2}\, P(M).$$

§ 5. Beispiel: Die komplexen projektiven Räume

In diesem Paragraphen sind obere Indizes immer Exponenten, nicht Dimensionszahlen.

K_n sei die Gesamtheit der komplexen Punkte des n-dimensionalen projektiven Raumes, d.h. aller Verhältnisse komplexer Zahlen $z_0:z_1:\cdots:z_n$ unter Ausschluß des Verhältnisses $0:0:\cdots:0$. Man zeigt leicht, daß K_n eine $2n$-dimensionale geschlossene orientierbare Mannigfaltigkeit ist; die Orientierbarkeit folgt z.B. daraus, daß K_n aus dem $2n$-dimensionalen euklidischen Raum R_{2n} durch Hinzufügung eines K_{n-1} entsteht und eine Orientierung des R_{2n} durch Hinzufügung eines $(2n-2)$-dimensionalen Gebildes nicht zerstört wird.

Durch das Gleichungssystem

$$z_{m+1}=z_{m+2}=\cdots=z_n=0$$

wird in K_n ein K_m ausgezeichnet, den wir kurz mit K_m bezeichnen. Wir behaupten, daß K_m eine vollständige $2m$-dimensionale Homologiebasis bildet (d.h. daß $K_m \not\sim 0$ und daß jeder $2m$-dimensionale Zyklus einem Vielfachen von K_m homolog ist), und daß es Homologiebasen ungerader Dimension nicht gibt (d.h. daß jeder Zyklus ungerader Dimension ~ 0 ist).

Für $n=0$, also für einen Punkt K_0, ist die Behauptung richtig; wir nehmen sie für K_{n-1} als bewiesen an. Ist dann Z ein höchstens $(2n-1)$-dimensionaler Zyklus in K_n, so dürfen wir annehmen, daß der Punkt $0:\cdots:0:1$ nicht auf Z liegt. Damit ist, wenn $z_0:\cdots:z_{n-1}:z_n$ irgendein Punkt von Z ist, $z_0:\cdots:z_{n-1}:tz_n$ für jeden Wert von t ein Punkt in K_n. Wir deformieren Z, indem wir den eben eingeführten Parameter t von 1 bis 0 laufen lassen, in einen zu Z homologen, in K_{n-1} gelegenen Zyklus $\overline{Z}$. Hat Z ungerade Dimension, so ist nach Annahme $\overline{Z}\sim 0$ in K_{n-1}, also $Z\sim\overline{Z}\sim 0$ in K_n. Hat Z die Dimension $2m$, so ist nach Annahme $\overline{Z}\sim aK_m$ in K_{n-1}, also $Z\sim\overline{Z}\sim aK_m$ in K_n; wir haben noch zu zeigen daß $K_m \not\sim 0$ in K_n ist. Wäre $K_m\sim 0$ in K_n, so gäbe es einen von K_m berandeten $(2m+1)$-dimensionalen Komplex Y in K_n, von dem wir wieder annehmen dürften, daß der Punkt $0:\cdots:0:1$ nicht auf ihm liegt. Wir könnten ihn durch das schon oben angewandte Verfahren in einen Komplex $\overline{Y}$ in K_{n-1} deformieren; dabei würde an dem Rand K_m von Y nichts geändert, K_m würde also $\overline{Y}$ in K_{n-1} beranden, im Widerspruch zu der über K_{n-1} gemachten Annahme. Damit ist die Behauptung bewiesen; die Bettischen Zahlen von K_n sind also 1 für die geraden, 0 für die ungeraden Dimensionszahlen. Torsionskoeffizienten sind nicht vorhanden, Homologien und D.-Homologien sind daher miteinander identisch.

K_{n-1} hatten wir durch die Gleichung $z_n = 0$ definiert; ist $\overline{K}_{n-1}$ das durch $z_{n-1} = 0$ definierte Gebilde, so ist K_{n-2} der Schnitt[15]) von K_{n-1} und $\overline{K}_{n-1}$; ferner sind K_{n-1} und $\overline{K}_{n-1}$ einander homolog, da sie sich eineindeutig ineinander deformieren lassen; dabei haben wir die Vorzeichen vernachlässigt. Jedenfalls ist

$$K_{n-2} \sim \pm K_{n-1}^2.$$

Allgemein ist, da jeder durch eine Gleichung $z_i = 0$ definierte Zyklus bis auf das Vorzeichen zu K_{n-1} homolog und K_m der Schnitt von $n-m$ dieser Zyklen ist,

$$K_m \sim \pm K_{n-1}^{n-m}.$$

Die Potenzen von $X = K_{n-1}$ bilden also eine Basis des Homologieringes von K_n; dabei sind aber von der $(n+1)$-ten Potenz an alle Potenzen gleich 0 zu setzen, da die entsprechenden Schnitte nicht mehr existieren. *Der Ring von K_n ist isomorph dem Ring der ganzzahligen Polynome einer Variabeln X, die die Gleichung $X^{n+1} = 0$ erfüllt.*

Wir betrachten nun eine Abbildung f von K_n auf eine mit K_n homöomorphe Mannigfaltigkeit $\varkappa_n$, die auch mit K_n identisch sein darf. Die den K_m analogen Basiselemente in $\varkappa_n$ bezeichnen wir mit $\varkappa_m$, und setzen $\varkappa_{n-1} = \xi$, so daß also bei geeigneter Orientierung der K_m und $\varkappa_m$

$$K_m \sim X^{n-m}, \quad \varkappa_m \sim \xi^{n-m} \quad (m = 0, 1, \ldots, n) \tag{17}$$

wird, wobei $K_0 \sim X^n$, $\varkappa_0 \sim \xi^n$ Punkte sind. Es sei

$$f(K_m) \sim u_m \varkappa_m; \tag{18}$$

dann ist nach Satz Ia, da K_{n-m} zu $\pm K_m$, $\varkappa_{n-m}$ zu $\pm \varkappa_m$ dual ist,

$$\varphi(\varkappa_{n-m}) \sim u_m K_{n-m}, \tag{19}$$

also nach (17) insbesondere

$$\varphi(\xi) \sim u_1 X.$$

Hieraus folgt, da φ ein multiplikativer Homomorphismus ist,

$$\varphi(\xi^l) \sim u_1^l X^l, \text{[16])}$$

also nach (17), wenn wir $u_1 = u$ setzen,

$$\varphi(\varkappa_{n-m}) \sim u^m K_{n-m}$$

---

[15]) Man hat hier und im folgenden streng genommen noch zu zeigen, daß die sich schneidenden Zyklen als Polyeder aufgefaßt werden können, die sich zueinander in allgemeiner Lage befinden; dieser Nachweis stößt auf keine Schwierigkeit. — Hierzu vgl. man: B. L. van der Waerden, Topologische Begründung des Kalküls der abzählenden Geometrie, Math. Annalen 102 (1929), wo im „Anhang II" speziell K_n betrachtet wird.

[16]) Hier ist immer $u^0 = 1$ zu setzen, auch dann, wenn $u = 0$ ist.

und nach Ia

(20) $f(K_m) \sim u^m \varkappa_m$, d.h. $u_m = u^m$ $(m=0, 1, \ldots, n)$.[16])

Die Gleichungen (20) sind notwendige Bedingungen für f; die Gleichung mit $m=n$ besagt, daß der Grad von f eine n-te Potenz sein muß. Es bleibt noch die Frage zu beantworten, ob es zu jedem u eine Abbildung f gibt. Diese Frage ist (für $n \geqq 1$) zu bejahen. Denn ist $\varkappa_n$ die Gesamtheit der Verhältnisse $\zeta_0 : \zeta_1 : \cdots : \zeta_n$, so liefert für $u \geqq 0$ die Abbildung

(21a) $$\zeta_i = z_i^u \quad (i=0, 1, \ldots, n),$$

für $u \leqq 0$ die Abbildung

(21b) $$\zeta_i = \bar{z}_i^u \quad (i=0, 1, \ldots, n),$$

wobei $\bar{z}_i$ die zu z_i konjugiert komplexe Zahl ist, je ein Beispiel der gewünschten Art. Denn in jedem Fall wird der — mit einer Kugelfläche homöomorphe — Zyklus K_1, der durch $z_2 = \cdots = z_n = 0$ definiert ist, auf die entsprechende Fläche in $\varkappa_n$ mit dem Grade u abgebildet, und dies bedeutet $f(K_1) \sim u\varkappa_1$.

Wir fassen zusammen:

Satz VI: *Die Kreise der Abbildungen des komplexen projektiven Raumes K_n auf einen gleichdimensionalen komplexen projektiven Raum lassen sich vollständig aufzählen: sie werden durch die Abbildungen repräsentiert, die durch die Gleichungen* (21a), (21b) *gegeben sind. Als Abbildungsgrade treten nur n-te Potenzen auf.*

Auf Grund der Kenntnis dieser Abbildungskreise können wir einen Fixpunktsatz aussprechen, der bekannte Eigenschaften der reellen projektiven Räume ins Komplexe überträgt:

Satz VII: *Ist n gerade, so hat jede Abbildung von K_n auf sich einen Fixpunkt. Ist n ungerade, so ist der einzige Kreis, der fixpunktfreie Abbildungen enthält, der vom Grade -1, in dem also $f(K_m) \sim (-1)^m K_m$ $(m= 0, 1, \ldots, n)$ ist. Eine fixpunktfreie Abbildung ist z.B.*

$$\zeta_{2i} = \bar{z}_{2i+1}, \quad \zeta_{2i+1} = -\bar{z}_{2i} \quad \left(i=0, 1, \ldots, \frac{n-1}{2}\right).$$

Beweis: Nach der Lefschetzschen Fixpunktformel[1]) und nach (20) hat die Summe der Indizes der Fixpunkte den Wert $\sum_{m=0}^{n} u^m$; diese Zahl ist dann und nur dann gleich 0, wenn n ungerade und $u=-1$ ist. — Daß die in dem Satz angegebene Abbildung fixpunktfrei ist, ist daraus ersichtlich, daß für einen Fixpunkt $\zeta_{2i} : \zeta_{2i+1} = z_{2i} : z_{2i+1}$, also $|z_{2i}|^2 + |z_{2i+1}|^2 = 0$ für $i=0, 1, \ldots, \frac{n-1}{2}$, also $z_j = 0$ für alle j sein müßte, was unmöglich ist.

§ 6. Der Index und weitere algebraische Eigenschaften einer Abbildung

In diesem Paragraphen wird die durch f zwischen den Fundamentalgruppen von M und μ hergestellte Beziehung in unsere Untersuchungen einbezogen; ein Teil der sich dabei ergebenden Sätze — nämlich die Sätze VIIIa, Xa, Xb — läßt sich aber ebenso wie die oben im § 4 bewiesenen Sätze so aussprechen, daß nur von Homologiebegriffen die Rede ist.

Es sei zunächst kurz über einige Tatsachen berichtet, die an anderer Stelle[17]) ausführlich dargestellt worden sind.

Zwei durch einen Punkt gehende geschlossene Wege heißen „äquivalent", wenn man sie unter Festhaltung des Punktes ineinander deformieren kann; die zu einem Punkt gehörigen Äquivalenzklassen repräsentieren die Fundamentalgruppe der Mannigfaltigkeit. Denjenigen unter den zu einem Punkt $\xi = f(x)$ gehörigen Äquivalenzklassen, die Bilder geschlossener Wege durch den Punkt x von M enthalten, entspricht eine Untergruppe $\mathfrak{U}$ der Fundamentalgruppe Φ von μ; $\mathfrak{U}$ ist bis auf innere Automorphismen von Φ eindeutig bestimmt und von x unabhängig; der Index j von $\mathfrak{U}$ in Φ heißt der „Index von f". Die Überlagerungsmannigfaltigkeit μ^* von μ, die man erhält, wenn man unter den Wegen durch ξ nur diejenigen als geschlossen betrachtet, die zu $\mathfrak{U}$ gehören, hat j Blätter; die durch die Überlagerung gegebene Abbildung von μ^* auf μ heiße ψ[18]). Man beweist leicht:

(A) *Es gibt eine Abbildung f^* von M auf μ^*, die den Index $j^* = 1$ hat, so daß für jeden Punkt y von M $f(y) = \psi f^*(y)$ ist.*

Wenn $j = \infty$ ist, so ist μ^* offen und f^* hat den Grad 0; dann hat nach (A) auch f den Grad 0, also gilt:

(B) *Ist $c \neq 0$, so ist j endlich.*

Ferner folgt nach der Produktregel für die Grade, nach der diese bei Zusammensetzung von Abbildungen sich multiplizieren:

(C) *Ist $c \neq 0$, so ist j ein Teiler von c, und zwar ist $c = c^* j$, wenn c^* der Grad von f^* ist.*

Dies sind die Tatsachen, die wir brauchen werden. (B) ist ein Analogon zu Satz IIa; denn die in diesem ausgesagte Gleichung $p_f^i = p^i(\mu)$ bedeutet, daß die Gruppe derjenigen i-dimensionalen Homologieklassen, die Bilder i-dimensionaler Homologieklassen von M sind, eine Untergruppe mit endlichem Index in der Gruppe aller i-dimensionalen Homologieklassen

[17]) In der in Fußn. 2 genannten Arbeit des Verfassers, §§ 1—3. Die im obigen Text formulierten Sätze (A), (B), (C) sind die Sätze I, VII, VIIa der zitierten Arbeit.

[18]) A. a. O. heißt diese Abbildung φ; dieser Buchstabe bezeichnet aber in unserem § 3 eine andere Abbildung.

von μ bilden. Dieser Index ist das Produkt der i-dimensionalen Elementarteiler von f.

Der Zusammenhang zwischen dem Index j und den früher behandelten Begriffen wird durch den folgenden Satz vermittelt:

Satz VIII: *Ist j endlich — also z. B. $c \neq 0$ —, so ist $p_j^1 = p^1(\mu)$ und das Produkt der 1-dimensionalen Elementarteiler ein Teiler von j.*

Beweis: Die Zusammensetzung zweier Wege, also die gruppenbildende Operation der Fundamentalgruppe, wird im folgenden ebenso wie die Zusammensetzung bei Homologien als Addition bezeichnet. Wir fassen die Äquivalenzklassen der geschlossenen Wege durch den Punkt $\xi = f(x)$ dadurch in „A-Klassen" zusammen, daß wir bestimmen: zwei Äquivalenzklassen $\mathfrak{A}_1$, $\mathfrak{A}_2$ gehören dann und nur dann zu derselben A-Klasse, wenn die Äquivalenzklasse $\mathfrak{A}_1 - \mathfrak{A}_2$ das Bild eines geschlossenen Weges durch x enthält. Nach Definition von j ist j die Anzahl der A-Klassen. Faßt man die Äquivalenzklassen nicht als Gruppenelemente, sondern als Mengen der in ihnen enthaltenen Wege auf, so liegt eine Einteilung aller geschlossenen Wege durch ξ in j A-Klassen durch die Bestimmung vor, daß zwei Wege C_1, C_2 dann und nur dann zu derselben A-Klasse gehören, wenn $C_1 - C_2$ dem Bilde eines geschlossenen Weges durch x äquivalent ist. Bezeichnet man die Gruppe der geschlossenen Wege, die den eben genannten Bildern äquivalent sind, mit $\mathfrak{A}$, die Gruppe aller geschlossenen Wege durch ξ mit $\mathfrak{C}$, so ist dies die Restklassenzerlegung von $\mathfrak{C}$ modulo $\mathfrak{A}$.*)

Stellt man die eben für Äquivalenzklassen durchgeführte Überlegung für D.-Homologieklassen an, so kommt man zu einer Einteilung aller geschlossenen Wege durch ξ in „B-Klassen" durch die Bestimmung, daß zwei Wege C_1, C_2 dann und nur dann zu derselben B-Klasse gehören, wenn $C_1 - C_2$ dem Bilde eines geschlossenen Weges durch x d.-homolog ist; diese Einteilung ist die Restklassenzerlegung von $\mathfrak{C}$ modulo der Gruppe $\mathfrak{B}$ derjenigen geschlossenen Wege durch ξ, die Bildern geschlossener Wege durch x d.-homolog sind. Da jede 1-dimensionale D.-Homologieklasse von μ geschlossene Wege durch ξ enthält, ist — ebenso wie oben die Anzahl der A-Klassen j war — die Anzahl der B-Klassen gleich dem Index der Untergruppe derjenigen D.-Homologieklassen, die Bilder sind, in der Gruppe aller D.-Homologieklassen, also entweder unendlich oder gleich dem Produkt der Elementarteiler.

$\mathfrak{A}$ ist Untergruppe von $\mathfrak{B}$; daher kommt der Beweis von Satz VIII nunmehr auf den Beweis des folgenden gruppentheoretischen Tatbestandes hinaus: „$\mathfrak{B}$ sei Untergruppe von $\mathfrak{C}$, $\mathfrak{A}$ Untergruppe von $\mathfrak{B}$; die Indizes von $\mathfrak{A}$ und $\mathfrak{B}$ in $\mathfrak{C}$ seien a bzw. b, a sei endlich; dann ist auch b endlich und Teiler von a".

*) [Statt „Wege" sollte es korrekter „Äquivalenzklassen von Wegen" heißen. — Nach der weiter oben benutzten Bezeichnung ist $\mathfrak{A} = \Phi$ und $\mathfrak{C} = \mathfrak{U}$.]

Gehören C_1, C_2 zu einer Restklasse modulo $\mathfrak{A}$, so ist $C_1 - C_2 \subset \mathfrak{A} \subset \mathfrak{B}$, also gehören sie auch zu einer Restklasse modulo $\mathfrak{B}$; somit lassen sich die Restklassen $\mathfrak{A}_1, \mathfrak{A}_2, \ldots, \mathfrak{A}_a$, in die $\mathfrak{C}$ mod. $\mathfrak{A}$ zerfällt, durch Zusammenfassung zu den Restklassen $\mathfrak{B}_1, \mathfrak{B}_2, \ldots, \mathfrak{B}_b$ vereinigen, in die $\mathfrak{C}$ mod. $\mathfrak{B}$ zerfällt; folglich ist b endlich, (also $p_f^1 = p^1(\mu)$). $\mathfrak{B}_i$ bestehe aus r_i der Restklassen $\mathfrak{A}_k$. Es ist zu zeigen, daß $r_1 = r_2 = \cdots = r_b$ ist; denn daraus ergibt sich $a = r_1 b$.

$\mathfrak{B}_1$ bestehe aus den Klassen $\mathfrak{A}_1, \mathfrak{A}_2, \ldots, \mathfrak{A}_{r_1}$; $C_1, C_2, \ldots, C_{r_1}$ seien Elemente aus diesen Klassen; C' sei ein Element aus $\mathfrak{B}_2$, und es sei $C' = C_1 + \overline{C}$. Dann gehören die Elemente $C^{(k)} = C_k + \overline{C}$ $(k = 1, 2, \ldots, r_1)$ zu verschiedenen Klassen $\mathfrak{A}_k$, da $C^{(k_1)} - C^{(k_2)} = C_{k_1} + \overline{C} - \overline{C} - C_{k_2} = C_{k_1} - C_{k_2} \not\subset \mathfrak{A}$ ist; sie gehören aber alle zu derselben Klasse $\mathfrak{B}_2$, da die eben aufgeschriebene Differenz $\subset \mathfrak{B}$ ist; folglich ist $r_2 \geqq r_1$, und da sich ebenso $r_1 \geqq r_2$ ergibt, $r_1 = r_2$ und allgemein $r_1 = r_i$, womit alles bewiesen ist.

Aus (C) und Satz VIII folgt:

Satz VIIIa: *Das Produkt der 1-dimensionalen Elementarteiler ist ein Teiler des Grades.*

Aus den Sätzen IV, Va und VIII folgt:

Satz VIIIb: *Haben M und μ gleiche Bettische Zahlen, — ist also z.B. $M = \mu$ —, und ist $j = 1$, so gibt es in M bzw. μ 1- und $(n-1)$-dimensionale Basen z_r^1, z_r^{n-1} bzw. ζ_r^1, ζ_r^{n-1} $(r = 1, 2, \ldots, p^1)$, für die die durch f bewirkten Substitutionen die Gestalt haben:*

(22a) $$f(z_r^1) \approx \zeta_r^1$$

(22b) $$f(z_r^{n-1}) \approx c\,\zeta_r^{n-1}.$$

Satz IX: *Es gebe in M n $(n-1)$-dimensionale Zyklen, deren (0-dimensionaler) Schnitt homolog einem einfachen Punkt ist; dann ist bei jeder Abbildung von M auf eine Mannigfaltigkeit μ mit denselben Bettischen Zahlen — also z.B. auf M selbst —, bei der $c \neq 0$ ist, $|c| = j$.*

Beweis: Die in (A) genannte Mannigfaltigkeit μ^* hat dieselben Bettischen Zahlen wie M und μ; denn einerseits ist, da f^* (s. (C)) einen von 0 verschiedenen Grad hat, nach IIIa $p^i(M) \geqq p^i(\mu^*)$; andererseits ist, da auch ψ einen von 0 verschiedenen Grad hat, nach IIIa $p^i(\mu^*) \geqq p^i(\mu) = p^i(M)$.

Folglich ist, da der Index von f^* $j^* = 1$ ist, nach VIIIb, Gl. (22b), das f^*-Bild jedes $(n-1)$-dimensionalen Zyklus ein c^*-facher Zyklus in μ^*, wobei c^* der Grad von f^* ist. Mithin gehört, in der Terminologie von Satz II, 2, jeder $(n-1)$-dimensionale Zyklus von M zu $\mathfrak{N}_{f^*} + \mathfrak{R}_{f^*}$; da aber der i-dimensionale Rang von $\mathfrak{N}_{f^*}$ infolge des Isomorphismus von $\mathfrak{N}_{f^*}$ und $\mathfrak{N}(\mu^*)$ stets gleich $p^i(M) - p^i(\mu^*)$ ist, ist er in unserem Fall 0, $\mathfrak{N}_{f^*}$

besteht also nur aus dem Nullelement, und jeder $(n-1)$-dimensionale Zyklus gehört daher zu $\mathfrak{R}_{f*}$. Da $\mathfrak{R}_{f*}$ ein Ring ist, gehört auch jeder Schnitt $(n-1)$-dimensionaler Zyklen zu $\mathfrak{R}_{f*}$ und hat daher nach Satz II, 2 einen c^*-fachen Zyklus in μ^* als Bild.

Nach Voraussetzung gibt es in M n $(n-1)$-dimensionale Zyklen mit

$$z_1^{n-1} \cdot z_2^{n-1} \cdot \ldots \cdot z_n^{n-1} \approx z^0,$$

wobei z^0 einen einfach gezählten Punkt bezeichnet. Nach dem eben Bewiesenen ist $f^*(z^0)$ ein c^*-facher Zyklus, also ist, da $f^*(z^0)$ ein einfacher Punkt ist, $c^* = \pm 1$.

Dann ist nach (C) $|c| = j$.

Unter der „Charakteristik" einer Mannigfaltigkeit versteht man die alternierende Summe der Bettischen Zahlen:

$$\chi(M) = \sum_{i=0}^{n} (-1)^i p^i(M).$$

Die „Euler-Poincarésche Formel"[19]) besagt, daß, wenn bei einer Zelleinteilung von M a^i i-dimensionale Zellen auftreten,

$$\chi(M) = \sum_{i=0}^{n} (-1)^i a^i$$

ist.

Satz X: *Ist* $\chi(M) \neq 0$, *hat* μ *dieselben Bettischen Zahlen wie* M *und ist* $c \neq 0$, *so ist* $j = 1$.

Beweis: Wie im Beweis von Satz IX folgt, daß μ^* dieselben Bettischen Zahlen hat wie M und μ; folglich ist $\chi(\mu^*) = \chi(\mu)$. Andererseits bewirkt eine Zelleneinteilung von μ, bei der a^i die Anzahl der i-dimensionalen Zellen ist, eine Zelleneinteilung der j-blättrigen Überlagerungsmannigfaltigkeit μ^* von μ mit $j \cdot a^i$ Zellen für jedes i; daher ist mit Rücksicht auf die Euler-Poincarésche Formel $\chi(\mu^*) = j \cdot \chi(\mu)$. Folglich ist, da $\chi(\mu) = \chi(M) \neq 0$ ist, $j = 1$.

Aus den Sätzen X und VIIIb folgt:

Satz Xa: *Unter den Voraussetzungen von Satz X gibt es* 1- *und* $(n-1)$-*dimensionale Basen* z_r^1, z_r^{n-1} *bzw.* ζ_r^1, ζ_r^{n-1} *in* M *bzw.* μ, *für die die durch* f *bewirkten Substitutionen die Gestalt* (22a), (22b) *haben.*

Aus den Sätzen IX und X folgt:

Satz Xb: *Die Charakteristik von* M *sei von* 0 *verschieden und es gebe in* M n $(n-1)$-*dimensionale Zyklen, deren Schnitt homolog einem einfachen Punkt ist;* μ *habe dieselben Bettischen Zahlen wie* M, *es sei also*

---

19) Siehe z. B. Gl. (10.6) der in Fußnote 4 genannten Arbeit von Alexander.

z. B. $M=\mu$; dann kommen als Grade für Abbildungen von M auf μ nur die Zahlen 0 *und* ± 1 *in Frage.* *)

Da die geschlossene orientierbare Fläche vom Geschlecht p eine von 0 verschiedene Charakteristik hat, wenn $p\neq 1$ ist, und da es auf ihr zwei geschlossene Wege mit einem einfachen Schnittpunkt gibt, wenn $p\neq 0$ ist, besagt dieser letzte Satz, daß die geschlossene orientierbare Fläche vom Geschlecht $p>1$ nur Abbildungen mit den Graden 0, $+1$, -1 auf sich zuläßt. Diese Tatsache ist in dem allgemeineren Satz enthalten, daß, wenn $p>0$ ist, der Grad einer Abbildung der geschlossenen orientierbaren Fläche vom Geschlecht p auf die vom Geschlecht q stets die Ungleichung $|c|\cdot(q-1)\leqq p-1$ erfüllt; diesen Satz, der von H. KNESER auf geometrisch-topologischem Wege bewiesen wurde[20]), mit den in dieser Arbeit verwendeten „algebraischen" Methoden zu beweisen, habe ich vergeblich versucht.

---

*) [Unsere obigen Sätze IX und Xb unterscheiden sich von den gleichnamigen Sätzen in der Originalarbeit dadurch, daß dort anstelle unserer obigen Voraussetzung, die Schnittzahl von gewissen n Zyklen sei $=1$, nur die schwächere Voraussetzung gemacht wird, diese Schnittzahl sei $\neq 0$. Der ursprüngliche Beweis des Satzes IX enthielt aber einen Febler, der in dem obigen Text vermieden wird. Unter der früheren schwächeren Voraussetzung bleiben der alte Beweis und damit die alten Sätze IX und Xb gültig, wenn man sich auf Abbildungen mit $\mu=M$ beschränkt und im Satz IX überdies $j=1$ voraussetzt.]

[20]) H. KNESER, Die kleinste Bedeckungszahl innerhalb einer Klasse von Flächenabbildungen, § 7, Math. Annalen 103 (1930).

Über die Abbildungen der dreidimensionalen Sphäre auf die Kugelfläche

Mathematische Analen 104 (1931)

Einleitung

Unter einer „Abbildung" eines Komplexes (oder auch einer beliebigen Menge) A „auf" einen Komplex B verstehen wir stets eine eindeutige und stetige, nicht notwendig eineindeutige, Abbildung von A, bei der die Menge der Bildpunkte zu B gehört. Zwei Abbildungen von A auf B nennen wir zu derselben „Klasse" gehörig, wenn man sie stetig ineinander überführen kann, d.h. wenn es eine sie enthaltende stetige Schar von Abbildungen von A auf B gibt, und wir bezeichnen eine Abbildung als „topologisch wesentlich", wenn bei jeder Abbildung der durch sie bestimmten Klasse die Bildmenge aus allen Punkten von B besteht, d.h. wenn es unmöglich ist, durch stetige Abänderung der Abbildung einen Punkt von B von der Bedeckung durch die Bildmenge zu befreien.

Das Hauptziel und -ergebnis dieser Arbeit ist der Beweis von

Satz I: *Die Abbildungen der 3-dimensionalen Sphäre S^3 auf die 2-dimensionale Sphäre S^2 bilden unendlich viele Klassen.*

Da sich jede echte Teilmenge der Kugelfläche S^2 stetig auf einen willkürlichen Punkt der S^2 zusammenziehen läßt, gehören alle topologisch unwesentlichen Abbildungen einer Menge A auf die S^2 zu einer einzigen Klasse. Mithin enthält Satz I den

Satz Ia: *Die S^3 läßt sich topologisch wesentlich auf die S^2 abbilden.*

Darüber, für welche Dimensionszahlen a und b sich ähnliche Aussagen über die Abbildungen der a-dimensionalen Sphäre S^a auf die b-dimensionale S^b machen lassen, ist mir fast nichts bekannt. Trivial sind die Fälle $a<b$, denn dann läßt sich jedes stetige Bild der S^a in der S^b auf einen willkürlichen Punkt zusammenziehen, die Abbildungen bilden also eine einzige Klasse und sind sämtlich topologisch unwesentlich. Ist $a=b$, so sind die Antworten auf unsere Fragen aus der Theorie des Abbildungsgrades bekannt: zu jeder ganzen Zahl c gibt es genau eine Klasse, deren Abbildungen den Grad c haben; die Klasse vom Grade 0, und nur diese, enthält topologisch unwesentliche Abbildungen[1]). Schließlich ist noch

[1]) L. E. J. Brouwer, Über Abbildung von Mannigfaltigkeiten, Math. Annalen 71 (1911), S. 97—115. — H. Hopf, Abbildungsklassen n-dimensionaler Mannigfaltigkeiten, Math. Annalen 96 (1926), S. 209—224.

der Fall $a > b = 1$ leicht zu übersehen: hier ist die $S^b = S^1$ ein Kreis; bezeichnet w seine Winkelkoordinate, x die Punkte von S^a, so wird die zunächst nur bis auf Vielfache von 2π bestimmte Größe w bei jeder Abbildung infolge des einfachen Zusammenhanges von S^a nach dem Monodromieprinzip eine eindeutige Funktion $w = f(x)$; durch die Abbildungsschar $w = t\,f(x)$ wird, während der Parameter t von 1 bis 0 läuft, f stetig in eine Abbildung auf einen einzigen Punkt des Kreises übergeführt; die Abbildungen von S^a auf S^1 mit $a > 1$ sind also sämtlich topologisch unwesentlich und bilden eine einzige Klasse. Dagegen sind für $a > b > 1$ die Sätze I und Ia die einzigen mir bekannten hierhergehörigen Aussagen über Abbildungen der S^a auf die S^b.

Satz I ist eine leichte Folge aus

Satz II: *Jeder Abbildung f der S^3 auf die S^2 läßt sich eine ganze Zahl $\gamma(f)$ zuordnen, die unter anderem folgende Eigenschaften hat:*

a) $\gamma(f) = \gamma(f')$, *wenn f und f' zu einer Klasse gehören;*

b) *ist g eine Abbildung einer 3-dimensionalen Sphäre S_1^3 auf eine 3-dimensionale Sphäre S^3 mit dem Grade c, f eine Abbildung der S^3 auf die S^2, so ist $\gamma(fg) = c \cdot \gamma(f)$;*

c) *es gibt eine Abbildung der S^3 auf die S^2 mit $\gamma(f) = 1$.*

In der Tat folgt I aus II; denn da man S_1^3 auf S^3 mit beliebigem Grade c abbilden kann, gibt es nach b) und c) Abbildungen von S_1^3 auf S^2 mit beliebigem γ, und diese gehören nach a) zu verschiedenen Klassen.

Die geometrische Bedeutung der Größe γ läßt sich ungefähr so beschreiben: Die Originalmenge eines Punktes x von S^2, d.h. die Menge der durch f auf x abgebildeten Punkte von S^3, besteht bei hinreichender Regularität von f, z.B. wenn f eine simpliziale Abbildung ist, aus endlich vielen einfach geschlossenen Polygonen, ist also ein 1-dimensionaler Zyklus[2]; γ ist die *Verschlingungszahl*[3]) der Originalzyklen zweier beliebiger Punkte x und y.

Die folgende Eigenschaft von γ ist als Gegenstück zu IIb bemerkenswert:

IIb'. *Ist h eine Abbildung von S^2 auf eine zweite Kugelfläche S_1^2 vom Grade c, f wieder eine Abbildung der S^3 auf S^2, so ist $\gamma(hf) = c^2 \cdot \gamma(f)$.*

Der Beweis des Satzes II wird in den §§ 1 bis 5 geführt.

In den §§ 6 und 7 wird eine Verallgemeinerung der bisherigen Sätze für gewisse Abbildungen beliebiger 3-dimensionaler Mannigfaltigkeiten

[2]) Zyklus = geschlossener, d.h. unberandeter Komplex.

[3]) L. E. J. Brouwer, On Looping Coefficients, Proc. Acad. Amsterdam 15 (1912), S. 113—122.

auf die S^2 vorgenommen, die geeignet ist, die Rolle des Satzes Ia für die allgemeine Theorie der Abbildungen zu beleuchten. Sie beruht auf dem Begriff der „algebraischen Wesentlichkeit" einer Abbildung, zu dem man folgendermaßen geführt wird:

Dafür, daß eine Abbildung f eines n-dimensionalen Zyklus Z^n auf die n-dimensionale Sphäre S^n topologisch wesentlich ist, ist hinreichend (und falls Z^n irreduzibel ist, übrigens auch notwendig, worauf es im Augenblick aber nicht ankommt), daß der Grad c von f nicht 0 ist; dabei kann man c durch die Gleichung $f(Z^n) = c\, S^n$ definieren, worin $f(Z^n)$ das in S^n gelegene Bild von Z^n im Sinne der algebraischen Topologie[4]) bedeutet; die genannte hinreichende Bedingung läßt sich also auch so ausdrücken: $f(Z^n) \neq 0$. Liegt nicht ein Zyklus im gewöhnlichen Sinne, sondern ein „Zyklus modulo m" vor, wobei m eine ganze Zahl > 1 ist, d.h. ein Komplex, dessen Rand mod m verschwindet[4]), so ist der „Grad" nur mod m bestimmt, und die der obigen analoge Bedingung für die topologische Wesentlichkeit von f ist, wenn wir den Zyklus mod m mit Z^n_m bezeichnen: $f(Z^n_m) \not\equiv 0$ mod m. Da man so im Fall der n-dimensionalen Zyklen bzw. Zyklen mod m einfache algebraische, für die topologische Wesentlichkeit von f hinreichende Bedingungen hat, liegt es nahe, bei der Untersuchung der Abbildungen eines beliebigen Komplexes A die in ihm liegenden n-dimensionalen Zyklen ins Auge zu fassen und zu definieren: „Die Abbildung f des Komplexes A auf die S^n heiße ‚algebraisch wesentlich', wenn es ein $m > 1$ und in A einen n-dimensionalen Zyklus Z^n_m mod m gibt, dessen Bild $f(Z^n_m) \not\equiv 0$ mod m ist." Dabei beachte man, daß f natürlich immer algebraisch wesentlich ist, wenn es einen gewöhnlichen Zyklus Z^n in A gibt, dessen Bild $f(Z^n) = c\, S^n \neq 0$ ist; denn Z^n ist ein Z^n_m für jedes $m > 1$, und für jedes m, das kein Teiler von c ist, ist $f(Z^n) \not\equiv 0$ mod m. Nun ist eine algebraisch wesentliche Abbildung eines Komplexes A a fortiori immer topologisch wesentlich, da ja in A wenigstens ein Z^n_m enthalten ist, der topologisch wesentlich abgebildet wird. Es entsteht daher die Frage, ob es auch Abbildungen gibt, die zwar algebraisch unwesentlich, aber topologisch wesentlich sind; diese Frage wird durch den Satz Ia bejaht. Denn jede Abbildung der S^3 auf die S^2 ist algebraisch unwesentlich; da nämlich jeder in S^3 gelegene Z^2_m homolog 0 mod m ist, ist auch sein Bild $f(Z^2_m) \sim 0$ mod m in S^2, d.h. $f(Z^2_m) \equiv 0$ mod m. Und die oben erwähnte Verallgemeinerung des Satzes Ia lautet:

Satz IIIa: *Jede (geschlossene orientierbare) Mannigfaltigkeit M^3 gestattet Abbildungen auf die S^2, die zugleich algebraisch unwesentlich und topologisch wesentlich sind.*

---

[4]) Zur Einführung in die kombinatorische oder algebraische Topologie sei empfohlen: J. W. ALEXANDER, Combinatorial Analysis Situs, Transact. Amer. Math. Soc. 28 (1926), S. 301—329.

Ebenso wie Ia aus I, folgt IIIa aus

Satz III: *Die algebraisch unwesentlichen Abbildungen einer beliebigen M^3 auf die S^2 bilden unendlich viele Klassen.*

Der Beweis von III wird dadurch erbracht, daß die Existenz einer Zahl γ mit den in Satz II genannten Eigenschaften für die algebraisch unwesentlichen Abbildungen einer beliebigen M^3 festgestellt wird. Ob sich nicht nur jede M^3, sondern sogar *jeder 3-dimensionale Zyklus* topologisch wesentlich auf die S^2 abbilden läßt, weiß ich nicht*).

In einem „Anhang" wird noch weiter auf die Begriffe der algebraischen und topologischen Wesentlichkeit und den Zusammenhang zwischen ihnen eingegangen**). . . .

§ 1. Die Umkehrung einer simplizialen Abbildung

1. T^2 und τ^2 seien orientierte Dreiecke, T^2 sei affin so auf τ^2 abgebildet, daß seinen Ecken die Ecken von τ^2 entsprechen. Ein beliebiger innerer Punkt ξ von τ^2 hat in T^2, und zwar im Inneren, genau einen Originalpunkt x. Das Symbol φ_{T^2} bezeichne die Umkehrung der Abbildung, und zwar setzen wir $\varphi_{T^2}(\xi) = +x$ oder $\varphi_{T^2}(\xi) = -x$, je nachdem T^2 im positiven oder im negativen Sinne auf τ^2 abgebildet ist. Es sei nun A ein Komplex beliebiger Dimensionszahl, seine Dreiecke seien mit T_i^2 bezeichnet, Γ^2 sei ein τ^2 enthaltender zweidimensionaler Komplex; A sei simplizial auf Γ^2 abgebildet, d.h. so, daß den Ecken eines Simplexes von A immer Ecken — nicht notwendig alle drei Ecken — eines Dreiecks von Γ^2 entsprechen und daß die Abbildung in jedem einzelnen Simplex von A affin ist. Wird dabei ein Dreieck T_i^2 nicht-ausartend, also eineindeutig, auf τ^2 abgebildet, so ist $\varphi_{T_i^2}(\xi)$ wie oben erklärt; andernfalls, d.h. wenn das Innere von τ^2 durch das Bild von T^2 nicht bedeckt wird, setzen wir sinngemäß $\varphi_{T_i^2}(\xi) = 0$. Als „Originalkomplex" von ξ bei der Abbildung eines zweidimensionalen Teilkomplexes $C^2 = \sum a_i T_i^2$ von A definieren wir den nulldimensionalen Komplex $\varphi_{C^2}(\xi) = \sum a_i \varphi_{T_i^2}(\xi)$. Aus der Definition folgen unmittelbar die Regeln

$$(1) \qquad \varphi_{C_1^2 + C_2^2}(\xi) = \varphi_{C_1^2}(\xi) + \varphi_{C_2^2}(\xi), \qquad \varphi_{-C^2}(\xi) = -\varphi_{C^2}(\xi),$$

*) [Die Frage ist zu bejahen. Denn ist P ein 3-dimensionales Polyeder, das einen von 0 verschiedenen Zyklus Z^3 (ganzzahlig oder mod m) enthält, so existiert eine wesentliche Abbildung $g\colon P \to S^3$ (man bilde das Innere eines 3-dimensionalen Simplexes von Z^3 eineindeutig auf das Komplement eines Punktes p von S^3, den Rest von P auf p ab); und es gilt der Satz von HUREWICZ (Proc. Akad. Amsterdam 38 (1935), p. 118): Ein Kompaktum, das sich wesentlich auf S^3 abbilden läßt, läßt sich auch wesentlich auf S^2 abbilden (genauer: ist g wie soeben, f wie in unserem § 5 definiert, so ist die Abbildung $fg\colon P \to S^2$ wesentlich).]

**) [Auf den Abdruck des Anhanges in diesen „Selecta" wird verzichtet.]

sowie die Berechtigung von

(1′) $$\varphi_0(\xi)=0.$$

2. Betrachten wir eine affine Abbildung eines orientierten Tetraeders T^3 auf das Dreieck τ^2: Wenn τ^2 durch das Bild von T^3 bedeckt wird, wenn dieses Bild also nicht lediglich aus einer Seite oder Ecke von τ^2 besteht, so werden genau zwei Seitendreiecke T_1^2, T_2^2 von T^3 eineindeutig-affin auf τ^2 abgebildet; gibt man ihnen die durch die Orientierung von T^3 in bekannter Weise bestimmte Randorientierung, so wird eines von ihnen, etwa T_1^2, im positiven, das andere, T_2^2, im negativen Sinne abgebildet. Die Originalmenge des Punktes ξ ist eine Strecke, deren Endpunkte auf T_1^2 und T_2^2 liegen; diese Strecke, mit der von T_2^2 nach T_1^2 weisenden Richtung versehen, nennen wir $\varphi_{T^3}(\xi)$. Wenn wir immer unter $\dot{C}$, $\dot{T}$, $\dot{\varphi}$, ... die Ränder von C, T, φ ... verstehen (im algebraisch-kombinatorischen Sinne), so hat diese Festsetzung die Gültigkeit von

(2) $$\dot{\varphi}_{T^3}(\xi)=\varphi_{\dot{T}^3}(\xi)$$

zur Folge, wobei $\varphi_{\dot{T}^3}(\xi)$ nach den unter 1. gegebenen Vorschriften zu bilden ist. Wird τ^2 durch das Bild von T^3 nicht bedeckt, so setzen wir $\varphi_{T^3}(\xi)=0$, und auch dann gilt (2) in Hinblick auf (1′). Liegt nicht nur eine affine Abbildung eines einzelnen T^3 auf τ^2, sondern eine simpliziale Abbildung eines dreidimensionalen Komplexes $C^3=\sum a_i T_i^3$, den wir uns etwa wieder als Teil eines beliebigen Komplexes A denken können, auf den τ^2 enthaltenen Komplex Γ^2 vor, so definieren wir als Originalkomplex von ξ: $\varphi_{C^3}(\xi)=\sum a_i\varphi_{T_i^3}(\xi)$. Analog zu (1) und (1′) gelten die Regeln

(3) $$\varphi_{C_1^3+C_2^3}(\xi)=\varphi_{C_1^3}(\xi)+\varphi_{C_2^3}(\xi)\,,\qquad \varphi_{-C^3}(\xi)=-\varphi_{C^3}(\xi)\,,$$

(3′) $$\varphi_0(\xi)=0.$$

Ferner folgt aus (2) und (1) leicht

(4) $$\dot{\varphi}_{C^3}(\xi)=\varphi_{\dot{C}^3}(\xi)\,.$$

Hiernach und nach (1′) ist $\varphi_{C^3}(\xi)$ ein Zyklus, wenn C^3 ein Zyklus ist.

3. Bei einer affinen Abbildung eines vierdimensionalen Simplexes T^4 auf τ^2 ist, falls τ^2 durch das Bild bedeckt wird, die Originalmenge von ξ eine zweidimensionale ebene Zelle E^2; ihr Rand ist ein einfach geschlossenes Polygon, dessen Seiten die von 0 verschiedenen $\varphi_{T_i^3}(\xi)$ sind, wobei wir mit T_i^3 die Randtetraeder von T^4 bezeichnen. Da $\dot{T}^4=\sum T_i^3$ ein Zyklus ist, ist nach der Schlußbemerkung von 2. auch $\varphi_{\dot{T}^4}(\xi)=\sum\varphi_{T_i^3}(\xi)$ ein Zyklus, und dieser Zyklus liegt auf dem Randpolygon von E^2; daher ist, wenn wir unter P dieses Polygon in einer bestimmten Durchlaufungsrichtung verstehen, $\varphi_{\dot{T}^4}(\xi)$ ein Vielfaches von P; nun kommt aber in $\varphi_{\dot{T}^4}(\xi)$ jede Seite nur einmal vor, da in $\dot{T}^4$ jedes T_i^3 nur einmal vorkommt; daher ist

$\varphi_{\dot{T}^4}(\xi) = \pm P$. Mithin läßt sich E^2 auf eine und nur eine Weise so orientieren, daß $\dot{E}^2 = \varphi_{\dot{T}^4}(\xi)$ wird. Die so orientierte Zelle E^2 nennen wir $\varphi_{T^4}(\xi)$; dann gilt

$$\dot{\varphi}_{T^4}(\xi) = \varphi_{\dot{T}^4}(\xi). \tag{5}$$

Wenn τ^2 durch das Bild von T^4 nicht bedeckt wird, so setzen wir wieder $\varphi_{T^4}(\xi) = 0$; ferner definieren wir für die Abbildung eines vierdimensionalen Komplexes $C^4 = \sum a_i T_i^4$: $\varphi_{C^4}(\xi) = \sum a_i \varphi_{T_i^4}(\xi)$. Dann ergibt sich aus (5) analog zu (4)

$$\dot{\varphi}_{C^4}(\xi) = \varphi_{\dot{C}^4}(\xi). \tag{6}$$

Die Verallgemeinerung dieser Betrachtungen auf beliebige Dimensionszahlen liegt auf der Hand, spielt aber für diese Arbeit keine Rolle.

4. Wir kehren zu dem in 2. behandelten Fall der Abbildung eines dreidimensionalen Komplexes C^3 auf Γ^2 zurück, setzen jetzt aber voraus, daß $C^3 = M^3$ eine geschlossene orientierbare Mannigfaltigkeit ist. Dann ist zunächst wegen der Geschlossenheit von M^3 nach der Schlußbemerkung von 2. $\varphi_{M^3}(\xi)$ ein eindimensionaler orientierter Zyklus Z^1; da in M^3 jedes Dreieck T_i^2 auf genau zwei Tetraedern liegt, stoßen in einer Ecke von Z^1 stets genau zwei Kanten zusammen; mithin besteht Z^1 aus einer Anzahl zueinander fremder, einfach geschlossener Polygone, von denen jedes mit einer bestimmten Durchlaufungsrichtung versehen ist. Ist T^2 ein orientiertes Dreieck der (fest gegebenen) Triangulation von M^3, das mit Z^1 einen Punkt gemeinsam hat, so hat es nur diesen einen Punkt mit Z^1 gemeinsam und wird in ihm von Z^1 geschnitten; dies folgt unmittelbar aus der Definition von $Z^1 = \varphi_{M^3}(\xi)$. Der Schnitt ist nach einer bekannten Regel mit einem Vorzeichen zu versehen, und zwar kann man diese Regel so aussprechen: T^2 liegt auf zwei Tetraedern, beide sind durch die Orientierung von M^3 orientiert, die durch sie bewirkten Randorientierungen sind auf T^2 einander entgegengesetzt, für eines von ihnen, T_1^3, stimmt sie mit der vorgegebenen Orientierung von T^2 überein; der Schnitt von Z^1 mit T^2 ist positiv oder negativ zu zählen, je nachdem Z^1 durch T^2 aus T_1^3 aus- oder in T_1^3 eintritt. Diese Regel und die in 2. gegebene Orientierungsvorschrift für $\varphi_{T^3}(\xi)$ zeigen, daß der Schnitt dasselbe Vorzeichen erhält wie die Abbildung von T^2 auf τ^2; da überdies dann und nur dann ein Schnitt von Z^1 mit T^2 vorliegt, wenn τ^2 durch das Bild von T^2 bedeckt wird, ist allgemein die Schnittzahl von Z^1 mit einem beliebigen T^2 gleich dem Grade, mit dem T^2 auf τ^2 abgebildet wird; durch Addition mehrerer T_i^2 folgt hieraus: *Die Schnittzahl von $\varphi_{M^3}(\xi)$ mit einem in M^3 liegenden Komplex $C^2 = \sum a_i T_i^2$ ist gleich dem Grade der gegebenen Abbildung von C^2 im Punkte ξ.*[5])

[5]) Bezüglich der Umkehrungsabbildung φ vergleiche man auch den § 3 meiner Arbeit: „Zur Algebra der Abbildungen von Mannigfaltigkeiten", Journal f. d. reine u. angew. Math. (Crelle) 163 (1930), S. 71—88.

§ 2. Die Definition von γ für simpliziale Abbildungen der S^3 auf die S^2

1. Wir betrachten eine simpliziale Abbildung der dreidimensionalen Sphäre S^3 auf die zweidimensionale Kugelfläche S^2. τ^2 sei ein Dreieck der zugrunde gelegten Triangulation von S^2, ξ ein innerer Punkt von τ^2, $\varphi(\xi)=\varphi_{S^3}(\xi)$ sein Originalzyklus. $\varphi(\xi)$ ist, wie jeder eindimensionale Zyklus in S^3, homolog 0, d.h. es gibt zweidimensionale Komplexe K^2 mit $\dot{K}^2=\varphi(\xi)$. Da $\varphi(\xi)$ nicht aus Kanten der in S^3 zugrunde gelegten Triangulation besteht, kann auch K^2 nicht aus Dreiecken dieser Triangulation bestehen; die folgende Wahl von K^2 ist für das Weitere zweckmäßig:

T^3 sei ein Tetraeder der Triangulation, dessen Bild τ^2 bedeckt, das also eine Strecke von $\varphi(\xi)$ enthält; a, b seien deren Anfangs- und Endpunkte, e sei eine der beiden Ecken, die das a enthaltende Dreieck mit dem b enthaltenden gemeinsam hat; ersetzen wir die Strecke $a\,b$ durch das Streckenpaar $a\,e\,b$, und tun wir das Analoge in jedem T^3, das eine Strecke von $\varphi(\xi)$ enthält, so ersetzen wir $\varphi(\xi)$ durch einen Zyklus X^1 derart, daß X^1 auf Dreiecken der Triangulation verläuft und zusammen mit $\varphi(\xi)$ den aus den Dreiecken $a\,e\,b$ gebildeten Komplex berandet; wir ersetzen nun weiter immer die in einem Dreieck verlaufenden Streckenpaare $e'\,a\,e$, $e\,b\,e''$, ... (wobei die e', e'', ... Ecken sind) durch die Kanten $e'\,e$, $e\,e''$, ..., die auch in Punkte entarten können; diese Kanten bilden einen Zyklus Y^1; er berandet zusammen mit $\varphi(\xi)$ den Komplex K_1^2, der aus den Dreiecken $a\,e\,b$, ... und aus den Dreiecken $e'\,a\,e$, ... besteht und somit ganz in dem Komplex derjenigen T^3 liegt, deren Bilder τ^2 bedecken. Ferner berandet Y^1 selbst, da er aus Kanten der Triangulation besteht und homolog 0 ist, einen aus Dreiecken der Triangulation bestehenden Komplex K_2^2; $K^2=K_1^2+K_2^2$ ist ein von $\varphi(\xi)$ berandeter Komplex, wie wir ihn benutzen wollen.

2. Durch die simpliziale Abbildung f wird jedes Dreieck von K_2^2 affin auf ein Dreieck, eine Seite oder eine Ecke der Triangulation von S^2 abgebildet; K_1^2 besteht, in der oben benutzten Bezeichnung, aus Dreiecken der Art $a\,e\,b$ und aus Dreiecken der Art $e'\,a\,e$; die der ersten Art werden durch f auf die Strecken $\xi\,\varepsilon$ abgebildet, wobei $\varepsilon=f(e)$ Ecke von τ^2 ist, die der zweiten Art auf die (eventuell in Strecken entarteten) Dreiecke $\varepsilon'\,\xi\,\varepsilon$, wobei auch $\varepsilon'=f(e')$ Ecke von τ^2 ist. Wenn wir daher τ^2 dadurch unterteilen, daß wir ξ mit den Ecken verbinden, so ist in bezug auf die so entstandene Triangulation die Abbildung $f(K^2)$ simplizial im gewöhnlichen Sinne, d.h. sie bildet jedes Dreieck von K^2 affin auf ein Dreieck, eine Seite oder eine Ecke der triangulierten S^2 ab.

Nun ist bei einer simplizialen Abbildung das Bild des Randes eines Komplexes stets mit dem Rand von dessen Bild identisch[6]); der Rand

[6]) Man verifiziert diese Behauptung erst für ein einzelnes Simplex und beweist sie dann allgemein durch Addition mehrerer Simplexe.

des zweidimensionalen Bildkomplexes $f(K^2)$ besteht daher nur aus dem Punkt ξ, ist also gleich 0 zu setzen, d.h. $f(K^2)$ ist ein auf S^2 liegender zweidimensionaler Zyklus; er ist mithin ein Vielfaches der S^2, da es andere zweidimensionale Zyklen auf ihr nicht gibt: $f(K^2) = \gamma \cdot S^2$. Mit anderen Worten: Der in den von dem Randbild ξ verschiedenen Punkten von S^2 definierte Grad der Abbildung $f(K^2)$ hat in allen diesen Punkten denselben Wert γ.

3. Dieser Grad γ hängt nicht von dem speziell gewählten K^2, sondern nur von dem Rande $\varphi(\xi)$ ab. Ist nämlich $\overline{K}^2$ ein beliebiger von $\varphi(\xi)$ berandeter Komplex, so ist $Z^2 = K^2 - \overline{K}^2$ ein zweidimensionaler Zyklus, ein solcher ist in S^3 immer homolog 0, also ist auch sein Bild $f(Z^2) \sim 0$, d.h. $=0$ in S^2; dies bedeutet $f(\overline{K}^2) = f(K^2) = \gamma \cdot S^2$.

4. Die Größe $\gamma = \gamma_\xi$ ist somit allein durch den Punkt ξ bestimmt; sie ist aber sogar von der Wahl dieses Punktes unabhängig.

Ist nämlich η innerer Punkt eines von τ^2 verschiedenen Dreiecks von S^2, so ist nach § 1, 4. γ_ξ die *Schnittzahl* $(K^2 \cdot \varphi(\eta))$ des von $\varphi(\xi)$ berandeten Komplexes K^2 mit $\varphi(\eta)$, also die *Verschlingungszahl* der Zyklen $\varphi(\xi)$ und $\varphi(\eta)$. Die Verschlingungszahl zweier eindimensionaler Zyklen in S^3 ist aber symmetrisch in bezug auf die beiden Zyklen[7]; in unserem Fall ist also γ_ξ zugleich die Schnittzahl eines von $\varphi(\eta)$ berandeten Komplexes L^2 mit $\varphi(\xi)$; diese Schnittzahl ist γ_η, ebenso wie γ_ξ die Schnittzahl von K^2 mit $\varphi(\eta)$ ist; folglich ist $\gamma_\eta = \gamma_\xi$. Hierbei haben wir vorausgesetzt, daß η nicht in τ^2 liegt; ist aber ζ ein beliebiger Punkt aus τ^2, so folgt ebenso $\gamma_\eta = \gamma_\zeta$, also $\gamma_\zeta = \gamma_\xi$.

5. Damit ist die Unabhängigkeit der Größe γ von ξ allgemein gezeigt; zugleich hat sich die Deutung von γ als Verschlingungszahl von $\varphi(\xi)$ und $\varphi(\eta)$ unter der Voraussetzung ergeben, daß ξ und η verschiedenen Dreiecken angehören. Es ist leicht zu sehen, daß diese Voraussetzung unwesentlich ist. Liegen nämlich ξ und η in demselben Dreieck τ^2, so wähle man in τ^2 einen Punkt δ so, daß bei der Unterteilung von τ^2 in drei Dreiecke, die durch Verbindung von δ mit den Ecken von τ^2 entsteht, ξ und η im Inneren verschiedener Dreiecke liegen. Diese Unterteilung übertrage man auf jedes Dreieck T^2 der Triangulation von S^3, das durch f eineindeutig-affin auf τ^2 abgebildet wird; man wähle ferner in jedem Tetraeder T^3, dessen Bild τ^2 bedeckt, auf dem also zwei T^2 der

[7] Beweis: Es sei $\dot{K}^2 = \varphi(\xi)$, $\dot{L}^2 = \varphi(\eta)$, K^2 und L^2 seien zueinander in allgemeiner Lage; dann schneiden sie sich in einem Streckenkomplex C^1, dessen Rand bei richtiger Bestimmung der Vorzeichen $\dot{C}^1 = K^2 \cdot \varphi(\eta) - \varphi(\xi) \cdot L^2$ ist; daher ist $K^2 \cdot \varphi(\eta) \sim \varphi(\xi) \cdot L^2$, wobei $K^2 \cdot \varphi(\eta)$ und $\varphi(\xi) \cdot L^2$ die nulldimensionalen Schnitte der in Frage kommenden Komplexe sind. Daher sind die Schnittzahlen $(K^2 \cdot \varphi(\eta))$ und $(\varphi(\xi) \cdot L^2) = (L^2 \cdot \varphi(\xi))$ einander gleich. (Wegen der vorkommenden Vorzeichenbestimmung der Schnitte und Ränder vgl. man etwa: B. L. VAN DER WAERDEN, Topologische Begründung des Kalküls der abzählenden Geometrie, Math. Annalen 102 (1929), S. 337—362, besonders § 3.) Siehe auch BROUWER, wie unter [3]).

eben genannten Art liegen, auf der zu $\varphi(\delta)$ gehörigen Strecke einen Punkt und verbinde ihn mit den Ecken und Kanten des untergeteilten Randes von T^3; es entsteht eine Verfeinerung der ursprünglichen Triangulation von S^3; die alte Abbildung f ist auch bezüglich der neuen Triangulationen von S^3 und S^2 simplizial; ξ und η liegen jetzt aber in verschiedenen Dreiecken, es folgt also ebenso wie früher, daß $\gamma = \gamma_\xi$ die Verschlingungszahl von $\varphi(\xi)$ und $\varphi(\eta)$ ist.

6. Das Ergebnis ist: *Zu jeder simplizialen Abbildung f der S^3 auf die S^2 gehört eine ganze Zahl $\gamma = \gamma(f)$, die sich auf folgende beiden Weisen erklären läßt: sie ist der Grad, mit dem ein beliebiger, von dem Originalzyklus eines beliebigen Punktes berandeter zweidimensionaler Komplex abgebildet wird; sie ist zugleich die Verschlingungszahl der Originalzyklen zweier beliebiger Punkte.* Dabei ist die einzige Einschränkung, der die „beliebigen" Punkte unterworfen sind, die schon für die Definition der Originalzyklen notwendige Bedingung, daß sie im Inneren von Dreiecken der Triangulation von S^2 liegen.

§ 3. Die Konstanz von γ in der Abbildungsklasse

1. Wir haben zunächst einige allgemeine Bemerkungen über „simpliziale Approximationen" zu machen[8]).

Unter dem „Stern" $s(e)$ eines Eckpunktes e in einem Komplex C verstehen wir die Menge derjenigen Punkte x, die die Eigenschaft haben, daß jedes x enthaltende Simplex (beliebiger Dimension) von C den Eckpunkt e hat. $s(e)$ besteht also, wie man leicht sieht, aus allen e enthaltenden i-dimensionalen Simplexen ($i = 1, 2, \ldots$), wenn man aus jedem von ihnen das e gegenüberliegende $(i-1)$-dimensionale Randsimplex wegläßt.

C und Γ seien zwei Komplexe; Simplexe, Ecken, Sterne in C bzw. Γ bezeichnen wir mit T, e, s bzw. τ, ε, σ. f sei eine Abbildung von C auf Γ; eine simpliziale Abbildung g von C auf Γ heißt eine „simpliziale Approximation", genauer: eine „simpliziale Approximation bezüglich der T- und τ-Triangulationen" oder kurz: eine „simpliziale T-τ-Approximation" von f, wenn ihr die T- und τ-Triangulationen zugrunde liegen und wenn für jeden Eckpunkt e von C

$$f(s(e)) \subset \sigma(g(e)) \tag{1}$$

ist.

x sei ein Punkt von C, T_0 das Simplex niedrigster Dimension, dem er angehört, e eine Ecke von T_0; dann ist $x \subset s(e)$, also nach (1) $f(x) \subset \sigma(g(e))$. Demnach ist $g(e)$ Ecke jedes Simplexes τ von Γ, dem $f(x)$ angehört, und da g simplizial ist, ist $g(T_0) \subset \tau$. Mithin gehören $f(x)$ und $g(x)$ einem Simplex τ an, wodurch die Bezeichnung „Approximation" gerechtfertigt

---

[8]) Siehe Nr. 5 und 6 der unter [4]) zitierten Arbeit von ALEXANDER.

ist, und woraus die Zugehörigkeit von f und g zu einer Klasse folgt: die Punkte $f(x)$ können geradlinig auf Γ in die Punkte $g(x)$ wandern.

Der Wert dieser Begriffsbildungen besteht in der Gültigkeit des folgenden Approximationssatzes: „Ist f eine Abbildung von C auf Γ, und sind diese Komplexe in T- bzw. τ-Triangulationen gegeben, so gibt es eine simpliziale $\overline{T}$-τ-Approximation von f, wobei die $\overline{T}$-Triangulation eine hinreichend feine Unterteilung der T-Triangulation ist.“ Da man von vornherein die τ-Triangulation von Γ beliebig fein wählen kann, so ist hierin mit Rücksicht auf den vorigen Absatz die Tatsache enthalten, daß sich f beliebig gut simplizial approximieren läßt. Ferner ist das Vorhandensein simplizialer $\overline{T}$-τ-Abbildungen in jeder Klasse festgestellt.

2. Es sei jetzt f selbst simplizial in bezug auf die T- und τ-Triangulation. $\bar{f}$ sei eine simpliziale $\overline{T}$-$\bar{\tau}$-Approximation von f, wobei die $\overline{T}$ bzw. $\bar{\tau}$ Unterteilungen der T bzw. τ sind. Wir behaupten, daß für jedes Simplex T^i der T-Triangulation

$$(2) \qquad \bar{f}(T^i) = f(T^i)$$

ist; und zwar gilt (2) nicht nur im mengentheoretischen Sinne, insofern das Zusammenfallen der durch $\bar{f}$ und f gelieferten Bildpunktmengen von T^i behauptet wird, sondern auch in folgendem algebraischen Sinne: wenn $f(T^i)$ nicht entartet, sondern ein i-dimensionales Simplex τ^i ist, so gilt $\bar{f}(T^i) = f(T^i) = \pm\tau^i$ im Sinne der algebraischen Topologie, wobei T^i und τ^i als aus Simplexen $\overline{T}$ und $\bar{\tau}$ zusammengesetzte Komplexe aufzufassen sind.

Beweis: Simplexe, Ecken, Sterne der $\overline{T}$- bzw. $\bar{\tau}$-Triangulation werden mit $\overline{T}, \bar{e}, \bar{s}$ bzw. $\bar{\tau}, \bar{\varepsilon}, \bar{\sigma}$ bezeichnet. (1) lautet dann

$$(1') \qquad f(\bar{s}(\bar{e})) \subset \bar{\sigma}(\bar{f}(\bar{e})).$$

Ist $\bar{e} \subset T^i$, so ist auch $f(\bar{e}) \subset f(T^i) = \tau^j$ $(j \leqq i)$ und

$$(3) \qquad f(\bar{e}) \subset \bar{\tau},$$

wobei $\bar{\tau}$ ein gewisses Teilsimplex von τ^j ist. Andererseits ist $\bar{e} \subset \bar{s}(\bar{e})$, also auch $f(\bar{e}) \subset f(\bar{s}(\bar{e}))$, mithin nach (1')

$$(4) \qquad f(\bar{e}) \subset \bar{\sigma}(\bar{f}(\bar{e})).$$

Auf Grund der Definition des „Sternes“ ist nach (3) und (4) der Punkt $\bar{f}(\bar{e})$ Ecke von $\bar{\tau}$, also in $\tau^j = f(T^i)$ enthalten. Da dies für jeden in T^i enthaltenen $\bar{e}$ gilt, ist

$$(5) \qquad \bar{f}(T^i) \subset f(T^i).$$

Für den Beweis von (2) können wir uns jetzt auf den Fall beschränken, daß $f(T^i)$ nicht entartet, daß also, in der eben benutzten Bezeichnung,

$j=i$ ist; denn im Fall $j<i$ besitzt T^i ein j-dimensionales Randsimplex T^j, das ohne Entartung auf $\tau^j=f(T^i)$ abgebildet wird; hierin und in (5) ist dann (2) enthalten. Wir werden also (2) für $j=i$ beweisen, und zwar gleich in dem oben ausgesprochenen algebraischen Sinne.

Für $i=0$ ist die Behauptung bereits durch (5) bewiesen; sie sei für die Dimensionszahl $i-1$ bewiesen. Dann gilt sie für jedes $(i-1)$-dimensionale Randsimplex von T^i, also auch für den ganzen Rand $\dot{T}^i$; d.h. es ist $\bar{f}(\dot{T}^i)=f(\dot{T}^i)$. Da bei jeder simplizialen Abbildung das Bild des Randes mit dem Rand des Bildes identisch ist (im algebraischen Sinne)[6], ist daher auch

$$(6)\qquad (\bar{f}(T^i))^{\cdot}=(f(T^i))^{\cdot}.$$

Nach (5) liegt der Komplex $\bar{f}(T^i)$ in dem Simplex τ^i, welches gleich $\pm f(T^i)$ ist; nach (6) ist daher $\bar{f}(T^i)-f(T^i)$ ein in τ^i liegender i-dimensionaler Zyklus; dieser muß, da τ^i ein i-dimensionales Simplex $(i>0)$ ist, identisch 0 sein; d.h. es ist $\bar{f}(T^i)=f(T^i)$, w.z.b.w.

3. Wir betrachten jetzt wieder simpliziale Abbildungen der S^3 auf die S^2; es gelten die Bezeichnungen des Abschnitts 2, insbesondere sei also $\bar{f}$ eine simpliziale Approximation der simplizialen Abbildung f. Wir behaupten:

$$\gamma(\bar{f})=\gamma(f).$$

Beweis: ξ sei innerer Punkt eines $\bar{\tau}^2$; dann ist er auch innerer Punkt eines τ^2, seine Originalzyklen $\varphi(\xi)$ und $\bar{\varphi}(\xi)$ bezüglich der Abbildungen f bzw. $\bar{f}$ sind also definiert; η sei innerer Punkt eines $\bar{\tau}_1^2$, und das τ_1^2, von dem $\bar{\tau}_1^2$ ein Teil ist, sei von τ^2 verschieden; auch $\varphi(\eta)$ und $\bar{\varphi}(\eta)$ sind definiert. Die Behauptung ist, daß $\bar{\varphi}(\xi)$ und $\bar{\varphi}(\eta)$ dieselbe Verschlingungszahl haben wie $\varphi(\xi)$ und $\varphi(\eta)$. Wir werden sie dadurch beweisen, daß wir die Existenz zweier Komplexe X^2 und Y^2 nachweisen, so daß X^2 zu $\varphi(\eta)$ und $\bar{\varphi}(\eta)$, Y^2 zu $\varphi(\xi)$ und $\bar{\varphi}(\xi)$ fremd und daß

$$(7x)\qquad \dot{X}^2=\varphi(\xi)-\bar{\varphi}(\xi),$$

$$(7y)\qquad \dot{Y}^2=\varphi(\eta)-\bar{\varphi}(\eta)$$

ist; dann folgt nämlich aus (7x) und der Fremdheit von X^2 mit $\varphi(\eta)$, daß, wenn wir die Verschlingungszahlen immer mit V bezeichnen, $V(\varphi(\xi),\varphi(\eta))=V(\bar{\varphi}(\xi),\varphi(\eta))$ ist[9]; aus (7y) und der Fremdheit von Y^2 mit $\bar{\varphi}(\xi)$ folgt ebenso $V(\bar{\varphi}(\xi),\varphi(\eta))=V(\bar{\varphi}(\xi),\bar{\varphi}(\eta))$, also die Behauptung $V(\varphi(\xi),\varphi(\eta))=V(\bar{\varphi}(\xi),\bar{\varphi}(\eta))$. Da ξ und η ganz symmetrisch auftreten, genügt der Nachweis der Existenz von X^2.

Nach Abschnitt 2 werden durch $\bar{f}$ dieselben T^3 auf τ^2 abgebildet wie durch f; sie bilden einen Komplex X^3; in ihm liegt sowohl $\varphi(\xi)$ wie $\bar{\varphi}(\xi)$. X^3 hat mit dem Komplex Y^3 der durch f und $\bar{f}$ auf τ_1^2 abgebildeten

[9]) Denn ist $\dot{K}^2=\varphi(\xi)$, so ist $(K^2-X^2)^{\cdot}=\bar{\varphi}(\xi)$, und K^2 hat dieselben Schnittpunkte mit $\varphi(\eta)$ wie K^2-X^2.

Tetraeder kein T^3 gemeinsam, und da $\varphi(\eta)$ und $\overline{\varphi}(\eta)$ in Y^3 liegen ist unsere Aufgabe gelöst, wenn wir gezeigt haben, daß $\varphi(\xi)$ und $\overline{\varphi}(\xi)$ zusammen in X^3 einen X^2 beranden, d.h. daß $\varphi(\xi) \sim \overline{\varphi}(\xi)$ in X^3 ist.

Ein durch f eineindeutig auf τ^2 abgebildetes T^2 wird durch $\overline{f}$ zwar nicht eineindeutig, aber nach 2. mit demselben Grade $+1$ oder -1 auf τ^2 abgebildet wie durch f. Nach § 1, 4. haben daher $\varphi(\xi)$ und $\overline{\varphi}(\xi)$ dieselbe Schnittzahl mit T^2; anders ausgedrückt: der Zyklus $Z^1 = \varphi(\xi) - \overline{\varphi}(\xi)$ hat mit jedem zu X^3 gehörigen T^2 die Schnittzahl 0; wir werden zeigen — und damit wird unsere Behauptung bewiesen sein —, daß jeder in X^3 liegende Zyklus Z^1, der mit jedem zu X^3 gehörigen T^2 die Schnittzahl 0 hat, homolog 0 in X^3 ist.

Ein derartiger Z^1 habe mit einem T^2 einen Schnittpunkt a, der bei einer fest gewählten Orientierung von T^2 positiv zu zählen sei; dann hat Z^1, da seine gesamte Schnittzahl mit T^2 0 ist, noch einen zweiten Schnittpunkt b mit T^2, und dieser ist negativ zu zählen. Sind T_1^3, T_2^3 die beiden Tetraeder, auf denen T^2 liegt, und a_1, a_2, b_1, b_2 Punkte, die nahe bei a bzw. b in T_1^3 bzw. T_2^3 auf Z^1 liegen, und ist $a_1 a a_2$ die positive Richtung von Z^1 beim Durchschreiten von a, so ist $b_2 b b_1$ seine positive Richtung beim Durchschreiten von b. Wir verbinden nun a_1 in T_1^3 geradlinig mit b_1 und a_2 in T_2^3 geradlinig mit b_2 und bezeichnen das geschlossene, gerichtete Polygon $a_1\, a\, a_2\, b_2\, b\, b_1\, a_1$ mit P^1; es ist homolog 0 in $T_1^3 + T_2^3$, also in X^3; daher ist $Z_1^1 = Z^1 - P^1 \sim Z^1$ in X^3; dieser Zyklus Z_1^1 enthält a und b nicht, er hat also zwei Schnittpunkte mit den T^2 weniger als Z^1, und seine Schnittzahl mit jedem einzelnen T^2 ist 0, ebenso wie sie es für Z^1 ist. Ebenso wie wir von Z^1 zu Z_1^1 übergegangen sind, können wir weiter zu einem Z_2^1 übergehen, der $\sim Z_1^1 \sim Z^1$ in X^3 ist, wieder zwei Schnittpunkte weniger und mit jedem einzelnen T^2 die Schnittzahl 0 hat. So gelangen wir schließlich zu einem Z_n^1, der $\sim Z^1$ in X^3 und fremd zu allen T^2 ist; er besteht also aus einer Anzahl zueinander fremder Zyklen, von denen jeder im Inneren eines T^3 liegt, also ~ 0 in T^3 und a fortiori in X^3 ist; mithin ist auch $Z^1 \sim Z_n^1 \sim 0$ in X^3.

4. Wenn im folgenden zwei verschiedene Triangulationen der S^3 vorkommen, so wird immer vorausgesetzt, daß es eine dritte Triangulation gibt, die eine gemeinsame Unterteilung der beiden ist; das gleiche gilt für die S^2. Wir nehmen also an, daß zunächst je eine Triangulation der S^3 und der S^2 gegeben ist und daß alle die und nur die Triangulationen der S^3 bzw. S^2 zugelassen sind, die mit den ursprünglichen eine Unterteilung gemeinsam haben. Wenn mehrere simpliziale Abbildungen der S^3 auf die S^2 betrachtet werden, so sollen die ihnen zugrunde gelegten Triangulationen in dieser Weise miteinander zusammenhängen.

Satz: Für zwei zu einer Abbildungsklasse gehörige simpliziale Abbildungen f_1, f_2 der S^3 auf die S^2 ist $\gamma(f_1) = \gamma(f_2)$.

Beweis: Da f_1 und f_2 zu einer Klasse gehören, gibt es eine sie enthaltende, von dem Parameter r für $1 \leqq r \leqq 2$ stetig abhängende Schar von Abbildungen f_r der S^3 auf die S^2. C^4 sei das topologische Produkt der S^3 mit einer Strecke, deren Koordinate r von 1 bis 2 läuft; wir können uns C^4 im vierdimensionalen Raum durch das von zwei konzentrischen Kugeln S_1^3 und S_2^3 begrenzte Raumstück realisieren, wobei S_1^3 und S_2^3 die Radien 1 und 2 haben. Ist x ein Punkt von S^3 und $1 \leqq r \leqq 2$, so gibt es einen Punkt von C^4, der mit (x, r) zu bezeichnen ist; durch $F\big((x, r)\big) = f_r(x)$ wird eine Abbildung F von C^4 auf S^2 erklärt, die auf S_1^3 bzw. S_2^3 mit f_1 bzw. f_2 übereinstimmt.

F' sei eine simpliziale Approximation von F; die ihr zugrunde gelegte Triangulation von C^4 sei folgendermaßen hergestellt: Eine Triangulation der S^3, die eine gemeinsame Unterteilung der f_1 und f_2 zugrunde gelegten Triangulationen ist, sei auf S_1^3 und S_2^3 eingetragen; durch Produktbildung der Simplexe dieser Triangulation mit der r-Strecke entsteht eine Einteilung von C^4 in „Prismen", die sich zu einer simplizialen Triangulation verfeinern läßt; diese oder eine Unterteilung von ihr sei F' zugrunde gelegt. Dadurch ist man auf S_1^3 und S_2^3 zu Unterteilungen der ursprünglichen Triangulationen übergegangen, und F' stellt auf S_1^3 bzw. S_2^3 simpliziale Approximationen f_1' bzw. f_2' von f_1 bzw. f_2 dar. Nach 3. ist $\gamma(f_1') = \gamma(f_1)$ und $\gamma(f_2') = \gamma(f_2)$; wir haben daher zu zeigen, daß $\gamma(f_1') = \gamma(f_2')$ ist.

Die Originalkomplexe eines Punktes ξ der S^2 bei den Abbildungen F', f_1' bzw. f_2' haben wir nach den Vorschriften des § 1 mit $\varphi_{C^4}(\xi)$, $\varphi_{S_1^3}(\xi)$ bzw. $\varphi_{S_2^3}(\xi)$ zu bezeichnen. Da $\dot{C}^4 = S_2^3 - S_1^3$ ist, ist nach § 1, Gl. (6) und (3) $\dot{\varphi}_{C^4}(\xi) = \varphi_{S_2^3}(\xi) - \varphi_{S_1^3}(\xi)$. Daher ist, wenn K_1^2, K_2^2 Komplexe in S_1^3 bzw. S_2^3 mit $\dot{K}_1^2 = \varphi_{S_1^3}(\xi)$, $\dot{K}_2^2 = \varphi_{S_2^3}(\xi)$ sind, $K_2^2 - \varphi_{C^4}(\xi) - K_1^2 = Z^2$ ein Zyklus. Z^2 ist, wie jeder Zyklus in C^4, einem Zyklus in S_1^3 homolog, nämlich der „Projektion" Z_1^2 von Z^2 auf S_1^3, die entsteht, indem man jeden Punkt (x, r) von Z^2 durch den Punkt $(x, 1)$ ersetzt. Aus $Z^2 \sim Z_1^2$ folgt $F'(Z^2) \sim F'(Z_1^2)$, d.h. $F'(Z^2) = F'(Z_1^2)$ in S^2. Da $Z_1^2 \sim 0$ in S_1^3 ist, ist $F'(Z_1^2) = f_1'(Z_1^2) \sim 0$, d.h. $= 0$ in S^2; mithin ist auch $F'(Z^2) = 0$, also $F'(K_2^2) - F'\big(\varphi_{C^4}(\xi)\big) - F'(K_1^2) = f_2'(K_2^2) - f_1'(K_1^2) - F'\big(\varphi_{C^4}(\xi)\big) = 0$. Nun wird aber $\varphi_{C^4}(\xi)$ durch F' auf den Punkt ξ abgebildet, es ist also $F'\big(\varphi_{C^4}(\xi)\big) = 0$, mithin $f_1'(K_1^2) = f_2'(K_2^2)$, d.h. $\gamma(f_1') = \gamma(f_2')$.

5. Jede Klasse von Abbildungen der S^3 auf die S^2 enthält nach 1. simpliziale Abbildungen, denen Triangulationen der im Sinne des ersten Absatzes von 4. ausgezeichneten Triangulationssysteme zugrunde liegen. Da nach 4. zu allen simplizialen Abbildungen $\bar{f}$ der Klasse dieselbe Zahl $\gamma(\bar{f})$ gehört, ist γ eine Konstante der Klasse. Damit ist die in der Einleitung ausgesprochene Behauptung IIa bewiesen.

Die Zahl γ muß vorläufig als abhängig von den zugrunde gelegten Triangulationssystemen gelten; dieser Umstand stört aber den Beweis des

Satzes II, der ja unser Ziel ist, nicht, und überdies wird sich im nächsten Paragraphen die topologische Invarianz von γ, d.h. die Unabhängigkeit von den Triangulationssystemen, herausstellen.

§ 4. Eigenschaften von γ

1. Beweis des Produktsatzes IIb (s. Einleitung): Es gelten die in der Einleitung benutzten Bezeichnungen. Wir dürfen f und g als simplizial annehmen, da c und γ Konstanten der Abbildungsklassen sind und jede Klasse simpliziale Abbildungen enthält. $\varphi(\xi)$ sei der Originalzyklus eines Punktes ξ bei der Abbildung f, $\psi(\xi)$ sein Originalzyklus bei der Abbildung fg. Werden auf ein T^3 von S^3, welches eine Strecke von $\varphi(\xi)$ enthält, p Tetraeder von S_1^3 im positiven, n Tetraeder im negativen Sinne abgebildet, so ist $p-n=c$; auf die in T^3 liegende Strecke von $\varphi(\xi)$ werden dann p bzw. n Strecken von $\psi(\xi)$ im positiven bzw. negativen Sinne abgebildet; umgekehrt ist das Bild jeder Strecke von $\psi(\xi)$ eine — eventuell in einen Punkt entartende — Strecke von $\varphi(\xi)$. Mithin ist $g(\psi(\xi))=c\cdot\varphi(\xi)$. Ist $\dot{L}^2=\psi(\xi)$, $\dot{K}^2=\varphi(\xi)$, so ist demnach $(g(\dot{L}^2))=g(\dot{L}^2)=c\dot{K}^2$, mithin ist $g(L^2)-cK^2$ ein Zyklus in S^3; da das durch f gelieferte Bild eines solchen, wie wir schon mehrere Male sahen, 0 ist, ist $fg(L^2)=c\cdot f(K^2)$, d.h. es ist $\gamma(fg)=c\cdot\gamma(f)$.

2. Beweis des Produktsatzes IIb′: Wir benutzen wieder dieselben Bezeichnungen wie in der Einleitung, und wir nehmen wieder f und h als simplizial an. Die Originalzyklen bei f bzw. hf werden mit φ bzw. ψ bezeichnet. Die Originalpunkte des Punktes ζ von S_1^2 bei h seien die Punkte $\xi_1, \xi_2, \ldots, \xi_p, \eta_1, \eta_2, \ldots, \eta_n$ von S^2, und zwar mögen die Dreiecke, welche die ξ_i enthalten, im positiven, die Dreiecke, welche die η_j enthalten, im negativen Sinne auf das ζ enthaltende Dreieck abgebildet werden. Dann ist $\psi(\zeta)=\sum_i\varphi(\xi_i)-\sum_j\varphi(\eta_j)$; ist $\dot{K}_i^2=\varphi(\xi_i)$, $\dot{L}_j^2=\varphi(\eta_j)$, so ist demnach $\left(\sum_i K_i^2-\sum_j L_j^2\right)^{\boldsymbol{\cdot}}=\psi(\zeta)$ und daher $hf\left(\sum_i K_i^2-\sum_j L_j^2\right)=\gamma(hf)\cdot S_1^2$. Nun ist aber

$$f(K_i^2)=f(L_j^2)=\gamma(f)\cdot S^2,$$

also

$$f\left(\sum_i K_i^2-\sum_j L_j^2\right)=(p-n)\cdot\gamma(f)\cdot S^2=c\cdot\gamma(f)\cdot S^2,$$

und ferner $h(S^2)=c\cdot S_1^2$, also $hf\left(\sum_i K_i^2-\sum_j L_j^2\right)=c^2\cdot\gamma(f)\cdot S_1^2$; folglich ist $\gamma(hf)=c^2\cdot\gamma(f)$.

3. Betrachten wir auf der S^3 neben dem bisher zugrunde gelegten System von Triangulationen ein davon ganz unabhängiges Triangulationssystem, so können wir uns S^3 als in zwei Exemplaren S_1^3 und S_2^3

vorliegend denken, von denen S_1^3 mit dem ersten, S_2^3 mit dem zweiten Triangulationssystem versehen ist; die Koinzidenz auf S^3 vermittelt eine Abbildung g von S_1^3 auf S_2^3, die, da sie eineindeutig ist, unter Zugrundelegung der auf S_1^3 und S_2^3 ausgezeichneten Triangulationen den Grad $+1$ oder -1 hat. Ist f eine Abbildung von S_2^3 auf S^2, so ist fg dieselbe Abbildung von S^3; nur ist, wenn sie mit f bezeichnet wird, das erste, wenn sie mit fg bezeichnet wird, das zweite Triangulationssystem ausgezeichnet, so daß $\gamma(f)$ und $\gamma(fg)$ die Werte von γ sind, die sich für die betrachtete Abbildung der S^3 auf die S^2 unter Zugrundelegung der verschiedenen Triangulationen von S^3 ergeben. Nach IIb ist, da g den Grad ± 1 hat, $\gamma(fg) = \pm\gamma(f)$; das bedeutet, daß $\gamma(f)$, vom Vorzeichen abgesehen, unabhängig von der zugrunde gelegten Triangulation von S^3 ist; das Vorzeichen hängt von der Orientierung von S^3 ab[10]).

Analog verhält es sich auf Grund von IIb′ bezüglich der Triangulationen von S^2; nur ist hier sogar das Vorzeichen von γ unabhängig von Triangulationen und Orientierung, da c in der Aussage des Satzes IIb′ im Quadrat auftritt.

Somit sehen wir: der Betrag von $\gamma(f)$ ist topologisch invariant, d.h. unabhängig von den zugrunde gelegten Triangulationen der S^3 und S^2; das Vorzeichen von γ ändert sich bei Umkehrung der Orientierung der S^3, ist aber unabhängig von der Orientierung der S^2.

4. Schließlich sei noch hervorgehoben, daß für eine topologisch unwesentliche Abbildung stets $\gamma = 0$ ist; denn gehört ein Punkt ξ der S^2 bei einer Abbildung nicht zur Bildmenge, so ist sein Originalzyklus $\varphi(\xi)$ leer, und jeder andere Zyklus hat mit ihm die Verschlingungszahl 0.

§ 5. Eine Abbildung der S^3 auf die S^2 mit $\gamma = 1$

Der euklidische R^4 mit den Koordinaten x_1, x_2, x_3, x_4 sei auf den euklidischen R^3 mit den Koordinaten ξ_1, ξ_2, ξ_3 folgendermaßen abgebildet:

$$(1)\qquad \begin{cases} \xi_1 = 2(x_1 x_3 + x_2 x_4), \quad \xi_2 = 2(x_2 x_3 - x_1 x_4), \\ \xi_3 = x_1^2 + x_2^2 - x_3^2 - x_4^2. \end{cases}$$

Dann ist

$$\xi_1^2 + \xi_2^2 = 4(x_1^2 + x_2^2)\cdot(x_3^2 + x_4^2),$$

also

$$(2)\qquad \xi_1^2 + \xi_2^2 + \xi_3^2 = (x_1^2 + x_2^2 + x_3^2 + x_4^2)^2;$$

die dreidimensionale Kugel mit dem Radius r um den Nullpunkt des R^4 als Mittelpunkt wird somit auf die zweidimensionale Kugel mit dem

[10]) Dieser Beweis ist dem Beweis der topologischen Invarianz des Abbildungsgrades analog: L. E. J. Brouwer, Über Jordansche Mannigfaltigkeiten, Math. Annalen 71 (1911), S. 320—327.

Radius r^2 um den Nullpunkt des R^3 als Mittelpunkt abgebildet; insbesondere ist die Einheitskugel S^2 des R^3 das Bild der Einheitskugel S^3 des R^4. Diese Abbildung f der S^3 auf die S^2 wollen wir betrachten[11]).

f läßt sich auch folgendermaßen beschreiben: Führt man auf S^2 in der üblichen Weise eine komplexe Variable z ein, indem man die komplexen Zahlen $\xi_1+i\xi_2$ der Ebene $\xi_3=0$ stereographisch von dem Nordpol $\xi_1=\xi_2=0$, $\xi_3=1$ der Kugel aus auf diese projiziert, so wird dem Punkt mit den Koordinaten ξ_1, ξ_2, ξ_3 die Zahl

$$z=\frac{\xi_1+i\xi_2}{1-\xi_3} \tag{3}$$

zugeordnet, wobei für den Nordpol selbst, für den der Ausdruck (3) unbestimmt wird, $z=\infty$ zu setzen ist. Ersetzt man in (3) ξ_1, ξ_2, ξ_3 aus (1) und berücksichtigt, daß $x_1^2+x_2^2+x_3^2+x_4^2=1$ ist, so ergibt sich

$$z=\frac{x_1+i\,x_2}{x_3+i\,x_4}, \tag{4}$$

und hier spielt der Wert $z=\infty$ keine Ausnahmerolle, da für die Punkte mit $x_3=x_4=0$ auf der S^3 nicht auch $x_1=x_2=0$ sein kann und da diesen Punkten nach (1) der Nordpol 0, 0, 1 der S^2 entspricht. Mithin ist f durch (4) gegeben, wenn man die S^2 als Riemannsche Zahlkugel auffaßt.

Die Originalmenge des Punktes 0, 0, 1 besteht, wie wir soeben sahen, aus denjenigen Punkten der S^3, für die $x_3=x_4=0$ ist; für jeden anderen Punkt ξ_1, ξ_2, ξ_3 der S^2 erhält man die Originalmenge durch Gleichsetzen der rechten Seiten von (3) und (4); es ergeben sich die Bedingungen

$$\begin{cases} (1-\xi_3)\cdot x_1-\xi_1\cdot x_3+\xi_2\cdot x_4=0, \\ (1-\xi_3)\cdot x_2-\xi_2\cdot x_3-\xi_1\cdot x_4=0. \end{cases} \tag{5}$$

In jedem Falle ist die Originalmenge eines Punktes der S^2 der Schnitt der S^3 mit dem Schnitt zweier nicht zusammenfallender dreidimensionaler Ebenen durch den Mittelpunkt, also der Schnitt der S^3 mit einer zweidimensionalen Ebene durch den Mittelpunkt, d.h. ein Großkreis[12]).

Wir werden nun zeigen, daß für eine Abbildung f der S^3 auf die S^2, bei welcher die Originalmenge $\Phi(\xi)$ jedes Punktes ξ der S^2 ein Großkreis der S^3 ist, stets $\gamma(f)=\pm 1$ ist; das Vorzeichen hängt natürlich von der Orientierung der S^3 ab.

---

[11]) Diese Betrachtung, und somit der Beweis von IIc, ist die einzige Stelle in dieser Arbeit, an der benutzt wird, daß S^2 die Kugel und nicht eine beliebige orientierbare Fläche ist.

[12]) Das System dieser Großkreise, die die Originalmengen der Punkte von S^2 bilden, ist eine Cliffordsche Parallelenkongruenz; hierzu vgl. man F. Klein, Vorlesungen über Nichteuklidische Geometrie (Berlin 1928), S. 234; daß dort anstatt der S^3 der elliptische Raum betrachtet wird, macht keinen wesentlichen Unterschied.

Eine dreidimensionale und eine zweidimensionale Ebene durch den Mittelpunkt der S^3 schneiden sich, wenn die letztere nicht ganz in der ersteren liegt, in einer Geraden durch den Mittelpunkt; dies bedeutet, wenn man zu den Schnitten mit der S^3 übergeht: eine zweidimensionale Großkugel und ein Großkreis schneiden sich, wenn der Kreis nicht auf der Kugel verläuft, in zwei zueinander diametralen Punkten; folglich wird die Hälfte H einer Großkugel von jedem Großkreis, der fremd zu dem Rand von H ist und daher nicht auf der Großkugel verläuft, stets in genau einem Punkte geschnitten; da es zu jedem Großkreis (unendlich viele) von ihm berandete Hälften von Großkugeln gibt, folgt hieraus: je zwei zueinander fremde Großkreise der S^3 sind miteinander verschlungen, und zwar ist ihre Verschlingungszahl ± 1.

Hiernach liegt bereits die Annahme nahe, daß für eine Abbildung f der S^3 auf die S^2, bei der Originalmenge $\Phi(\xi)$ jedes Punktes von S^2 ein Großkreis ist, $\gamma(f) = \pm 1$ ist. Um die Richtigkeit dieser Annahme zu bestätigen, haben wir aber infolge unserer Definition von γ auf simpliziale Approximationen f' von f zurückzugehen und zu zeigen, daß auch die Originalzyklen $\varphi(\xi)$ und $\varphi(\eta)$ bei einer solchen Abbildung f' die Verschlingungszahl ± 1 haben. Nun ist klar, daß mit zunehmender Güte der Approximation die Zyklen $\varphi(\xi)$ und $\varphi(\eta)$ gegen $\Phi(\xi)$ bzw. $\Phi(\eta)$ in dem Sinne konvergieren, daß sie schließlich in beliebig vorgegebenen Umgebungen U_ξ, U_η der Kreise $\Phi(\xi)$ bzw. $\Phi(\eta)$ liegen. Wenn wir noch gezeigt haben, daß bei hinreichender Güte der Approximation $\varphi(\xi) \sim \Phi(\xi)$ in U_ξ, $\varphi(\eta) \sim \Phi(\eta)$ in U_η ist, so sind wir fertig; denn dann hat, wenn nur U_ξ und U_η fremd zueinander sind, $\varphi(\xi)$ mit $\varphi(\eta)$ dieselbe Verschlingungszahl wie $\Phi(\xi)$ mit $\Phi(\eta)$ (vgl. den ersten Absatz des Beweises in § 3, 3.). Da ξ und η ganz symmetrisch auftreten, genügt es, einen der beiden Punkte zu betrachten; unsere Behauptung ist also: Ist f' eine hinreichend gute simpliziale Approximation von f, so ist $\varphi(\xi) \sim \Phi(\xi)$ in U_ξ, wobei U_ξ eine willkürlich vorgeschriebene Umgebung von $\Phi(\xi)$ ist.

ξ sei ein fester Punkt von S^2; alle im folgenden vorkommenden simplizialen Abbildungen seien so gewählt, daß er innerer Punkt eines Dreiecks der S^2, daß $\varphi(\xi)$ also für jede dieser Approximationen erklärt ist. ζ sei ein von ξ verschiedener Punkt der S^2, H eine von $\Phi(\zeta)$ berandete halbe Großkugel; die Triangulationen der S^3, die den Approximationen zugrunde gelegt werden, sollen alle so beschaffen sein, daß H aus Dreiecken der Triangulation besteht. H wird, wie wir oben sahen, von jedem $\Phi(\eta)$ mit $\eta \neq \zeta$ in genau einem Punkte geschnitten; folglich ist die Abbildung $f(H)$ in allen von ζ verschiedenen Punkten der S^2, insbesondere also in der Umgebung von ξ, eineindeutig und hat daher dort den Grad ± 1. Die Approximation f' von f sei so gut, daß auch die Abbildung $f'(H)$ im Punkte ξ den Grad ± 1 hat; dann hat nach § 1, 4. H mit $\varphi(\xi)$ die Schnittzahl ± 1. Wir konstruieren nun eine schlauchförmige Umgebung U'_ξ des Kreises $\Phi(\xi)$, die ganz in der gegebenen Umgebung U_ξ verläuft und mit H eine von einem Kreis berandete Kugelkappe K, im übrigen aber keinen Punkt gemeinsam hat; diese Konstruktion ist möglich, da $\Phi(\xi)$ und H einen einzigen Punkt x gemeinsam haben. Wir verbessern die Güte der Approximation, falls das nötig ist, weiter so, daß $\varphi(\xi)$ ganz im Inneren von U'_ξ liegt; dann liegen alle Schnittpunkte von $\varphi(\xi)$ und H auf K, die Schnittzahl von $\varphi(\xi)$ und K ist also ± 1. Ebenso haben $\Phi(\xi)$ und K die Schnittzahl ± 1, da diese beiden Gebilde nur den einen, einfach zu zählenden Schnitt x haben. Bei geeigneter Orientierung von $\Phi(\xi)$ hat daher der im Inneren des Schlauches verlaufende Zyklus $Z^1 = \Phi(\xi) - \varphi(\xi)$ mit K die Schnittzahl 0. Daraus folgt, daß $Z^1 \sim 0$ in dem Schlauch U'_ξ ist; denn analog dem in § 3, 3. angewandten Verfahren kann man einen Zyklus Z^1_n konstruieren, der $\sim Z^1$ in U'_ξ ist und mit K keinen Punkt gemeinsam hat; ein solcher Z^1_n läßt sich im Inneren des Schlauches auf einen Punkt zusammenziehen, ist dort also ~ 0. Dann ist auch $Z^1 \sim 0$ in U'_ξ, also erst recht in U_ξ; mithin ist $\varphi(\xi) \sim \Phi(\xi)$ in U_ξ, w.z.b.w.

Für die Abbildung f der S^3 auf die S^2, die durch (1) oder durch (4) gegeben ist, ist also in der Tat $\gamma(f) = 1$; hieraus und aus § 4, 4. folgt, daß f topologisch wesentlich ist, womit der Satz Ia bewiesen ist. Insbesondere aber haben wir jetzt unser eigentliches Ziel, nämlich den Beweis des Satzes II, aus dem ja auch der Satz I folgt, erreicht: denn das Bestehen der Eigenschaft IIa wurde im § 3, das der Eigenschaft IIb in § 4, 1. und das von IIc in diesem Paragraphen gezeigt.

§ 6. Eine Kennzeichnung der algebraisch unwesentlichen Abbildungen einer M^3

In der im § 1 vorgenommenen Untersuchung der Umkehrung einer simplizialen Abbildung eines C^3 wurde niemals vorausgesetzt, daß C^3 eine Sphäre ist; vielmehr durfte er in Abschnitt 2 ganz beliebig, in Abschnitt 4 durfte er eine beliebige orientierbare, geschlossene dreidimensionale Mannigfaltigkeit M^3 sein. Insbesondere sind also für eine simpliziale Abbildung f einer M^3 auf die S^2 die Originalzyklen $\varphi(\xi)$, $\varphi(\eta)$, ... von beliebigen, im Inneren von Dreiecken von S^2 liegenden Punkten ξ, η, ... wohldefiniert. Das Ziel dieses Paragraphen ist der Beweis der folgenden beiden Sätze:

A. *Es ist $\varphi(\xi) \sim \varphi(\eta)$ bei beliebigen ξ und η; es ist also durch f eine eindimensionale Homologieklasse φ in M^3 ausgezeichnet.*

B. *Es ist dann und nur dann $\varphi \sim 0$, wenn f algebraisch unwesentlich ist.*

Beide Sätze beruhen im wesentlichen auf dem

Hilfssatz I: Ein ν-dimensionaler Zyklus Z^ν in einer n-dimensionalen Mannigfaltigkeit M^n ist dann und nur dann ~ 0, wenn für jedes $m > 1$

und jeden $(n-\nu)$-dimensionalen Zyklus $Z_m^{n-\nu}$ modulo m die Schnittzahl $(Z^\nu \cdot Z_m^{n-\nu}) \equiv 0 \bmod m$ ist.

Beim Beweis dieses Hilfssatzes werden wir die folgende algebraische Tatsache benutzen:

Hilfssatz II: Gegeben ist eine Matrix u_{ij} und eine Zahlenreihe v_j; die v_j sind dann und nur dann eine lineare Verbindung der u_{ij}, d.h. das Gleichungssystem

(1) $$v_j = \sum_i x_i u_{ij}$$

besitzt dann und nur dann Lösungen x_i, wenn folgende Beziehung zwischen den u_{ij} und v_j besteht: ist m irgendeine Zahl > 1 und sind die y_j irgendwelche Lösungen des Kongruenzensystems

(2) $$\sum_i u_{ij} y_j \equiv 0 \pmod{m},$$

so ist auch stets

(3) $$\sum v_j y_j \equiv 0 \pmod{m}.$$

(Dabei sind natürlich all vorkommenden Größen u, v, x, y ganze Zahlen.)

Einen Beweis des Hilfssatzes II findet man in der unter [5]) zitierten Arbeit, wo er in ähnlichem Zusammenhang auftritt wie hier.

Beweis des Hilfssatzes I: Mit T bzw. $\overline{T}$ werden die Zellen zweier dualer Zelleinteilungen der M^n bezeichnet. Lauten die Berandungsrelationen für die $T^{\nu+1}$

(4) $$\dot{T}_i^{\nu+1} = \sum_j u_{ij} T_j^\nu,$$

so lauten sie für die $\overline{T}^{n-\nu}$

(5) $$\dot{\overline{T}}_j^{n-\nu} = \sum_i u_{ij} \overline{T}_i^{n-\nu-1}.$$

Den Zyklus Z^ν dürfen wir als aus Zellen T_j^ν bestehend annehmen:

(6) $$Z^\nu = \sum_j v_j T_j^\nu.$$

Notwendig und hinreichend dafür, daß $Z^\nu \sim 0$ ist, ist die Existenz eines $C^{\nu+1} = \sum_i x_i T_i^{\nu+1}$ mit $\dot{C}^{\nu+1} = \sum_j x_i \dot{T}_i^{\nu+1} = \sum_{i,j} x_i u_{ij} T_j^\nu = Z^\nu = \sum_j v_j T_j^\nu$, also die Lösbarkeit des Systems (1), und somit nach Hilfssatz II die Tatsache, daß aus jedem Kongruenzensystem (2) die Kongruenz (3) folgt.

Nun hat ein Komplex $\sum_j y_j \overline{T}_j^{n-\nu}$ auf Grund von (5) den Rand $\sum_{i,j} u_{ij} y_j \overline{T}_i^{n-\nu-1}$; (2) bedeutet also, daß er ein Zyklus modulo m ist. Folglich ist die Tatsache, daß der durch (6) gegebene Z^ν homolog 0 ist, gleichbedeutend damit, daß seine Koeffizienten v_j und die Koeffizienten y_j

eines beliebigen, aus Zellen $\overline{T}^{n-\nu}$ gebildeten Zyklus modulo m

(7) $$\overline{Z}_m^{n-\nu} = \sum_j y_j \overline{T}_j^{n-\nu}$$

die Kongruenz (3) erfüllen. Die linke Seite von (3) ist aber die Schnittzahl von Z^ν und $\overline{Z}^{n-\nu}$; denn da die Schnittzahl $T_j^\nu \cdot \overline{T}_k^{n-\nu}$ den Wert 0 oder 1 hat, je nachdem $j \neq k$ oder $j = k$ ist, ist

$$Z^\nu \cdot \overline{Z}^{n-\nu} = \sum_j v_j T_j^\nu \cdot \sum_j y_j \overline{T}_j^{n-\nu} = \sum_{j,k} v_j y_k T_j^\nu \cdot \overline{T}_k^{n-\nu} = \sum_j v_j y_j .$$

Damit ist die Behauptung bewiesen.

Beweis des Satzes A: Ist Z_m^2 ein Zyklus mod m in M^3, so ist der Grad mod m der Abbildung $f(Z_m^2)$ auf S^2 konstant, er hat also in zwei beliebigen Punkten ξ, η gleichen Wert. Nach § 1, 4. hat daher Z_m^2 mit $\varphi(\xi)$ dieselbe Schnittzahl mod m wie mit $\varphi(\eta)$. Der eindimensionale Zyklus $\varphi(\xi) - \varphi(\eta)$ hat also mit jedem Z_m^2 die Schnittzahl 0 mod m bei beliebigem m, er ist somit nach Hilfssatz I ~ 0.

Beweis des Satzes B: Daß f algebraisch unwesentlich ist, heißt, daß für jeden Z_m^2 der Grad mod m der Abbildung $f(Z_m^2)$ gleich 0 ist. Nach § 1, 4. bedeutet dies, daß, wenn ξ irgendein Punkt von S^2 ist, die Schnittzahl von $\varphi(\xi)$ und Z_m^2 mod m verschwindet. Nach Hilfssatz I ist das dann und nur dann der Fall, wenn $\varphi(\xi) \sim 0$ ist.

§ 7. Die Abbildungen einer M^3 auf die S^2

Die Gültigkeit des soeben bewiesenen Satzes B ermöglicht die Übertragung der in den §§ 2 bis 4 für die Abbildungen der S^3 auf die S^2 entwickelten Theorie der Größe γ auf die algebraisch unwesentlichen Abbildungen einer beliebigen Mannigfaltigkeit M^3 auf die S^2. In der Tat überzeugt man sich, wenn man die §§ 2 bis 4 durchsieht, davon, daß außer Eigenschaften, welche jeder Abbildung einer M^3 auf die S^2 zukommen, nur die beiden folgenden Eigenschaften B′ und B″ benutzt werden, die dort darauf beruhen, daß es sich um Abbildungen der Sphäre handelt, die aber gerade den algebraisch unwesentlichen Abbildungen beliebiger Mannigfaltigkeiten eigentümlich sind:

$$(\mathrm{B}') \quad \varphi(\xi) \sim 0; \qquad (\mathrm{B}'') \quad f(Z^2) = 0,$$

d.h. die Abbildung f jedes zweidimensionalen Zyklus aus M^3 hat den Grad 0.

Es gehört also zu jeder Klasse algebraisch unwesentlicher Abbildungen einer M^3 auf die S^2 eine Zahl γ, für die unter anderem auch der Produktsatz IIb in folgender Form gilt: „Ist g eine Abbildung einer M_1^3 auf eine M^3 mit dem Grade c, f eine algebraisch unwesentliche Abbildung der M^3 auf die S^2, so ist auch fg algebraisch unwesentlich, und es ist $\gamma(fg)=\gamma(f)$." Dabei ist unmittelbar klar, daß aus der algebraischen Unwesentlichkeit von f die von fg folgt; denn ist Z^2_m ein Zyklus mod m in M^3_1, so ist $\overline{Z}^2_m=g(Z^2_m)$ ein Zyklus mod m in M^3, folglich ist

$$f(\overline{Z}^2_m)=fg(Z^2_m)\equiv 0 \mod m$$

in S^3, d.h. fg ist algebraisch unwesentlich.

Aus diesem Produktsatz, aus der Existenz einer Abbildung f der S^3 auf die S^2 mit $\gamma(f)=1$, die als Abbildung der S^3 a fortiori algebraisch unwesentlich ist, und aus der Tatsache, daß man jede M^3 mit beliebigem Grade c auf die S^3 abbilden kann, ergibt sich Satz III.

Zum Schluß sei nur noch bezüglich der Abbildungen der *nicht-orientierbaren* Mannigfaltigkeiten auf die S^2 bemerkt, daß alles Vorstehende unverändert seine Gültigkeit behält, wenn man sich darauf beschränkt, die Größe γ mod 2 zu erklären. Infolgedessen gilt

Satz III': *Die algebraisch unwesentlichen Abbildungen einer beliebigen nicht-orientierbaren dreidimensionalen Mannigfaltigkeit auf die S^2 bilden wenigstens zwei Klassen; es gibt unter diesen Abbildungen also immer topologisch wesentliche.*

Anhang

Über die topologische und die algebraische Wesentlichkeit von Abbildungen

Wir knüpfen unmittelbar an den Wortlaut der Einleitung an.

1. Beweis des Satzes V: Es ist trivial, daß die Abbildung f topologisch wesentlich ist, wenn sie algebraisch wesentlich ist. Sie sei algebraisch unwesentlich. Die Winkelkoordinate w auf S^1 ist nur bis auf Vielfache von 2π bestimmt; für einen festen Punkt x_0 von A zeichnen wir einen der zu $f(x_0)$ gehörigen Werte willkürlich aus und nennen ihn $w=F(x_0)$. Diese Funktion F setzen wir auf den von x_0 ausgehenden Wegen stetig so fort, daß immer $F(x)$ einer der Werte von w im Punkte $f(x)$ ist. Dabei gelangt man auf verschiedenen Wegen W_1, W_2, die denselben Endpunkt y haben, immer zu demselben Wert $F(y)$; denn käme man zu verschiedenen Werten $F_1(y)$, $F_2(y)$, so wäre

$$F_1(y)-F_2(y)=k\cdot 2\pi, \qquad k\neq 0;$$

bei Durchlaufung des von y nach y zurückführenden geschlossenen Weges $Z^1=W_2^{-1}W_1$ würde sich die Winkelkoordinate des Bildpunktes um $k\cdot 2\pi$ ändern, d.h. der Zyklus Z^1 würde mit dem Grade $k\neq 0$ auf S^1 abgebildet,

Einlageblatt S. 58

Wie aus der Fußnote **) auf Seite 41 ersichtlich, war der Abdruck des Anhangs zur Arbeit „Über die Abbildungen der dreidimensionalen Sphäre auf die Kugelfläche" nicht vorgesehen.

Durch ein Versehen ist dieser Anhang trotzdem aufgenommen worden; die Formulierung der dort bewiesenen Sätze findet sich in den Teilen der Einleitung, die in diesen „Selecta" nicht abgedruckt sind.

f wäre algebraisch wesentlich, entgegen der Voraussetzung. Mithin läßt sich F in der Tat eindeutig und stetig auf A erklären. Ist nun t ein von 1 bis 0 laufender Parameter, so wird durch $w = t\,F(x)$ eine Schar von Abbildungen f_t von A auf S^1 erklärt, durch welche $f = f_1$ stetig in die Abbildung f_0 auf einen einzigen Punkt von S^1 übergeht. Folglich ist f topologisch unwesentlich.

2. Beweis des Satzes IVa: Es ist trivial, daß sich A^a nicht (algebraisch) wesentlich abbilden läßt, wenn in A^a kein a-dimensionaler Zyklus modulo einer Zahl $m > 1$ vorhanden ist. Es sei Z^a_m ein solcher Zyklus mod m in A^a, T^a ein a-dimensionales Simplex von Z^a_m, das in Z^a_m mit einem Koeffizienten c vorkommt, der $\not\equiv 0 \bmod m$ ist. Man bilde den Rand von T^a und alle nicht zu T^a gehörigen Punkte von A^a auf einen festen Punkt ξ von S^a, das Innere von T^a eineindeutig auf $S^a - \xi$ ab. Diese Abbildung $f(A^a)$ bewirkt eine Abbildung $f(Z^a_m)$, deren Grad mod m $c \not\equiv 0$ ist; f ist daher (algebraisch) wesentlich.

3. Dem Beweis des Satzes VI schicken wir einige Bemerkungen über die im Satz VI ausgesprochene Bedingung voraus. Wir wollen sagen, daß A^a die „Eigenschaft E^b“ hat, wenn entweder $p^b > 0$ oder $(b-1)$-te Torsion vorhanden (oder wenn beides der Fall) ist. $Z^b \approx 0$ soll, wie üblich, bedeuten, daß der Zyklus Z^b ein „Randteiler“ ist, d.h. daß es eine Zahl $c > 0$ gibt, so daß cZ^b ein Rand, also $cZ^b \sim 0$ ist; analog soll „$Z^b_m \approx 0$ mod m“ bedeuten, daß der Zyklus mod m Z^b_m einem Randteiler kongruent mod m ist, d.h. daß es einen Komplex K^b gibt, so daß $Z^b_m + m\,K^b \approx 0$ ist.

Wir behaupten nun: A^a hat dann und nur dann die Eigenschaft E^b, wenn es ein $m > 1$ und in A^a einen Zyklus mod m Z^b_m gibt, der $\not\approx 0$ mod m ist.

Beweis: I. Es gebe in A^a einen Z^b_m, der $\not\approx 0$ mod m ist; es ist $\dot{Z}^b_m = m\,K^{b-1}$; mK^{b-1} ist als Rand ein Zyklus, also ist auch $K^{b-1} = Z^{b-1}$ Zyklus, und es ist $mZ^{b-1} \sim 0$. Ist $Z^{b-1} \not\approx 0$, so ist Z^{b-1} Randteiler, ohne Rand zu sein, es ist also $(b-1)$-dimensionale Torsion vorhanden; ist $Z^{b-1} \sim 0$, so gibt es einen Komplex C^b mit $\dot{C}^b = Z^{b-1}$; dann ist $(Z^b_m - mC^b)^{\cdot} = 0$, also $Z^b_m - mC^b = Z^b$ ein Zyklus; da $Z^b_m \not\approx 0$ mod m ist, ist $Z^b \not\approx 0$, folglich ist $p^b > 0$.

II. Wenn $p^b > 0$ ist, so nehmen wir einen Zyklus Z^b, der in einer Homologiebasis enthalten ist, der also die Eigenschaft hat, daß sich jeder Zyklus $\overline{Z}^b$ auf eine und nur eine Weise in der Form $\overline{Z}^b \approx cZ^b + \sum_i c_i Z^b_i$ darstellen läßt, wobei die Z^b_i die übrigen Basiselemente sind. Z^b ist zugleich für jedes m ein Zyklus mod m; wir behaupten, daß er $\not\approx 0$ mod m für jedes m ist. Andernfalls wäre nämlich $Z^b = \widetilde{Z}^b + mK^b$, wobei $\widetilde{Z}^b$ Zyklus und ≈ 0 wäre; es wäre also auch mK^b und mithin $K^b = \overline{Z}^b$ Zyklus und $Z^b \approx m\overline{Z}^b$; da $\overline{Z}^b \approx cZ^b + \cdots$ ist, wäre $mc = 1$, was wegen $m > 1$

unmöglich ist; folglich ist $Z^b \not\approx 0 \bmod m$ bei beliebigem m. — Wenn $(b-1)$-te Torsion vorhanden ist, so gibt es einen $(b-1)$-dimensionalen Zyklus, der Randteiler, aber nicht Rand ist: $Z^{b-1} \not\approx 0$, $mZ^{b-1} = \dot{C}^b$, $m > 1$; dann ist $C^b = Z^b_m$ ein Zyklus mod m; wir behaupten, daß er $\not\approx 0 \bmod m$ ist. Andernfalls wäre nämlich

$$Z^b_m = Z^b + m K^b, \quad (Z^b \approx 0), \quad \dot{Z}^b_m = m Z^{b-1} = m \dot{K}^b, \quad Z^{b-1} = \dot{K}^b,$$

also $Z^{b-1} \sim 0$.

Damit ist gezeigt, daß die Eigenschaft E^b mit der Existenz eines Z^b_m, der $\not\approx$ mod m ist, zusammenfällt. Ist $b = a$, so ist $Z^b_m \approx 0 \bmod m$ gleichbedeutend mit $Z^b_m \equiv 0$; folglich ist die Eigenschaft E^a mit der Existenz eines Z^a_m, also mit $p^a_m > 0$ für irgendein m identisch. Ist $b = 1$, so ist E^1, da es 0-dimensionale Torsion nicht gibt, identisch mit der Bedingung $p^1 > 0$.

4. Beweis des Satzes VI: Ist f eine algebraisch wesentliche Abbildung von A^a auf S^b, so gibt es ein m und einen Z^b_m in A^a, dessen Bild $f(Z^b_m) \not\equiv 0 \bmod m$ ist. Dieser Z^b_m kann nicht $\approx 0 \bmod m$ sein, weil sonst auch sein Bild $\approx 0 \bmod m$ in S^b, also $\equiv 0 \bmod m$ wäre. A^a hat daher nach 3. die Eigenschaft E^b.

5. Beweis des Satzes VII: Der in dem Wortlaut des Satzes erwähnte Fall $b = a$ ist auf Grund der Schlußbemerkung von 3. in dem Satz IVa enthalten, also bereits erledigt; ebenso ist der ebenfalls erwähnte Fall $b = 1$ auf Grund der Schlußbemerkung von 3. in Va enthalten und wird mit diesem erledigt werden. Jetzt beschäftigt uns also nur der Fall $b = a - 1$; wir setzen daher voraus, daß A^a die Eigenschaft E^{a-1} besitzt.

$\mathfrak{L}$ sei die Gruppe aller Linearformen in den $(a-1)$-dimensionalen Simplexen T^{a-1}_j von A^a, also die Gruppe aller $(a-1)$-dimensionalen Teilkomplexe von A^a in der fest gegebenen Triangulation; $\mathfrak{R}$ sei diejenige Untergruppe von $\mathfrak{L}$, die von allen $(a-1)$-dimensionalen Rändern und Randteilern gebildet wird; da $\mathfrak{R}$ die Eigenschaft hat, daß, sobald ein Vielfaches eines Elements von $\mathfrak{L}$ zu $\mathfrak{R}$ gehört, stets auch das Element selbst zu $\mathfrak{R}$ gehört, besitzt die Faktorgruppe $\mathfrak{F} = \mathfrak{L}/\mathfrak{R}$ nur Elemente unendlicher Ordnung, und da sie eine von endlich vielen ihrer Elemente erzeugte Abelsche Gruppe ist (weil $\mathfrak{L}$ diese Eigenschaft hat), besitzt sie eine Basis $F_1, F_2, \ldots, F_p$ der Art, daß sich jedes Element von $\mathfrak{F}$ auf eine und nur eine Weise als lineare Verbindung der F_ν darstellen läßt.

Infolge der Eigenschaft E^{a-1} gibt es ein $m > 1$ und einen Zyklus mod m Z^{a-1}_m, der $\not\approx 0 \bmod m$ ist; die Restklasse modulo $\mathfrak{R}$, der er angehört, werde durch das Element $\sum c_\nu F_\nu$ von $\mathfrak{F}$ repräsentiert; diese Restklasse enthält nicht das m-fache eines Elements von $\mathfrak{L}$, weil sonst $Z^{a-1}_m \approx 0 \bmod m$ wäre; folglich ist das Element $\sum c_\nu F_\nu$ nicht das m-fache eines anderen Elements von $\mathfrak{F}$, und daher ist infolge der Einzigkeit der Darstellung

$\sum c_\nu F_\nu$ wenigstens einer der Koeffizienten c_ν nicht durch m teilbar; das sei etwa c_1.

Durch die Restklassenzerlegung modulo $\mathfrak{R}$ ist die Gruppe $\mathfrak{L}$ homomorph auf die Gruppe $\mathfrak{F}$ abgebildet; wir bilden weiter $\mathfrak{F}$ homomorph auf die additive Gruppe der ganzen Zahlen ab, indem wir jedem Element $\sum y_\nu F_\nu$ von $\mathfrak{F}$ die Zahl y_1 zuordnen; beide Homomorphismen zusammen ergeben eine homomorphe Abbildung H von $\mathfrak{L}$ auf die ganzen Zahlen; dabei ist insbesondere

(1) $$H(Z_m^{a-1}) = c_1, \qquad c_1 \not\equiv 0 \bmod m,$$

(2) $$H(R^{a-1}) = 0 \text{ für jeden Rand oder Randteiler } R^{a-1}.$$

Ferner sei für die Simplexe T_j^{a-1}

(3) $$H(T_j^{a-1}) = x_j.$$

Die Berandungsrelationen für die a-dimensionalen Simplexe T_i^a seien

(4) $$\dot{T}_i^a = \sum u_{ij}\, T_j^{a-1};$$

dann ist nach (3), da H ein Homomorphismus ist, $H(\dot{T}_j^a) = \sum u_{ij}\, x_j$, und nach (2), da $\dot{T}_j^a$ ein Rand R^{a-1} ist,

(5) $$\sum u_{ij}\, x_j = 0.$$

Z_m^{a-1} sei durch

(6) $$Z_m^{a-1} = \sum v_j\, T_j^{a-1}$$

gegeben; dann folgt aus (3) und (1)

(7) $$\sum v_j\, x_j = c_1 \not\equiv 0 \bmod m.$$

Wir definieren nun zunächst folgende Abbildung f des aus allen T_j^{a-1} bestehenden $(a-1)$-dimensionalen Teilkomplexes A^{a-1} von A^a auf die S^{a-1}: Alle $(a-2)$-dimensionalen Randsimplexe der T_j^{a-1} werden auf einen festen Punkt ξ von S^{a-1} abgebildet; das Innere jedes T_j^{a-1} wird so auf S^{a-1} abgebildet, daß die Abbildung $f(T_j^{a-1})$ den Grad x_j hat; das kann man z.B. dadurch erreichen, daß man in T_j^{a-1} $|x_j|$ zueinander fremde Simplexe $t_1^{a-1}, t_2^{a-1}, \ldots, t_{|x_j|}^{a-1}$ wählt, jedes von ihnen so auf S^{a-1} abbildet, daß der Rand in ξ übergeht und die Abbildung in t_ν^{a-1} im übrigen eineindeutig vom Grade $+1$ oder -1 ist, je nachdem x_j positiv oder negativ ist, und schließlich auch $T_j^{a-1} - \sum t_\nu^{a-1}$ auf den Punkt ξ abbildet. Diese Abbildung $f(A^{a-1})$ läßt sich zu einer Abbildung des ganzen Komplexes A^a erweitern. Denn infolge von (4) und (5) wird die Randsphäre $S_i^{a-1} = \dot{T}_i^a$ jedes Simplexes T_i^a mit dem Grade 0 abgebildet, und eine solche Abbildung von S_i^{a-1} auf S^{a-1} läßt sich immer folgendermaßen zu einer Abbildung des T_i^a erweitern: da der Grad 0 ist, gibt es eine Abbildungsschar $f_r(S_i^{a-1})$ der S_i^{a-1} auf S^{a-1} mit $f_1=f$ und $f_0(S_i^{a-1})=\xi$, wobei wieder ξ ein fester Punkt von S^{a-1} ist $(0\leqq r\leqq 1)$[13]; x_0 sei ein fester innerer Punkt von T_i^a; ist $x=x_1$ irgendein Punkt auf S_i^{a-1}, x_r der Punkt der Strecke $x_0\,x_1$, der diese im Verhältnis $r:1-r$ teilt, so wird $f(T_i^a)$ durch $f(x_r)=f_r(x)$ bestimmt.

Bei der so definierten Abbildung $f(A^a)$ ist der modulo m bestimmte Grad, mit dem Z_m^{a-1} abgebildet wird, infolge von (6) und (7) $c_1\not\equiv 0 \bmod m$; das bedeutet, daß $f(A^a)$ algebraisch wesentlich ist.

Aus dem Beweis ergibt sich, daß man zu dem Satz VII noch folgenden *Zusatz* machen kann: Hat A^a die Eigenschaft E^{a-1}, und ist Z^{a-1} ein gewöhnlicher Zyklus bzw. Z_m^{a-1} irgendein Zyklus mod m, der $\not\approx 0$ bzw. $\not\approx 0 \bmod m$ ist, so kann man A^a auf die S^{a-1} so abbilden, daß gerade dieser Z^{a-1} bzw. Z_m^{a-1} algebraisch wesentlich abgebildet wird. (Die analogen Zusätze lassen sich, wie sich aus den Beweisen ergibt, übrigens auch zu den Sätzen IVa und Va machen.)

6. Beweis des Satzes Va: Die Bedingung $p^1>0$ ist nach der Schlußbemerkung von 3. mit der Bedingung E^1 identisch. Daß sie notwendig für die algebraisch wesentliche Abbildbarkeit von A^a auf den Kreis S^1 ist, ist daher in Satz VI enthalten; wir haben zu zeigen, daß sie hinreicht. Für $a=1$ ist das der Fall, da sie dann, wie aus dem Schluß von 3. hervorgeht, mit der Bedingung des Satzes IVa zusammenfällt. Ebenso ist für $a=2$ die Behauptung schon im Satz VII enthalten. Es sei also $a\geqq 3$; wir dürfen annehmen, daß die Behauptung für die Dimensionszahl $a-1$ schon bewiesen sei, und zwar in der dem Zusatz zu Satz VII entsprechenden schärferen Fassung, daß ein vorgegebener Z^1, der $\not\approx 0$ ist, wesentlich abgebildet wird. Nun sei Z^1 ein Zyklus in A^a, der $\not\approx 0$ ist; A^{a-1} sei der Komplex der $(a-1)$-dimensionalen Simplexe T_j^{a-1} von A^a; dann liegt Z^1 in A^{a-1} und ist dort erst recht $\not\approx 0$. Also kann man A^{a-1} so auf den Kreis S^1 abbilden, daß Z^1 wesentlich abgebildet wird. Die Aufgabe ist nun, analog wie in dem Beweis des vorigen Satzes, für jedes einzelne Simplex T_i^a die auf seinem Rande $S_i^{a-1}=\dot{T}_i^a$ schon definierte Abbildung f auf ganz T_i^a auszudehnen; genau wie vorhin ist diese Aufgabe gelöst, falls man die Abbildung $f(S_i^{a-1})$ auf S^1 stetig in eine Abbildung auf einen einzigen Punkt überführen kann. Diese Überführung ist möglich da S_i^{a-1} eine wenigstens zweidimensionale Sphäre und jede ihrer Abbildungen auf einen Kreis daher topologisch unwesentlich ist, wie schon in der Einleitung (im Anschluß an die Formulierung des Satzes Ia) gezeigt wurde, und wie es überdies in den Sätzen V und VI enthalten ist. Mithin läßt sich $f(A^a)$ in der gewünschten Weise konstruieren.

---

[13]) Einen Beweis dieser Tatsache (die übrigens ein Spezialfall von Satz IV ist), findet man in meiner unter [1]) zitierten Arbeit.

7. Beweis des Satzes VIII: A^4 sei die Mannigfaltigkeit der komplexen Punkte der projektiven Ebene[14]). Ihre zweite Bettische Zahl ist $p^2=1$; bezeichnen wir mit $z_1:z_2:z_3$ die Koordinaten in A^4, so definiert die Gleichung $z_3=0$ eine zweidimensionale Kugel A^2, die eine Basis der zweidimensionalen Homologien ist; d.h. jeder Zyklus Z^2 aus A^4 genügt einer Homologie $Z^2 \sim a \cdot A^2$. Ist f eine Abbildung von A^4 auf sich, so ist $f(A^2)$ selbst ein Z^2 in A^4, also gehört zu f eine Zahl u, die durch $f(A^2) \sim u \cdot A^2$ definiert ist; es gilt der Satz, daß dann f den Grad u^2 hat[15]).

Liegt nun eine Abbildung von A^4 auf eine S^2 vor, so können wir diese S^2 durch die eben beschriebene A^2 realisieren; die Abbildung ist dann eine Abbildung von A^4 auf sich, die den Grad 0 hat, da nur ein echter Teil von A^4 durch die Bildmenge bedeckt wird. Folglich ist nach dem eben genannten Satz auch $u=0$, also $f(A^2) \sim 0$ in A^4, d.h. $f(A^2)=0$ auf S^2. Ist Z^2 irgendein Zyklus von A^4, so ist $Z^2 \sim a \cdot A^2$, mithin $f(Z^2)= a \cdot f(A^2)=0$ auf S^2, d.h. f ist algebraisch unwesentlich.

8. Schließlich sei für den Satz Ia noch ein Beweis angegeben, der auf den Sätzen VII und VIII beruht und von dem in den §§ 1 bis 5 enthaltenen Beweis völlig verschieden ist: A^4 und A^2 haben dieselben Bedeutungen wie in 7., A^3 bezeichne den Komplex der dreidimensionalen Simplexe T_j^3 einer bestimmten Zerlegung von A^4; dann kann man A^2 als in A^3 liegend annehmen, und dort ist A^2 erst recht $\not\sim 0$. Daher kann man nach dem Zusatz zu Satz VII A^3 so auf die S^2 abbilden, daß dabei A^2 algebraisch wesentlich abgebildet wird. Diese Abbildung f läßt sich auf Grund von Satz VIII aber nicht zu einer Abbildung $f(A^4)$ erweitern. Folglich gibt es unter den vierdimensionalen Simplexen T_i^4 von A^4 wenigstens eines, etwa T_1^4, so daß sich die auf dem Rand $\dot{T}_1^4=S_1^3$ erklärte Abbildung f nicht auf ganz T_1^4 ausdehnen läßt; daraus folgt, daß die Abbildung $f(S_1^3)$ auf die S^2 topologisch wesentlich ist, da andernfalls die Ausdehnung von f auf T_1^4 nach dem im Beweise von Satz VII angewandten Verfahren vorgenommen werden könnte. Damit ist ein indirekter Beweis des Satzes Ia geliefert.

14) Eine Darstellung der einfachsten topologischen Eigenschaften von A^4 findet man im „Anhang II" der unter 8) zitierten Arbeit von VAN DER WAERDEN.

15) § 5 der unter 5) zitierten Arbeit.

Hain im Riesengebirge, September 1930

Über den Begriff der vollständigen differentialgeometrischen Fläche

(Mit W. Rinow)

Commentarii Mathematici Helvetici 3 (1931)

Die Differentialgeometrie „im Großen" beschäftigt sich mit Eigenschaften „ganzer" Flächen, d.h. solcher, die sich nicht durch Hinzufügung neuer Flächenstücke oder Punkte vergrößern lassen. Zu ihnen gehören alle geschlossenen Flächen. Bei einer offenen, unberandeten, mit einer überall regulären inneren Differentialgeometrie versehenen Fläche dagegen erhebt sich stets die Frage, ob sie bereits derart „vollständig" ist, daß sie ein für die Betrachtung „im Großen" geeigneter Gegenstand ist.

Die nachstehenden Ausführungen befassen sich mit der Frage, wie man diese „Vollständigkeit" präzisieren kann und wie es zweckmäßig ist dies zu tun. Die oben angedeutete Forderung der Nichtfortsetzbarkeit zu einer größeren Fläche leidet an zwei Mängeln: erstens ist — wenigstens uns — nicht bekannt, wie man sie durch innere geometrische Eigenschaften der vorgelegten Fläche feststellen kann; zweitens ist die durch sie ausgezeichnete Flächenklasse vom praktischen Standpunkt aus zu groß, insofern sie Flächen enthält, auf denen eine Reihe schöner und wichtiger Sätze — z.B. der Satz von der Verbindbarkeit zweier Punkte durch eine kürzeste Linie — nicht gilt.

Beiden Übelständen läßt sich abhelfen, indem man die in Betracht zu ziehende Flächenklasse durch eine stärkere Vollständigkeitsforderung einschränkt. Wir werden vier Möglichkeiten für eine solche Forderung angeben und zeigen, daß sie sämtlich einander äquivalent sind. Die durch sie ausgezeichneten Flächen sind diejenigen, die „vollständige metrische Räume" im Sinne von Fréchet-Hausdorff[1]) sind.

I. Differentialgeometrische Flächen. Fortsetzbarkeit

Wir stellen zunächst einige bekannte Grundbegriffe zusammen.

Unter einer „topologischen" Fläche verstehen wir einen zusammenhängenden topologischen Raum, in dem es ein abzählbares vollständiges System von Umgebungen — im Sinne von Hausdorff[2]) — gibt, von welchen eine jede sich eineindeutig und stetig auf das Innere eines Kreises der euklidischen Ebene oder, was dasselbe ist, auf die ganze

[1]) Hausdorff, Grundzüge der Mengenlehre (1914), S. 315ff. — Mengenlehre (1927), S. 103ff.

[2]) Hausdorff, Grundzüge der Mengenlehre, 7. Kap., § 1; 8. Kap., §§ 1—3.

Ebene abbilden läßt[3]). Statt von „kompakten" und „nichtkompakten"[4]) sprechen wir von „geschlossenen" und „offenen" Flächen. Ob die Flächen in den drei- oder überhaupt in einen mehrdimensionalen Raum eingebettet sind, ist gleichgültig; es wird sich durchaus um „innere" Eigenschaften handeln.

In jeder der erwähnten, die topologische Fläche definierenden, euklidischen Umgebungen läßt sich auf mannigfache Weise ein euklidisches Koordinatensystem einführen. Ist diese Einführung so vorgenommen, daß die Koordinaten der zu verschiedenen Umgebungen gehörigen Systeme dort, wo die Umgebungen etwa übereinandergreifen, stets durch eine analytische Transformation mit von Null verschiedener Funktionaldeterminante auseinander hervorgehen, so wird dadurch die topologische zu einer „analytischen" Fläche, auf der der analytische Charakter von Funktionen und Kurven in bezug auf die betrachteten ausgezeichneten Koordinatensysteme zu verstehen ist; alle Koordinatensysteme, die aus diesen durch analytische Transformationen mit von Null verschiedener Funktionaldeterminante hervorgehen, dürfen und sollen ebenfalls im Sinne dieser Analytizität als „ausgezeichnet" gelten.

Eine analytische Fläche wird dadurch zu einer „differentialgeometrischen", daß in jedem der, die Analytizität definierenden, ausgezeichneten Koordinatensysteme reelle analytische Funktionen g_{11}, $g_{12}=g_{21}$, g_{22} der Koordinaten gegeben sind, die die folgenden beiden Eigenschaften haben: die zugehörige quadratische Form $\sum g_{ik} u_i u_k$ ist positiv definit; sind x_1, x_2 bzw. $\bar{x}_1, \bar{x}_2$ die Koordinaten in zwei übereinandergreifenden Koordinatensystemen, g_{ik} bzw. $\bar{g}_{ik}$ die zugehörigen Funktionen, so hängen die g_{ik} mit den $\bar{g}_{ik}$ derart zusammen, daß $\sum g_{ik}\, dx_i\, dx_k = \sum \bar{g}_{ik}\, d\bar{x}_i\, d\bar{x}_k$ ist[5]). Auf einer solchen differentialgeometrischen Fläche läßt sich die Länge einer Kurve in bekannter Weise unabhängig vom Koordinatensystem als Integral über die Wurzel aus der eben betrachteten quadratischen Differentialform definieren. Von den bekannten Sätzen, die in der damit erklärten Differentialgeometrie gelten, sei an die Tatsache erinnert, daß es von jedem Punkt aus in jeder Richtung — der Begriff „Richtung durch einen Punkt" ist bereits auf der „analytischen"

[3]) Daß diese Definition der Fläche mit derjenigen, die die Fläche aus Dreiecken aufbaut, identisch ist, ist zuerst von Radó bewiesen worden: Über den Begriff der Riemannschen Fläche, Acta ..., Szeged, II, (1925).

[4]) Hausdorff, Grundzüge der Mengenlehre, S. 230.

[5]) Jede topologische Fläche läßt sich, — was für diese Arbeit übrigens logisch unwesentlich ist, — zu einer differentialgeometrischen machen, denn sie läßt sich bekanntlich sogar zu einer euklidischen oder nicht-euklidischen „Raumform" machen, d. h. mit einer Differentialgeometrie konstanten Krümmungsmaßes versehen; s. z. B. Koebe, Riemannsche Mannigfaltigkeiten und nichteuklidische Raumformen, Sitzungsber. Preuß. Akad. d. Wiss., Phys.-math. Klasse, Berlin 1927, S. 164ff.

Fläche sinnvoll — eine und nur eine geodätische Linie gibt, und daß diese analytisch von Anfangspunkt und -richtung und Länge abhängt[6]).

Jedes echte Teilgebiet G einer differentialgeometrischen Fläche F ist, wie sich unmittelbar aus den Definitionen ergibt, selbst eine differentialgeometrische Fläche; wir nennen F eine „Fortsetzung" von G. Allgemeiner definieren wir: F heißt eine Fortsetzung der differentialgeometrischen Fläche F', wenn es ein echtes Teilgebiet G von F gibt, auf welches F' eineindeutig und längentreu abgebildet werden kann. Damit ist zugleich der Sinn der Aussagen erklärt, daß eine differentialgeometrische Fläche F' fortsetzbar oder daß sie nicht fortsetzbar ist. Die Fortsetzbarkeit und Nichtfortsetzbarkeit sind „innere" differentialgeometrische Eigenschaften; d. h. diejenige, die F' zukommt, kommt auch jeder Fläche F'' zu, auf welche F' eineindeutig und längentreu abgebildet werden kann. Wir bezeichnen im folgenden die Gesamtheit der differentialgeometrischen, nicht fortsetzbaren Flächen als die Klasse $\mathfrak{F}_0$.

2. Das Abtragbarkeitspostulat

Ist G ein echtes Teilgebiet der Fläche F, so besitzt G einen Randpunkt x; um x gibt es eine Umgebung U, die ganz von den von x ausgehenden geodätischen Linien bedeckt wird, und da U Punkte von G enthält, existiert somit ein geodätischer Bogen B, der einen gewissen Punkt y von G mit x verbindet. Hat B die Länge b, so liefert mithin die Abtragung der Länge b auf dem durch B bestimmten, von y ausgehenden geodätischen Strahl keinen Punkt von G. Damit ist gezeigt, daß es auf jeder fortsetzbaren Fläche einen geodätischen Strahl gibt, auf dem man nicht jede Strecke von seinem Anfangspunkt aus abtragen kann, oder, anders ausgedrückt, daß die Gesamtheit $\mathfrak{F}_1$ der Flächen, auf denen diese Abtragungen unbeschränkt möglich sind, in $\mathfrak{F}_0$ enthalten ist: $\mathfrak{F}_0 \supset \mathfrak{F}_1$. Dabei ist also $\mathfrak{F}_1$ die Klasse der Flächen, die das folgende „*Abtragbarkeitspostulat*" erfüllen: *Auf jedem geodätischen Strahl läßt sich von dessen Anfangspunkt aus jede Strecke abtragen*[7]).

3. Das Unendlichkeitspostulat

Unter einer „divergenten Linie" auf einer beliebigen Fläche F soll das eindeutige und stetige Bild eines geradlinigen Strahls (mit Einschluß

[6]) Das bedeutet: ist ein geodätischer Bogen vom Punkt $x = x_0$ aus in der Richtung $\varphi = \varphi_0$ von der Länge $a = a_0$ gegeben, so existieren für hinreichend kleine Umgebungen von x_0, φ_0, a_0 geodätische Bögen, deren Endpunkte und -richtungen sowie höheren Ableitungen in den Endpunkten analytische Funktionen von x, φ, a sind. Dabei ist Analytizität von Punkten, Richtungen usw. immer in bezug auf irgendwelche ausgezeichnete Koordinatensysteme zu verstehen.

[7]) Für den Spezialfall konstanter Krümmung vgl. man: Koebe, wie oben, 2. Mitteilung, Berlin 1928, S. 345ff., besonders S. 349—350; H. Hopf, Zum Clifford-Kleinschen Raumproblem, Math. Annalen 95 (1925), S. 313ff., besonders S. 315; sowie die historischen Bemerkungen von Koebe, a. a. O. S. 346—347.

seines Anfangspunktes) verstanden werden, falls jeder divergenten Punktfolge[4]) des Strahls eine auf F divergente Punktfolge entspricht; statt des Strahls kann man natürlich auch eine Strecke mit Einschluß ihres Anfangs- und Ausschluß ihres Endpunktes zugrunde legen. Das „*Unendlichkeitspostulat*" soll lauten: *Jede divergente Linie ist unendlich lang*[8]). Die Klasse der Flächen, die dieses Postulat erfüllen, heiße $\mathfrak{F}_2$. Wir behaupten vorläufig: $\mathfrak{F}_1 \supset \mathfrak{F}_2$; (später werden wir $\mathfrak{F}_1 = \mathfrak{F}_2$ beweisen). Unsere Behauptung wird bewiesen sein, sobald wir gezeigt haben, daß auf einer Fläche, die nicht zu $\mathfrak{F}_1$ gehört, ein abbrechender geodätischer Strahl, d.h. ein solcher, auf dem man nicht jede Strecke abtragen kann und der somit eine endliche Länge hat, in dem eben festgestellten Sinne divergiert. Dabei ist der geodätische Strahl g als das Bild der durch $0 \leqq s < a$ bestimmten, einseitig offenen s-Strecke aufzufassen, wobei s die vom Anfangspunkt y von g gemessene Bogenlänge und a die obere Grenze der von y auf g abtragbaren Längen ist.

Wir beweisen die behauptete Divergenz von g indirekt: gäbe es auf der s-Strecke eine divergente Folge, d.h. eine Folge s_i mit $\lim s_i = a$, für welche die entsprechenden Punkte x_i auf F nicht divergierten, so hätten diese einen Häufungspunkt z, und wir dürfen, indem wir allenfalls zu einer Teilfolge übergehen, annehmen, daß $z = \lim x_i$ ist. Ferner dürfen wir, indem wir, falls nötig, noch einmal zu einer Teilfolge übergehen, annehmen, daß die von den x_i nach y weisenden Richtungen der Linie g gegen eine Richtung im Punkte z konvergieren. h sei der in dieser Richtung von z ausgehende geodätische Strahl; auf ihm ist es möglich, eine Strecke c abzutragen, die wir $< a$ wählen. Für fast alle i — nämlich sobald $s_i \geqq c$ ist — kann man die Strecke c von x_i aus in Richtung auf y auf g abtragen; die Richtungselemente e_i in den Endpunkten dieser Bögen konvergieren gegen das Richtungselement e von g in dem Punkt $s = a - c$. Andererseits konvergieren diese Bögen infolge der regulären Abhängigkeit der geodätischen Linien von ihren Anfangselementen[6]) gegen den von z aus auf h abgetragenen Bogen der Länge c, und e ist daher das Endelement dieses Bogens; dabei entspricht die nach z weisende Richtung wachsendem s. Mithin liegt z auf g, und zwar im Abstand a von y; da von z in jeder Richtung eine geodätische Linie ausläuft, kann man aber g sogar noch über z hinaus verlängern — im Widerspruch zu der Definition von a.

4. Die differentialgeometrischen Flächen als metrische Räume

Zwei Punkte x, y einer differentialgeometrischen Fläche lassen sich stets durch einen Weg von endlicher Länge verbinden; denn zunächst kann man eine Kette euklidischer, mit ausgezeichneten Koordinatensystemen

[8]) Für den Spezialfall konstanter Krümmung s. Koebe, wie unter [5]), S. 184—185.

versehener Umgebungen $U_1, U_2 \ldots, U_n$ so finden, daß $x \subset U_1$, $y \subset U_n$ ist und daß die Durchschnitte $U_i \cdot U_{i+1}$ nicht leer sind; ist dann $x_i \subset U_i \cdot U_{i+1}$, $x = x_0$, $y = x_n$, so gibt es in U_i immer einen Weg endlicher Länge von x_{i-1} nach x_i, und die Summe dieser Wege ist eine Verbindung endlicher Länge von x mit y. Die untere Grenze der Längen aller Wege von x nach y ist daher stets eine endliche, nicht negative Zahl $\varrho(x, y) = \varrho(y, x)$, die wir die „Entfernung" der Punkte x, y nennen. Sie hat die folgenden drei Eigenschaften: 1) $\varrho(x, x) = 0$; 2) $\varrho(x, y) > 0$ für $x \neq y$; 3) $\varrho(x, y) + \varrho(y, z) \geqq \varrho(x, z)$; von ihnen bedarf wohl nur die zweite eines Beweises: in einer Umgebung von x führe man (ausgezeichnete) euklidische Koordinaten u_1, u_2 ein und betrachte in dieser euklidischen Geometrie einen Kreis vom Radius R um x, der den Punkt y ausschließt, so daß jeder Weg von x nach y einen Punkt y' mit dieser Kreislinie gemein hat; bezeichnet dann c das Minimum von $\sqrt{\sum g_{ik} u_i' u_k'}$ unter der Nebenbedingung $u_1'^2 + u_2'^2 = 1$ in der abgeschlossenen Kreisscheibe, das wegen der Definitheit der Fundamentalform positiv ist, so hat in unserer Differentialgeometrie jeder Weg von x nach y' mindestens die Länge cR, folglich ist erst recht $\varrho(x, y) \geqq cR > 0$.

Die Entfernungsfunktion ϱ erfüllt also die drei Axiome der „metrischen Räume"[9]). Wir haben uns aber noch davon zu überzeugen, daß der auf Grund dieser Metrik definierte Umgebungsbegriff auf der als metrischer Raum aufgefaßten Fläche F mit dem ursprünglichen topologischen Umgebungsbegriff auf F zusammenfällt, oder daß, anders ausgedrückt, die Aussagen $x = \lim x_i$ und $\lim \varrho(x_i, x) = 0$ miteinander identisch sind. — Wenn die Folge x_i nicht gegen x konvergiert, so gibt es außerhalb eines gewissen euklidischen Kreises vom Radius R um x unendlich viele x_i, und für diese ist, wie wir oben sahen, $\varrho(x_i, x) > cR > 0$; also ist in diesem Fall gewiß nicht $\lim \varrho(x_i, x) = 0$. Ist andererseits $x = \lim x_i$, so liegen fast alle x_i in einem solchen festen Kreis vom Radius R; bezeichnet C das Maximum von $\sqrt{\sum g_{ik} u_i' u_k'}$ unter der Nebenbedingung $u_1'^2 + u_2'^2 = 1$ in der abgeschlossenen Kreisscheibe und $r(x, y)$ die euklidische Entfernung im Sinne der $u_1 - u_2$-Geometrie, so ist $\varrho(x_i, x) \leqq C r(x_i, x)$; da $\lim r(x_i, x) = 0$ ist, ist mithin auch $\lim \varrho(x_i, x) = 0$. — Damit ist die Auffassung der differentialgeometrischen Fläche als metrischer Raum vollständig begründet.

5. Das Vollständigkeits- und das Kompaktheits-Postulat in metrischen Räumen

Den in Nr. 2 und 3 aufgestellten Vollständigkeitsforderungen stellen wir jetzt zwei Forderungen ähnlichen Inhalts an die Seite, die

---

[9]) Hausdorff, Grundzüge der Mengenlehre, S. 290ff.; Mengenlehre, S. 94.

sich auf beliebige metrische Räume beziehen und sich somit nach dem Ergebnis von Nr. 4 für differentialgeometrische Flächen aussprechen lassen.

Nennt man in einem metrischen Raum eine Punktfolge x_i eine „Fundamentalfolge", falls die Entfernungen $\varrho(x_i, x_j)$ das Cauchysche Kriterium erfüllen, d.h. falls es zu jedem positiven ε eine Zahl $N(\varepsilon)$ derart gibt, daß aus $i, j > N(\varepsilon)$ stets $\varrho(x_i, x_j) < \varepsilon$ folgt, so ist leicht zu sehen, daß jede konvergente Folge eine Fundamentalfolge ist. Der Raum heißt nun „vollständig", wenn hiervon die Umkehrung gilt, wenn also jede Fundamentalfolge konvergiert, mit anderen Worten, wenn das folgende „*Vollständigkeitspostulat*" erfüllt ist: *Bilden die Punkte x_i eine Fundamentalfolge, so gibt es einen Punkt x, gegen den sie konvergieren*[1]. (Z.B. ist die euklidische Ebene vollständig, eine offene euklidische Kreisscheibe, als Raum betrachtet, unvollständig.)

Zu einer ähnlichen, aber mit dieser nicht identischen, Forderung gelangt man, indem man — analog wie man eben die Identität der topologischen und der metrischen Konvergenz postulierte — verlangt, daß in dem betrachteten metrischen Raume „kompakt" dasselbe bedeutet wie „beschränkt", daß also der „Satz von BOLZANO-WEIERSTRASS" gilt. Dabei nennen wir, wie üblich, eine Punktmenge in unserem Raume „kompakt", wenn sie keine unendliche, in dem Raume divergente Folge enthält, und „beschränkt", wenn die Entfernungen ihrer Punktepaare eine endliche obere Schranke besitzen. In jedem metrischen Raum ist jede kompakte Menge beschränkt, da aus $\lim \varrho(x_i, y_i) = \infty$ leicht folgt, daß wenigstens eine der Folgen x_i, y_i divergent sein muß. Dagegen braucht im allgemeinen nicht jede beschränkte Menge kompakt zu sein, und zwar nicht einmal in vollständigen Räumen; dies zeigt folgendes Beispiel: in der euklidischen Ebene bezeichne $r(x, y)$ die gewöhnliche Entfernung; man definiere eine neue Metrik durch $\varrho(x, y) = \mathrm{Min}(1, r(x, y))$; der dadurch gegebene metrische Raum ist, wie man leicht sieht, vollständig und selbst beschränkt, aber nicht kompakt[10]. Ist aber andererseits in einem metrischen Raum jede beschränkte Menge kompakt, so ist er gewiß vollständig, da ja eine Fundamentalfolge — in einem beliebigen Raum — stets beschränkt ist und höchstens einen Häufungspunkt hat, d.h. entweder konvergiert oder divergiert, diese zweite Möglichkeit in unserem speziellen Raum aber ausgeschlossen ist. Somit wird das Vollständigkeitspostulat für metrische Räume durch das „*Kompakt-*

[10] Ein anderes Beispiel eines vollständigen Raumes, in dem der Satz von BOLZANO-WEIERSTRASS nicht gilt, ist der Hilbertsche Raum; er ist vollständig (s. HAUSDORFF, Grundzüge ..., S. 317), aber die Punktfolge (1, 0, 0, ...), (0, 1, 0, 0, ...), (0, 0, 1, 0, ...), ... ist beschränkt und divergent. Wegen des gegenseitigen Verhältnisses der Begriffe Kompaktheit und Beschränktheit vgl. man auch HAUSDORFF, Mengenlehre, S. 107ff.

heitspostulat" noch verschärft, welches so lautet: *Jede beschränkte Menge ist kompakt*[11]).

6. Das gegenseitige Verhältnis der fünf Flächenklassen; die Existenz kürzester Verbindungen

Werden die differentialgeometrischen Flächen gemäß Nr. 4 als metrische Räume aufgefaßt, so liefern die beiden soeben besprochenen Postulate zwei Flächenklassen $\mathfrak{F}_3$ und $\mathfrak{F}_4$ durch die Festsetzung, daß $\mathfrak{F}_3$ diejenigen Flächen enthält, die das Vollständigkeits-, $\mathfrak{F}_4$ diejenigen, die das Kompaktheitspostulat erfüllen, nach dem Vorstehenden ist dann $\mathfrak{F}_4 \subset \mathfrak{F}_3$. Bezüglich der Stellung dieser Klassen zu den früher behandelten $\mathfrak{F}_0$, $\mathfrak{F}_1$, $\mathfrak{F}_2$ stellen wir vorläufig fest, daß $\mathfrak{F}_3 \subset \mathfrak{F}_2$ ist. Dies beweisen wir, indem wir zeigen, daß eine divergente Linie endlicher Länge stets eine divergente Fundamentalfolge enthält. In der Tat: ist x_i eine divergente Folge auf der Linie L von der endlichen Länge a und bezeichnet a_i die Bogenlänge auf L vom Anfangspunkt bis x_i, so existiert $\lim a_i = a$; folglich bilden die Zahlen a_i und infolge von $\varrho(x_i, x_j) \leqq |a_i - a_j|$ auch die Punkte x_i eine Fundamentalfolge. — Wir haben also bezüglich der fünf betrachteten Klassen differentialgeometrischer Flächen bisher die folgenden Inklusionen festgestellt:

(1)
$$\mathfrak{F}_0 \supset \mathfrak{F}_1 \supset \mathfrak{F}_2 \supset \mathfrak{F}_3 \supset \mathfrak{F}_4;$$

(die geschlossenen Flächen gehören trivialerweise zu $\mathfrak{F}_4$, also zu jeder dieser Klassen). Wir werden nun weiter zeigen:

Satz I: *Die Klassen* $\mathfrak{F}_1$, $\mathfrak{F}_2$, $\mathfrak{F}_3$, $\mathfrak{F}_4$ *sind miteinander identisch*[12]).

Satz II: *Die Klasse* $\mathfrak{F}_0$ *umfaßt mehr Flächen als die durch den Satz I gekennzeichnete Klasse der „vollständigen" Flächen, d.h. es gibt Flächen, die zwar unvollständig — im Sinne irgend eines unserer vier Postulate —, aber trotzdem nicht fortsetzbar sind.*

Beim Beweise von Satz I werden wir uns auf folgenden Hilfssatz stützen:

Hilfssatz: *Auf einer Fläche der Klasse* $\mathfrak{F}_1$ *existiert zwischen je zwei Punkten a, b stets ein geodätischer Bogen, der eine kürzeste Verbindung von a und b ist, d.h. die Länge* $\varrho(a, b)$ *hat.*

---

[11]) Hiermit ist das (für den Spezialfall konstanter Krümmung formulierte) „verschärfte Unendlichkeitspostulat" bei KOEBE, wie oben, 6. Mitteilung, Berlin 1930, S. 29, identisch. — [E. CARTAN nennt die Räume, die dieses Postulat erfüllen „normal".]

[12]) Für den Spezialfall konstanter Krümmung ist diese Identität an der unter [11]) genannten Stelle bewiesen; der Beweis bezieht sich aber nur auf diesen Spezialfall.

Wenn sowohl dieser Hilfssatz als der Satz I bewiesen sein werden, werden wir zugleich folgenden Satz bewiesen haben:

Satz III: *Auf jeder vollständigen Fläche*[13]) *lassen sich je zwei Punkte durch eine geodätische kürzeste Linie verbinden.*

Dagegen wird durch Angabe eines Beispiels der folgende Satz bewiesen werden, in dem auf Grund von Satz III der Satz II enthalten ist:

Satz IIIa: *Es gibt nicht-fortsetzbare Flächen, auf denen sich nicht je zwei Punkte durch eine kürzeste Linie verbinden lassen.*

Wir werden nun in Nr. 7 den Hilfssatz, in Nr. 8 den Satz I (und damit den Satz III) beweisen und in Nr. 9 Beispiele angeben, aus denen die Richtigkeit der Sätze IIIa und II ersichtlich ist; sodann werden wir in Nr. 10 dem Inhalt der Sätze III und IIIa noch einige andere Tatsachen an die Seite stellen, die zwar auf allen vollständigen, aber nicht auf allen nicht-fortsetzbaren Flächen gelten, und die zur Rechtfertigung des Standpunktes beitragen sollen, daß den differentialgeometrischen Betrachtungen im Großen die Klasse der vollständigen, aber nicht die weitere Klasse der nicht-fortsetzbaren Flächen zugrunde zu legen sei.

7. Beweis des Hilfssatzes

Wir werden diesen Beweis dadurch erbringen, daß wir auf einer beliebigen Fläche, über deren Zugehörigkeit zu einer der verschiedenen Klassen wir nichts voraussetzen, zwei Punkte a, b und eine Folge von a mit b verbindenden Kurven betrachten, deren Längen gegen $\varrho(a, b)$ konvergieren; eine geeignet ausgewählte Teilfolge wird ein Grenzgebilde liefern, das entweder ein geodätischer und kürzester Weg von a nach b oder eine von a ausgehende geodätische Linie ist, auf der man nicht jede Strecke abtragen kann. Da auf den Flächen der Klasse $\mathfrak{F}_1$ diese zweite Möglichkeit ausgeschlossen ist, existiert auf ihnen also eine kürzeste Verbindung von a und b. Dieser Beweis lehnt sich eng an den bekannten Hilbert-Carathéodoryschen Existenzbeweis an[14]).

a) C_ν seien a mit b verbindende Wege endlicher Längen $L(C_\nu)$, und es sei $\lim L(C_\nu) = \varrho(a, b)$. Wir betrachten sie in einer solchen Parameterdarstellung, daß $x_\nu(t)$ denjenigen Punkt von C_ν bezeichnet, der die von a nach b durchlaufene Kurve C_ν im Verhältnis $t:1-t$ teilt; es ist also $0 \leqq t \leqq 1$ und $x_\nu(0) = a$, $x_\nu(1) = b$ für alle ν. Die Länge des Bogens

---

[13]) Unter einer „vollständigen" Fläche wird von nun an immer eine solche verstanden, die der Klasse $\mathfrak{F}_1 = \mathfrak{F}_2 = \mathfrak{F}_3 = \mathfrak{F}_4$ angehört.

[14]) Hilbert, Über das Dirichletsche Prinzip, Jahresber. d. Deutschen Math. Verein. VIII (1899), und Crelles Journal 130 (1905). — Carathéodory, Über die starken Maxima und Minima bei einfachen Integralen, Math. Annalen 62 (1906), §§ 10, 11.

von $x_\nu(t_1)$ bis $x_\nu(t_2)$ auf C_ν soll mit $L_\nu(t_1, t_2)$ bezeichnet werden; da $L_\nu(t_1, t_2) = |t_1 - t_2| \cdot L_\nu(0, 1)$ ist und die $L_\nu(0, 1) = L(C_\nu)$ gegen ihre untere Grenze $\varrho(a, b) = k$ konvergieren, gibt es positive Konstanten k, K mit

$$(2) \qquad k\,|t_1 - t_2| \leqq L_\nu(t_1, t_2) \leqq K\,|t_1 - t_2|$$

für alle ν.

Es sei τ_i $(i = 1, 2, \ldots)$ eine auf der Strecke $0 \leqq t \leqq 1$ überall dichte abzählbare Menge von t-Werten. Aus den C_ν wählen wir eine Teilfolge von Kurven C_ν^1 so aus, daß die auf ihnen liegenden, zum Parameter τ_1 gehörigen Punkte $x_\nu^1(\tau_1)$ entweder divergieren oder gegen einen Punkt $x(\tau_1)$ konvergieren; aus ihr wählen wir eine Teilfolge von Kurven C_ν^2 aus, so daß die auf ihnen liegenden, zu τ_2 gehörigen Punkte $x_\nu^2(\tau_2)$ entweder divergieren oder gegen einen Punkt $x(\tau_2)$ konvergieren; so fortschreitend definieren wir eine Folge C_ν^n für jedes n. Die „Diagonalfolge" $C_1^1, C_2^2, \ldots$ hat dann die Eigenschaft, daß für *jedes* i die Punktfolge $x_\nu^\nu(\tau_i)$ entweder divergiert oder gegen einen Punkt $x(\tau_i)$ konvergiert. — Wir schreiben nun statt C_ν^ν wieder C_ν und statt $x_\nu^\nu(t)$ wieder $x_\nu(t)$.

b) Für beliebiges t bestehen nur die folgenden beiden Möglichkeiten: entweder divergiert die Folge $x_\nu(t)$ oder es gibt ein positives δ, so daß für $|t' - t| < \delta$ die Folge $x_\nu(t')$ gegen einen Punkt $x(t')$ konvergiert. Beweis: Die Folge $x_\nu(t)$ divergiere nicht; dann gibt es eine konvergente Teilfolge: $\lim x_{\nu'}(t) = y$. U sei eine kompakte offene Umgebung von y, r eine so kleine positive Zahl, daß aus $\varrho(y, z) \leqq r$ immer $z \subset U$ folgt; r existiert, da es andernfalls außerhalb von U eine Punktfolge z_i mit $\lim \varrho(z_i, y) = 0$ geben würde, was nach Nr. 4 unmöglich ist. τ sei ein solcher unter den Werten τ_i, daß $K|t - \tau| < r$ ist; dann liegen infolge von (2) fast alle Punkte $x_{\nu'}(\tau)$ in U; wegen der Kompaktheit von U besitzt diese Folge daher einen Häufungspunkt; da somit die Folge $x_\nu(\tau)$ nicht divergiert, konvergiert sie.

Wir beweisen nun zunächst die Konvergenz der ganzen Folge $x_\nu(t)$. $\varepsilon > 0$ sei gegeben; das eben betrachtete τ dürfen wir also so gewählt annehmen, daß $K|t - \tau| < \frac{\varepsilon}{4}$ ist. Da die Punkte $x_\nu(\tau)$ infolge ihrer Konvergenz eine Fundamentalfolge bilden, gibt es ein $N(\varepsilon)$ so, daß für $\nu' > \nu > N(\varepsilon)$ immer $\varrho\left(x_{\nu'}(\tau), x_\nu(\tau)\right) < \frac{\varepsilon}{4}$ ist; infolge der Konvergenz der Folge $x_{\nu'}(t)$ gegen y dürfen wir $N(\varepsilon)$ überdies so annehmen, daß für $\nu' > N(\varepsilon)$ immer $\varrho\left(y, x_{\nu'}(t)\right) < \frac{\varepsilon}{4}$ ist. Aus $\varrho\left(y, x_\nu(t)\right) \leqq \varrho\left(y, x_{\nu'}(t)\right) + \varrho\left(x_{\nu'}(t), x_{\nu'}(\tau)\right) + \varrho\left(x_{\nu'}(\tau), x_\nu(\tau)\right) + \varrho\left(x_\nu(\tau), x_\nu(t)\right)$ folgt dann $\varrho\left(y, x_\nu(t)\right) < \varepsilon$ für $\nu > N(\varepsilon)$; das bedeutet: $\lim x_\nu(t) = y$.

Damit ist unter der Voraussetzung, daß die Folge $x_\nu(t)$ nicht divergiert, deren Konvergenz gegen einen Punkt $y = x(t)$ bewiesen. Ist nun

$\delta = \frac{r}{K}$ und $|t' - t| < \delta$, so folgt aus (2), daß fast alle Punkte $x_\nu(t')$ in U liegen; (U und r haben dieselben Bedeutungen wie bisher). Infolge der Kompaktheit von U ist daher die Folge $x_\nu(t')$ nicht divergent; daher muß sie, wie soeben für den Wert t gezeigt wurde, gegen einen Punkt $x(t')$ konvergieren.

Als unmittelbare Folge aus der somit bewiesenen Behauptung b) formulieren wir:

b') Die Menge A derjenigen Werte t, für die die Folgen $x_\nu(t)$ konvergieren, ist eine offene und, da sie 0 und 1 enthält, nicht leere Teilmenge der Strecke $0 \leqq t \leqq 1$; für jeden nicht zu A gehörigen Wert divergiert die Folge $x_\nu(t)$. (Diese Menge darf leer sein.)

c) Ist $t = \lim t_i$, $t_i \subset A\,(i = 1, 2, \ldots)$, $t \not\subset A$, so divergiert die Folge $x(t_i)$. Beweis: Hätte die Folge $x(t_i)$ einen Häufungspunkt y, so gäbe es wieder ein solches $r > 0$, daß alle Punkte z mit $\varrho(z, y) \leqq r$ in einer kompakten Umgebung U von y lägen; man könnte ein festes i so wählen, daß $\varrho(y, x(t_i)) < \frac{r}{3}$ und $K|t_i - t| < \frac{r}{3}$, also nach (2) $\varrho(x_\nu(t_i), x_\nu(t)) < \frac{r}{3}$ für alle ν wäre. Dann wäre $\varrho(y, x_\nu(t)) \leqq \varrho(y, x(t_i)) + \varrho(x(t_i), x_\nu(t_i)) + \varrho(x_\nu(t_i), x_\nu(t)) < \frac{2}{3}r + \varrho(x(t_i), x_\nu(t_i))$; für fast alle ν wäre daher $\varrho(y, x_\nu(t)) < r$, also $x_\nu(t) \subset U$; die Folge $x_\nu(t)$ hätte wegen der Kompaktheit von U einen Häufungspunkt — im Widerspruch zu ihrer vorausgesetzten Divergenz.

d) Sind $t_1, t_2 \subset A$, so ist $\varrho(x(t_1), x(t_2)) = \lim L_\nu(t_1, t_2)$. Beweis: Die Folge $L_\nu(t_1, t_2)$ ist durch (2) beschränkt, hat also wenigstens einen Häufungswert. Ein solcher kann wegen $\varrho(x_\nu(t_1), x_\nu(t_2)) \leqq L_\nu(t_1, t_2)$ und $\lim \varrho(x_\nu(t_1), x_\nu(t_2)) = \varrho(x(t_1), x(t_2))$ nicht $< \varrho(x(t_1), x(t_2))$ sein. Da das Analoge für die Häufungswerte von $L_\nu(0, t_1)$ und $L_\nu(t_2, 1)$ gilt, so würde aber andererseits aus der Existenz eines Häufungswertes von $L_\nu(t_1, t_2)$, der $> \varrho(x(t_1), x(t_2))$ wäre, die Existenz eines Häufungswertes von $L_\nu(0, 1) = L_\nu(0, t_1) + L_\nu(t_1, t_2) + L_\nu(t_2, 1)$ folgen, der $> \varrho(a, x(t_1)) + \varrho(x(t_1), x(t_2)) + \varrho(x(t_2), b) \geqq \varrho(a, b)$, also $> \varrho(a, b)$ wäre, was wegen $\varrho(a, b) = \lim L_\nu(0, 1)$ ausgeschlossen ist.

e) Die durch $x(t)$ vermittelte Abbildung von A ist eineindeutig und stetig. Beweis: Aus (2) und d) folgt $k|t_1 - t_2| \leqq \varrho(x(t_1), x(t_2)) \leqq K|t_1 - t_2|$. Aus der ersten dieser Ungleichungen ist die Eineindeutigkeit, aus der zweiten die Stetigkeit ersichtlich.

f) Sind $t_1, t_2, t_3 \subset A$ und ist $t_1 < t_2 < t_3$, so ist

$$\varrho(x(t_1), x(t_2)) + \varrho(x(t_2), x(t_3)) = \varrho(x(t_1), x(t_3)).$$

Der Beweis ergibt sich unmittelbar aus d) und $L_\nu(t_1, t_2) + L_\nu(t_2, t_3) = L_\nu(t_1, t_3)$.

g) Gilt für je drei Punkte x, y, z eines einfachen stetigen Bogens B, von denen y zwischen x und z liegt, die Gleichung $\varrho(x, y)+\varrho(y, z)=\varrho(x, z)$, so ist B geodätisch und stellt für je zwei seiner Punkte eine kürzeste Verbindung dar. Beweis: Um jeden Punkt y der Fläche gibt es eine Umgebung $V(y)$ mit folgender Eigenschaft: je zwei Punkte von $V(y)$ lassen sich durch eine und nur eine kürzeste Linie verbinden, und diese ist geodätisch[15]). Es sei $y \subset B$; x, z seien solche Punkte von B, daß y zwischen ihnen und daß der Teilbogen von x bis z ganz in $V(y)$ liegt; y' bezeichne einen beliebigen Punkt dieses Teilbogens. Sind $g(xy'), g(y'z), g(xz)$ die kürzesten Verbindungen zwischen den betreffenden Punkten, so sind ihre Längen $\varrho(x, y'), \varrho(y', z), \varrho(x, z)$; infolge der vorausgesetzten additiven Eigenschaft von ϱ hat daher auch der Weg $g(xy')+g(y'z)$ die Länge $\varrho(x, z)$, und wegen der Einzigkeit der kürzesten Verbindung von x und z fällt er mit $g(xz)$ zusammen. Folglich liegt y' auf $g(xz)$; läßt man nun y' auf B von x nach z laufen, so erkennt man, daß der so durchlaufene Bogen von B mit $g(xz)$ zusammenfällt. Mithin ist B in der Umgebung eines beliebigen Punktes y, also überall, geodätisch.

Zugleich haben wir erkannt, daß jeder Teilbogen von B, der ganz in einer Umgebung $V(y)$ liegt, kürzeste Verbindung zwischen seinen Endpunkten ist. Nun kann man, wenn x und z feste Punkte auf B sind, den Bogen von x bis z mit endlich vielen $V(y_i)$ bedecken; man kann ihn daher in endlich viele Teilbögen $x_i\, x_{i+1}$ mit $x=x_0$, $z=x_n$ einteilen, die sämtlich kürzeste Verbindungen zwischen ihren Endpunkten sind, also die Längen $\varrho(x_i, x_{i+1})$ haben. Die Gesamtlänge von x bis z ist daher $\sum \varrho(x_i, x_{i+1})=\varrho(x, z)$ — wegen der vorausgesetzten Additivität von ϱ —; d.h. der Bogen ist eine kürzeste Verbindung von x und z.

h) Wenn die Menge A derjenigen t-Werte, für die die Folgen $x_\nu(t)$ konvergieren, mit der ganzen Strecke von 0 bis 1 identisch ist, so ist ihr durch $x(t)$ vermitteltes Bild nach e) ein a mit b verbindender einfacher Bogen; nach f) und g) ist dieser geodätisch und eine kürzeste Verbindung von a und b.

Wenn es t-Werte gibt, die nicht zu A gehören, so gibt es unter ihnen, da A nach b') offen ,die Komplementärmenge von A also abgeschlossen ist, einen kleinsten t^*; da 0 und 1 zu A gehören, ist $0<t^*<1$. A' sei der durch $0 \leqq t<t^*$ bestimmte Teil von A. Durch die Abbildung $x(t)$ entspricht A' gemäß e), f), g) eine geodätische Linie G' mit der Eigenschaft, daß ihre Bögen von a bis zu den Punkten $x(t)$, da sie kürzeste Verbindungen ihrer Endpunkte sind, die Längen $\varrho(a, x(t))$ haben; alle diese Längen sind nach f) kleiner als $\varrho(a, b)$, also beschränkt; L' sei ihre obere Grenze. Wir behaupten, daß man die Länge L' nicht auf

[15]) Bolza, Vorlesungen über Variationsrechnung (1909), § 33.

G' von a aus abtragen kann. Wäre dies nämlich möglich, gäbe es also auf G' einen Punkt x^*, so daß die Bogenlänge auf G' von a bis x^* gleich L' wäre, so würde eine Punktfolge $x(t_i)$, die einer beliebigen von unten her gegen t^* konvergierenden Folge t_i entspricht, gegen x^* konvergieren; das ist unmöglich, da eine solche Folge $x(t_i)$ nach c) divergieren muß.

Damit ist der Beweis beendet: wir haben entweder eine kürzeste Verbindung von a und b oder eine (von a ausgehende) geodätische Linie gefunden, auf der man nicht jede Länge abtragen kann.

8. Beweis des Satzes I

Infolge der Inklusionen (1) genügt es, die Inklusion $\mathfrak{F}_1 \subset \mathfrak{F}_4$ zu beweisen. Man muß also folgendes zeigen: ist M eine beschränkte Menge auf der zu der Klasse $\mathfrak{F}_1$ gehörigen Fläche F, so ist M kompakt.

Aus der vorausgesetzten Beschränktheit von M folgt, daß es, wenn a ein Punkt von F ist, eine Konstante K gibt, so daß $\varrho(a, x) < K$ für alle $x \subset M$ ist. Nach dem Hilfssatz kann man a mit jedem dieser Punkte x durch einen geodätischen Bogen von der Länge $\varrho(a, x)$ verbinden. Versteht man unter N die Menge derjenigen Punkte, die man erhält, indem man auf den von a ausgehenden geodätischen Strahlen alle Längen abträgt, die $\leqq K$ sind, so ist daher $M \subset N$, und es genügt, die Kompaktheit von N zu beweisen.

Aus jeder unendlichen Teilmenge N' von N kann man eine solche unendliche Teilfolge x_i auswählen, daß Anfangsrichtungen und Längen geodätischer Bögen g_i, die a mit den x_i verbinden und deren Längen $\leqq K$ sind, gegen eine Grenzrichtung und eine Grenzlänge $k \leqq K$ konvergieren. Da F zur Klasse $\mathfrak{F}_1$ gehört, läßt sich diese Länge k auf dem durch die Grenzrichtung bestimmten, von a ausgehenden geodätischen Strahl abtragen. Der sich bei dieser Abtragung ergebende Punkt y ist dann infolge der regulären Abhängigkeit der geodätischen Linien von den Anfangselementen[6]) Häufungspunkt der Folge x_i, also der Menge N'.

9. Unvollständige, nicht-fortsetzbare Flächen

E' sei die durch die Herausnahme eines Punktes, etwa des Nullpunktes, aus der euklidischen Ebene E entstandene Fläche, F_0 die universelle Überlagerungsfläche von E', die man sich nach Art der Riemannschen Fläche des Logarithmus über E' ausgebreitet denken kann. F_0 wird dadurch zu einer differentialgeometrischen Fläche, daß man die in Umgebungen jedes Punktes von E' definierte euklidische Differentialgeometrie von E mittels der Überlagerungsbeziehung auf Umgebungen der Punkte von F_0 überträgt. Das Krümmungsmaß dieser Differentialgeometrie von F_0 ist überall Null. Die geodätischen Linien sind die Überlagerungslinien der in E' verlaufenden Geraden und Geradenstücke.

Sind x, y zwei Punkte in E, auf deren Verbindungsstrecke der Nullpunkt liegt, x_0, y_0 zwei die Punkte x, y überlagernde Punkte in F_0, so existiert in F_0 keine geodätische Linie, die x_0 mit y_0 verbindet; denn eine solche müßte über einem x mit y in E' verbindenden Geradenstück liegen, und ein solches ist nicht vorhanden, da der Nullpunkt nicht zu E' gehört. Da eine kürzeste Verbindung immer geodätisch sein muß, existiert mithin zwischen x_0 und y_0 keine kürzeste Verbindung[16]).

Um nun den Satz IIIa — und damit nach Satz III den Satz II — zu beweisen, haben wir zu zeigen, daß F_0 nicht fortsetzbar ist.

Zu diesem Zwecke stellen wir zunächst zwei Eigenschaften von F fest: A) Unter den von einem beliebigen Punkt x_0 von F_0 ausgehenden Richtungen gibt es genau eine von der Art, daß man auf dem zugehörigen geodätischen Strahl nicht jede Länge abtragen kann. B) Diejenigen Punkte von F_0, für welche die kleinste, nicht in jeder Richtung von ihnen aus abtragbare Länge einen festen Wert a hat, bilden eine einfache offene Linie. — Die Richtigkeit beider Aussagen ist unmittelbar ersichtlich: die in A) genannte singuläre Richtung durch einen Punkt x_0 von F_0 entspricht der Richtung in E, die von dem x_0 entsprechenden Punkt x nach dem Nullpunkt zeigt, und die in B) genannte offene Linie ist die Überlagerung des Kreises mit dem Radius a um den Nullpunkt in E.

Nun schließen wir indirekt weiter: angenommen, F_0 wäre auf ein echtes Teilgebiet G einer Fläche H eineindeutig und isometrisch abgebildet, dann hätte G einen Randpunkt z und z eine Umgebung U von der Art, daß man je zwei ihrer Punkte durch einen und nur einen geodätischen kürzesten Bogen verbinden kann[15]). Ist dann z' ein von z verschiedener Punkt in U, x ein zu G gehöriger Punkt von U, der nicht auf der durch die kürzeste Verbindung zz' bestimmten geodätischen Linie liegt, so sind die Richtungen der kürzesten Verbindungen xz und xz' voneinander verschieden; da man auf dem durch die erste Richtung bestimmten geodätischen Strahl die Länge xz nicht innerhalb G abtragen kann, kann man nach A) auf dem durch die zweite Richtung bestimmten Strahl jede Länge innerhalb G abtragen; folglich gehört z' zu G. Mithin müßten alle Punkte von U außer z zu G gehören. a sei nun eine so kleine positive Zahl, daß man die Länge a auf den von z ausgehenden geodätischen

[16]) Führt man in E die komplexe Variable z ein, bildet man dann F_0 durch $u + iv = \log z$ eineindeutig auf eine u-v-Ebene ab und überträgt man dadurch die Differentialgeometrie von F_0 in diese Ebene, so ist das Linienelement dieser Differentialgeometrie $ds^2 = e^{2u}(du^2 + dv^2)$. Die Extremalen des zu dieser Differentialform gehörigen Variationsproblems sind also die durch die logarithmische Abbildung gelieferten Bilder der Geraden bzw. Geradenstücke der punktierten Ebene E'. Man vgl. Carathéodory, Sui campi di estremali uscenti da un punto ..., Boll. Unione Mat. Ital. 1923 (II), S. 81ff.

Strahlen innerhalb U abtragen kann. Die sich dabei ergebenden Punkte haben die Eigenschaft, daß man von ihnen aus nicht in jeder Richtung auf den geodätischen Strahlen die Länge a abtragen kann und daß a die kleinste derartige Länge ist; da sie, wie wir eben sahen, zu G gehören, müßten sie also nach B) einer einfachen offenen Linie angehören. Andererseits bilden sie aber eine einfach geschlossene Linie, da zu jeder von z ausgehenden Richtung genau eine von ihnen gehört. Aus diesem Widerspruch folgt die Falschheit der Annahme, daß F_0 fortsetzbar sei.

F_0 hat also die in Satz IIIa ausgesagten Eigenschaften. Andere, ähnliche Flächen F_{-1} und F_{+1} mit den gleichen Eigenschaften erhält man, indem man statt der euklidischen Ebene E eine hyperbolische Ebene H oder eine Kugel S zugrunde legt. Im ersten Fall bleiben die vorstehenden Überlegungen wörtlich ungeändert, und man gelangt zu einer Fläche F_{-1}, die konstantes negatives Krümmungsmaß besitzt, nicht fortsetzbar ist und auf der man nicht je zwei Punkte durch eine kürzeste Linie verbinden kann. Im zweiten, sphärischen Fall hat man nur geringfügige Modifikationen vorzunehmen: S' entsteht durch Herausnahme von *zwei* Punkten aus S, und F_{+1} ist die universelle Überlagerungsfläche von S'; in der oben unter B) formulierten Eigenschaft treten an Stelle einer offenen Linie zwei zueinander fremde offene Linien auf. Im übrigen bleibt aber alles unverändert, und man gelangt zu einer Fläche F_{+1}, die konstantes positives Krümmungsmaß besitzt, nicht fortsetzbar ist, und auf der man nicht je zwei Punkte durch eine kürzeste Linie verbinden kann. Auch F_{+1} ist, ebenso wie F_0 und F_{-1}, als universelle Überlagerungsfläche des zweifach zusammenhängenden ebenen Gebietes homöomorph der Ebene.

10. Weitere Bemerkungen über vollständige und nicht-fortsetzbare Flächen

Es ist nunmehr festgestellt, daß die Klasse $\mathfrak{F}_0$ der nicht-fortsetzbaren Flächen tatsächlich mehr Flächen umfaßt als die Klasse $\mathfrak{F}_1$ der vollständigen Flächen, und daß der Satz von der Verbindbarkeit je zweier Punkte durch eine kürzeste Linie — also einer der Hauptsätze der Differentialgeometrie im Großen — zwar innerhalb der Klasse $\mathfrak{F}_1$, aber nicht ausnahmslos innerhalb der Klasse $\mathfrak{F}_0$ Gültigkeit besitzt. Ähnlich verhält es sich bei anderen Fragen der Differentialgeometrie im Großen, und zwar soll hier auf diejenigen Fragen hingewiesen werden, die sich auf den *Zusammenhang der Eigenschaften „im Kleinen" mit denen „im Großen"* beziehen. Die einfachsten, und bereits klassischen, hierhergehörigen Sätze sind die über die euklidischen und nicht-euklidischen „Raumformen", d.h. die Flächen konstanter Krümmung. Der Hauptsatz aus diesem Kreis lautet:

Satz IV: *Die einzigen vollständigen, einfach zusammenhängenden Flächen konstanter Krümmung sind die euklidische Ebene, die hyperbolische Ebene und die Kugel.*

Sowohl der Beweis dieses Satzes darf als bekannt gelten wie die Tatsache, daß man weiter durch Untersuchung der Bewegungsgruppen in den drei genannten Geometrien zu der Aufzählung aller, auch der mehrfach zusammenhängenden, vollständigen Flächen konstanter Krümmung gelangt[17]).

Beim Beweise des Satzes IV muß die Eigenschaft der „Vollständigkeit" in irgend einer Form benutzt werden; die „Nicht-Fortsetzbarkeit" ist für die Gültigkeit des Satzes eine zu schwache Voraussetzung. Denn aus der Existenz der in Nr. 9 betrachteten Flächen F_0, F_{-1}, F_{+1} ist ersichtlich:

Satz IVa: *Es gibt außer den in Satz IV genannten drei Flächen noch andere einfach zusammenhängende nicht-fortsetzbare Flächen konstanter Krümmung, und zwar sowohl für verschwindende wie für negative wie für positive Krümmung*[18]).

Insbesondere sei die folgende, durch die Existenz von F_{+1} bewiesene Tatsache hervorgehoben:

Satz IVb: *Es gibt offene, nicht-fortsetzbare Flächen konstanter positiver Krümmung.*

Dagegen sind die einzigen vollständigen Flächen konstanter positiver Krümmung bekanntlich die Kugel und die elliptische Ebene[17]); diese Tatsache kann man dadurch noch wesentlich verschärfen, daß man die Voraussetzung der Konstanz der Krümmung durch eine schwächere ersetzt. Es gilt nämlich

Satz V: *Eine vollständige Fläche, deren Krümmung überall größer als eine positive Konstante ist, ist geschlossen.*

Beweis[19]): Ist auf der Fläche F die Krümmung überall größer als die positive Konstante $1/k^2$, so liegt — infolge eines bekannten Sturmschen Satzes — auf jedem geodätischen Bogen, der länger als πk ist, ein

---

[17]) Beweise dieser im wesentlichen von KLEIN und KILLING stammenden Sätze, findet man in der unter [5]) genannten Arbeit von KOEBE und in der unter [7]) genannten Arbeit von HOPF.

[18]) Wie man alle, auch die nicht vollständigen, Flächen konstanter Krümmung bestimmen kann, geht aus der demnächst in Bd. 35 der „Mathematischen Zeitschrift" erscheinenden Arbeit von W. RINOW, Über Zusammenhänge zwischen der Differentialgeometrie im Großen und im Kleinen (§ 2, Bemerkung zum Satz 3) hervor.

[19]) Man vgl. BLASCHKE, Vorlesungen über Differentialgeometrie I (1921), § 84: Satz von BONNET über den Durchmesser einer Eifläche. Unser Beweis ist mit dem dortigen fast identisch; jedoch setzt letzterer gerade die von uns zu beweisende Geschlossenheit der Fläche voraus.

zum Anfangspunkt des Bogens konjugierter Punkt; folglich ist ein Bogen der angegebenen Länge nicht kürzeste Verbindung zwischen seinen Endpunkten.

Ist nun F vollständig, und sind a, b beliebige Punkte auf F, so gibt es nach Satz III einen kürzesten geodätischen Weg von a nach b; da dessen Länge nach dem eben Gesagten $\leqq \pi k$ ist, ist $\varrho(a, b) \leqq \pi k$; da a, b willkürlich sind, hat F einen endlichen Durchmesser, ist also, als metrischer Raum betrachtet, beschränkt und mithin, da das Kompaktheitspostulat erfüllt ist, kompakt, d.h. geschlossen.

Aus dem Beweise ergibt sich unmittelbar folgender

Zusatz 1[20]**:** Ist die Krümmung der vollständigen Fläche F überall $\geqq 1/k^2 > 0$, so ist der Durchmesser von F höchstens πk.

Ferner gilt der

Zusatz 2: Eine vollständige Fläche, deren Krümmung überall größer als eine positive Konstante ist, ist entweder der Kugel oder der projektiven Ebene homöomorph.

Denn nach Satz V muß die Fläche geschlossen, und nach dem bekannten Satz über die Curvatura integra geschlossener Flächen[21]) muß ihre Eulersche Charakteristik positiv sein; die einzigen Flächen mit positiver Charakteristik sind die beiden genannten.

Der Satz V mit seinen Zusätzen einerseits, der Satz IVb andererseits zeigen zur Genüge, daß bei den vollständigen Flächen der Einfluß der differentialgeometrischen Eigenschaften „im Kleinen" auf die Gestalt der Fläche „im Großen" wesentlich stärker ist als im allgemeinen bei den nicht-fortsetzbaren Flächen; diese Tatsache wird besonders in einer nächstens erscheinenden Arbeit von W. Rinow weitere Bestätigungen finden[22]).

[Zusatz 1964: Die in dieser Arbeit geübte Beschränkung auf 2-dimensionale Mannigfaltigkeiten ist unnötig; in der Tat bleiben mutatis mutandis, offenbar alle Definitionen, Sätze und Beweise bis zum Satz IVb einschließlich für beliebige n-dimensionale Riemannsche Mannigfaltigkeiten sinnvoll und gültig. Hierauf hat zuerst S. B. Myers in der Arbeit „Riemannian Manifolds in the Large" [Duke Math. Journ. 1 (1935)] aufmerksam gemacht. In derselben Arbeit hat Myers auch den Satz V samt seinem Zusatz 1 für n-dimensionale Riemannsche Mannigfaltigkeiten bewiesen. Daraus folgt unmittelbar, daß eine vollständige Riemannsche Mannigfaltigkeit, deren Krümmung größer ist als eine positive Konstante, eine endliche Fundamentalgruppe hat; diese Tatsache tritt im Falle von n-Dimensionen an die Stelle des „Zusatzes 2" unseres Satz V.]

---

[20]) Man vgl. die unter [19]) zitierte Stelle, beachte aber den Unterschied in der Definition des Durchmessers: dort wird er mittels der räumlichen Entfernung, bei uns mittels des Entfernungsbegriffs auf der Fläche erklärt.

[21]) Blaschke, a.a.O., § 64.

[22]) Wie unter [18]); besonders die Sätze 2 und 11 sowie die auf Satz 2 bezüglichen Bemerkungen in der Einleitung.

Die Klassen der Abbildungen der n-dimensionalen Polyeder auf die n-dimensionale Sphäre

Commentarii Mathematici Helvetici 5 (1933)

1. Eine Behauptung von Brouwer und ihre Modifikation

Der *Grad* einer Abbildung f einer n-dimensionalen geschlossenen orientierten Mannigfaltigkeit μ auf eine ebensolche Mannigfaltigkeit μ' besitzt die wichtige Eigenschaft, bei stetiger Abänderung von f ungeändert zu bleiben[1]); mit anderen Worten: zwei Abbildungen f und g von μ auf μ', welche zu einer „Abbildungsklasse" gehören, haben denselben Grad. BROUWER hat auf dem Internationalen Mathematikerkongreß in Cambridge 1912*) die Behauptung ausgesprochen, daß „*in vielen Fällen*" die Umkehrung dieses Satzes gelte, also aus der Gleichheit der Grade zweier Abbildungen ihre Zugehörigkeit zu einer Klasse folge[2]). Er hat gleichzeitig einen Beweis seiner Behauptung für den Fall angegeben, in dem μ und μ' Kugelflächen sind; dann hat er ihre Gültigkeit für den allgemeineren Fall erwiesen, in dem zwar μ' eine Kugel, μ aber eine beliebige Fläche ist[3]), und später habe ich gezeigt, daß dieser letzte Satz für beliebige Dimensionenzahl richtig ist, daß also $\mu = M^n$ eine n-dimensionale Mannigfaltigkeit, $\mu' = S^n$ die n-dimensionale Sphäre sein darf[4]).

In der vorliegenden Arbeit soll nun gezeigt werden, daß der Gültigkeitsbereich der Brouwerschen Behauptung noch weiter ist, falls man sich nicht genau an ihren Wortlaut hält, sondern sie einer Modifikation unterzieht, die mir überdies, worüber nachher (Nr. 2) noch einige Worte gesagt werden sollen, die prinzipielle Bedeutung der Behauptung und der an sie anschließenden Sätze in ein klareres Licht zu setzen scheint.

In der neuen Erweiterung soll wieder $\mu' = S^n$ die n-dimensionale Sphäre, $\mu = P^n$ aber soll ein beliebiges n-dimensionales Polyeder sein.

---

*) [Der Hinweis auf diesen Kongreß war dadurch motiviert, daß die obige Arbeit in dem Extraband der Commentarii für den Internationalen Mathematikerkongreß in Zürich 1932 erschien.]

1) BROUWER, Über Abbildung von Mannigfaltigkeiten, Math. Annalen 71 (1912).

2) BROUWER, Sur la notion de «classe» de transformations d'une multiplicité, Proc. V. Intern. Congress of Math. (Cambridge 1912), vol. II.

3) BROUWER, Over één-éénduidige continue transformaties ..., Akad. Amsterdam, Versl. 21 (1913); Aufzählung der Abbildungsklassen endlichfach zusammenhängender Flächen, Math. Annalen 82 (1921).

4) Abbildungsklassen n-dimensionaler Mannigfaltigkeiten, Math. Annalen 96 (1926).

Dann hat eine Abbildung f von P^n auf S^n keinen Grad im ursprünglichen Sinn. Die Modifikation, die man hier vorzunehmen hat, ist durch die Begriffsbildungen der algebraisch-kombinatorischen Topologie in natürlicher Weise gegeben. Ist Z^n ein n-dimensionaler Zyklus[5]) in P^n, so ist sein Bild $f(Z^n)$ ein n-dimensionaler Zyklus in S^n; aber die einzigen n-dimensionalen Zyklen in S^n sind die S^n selbst und ihre Vielfachen; daher gibt es eine ganze Zahl c so, daß $f(Z^n)=c \cdot S^n$ ist. Falls P^n eine Mannigfaltigkeit ist, ist c der Bouwersche Grad; wir nennen c auch jetzt den Grad von $f(Z^n)$. Die zu den verschiedenen Zyklen Z^n in P^n gehörigen Grade sind innerhalb der durch f bestimmten Abbildungsklasse konstant. Ihre Betrachtung reicht jedoch für unsern Zweck, die Aufstellung eines vollen Invariantensystems der Abbildungsklasse, nicht aus; das sieht man schon im Falle $n=2$, wenn man für P^2 die projektive Ebene nimmt: dann ist in P^2 überhaupt kein Z^2 vorhanden, und es gibt trotzdem zwei Abbildungsklassen; diese kann man aber durch ihre „Parität" oder den „Abbildungsgrad mod. 2" voneinander unterscheiden, und daran erkennt man, wie man im allgemeinen Fall fortzufahren hat: es sei Z^n_m ein Zyklus mod. m mit irgend einem ganzen $m>1$[5]); dann ist sein Bild $f(Z^n_m)$ ein Zyklus mod. m in S^n, und daraus folgt, ähnlich wie oben, daß es eine, mod. m eindeutig bestimmte Zahl c so gibt, daß $f(Z^n_m)\equiv c\, S^n$ ist. Diese Zahl c, der „Grad mod. m" von $f(Z^n_m)$, bleibt ebenfalls in der Klasse konstant. Alle diese Grade und Grade mod. m mit beliebigen $m>1$, die zu den, in P^n in endlicher Anzahl vorhandenen, n-dimensionalen Zyklen und Zyklen mod. m gehören, bilden nun aber — das ist die Erweiterung der Brouwerschen Behauptung, die hier bewiesen werden soll, — ein volles Invariantensystem der Abbildungsklasse; es gilt also

Satz I: *Notwendig und hinreichend dafür, daß zwei Abbildungen f und g von P^n auf S^n zu einer Klasse gehören, ist die Bedingung, daß jeder n-dimensionale Zyklus bzw. Zyklus* mod. m *(mit beliebigem $m>1$) aus P^n durch f mit demselben Grade bzw. Grade* mod. m *abgebildet wird wie durch* g.

Der Beweis dieses Satzes wird in Nr. 3—5 geliefert werden[6]).

[5]) Ein Zyklus ist ein unberandeter Komplex, ein n-dimensionaler Zyklus mod. m ein Komplex, in dessen Rande jedes $(n-1)$-dimensionale Simplex mit einer durch m teilbaren Vielfachheit vorkommt. Die Grundtatsachen aus der kombinatorischen Topologie und aus der Topologie der stetigen Abbildungen werden als bekannt vorausgesetzt.

[6]) Den Spezialfall, in dem g eine Abbildung auf einen einzigen Punkt von S^n ist, habe ich bereits früher bewiesen: Über wesentliche und unwesentliche Abbildungen von Komplexen, Moskauer Mathematische Sammlung, 1930 (Satz II). Die dortige Methode reicht auch zum Beweis des obigen Satzes I aus, jedoch scheint mir für diesen Zweck die in der vorliegenden Arbeit verwendete Zurückführung auf einen „Erweiterungssatz" (Nr. 3) den Vorzug zu verdienen.

2. Verallgemeinerung der Fragestellung; Klassen und algebraische Typen von Abbildungen

Die Verwendung von Begriffen der algebraisch-kombinatorischen Topologie, wie sie für die Formulierung des Satzes I notwendig war, führt, wenn man sie konsequent weiter treibt, zu der allgemeinen Problemstellung, in deren Rahmen erst die tiefere Bedeutung der Brouwerschen Behauptung sichtbar wird. Wenn man nämlich zwei beliebige Polyeder P, Q und die Gesamtheit der stetigen Abbildungen von P auf Q betrachtet, so gibt es zwei, ihrem Wesen nach voneinander verschiedene, Gesichtspunkte, unter denen man versuchen kann, in diese Gesamtheit Ordnung zu bringen, die Abbildungen also zu klassifizieren: erstens eben den rein topologischen Begriff der „Abbildungsklasse", wonach zwei Abbildungen f und g zusammengehören, wenn man die eine stetig in die andere überführen kann; zweitens den, auf den Grundbegriffen der algebraischen Topologie, den Begriffen der Berandung und der Homologie, beruhenden Begriff des „algebraischen Abbildungstypus", den wir folgendermaßen definieren: f und g gehören zu einem algebraischen Typus, wenn von jedem Zyklus $Z \subset P$ die beiden Bilder $f(Z)$ und $g(Z)$, die ja als Zyklen in Q aufzufassen sind, einander homolog sind, und wenn das Gleiche für die Zyklen mod. m gilt, wobei man natürlich den Begriff der gewöhnlichen Homologie durch den der „Homologie mod. m" zu ersetzen hat. Man kann noch ein drittes Klassifikationsprinzip hinzufügen, indem man anstelle der Homologiegruppen die Fundamentalgruppe betrachtet, doch soll darauf hier nicht eingegangen werden[7]. Die Dimensionen von P und Q sind für diese Begriffe ganz unwesentlich, sie brauchen nicht einander gleich zu sein. Ist Q n-dimensional, so fällt für die n-dimensionalen Zyklen und Zyklen mod. m in Q der Begriff der Homologie bzw. Homologie mod. m mit dem der Gleichheit bzw. Kongruenz mod. m zusammen; in diesem Fall wird daher der algebraische Typus einer Abbildung, soweit er die n-dimensionalen Zyklen in P und Q betrifft, vollständig durch die Angabe der Grade und Grade mod. m beschrieben; ist speziell $Q = S^n$, so ist für $0 < r < n$ jeder r-dimensionale Zyklus oder Zyklus mod. m in S^n homolog 0, so daß diese Zyklen kein Unterscheidungsmerkmal für die Abbildungstypen liefern; mithin sind dann die Grade und Grade mod. m die einzigen Merkmale der Typen. Daher kann man den Satz I auch so aussprechen:

Satz I′: *Ist P ein n-dimensionales Polyeder, Q die n-dimensionale Sphäre, so gehören zwei Abbildungen von P auf Q dann und nur dann zu einer Klasse, wenn sie denselben algebraischen Typus haben.*

---

[7]) Man vgl. etwa den § 2 meiner Arbeit: Zur Topologie der Abbildungen von Mannigfaltigkeiten, II. Teil, Math. Annalen 102 (1929).

Der eine Teil dieses Satzes ist insofern trivial, als bei *beliebigen* P und Q zwei Abbildungen, die zu einer Klasse gehören, stets denselben algebraischen Typus besitzen, da ein Zyklus $f(Z)$ in Q, wenn man ihn stetig abändert, immer in derselben Homologieklasse bleibt. Die Einteilung aller Abbildungen in Klassen ist also im allgemeinen, jedenfalls *begrifflich, feiner* als die nach algebraischen Typen; dafür, daß sie auch *tatsächlich* feiner sein kann, gibt es Beispiele, von denen nachher noch die Rede sein soll; im allgemeinen reichen somit die *Homologie*-Begriffe nicht aus, um die Klassifikation der Abbildungen nach dem rein topologischen Standpunkt der „*Homotopie*", d.h. der stetigen Überführbarkeit, durchzuführen. Das ist auch gar nicht zu erwarten, denn der Begriff der Homologie hat kaum etwas mit stetiger Abänderung zu tun; andererseits spielt der Homologiebegriff — und zwar gerade infolge der Entwicklung während der letzten Jahre — eine so beherrschende Rolle in fast allen Gebieten der Topologie, daß die Frage nach den „Ausnahmefällen" gerechtfertigt ist, in denen er doch dasselbe leistet wie die Homotopie; das sind, für unser Problem, die Fälle, in denen für zwei Abbildungen aus der Gleichheit des algebraischen Typus folgt, daß sie sich stetig ineinander überführen, daß sie sich also auch unter dem Gesichtspunkt der Homotopie nicht voneinander unterscheiden lassen. Wenn man nun die eingangs zitierte Behauptung Brouwers weiter — allerdings recht kräftig — modifiziert, so kann man sie so aussprechen: es gibt eine große Menge von Ausnahmen der eben genannten Art; und der Satz I gibt eine wichtige Klasse aus dieser Menge an. Behauptung und Satz gehören also in den allgemeinen Problemkreis, in dem es sich um die Zusammenhänge zwischen Homologie und Homotopie, genauer: um den *Einfluß von Berandungs- und Homologieeigenschaften auf Homotopieeigenschaften*, handelt[8]).

Es sei nun noch etwas über die „allgemeinen" Fälle gesagt, in denen P und Q so beschaffen sind, daß die Einteilung in Klassen wirklich feiner ist als die Einteilung nach algebraischen Typen. Bleiben wir zunächst dabei, daß $Q = S^n$ ist; (das ist für alle Anwendungen der wichtigste Fall;) ist dann P ein r-dimensionales Polyeder und $r < n$, so bleibt der Satz I trivialerweise noch richtig, denn dann gibt es nur eine Klasse, — da man das Bild $f(P)$ stetig auf einen Punkt zusammenziehen kann, — und a fortiori nur einen Typus; wir befinden uns also noch bei einem „Ausnahmefall"; ist dagegen $r > n$, so zeigt das Beispiel $P = S^3$, $Q = S^2$, daß der Satz I nicht für alle P gilt: es gibt dann offenbar nur einen einzigen algebraischen Typus, da jeder 1- oder 2-dimensionale Zyklus ~ 0 in S^3, sein Bild daher ~ 0 in S^2 ist, dagegen, wie ich gezeigt habe, unend-

[8]) Daß der in Satz I, in seiner in Nr. 1 gegebenen Formulierung, benutzte Begriff des Grades zu den Berandungseigenschaften gehört, ist klar: er benutzt ja den auf dem Begriff des Randes beruhenden Begriff des Zyklus (man vgl. [5])).

lich viele Klassen[9]). Ist Q keine Sphäre, so ist es leichter, Beispiele zu finden, in denen ein Typus mehrere Klassen enthält; solche erhält man bereits, wenn P und Q geschlossene orientierbare Flächen von Geschlechtern >0 sind; jedoch reicht in diesem Fall zur Bestimmung der Abbildungsklassen die oben kurz erwähnte Betrachtung der Fundamentalgruppe aus[10]). Aber auch diese versagt z.B. in folgendem Fall: P sei eine Kugelfläche, Q eine projektive Ebene, f die Abbildung von P auf Q, die sich ergibt, wenn man P als zweiblättrige unverzweigte Überlagerungsfläche von Q auffaßt, g die Abbildung, die P auf einen einzigen Punkt von Q abbildet; dann sieht man leicht, daß f und g zwar denselben algebraischen Typus besitzen, aber zu verschiedenen Klassen gehören[11]).

Demnach scheint sich der Satz I nicht auf eine wesentlich größere Gesamtheit von Paaren P, Q ausdehnen zu lassen, es sei denn, daß man neben Polyedern auch andere abgeschlossene Mengen in Betracht zieht[12]).

Abgesehen von diesen prinzipiellen Gesichtspunkten hat der Satz I auch praktischen Wert insofern, als man mit seiner Hilfe alle Abbildungsklassen von P^n auf S^n wirklich aufzählen kann, wenn man die kombinatorisch-topologische Struktur von P^n kennt; denn der Satz besagt ja, daß man nur die algebraischen Typen aufzuzählen hat, und das ist eine leichte, im wesentlichen algebraische, Aufgabe, die in Nr. 6 gelöst wird.

3. Zurückführung des Hauptsatzes (Satz I) auf einen „Erweiterungssatz" (Satz II)

Daß die im Satz I genannte Bedingung für die Zugehörigkeit von f und g zu einer Klasse notwendig ist, ist, wie schon mehrfach erwähnt, bekannt, da der Grad einer Abbildung $f(Z^n)$ und ebenso ein Grad mod. m sich bei stetiger Abänderung von f nicht ändert. Zu beweisen ist, daß die Bedingung hinreicht, daß es also, wenn sie erfüllt ist, eine Schar f_t von Abbildungen von P^n auf S^n gibt, die für $0 \leqq t \leqq 1$ stetig von t abhängt

---

9) Über die Abbildungen der dreidimensionalen Sphäre auf die Kugelfläche, Math. Annalen 104 (1931).

10) Brouwer, wie unter 3) (Aufzählung ..., „Vierter Hauptfall"); Hopf, Beiträge zur Klassifizierung der Flächenabbildungen, Crelles Journal 165 (1931).

11) In der Terminologie meiner unter 7) zitierten Arbeit hat der „Absolutgrad" von f den Wert 2, von g den Wert 0; da er (a.a.O. § 2) in der Klasse konstant ist, gehören f und g zu verschiedenen Klassen.

12) Die Antwort auf die Frage, ob die Abbildungen einer abgeschlossenen Menge F auf die S^n mehr als eine Klasse bilden, ist für wichtige geometrische Eigenschaften von F ausschlaggebend: Alexandroff, Dimensionstheorie, Math. Annalen 106 (1932), Nr. 81 („5. Hauptsatz"); Borsuk, Über Schnitte der n-dimensionalen Euklidischen Räume, Math. Annalen 106 (1932).

und in der $f_0=f$, $f_1=g$ ist. Zum Zweck des Beweises deuten wir eine solche Schar folgendermaßen. P^{n+1} sei das „Produkt" von P^n mit einer Strecke der Länge 1; dieses Produkt können wir so konstruieren: wir denken uns den euklidischen Raum R^N, in dem P^n liegt, im R^{N+1} gelegen und errichten nach einer bestimmten der beiden Seiten von R^N die Senkrechten auf R^N in allen Punkten p von P^n; p_t sei der Punkt, der auf der in p errichteten Senkrechten im Abstand t von p liegt; die Menge aller p_t mit $0 \leqq t \leqq 1$ ist das Produkt. Es ist ein $(n+1)$-dimensionales Polyeder P^{n+1}.

Die Punkte $p=p_0$ bilden das Polyeder $P^n=P_0^n$, die Punkte p_1 ein mit P^n kongruentes Polyeder P_1^n; unter $\overline{P}$ verstehen wir das Polyeder $P_0^n+P_1^n$. Üben wir die Abbildung f auf P_0^n, die Abbildung g mittels der Festsetzung $g(p_1)=g(p)$ auf P_1^n aus, so liegt eine Abbildung F von $\overline{P}$ auf S^n vor. Wenn wir F zu einer Abbildung des ganzen Polyeders P^{n+1} auf S^n erweitern können, so sind wir fertig; denn dann brauchen wir nur $f_t(p)=F(p_t)$ zu setzen, um eine Schar der gewünschten Art zu erhalten. Die *Behauptung* lautet also: *die Abbildung $F(\overline{P})$ läßt sich zu einer Abbildung $F(P^{n+1})$ erweitern.*

Wie lautet jetzt, unter Verwendung von P^{n+1}, $\overline{P}$ und F die *Voraussetzung* des Satzes I? Ich behaupte, daß sie folgendermaßen lautet: *jeder in $\overline{P}$ gelegene n-dimensionale Zyklus oder Zyklus* mod. m, *der* ~ 0 *bzw.* ~ 0 mod. m *in P^{n+1} ist, wird durch F mit dem Grade* 0 *abgebildet.*

In der Tat: ist $Z^n \subset \overline{P}$, so zerfällt Z^n in zwei zueinander fremde Teile $X_0^n \subset P_0^n$, $Y_1^n \subset P_1^n$; da Z^n unberandet ist, haben sie selbst keine Ränder, sind also Zyklen. Ist Y_0^n der Y_1^n entsprechende Zyklus in P_0^n, so ist $Y_0^n \sim Y_1^n$ in P^{n+1}, da offenbar $Y_1^n - Y_0^n$ der Rand des $(n+1)$-dimensionalen Produktes von Y_0^n mit der t-Strecke ist. Folglich ist $Z^n = X_0^n + Y_1^n \sim X_0^n + Y_0^n$ in P^{n+1}, und da wir voraussetzen, daß $Z^n \sim 0$ ist, ist daher auch der in P_0^n gelegene Zyklus $X_0^n + Y_0^n \sim 0$ in P^{n+1}. K sei ein von $X_0^n + Y_0^n$ berandeter Komplex, K_0 seine Projektion auf P_0^n, (die man erhält, indem man für jeden Punkt $p_t \subset K$ t durch 0 ersetzt); da bei dieser Projektion (wie bei jeder simplizialen Abbildung) der Rand von K in den Rand des Bildes K_0 übergeht, der Rand $X_0^n + Y_0^n$ von K aber fest bleibt, ist $X_0^n + Y_0^n$ der Rand von K_0; also ist $X_0^n + Y_0^n \sim 0$ in P_0^n, und da P_0^n ebenso wie X_0^n und Y_0^n n-dimensional ist, bedeutet das: $X_0^n + Y_0^n = 0$, also $X_0^n = -Y_0^n$. Da mithin $Z_n = Y_1^n - Y_0^n$ ist, gilt bei der Abbildung: $F(Z^n) = F(Y_1^n) - F(Y_0^n) = g(Y_0^n) - f(Y_0^n)$, und da nach Voraussetzung $f(Y_0^n)$ und $g(Y_0^n)$ den gleichen Grad, etwa c, haben: $F(Z^n) = c\,S^n - c\,S^n = 0$; das bedeutet, daß $F(Z^n)$ den Grad 0 hat. Diese Betrachtung gilt in gleicher Weise für gewöhnliche Zyklen und Homologien wie mod. m. Damit ist bewiesen, daß die Voraussetzung des Satzes I jetzt in der angegebenen Form ausgesprochen werden kann.

Somit ist der Satz I auf den folgenden allgemeineren „Erweiterungssatz“ zurückgeführt[13]), in dem P^{n+1} irgend ein $(n+1)$-dimensionales Polyeder ist:

Satz II: *In einem Teilpolyeder*[14]) $\overline{P}$ *des* $(n+1)$*-dimensionalen Polyeders* P^{n+1} *sei eine Abbildung* F *auf die* S^n *gegeben; für jeden n-dimensionalen Zyklus (und Zyklus* mod. m*)* $Z^n \subset \overline{P}$, *welcher* ~ 0 *(bzw.* ~ 0 mod. m*) in* P^{n+1} *ist, sei der Grad (bzw. Grad* mod. m*) gleich (bzw. kongruent)* 0. *Dann läßt sich* F *zu einer Abbildung des ganzen* P^{n+1} *auf die* S^n *erweitern*[15]).

Daß die in der Voraussetzung des Satzes ausgedrückte Bedingung für die Erweiterbarkeit von F zu einer Abbildung von P^{n+1} nicht nur hinreichend, sondern auch notwendig ist, ist klar: wenn $F(P^{n+1})$ existiert und wenn $Z^n \sim 0$ in P^{n+1}, also der Rand eines $K \subset P^{n+1}$ ist, so ist $F(Z^n)$ der Rand von $F(K)$, also ~ 0 auf S^n, also $=0$; das Analoge gilt mod. m.

Der einfachste Spezialfall des Satzes II ist

Satz II': *Ist auf dem Rande eines* $(n+1)$*-dimensionalen Simplexes eine Abbildung* F *vom Grade* 0 *auf die* S^n *gegeben, so läßt sich* F *zu einer Abbildung des ganzen Simplexes auf die* S^n *erweitern.*

Dieser Satz, den ich früher bewiesen habe[16]), bildet den wesentlichen topologischen Bestandteil beim Beweise des Satzes II; es müssen aber, wie schon die im Satz II vorkommenden Begriffe der Zyklen und Zyklen mod. m vermuten lassen, noch algebraische Bestandteile hinzukommen; auch diese werden sich auf die Erweiterungen gewisser Abbildungen, nämlich homomorpher Gruppenabbildungen, beziehen.

4. Algebraische Hilfssätze

Die hier vorkommenden Gruppen sind Abelsch, werden von endlich vielen ihrer Elemente erzeugt und enthalten keine Elemente endlicher Ordnung; die Gruppenoperation bezeichnen wir als Addition. Die Gruppe G heißt, wie üblich, direkte Summe ihrer Untergruppen U, V — geschrieben: $G = U + V$ — wenn sich jedes von 0 verschiedene Element auf eine und nur eine Weise in der Form $u+v$ mit $u \subset U$, $v \subset V$ dar-

[13]) Der Zusammenhang zwischen Sätzen über Abänderungen von Abbildungen mit Sätzen über Erweiterungen spielt in der unter [12]) zitierten Arbeit von Borsuk eine wesentliche Rolle; man vgl. auch die §§ 5, 6 meiner unter [4]) genannten Arbeit.

[14]) Ein „Teilpolyeder“ $\overline{P}$ eines Polyeders P soll stets aus Simplexen einer gegebenen Simplexzerlegung von P bestehen; die Dimension von $\overline{P}$ ist beliebig.

[15]) Man überzeugt sich leicht davon, daß man die auf die gewöhnlichen Zyklen bezügliche Voraussetzung sparen kann, da sie in der auf die Zyklen mod. m bezüglichen enthalten ist.

[16]) Wie unter [4]); ein Beweis von II' ist dort im letzten Abschnitt der S. 224 enthalten.

stellen läßt, oder, was dasselbe ist, wenn 1. jedes Element wenigstens eine Darstellung $u+v$ besitzt, und wenn 2. U und V nur das Nullelement gemeinsam haben. Analog ist die direkte Summe von mehr als zwei Gruppen definiert. Jede der hier betrachteten Gruppen ist bekanntlich direkte Summe von endlich vielen unendlichen zyklischen Gruppen; d.h. jedes Element läßt sich auf eine und nur eine Weise in der Form $\sum a_i x_i$ darstellen, wenn die x_i erzeugende Elemente dieser Zyklen, die a_i ganze Zahlen sind. — Die Untergruppe U von G heiße „abgeschlossen", wenn sie folgende Eigenschaft hat: ist m eine von 0 verschiedene ganze Zahl, x ein Element von G und $mx \subset U$, so ist auch $x \subset U$. — Unter einem „Charakter" von G verstehen wir eine homomorphe Abbildung von G in die additive Gruppe der ganzen Zahlen.

a) *Ist U abgeschlossene Untergruppe von G, so ist G direkte Summe von U und einer anderen Untergruppe V.*

Beweis: Die Restklassengruppe (Faktorgruppe) R von G nach U ist Abelsch; sie wird von endlich vielen ihrer Elemente erzeugt; (als solche kann man die Restklassen wählen, die die Elemente eines Erzeugendensystems von G enthalten;) sie enthält ferner infolge der Abgeschlossenheit von U kein Element endlicher Ordnung. Sie ist daher direkte Summe unendlicher Zyklen; X_i seien Restklassen, die diese Zyklen erzeugen, x_i irgendwelche Elemente aus den $X_i (i=1, \ldots, r)$, V sei die von diesen x_i erzeugte Gruppe. Ist y irgend ein Element von G, Y die y enthaltende Restklasse, so ist Y in R von der Form $Y=\sum a_i X_i$, also ist $y=\sum a_i x_i+u$ mit $u \subset U$, also $y=u+v$ mit $u \subset U, v \subset V$. Ist $u_0 \subset U$ und $u_0 \subset V$, so ist $u_0=\sum c_i x_i$, also in $R: 0=\sum c_i X_i$; folglich ist $c_i=0$, $u_0=0$. Mithin ist $G=U+V$.

b) *Ein in einer abgeschlossenen Untergruppe U von G gegebener Charakter läßt sich stets zu einem Charakter von G erweitern.*

Beweis: Man stelle G gemäß a) in der Form $U+V$ dar und setze fest, daß der Charakter für alle Elemente von V den Wert 0 hat.

c) *Dafür, daß ein in einer beliebigen Untergruppe U von G gegebener Charakter χ zu einem Charakter von G erweitert werden kann, ist die folgende Bedingung notwendig und hinreichend: ist x ein Element von G, m eine ganze Zahl, und ist $mx=u \subset U$, so ist $\chi(u)$ durch m teilbar.*

Beweis: Die Bedingung ist notwendig, da, wenn χ auf G erweitert ist, $\chi(x)$ definiert ist und $\chi(u)=m \cdot \chi(x)$ wird. — Die Bedingung sei erfüllt. Unter $\overline{U}$ verstehen wir die Gesamtheit der Elemente x, welche Vielfache mx in U besitzen; sie bilden eine Gruppe, da mit x auch $-x$ in $\overline{U}$ ist, und da aus $mx \subset U$, $ny \subset U$ folgt: $mn(x+y) \subset U$. Die Gruppe $\overline{U}$ ist ex definitione abgeschlossen. Daher läßt sich nach b) der Charakter, falls er sich auf $\overline{U}$ erweitern läßt, auch auf G erweitern. Wir haben also χ auf $\overline{U}$ auszudehnen. Ist $mx = u \subset U$, so setzen wir $\chi(x) = \frac{1}{m}\chi(u)$; das ist nach Voraussetzung eine ganze Zahl. $\chi(x)$ ist auf diese Weise eindeutig bestimmt; denn ist außerdem $m'x = u' \subset U$, so ist $mu' = m'u$, also $m \cdot \chi(u') = m' \cdot \chi(u)$, also $\frac{1}{m'}\chi(u') = \frac{1}{m}\chi(u)$. Diese somit in $\overline{U}$ eindeutige Funktion ist ein Charakter; denn ist $mx = u_1$, $ny = u_2$, so ist $mn(x+y) = nu_1 + mu_2 \subset U$, also $\chi(x+y) = \frac{1}{m}\chi(u_1) + \frac{1}{n}\chi(u_1) = \chi(x) + \chi(y)$.

d) *U und V seien Untergruppen von G; in U sei ein Charakter χ gegeben. Dafür, daß sich χ derart auf G erweitern läßt, daß er in allen Elementen von V den Wert 0 erhält, ist die folgende Bedingung notwendig und hinreichend: ist x ein Element von G, m eine ganze Zahl, v ein Element von V, und ist $mx + v = u \subset U$, so ist $\chi(u)$ durch m teilbar.*

Beweis: Die Notwendigkeit der Bedingung ist wieder ohne weiteres klar: wenn ein Charakter χ mit den genannten Eigenschaften in G existiert, so ist $\chi(mx+v) = m \cdot \chi(x) + \chi(v) = m \cdot \chi(x)$. — Die Bedingung sei erfüllt. Ist $z = u = v$ ein Element aus dem Durchschnitt D von U und V, so ist, wenn x_0 das Nullelement von G bezeichnet, $u = mx_0 + v$ mit beliebigem m, also nach Voraussetzung $\chi(u)$ durch jedes m teilbar, also $\chi(u) = \chi(z) = 0$ für jedes $z \subset D$. W sei die von U und V erzeugte Gruppe, also die Gesamtheit aller Elemente $u + v$. Wir erweitern χ zunächst auf W, indem wir festsetzen: $\chi(u+v) = \chi(u)$; diese Festsetzung ist eindeutig; denn ist $u + v = u' + v'$, so ist $u - u' = v' - v = z \subset D$, also $\chi(z) = 0$, d.h. $\chi(u) = \chi(u')$. Daß diese somit in W eindeutig erklärte Funktion ein Charakter ist und in allen Elementen von W den Wert 0 hat, ist klar. Ist nun $x \subset G$, m eine ganze Zahl und $mx \subset W$, so ist $mx = w = u + v$, $u = mx - v$, also nach Voraussetzung $\chi(u)$ durch m teilbar, also, da $\chi(w) = \chi(u)$ ist, $\chi(w)$ durch m teilbar. Daher läßt sich nach c) χ auf die ganze Gruppe G erweitern.

5. Beweis des Satzes II

Wir machen zunächst die spezielle Annahme, daß die in $\overline{P}$ gegebene Abbildung F simplizial sei. Dabei ist eine feste Simplexzerlegung von P^{n+1}, und damit auch von $\overline{P}$, zugrunde gelegt. Für diese Zerlegung sei G die Gruppe der n-dimensionalen Komplexe in P^{n+1}, d.h. der Linearformen mit ganzen Koeffizienten in den orientierten n-dimensionalen Simplexen, die wir mit x_i^n bezeichnen; U sei die Gruppe der zu $\overline{P}$ gehörigen n-dimensionalen Komplexe, V die Gruppe der n-dimensionalen Ränder in P^{n+1}, d.h. derjenigen Zyklen, welche $(n+1)$-dimensionale Komplexe beranden; U und V sind Untergruppen von G. τ^n sei ein festes n-dimensionales Simplex der bei der simplizialen Abbildung F benutzten Zerlegung von S^n. Jedes x_i^n aus $\overline{P}$, das durch F auf τ^n abgebildet wird, hat dabei den Grad $+1$ oder -1; wir nennen ihn $\chi(x_i^n)$; für diejenigen x_i^n aus $\overline{P}$, die nicht auf dieses T^n abgebildet werden, setzen wir $\chi(x_i^n)=0$. Für einen beliebigen Komplex $x^n=\sum a_i x_i^n$ aus $\overline{P}$ hat dann F in dem Simplex τ^n den Grad $\chi(x^n)=\sum a_i \chi(x_i^n)$. χ ist ein Charakter in der Gruppe U. Ich behaupte, daß er in bezug auf die Gruppen G, U und V die Voraussetzungen des Hilfssatzes d) aus Nr. 4 erfüllt. In der Tat: ist, in der Bezeichnung von d), $mx+v=u$, so bedeutet das jetzt: der in $\overline{P}$ gelegene, n-dimensionale Komplex u ist mod. m einem Rande v in P^{n+1} kongruent, er ist also ein Zyklus mod. m, der ~ 0 mod. m in P^{n+1} ist; dann ist nach der Voraussetzung des Satzes II der Grad mod. m seines Bildes $F(u)$ Null; das gilt insbesondere in dem Simplex τ^n von S^n, und das bedeutet in unserer neuen Ausdrucksweise: $\chi(u)\equiv 0$ mod. m. Da somit die Voraussetzung von d) erfüllt ist, gilt auch die Behauptung, und wir können daher χ auf die Gruppe G aller n-dimensionaler Komplexe von P^{n+1} so erweitern, daß dieser Charakter für jeden Rand v den Wert 0 hat.

Nachdem damit die algebraischen Vorbereitungen erledigt sind, wird die gewünschte Ausdehnung von $F(\overline{P})$ auf das ganze Polyeder P^{n+1} in zwei Schritten vorgenommen werden: 1. Q sei das Polyeder, das aus allen nicht zu $\overline{P}$ gehörigen n-dimensionalen Simplexen von P^{n+1} besteht; dann wird F derart auf $\overline{P}+Q$ ausgedehnt, daß für jedes Simplex x_i^n von P^{n+1} $\chi(x_i^n)$ der Grad des Bildes $F(x_i^n)$ in dem Simplex T^n ist; (dabei wird $F(Q)$ im allgemeinen nicht mehr simplizial sein;) 2. die Abbildung $F(\overline{P}+Q)$ wird zu einer Abbildung $F(P^{n+1})$ erweitert.

Wir zeigen zunächst, wie man den zweiten Schritt vornimmt, wenn der erste bereits ausgeführt ist: da $\chi(x_i^n)$ der Grad in τ^n für jedes Simplex x_i^n ist, ist $\sum a_i \chi(x_i^n)=\chi(x)$ der Grad in T^n bei der Abbildung des Komplexes $x=\sum a_i x_i^n$; das gilt insbesondere, wenn $x=v$ ein Rand ist; für einen solchen ist der Grad daher $\chi(v)=0$, und zwar ist dies, da v ein Zyklus ist, nicht nur der Grad in τ^n, sondern der Grad der Abbildung $F(v)$ schlechthin. Ist nun y^{n+1} ein (nicht zu $\overline{P}$ gehöriges) $(n+1)$-dimensionales Simplex von P^{n+1}, so läßt sich, da sein Rand v mit dem Grade 0 abgebildet wird, diese Abbildung F auf Grund des Satzes II′ auf y^{n+1} ausdehnen. Tun wir dies für jedes y^{n+1}, so erhalten wir die gewünschte Abbildung von P^{n+1}.

Die Ausführung des ersten Schrittes, die nun noch nachzuholen ist, ist ganz elementar und unabhängig von dem Satz II′ und den algebraischen Betrachtungen. Im Inneren jedes n-dimensionalen Simplexes x_i^n von Q wählen wir ein System von zueinander fremden n-dimensionalen Teilsimplexen in der Anzahl $|\chi(x_i^n)|$; jedes von ihnen bilden wir affin auf τ^n ab und zwar mit dem Grade $+1$ oder -1, je nachdem $\chi(x_i^n)$ positiv oder negativ ist. Wenn wir nun die Abbildung F, die jetzt außer n $\overline{P}$ auch in diesen Teilsimplexen erklärt ist, so auf den Rest von Q ausdehnen, daß die noch hinzukommenden Bildpunkte nicht im Innern von τ^n liegen, so sind wir fertig; denn dann hat jedes x_i^n in τ^n den Grad $\chi(x_i^n)$. Q' sei der Teil von Q, der entsteht, wenn man die Innengebiete aller der eben betrachteten n-dimensionalen Teilsimplexe aus Q entfernt. Die Ränder dieser Teilsimplexe und der Durchschnitt $Q \cdot \overline{P}$ bilden die Teilmenge $\overline{Q}$ von Q', auf der F schon erklärt ist; sie ist ein $(n-1)$-dimensionales Polyeder, und F ist auf ihm simplizial; daher liegt keiner der zugehörigen Bildpunkte im Inneren von τ^n. a sei ein innerer Punkt von τ^n; wir fassen jetzt für einen Augenblick S^n als euklidischen Raum R^n mit a als unendlich fernem Punkt auf. Dann liegt die Bildmenge $F(\overline{Q})$ im R^n; die euklidischen Koordinaten der Bildpunkte sind stetige Funktionen auf $\overline{Q}$; nach dem allgemeinen Erweiterungssatz für stetige Funktionen[17]) können wir diese Funktionen auf ganz Q' ausdehnen; dadurch wird $F(\overline{Q})$ zu einer Abbildung $F_1(Q')$ in den R^n erweitert; kehren wir zu der früheren Auffassung der S^n zurück, so kann bei dieser Abbildung die Bildmenge zwar ins Innere von τ^n eintreten; jedoch bleibt der Punkt a unbedeckt. Wenn wir daher jeden im Inneren von τ^n liegenden Bildpunkt durch den Punkt des Randes von τ^n ersetzen, in den er von a aus projiziert wird, so erhalten wir eine stetige Abbildung $F(Q')$, die alle Anforderungen erfüllt.

Wir haben uns jetzt noch von der am Anfang des Beweises gemachten Annahme zu befreien, daß F auf $\overline{P}$ simplizial sei. F sei also eine beliebige stetige Abbildung von $\overline{P}$, die die Voraussetzungen des Satzes II erfüllt; dann sei F' eine so gute simpliziale Approximation von F, daß sie auch noch diese Voraussetzungen erfüllt und daß für jeden Punkt $\overline{p} \subset \overline{P}$ die Entfernung $\varrho\left(F'(\overline{p}), F(\overline{p})\right) < 1$ ist; dabei fassen wir S^n als Kugel vom Radius I im euklidischen R^{n+1} auf. $F'(p)$ dürfen wir für alle $p \subset P^{n+1}$ als definiert betrachten. Unter $v(\overline{p})$ verstehen wir den Vektor mit dem Anfangspunkt $F'(\overline{p})$ und dem Endpunkt $F(\overline{p})$. Die Komponenten dieser Vektoren sind stetige Funktionen auf $\overline{P}$; wir können sie nach dem allgemeinen Erweiterungssatz[17]) zu stetigen Funktionen auf P^{n+1} erweitern; damit ist jedem Punkt $p \subset P^{n+1}$ ein Vektor zugeordnet; dabei können wir die Erweiterung so ausführen, daß nicht nur die Vektoren $v(\overline{p})$, sondern alle Vektoren $v(p)$ kürzer als 1 sind. $F''(p)$ sei der Endpunkt des im Punkte $F'(p)$ angebrachten Vektors $v(p)$; dann ist $F''(\overline{p}) = F(\overline{p})$ für alle $\overline{p} \subset \overline{P}$, und der Mittelpunkt m der Kugel fällt mit keinem $F''(p)$ zusammen. Ist nun $F(p)$ der Schnittpunkt des Halbstrahls $m\,F''(p)$ mit S^n, so erfüllt die damit erklärte Abbildung $F(P^{n+1})$ alle Anforderungen.

---

[17]) HAUSDORFF, Mengenlehre (2. Aufl. 1927), S. 248; VON KERÉKJÁRTÓ, Vorlesungen über Topologie (1923), S. 75.

6. Aufzählung der Abbildungsklassen

Da auf Grund des Satzes I die Aufzählung der Klassen der Abbildungen von P^n auf S^n mit der Aufzählung der algebraischen Abbildungstypen zusammenfällt, handelt es sich hier im wesentlichen um eine algebraische Aufgabe. Wir beginnen mit einigen rein algebraischen Betrachtungen, die an diejenigen aus Nr. 4 anknüpfen.

Neben den Charakteren, die homomorphe Abbildungen einer Gruppe in die additive Gruppe der ganzen Zahlen sind und die wir jetzt als „ganze" Charaktere bezeichnen wollen, werden noch „rationale" Charaktere betrachtet, die homomorphe Abbildungen in die additive Gruppe der rationalen Zahlen sind. Ferner werden jetzt außer denjenigen Abelschen Gruppen mit endlichen Erzeugendensystemen, die nur Elemente unendlicher Ordnung enthalten und die wir jetzt „freie" Abelsche Gruppe nennen werden, auch endliche Abelsche Gruppen vorkommen und in ihnen „zyklische" Charaktere, d.h. homomorphe Abbildungen in die additive Gruppe der Restklassen mod. 1.

Für rationale Charaktere gilt der folgende einfache Erweiterungssatz:

e) *Wenn U eine Untergruppe von endlichem Index in G und wenn in U ein rationaler Charakter χ gegeben ist, so läßt sich dieser auf eine und nur eine Weise auf die ganze Gruppe G erweitern.*

Beweis: Infolge der Endlichkeit des Index gibt es zu jedem $x \subset G$ eine von Null verschiedene ganze Zahl m so, daß $m\,x = u \subset U$ ist. Wenn χ für alle x erklärt ist, so ist $m \cdot \chi(x) = \chi(u)$, also $\chi(x) = \frac{1}{m}\chi(u)$; mithin ist die Erweiterung auf höchstens eine Weise möglich. Daß umgekehrt durch $\chi(x) = \frac{1}{m}\chi(u)$ ein Charakter in G erklärt wird, erkennt man wie in Nr. 4, c.

e') Falls der eben betrachtete Charakter χ für alle Elemente von U ganzzahlig ist, ist $\chi(x) \equiv \chi(y)$ mod. 1 für je zwei Elemente x, y, die einer der Restklassen angehören, in welche G nach U zerfällt. Daher ist in der endlichen Restklassengruppe R ein zyklischer Charakter ζ durch die Bestimmung definiert, daß $\zeta(X) \equiv \chi(x)$ mod. 1 ist, falls X die das Element x enthaltende Restklasse ist. Infolge von e) ist ζ bereits durch den Charakter $\chi(U)$, und nicht erst durch $\chi(G)$, vollständig bestimmt. Wir sagen daher, daß der zyklische Charakter ζ in R durch den ganzen Charakter χ in U „induziert" wird.

f) *U sei eine Untergruppe von endlichem Index in der freien Gruppe G, R die zugehörige endliche Restklassengruppe; ζ sei ein gegebener zyklischer Charakter von R. Dann gibt es (unendlich viele) ganze Charaktere von U, die ζ induzieren.*

Beweis: Es sei $G=Z_1+\cdots+Z_r$, wobei die Z_i unendliche Zyklen sind; x_i sei erzeugendes Element von Z_i, X_i sei die x_i enthaltende Restklasse. Wir setzen $\chi(x_i)=\zeta_0(Z_i)$, wobei wir unter $\zeta_0(Z_i)$ irgend eine bestimmte Zahl aus der Restklasse mod. 1 $\zeta(Z_i)$ verstehen. Dadurch wird in G ein rationaler Charakter χ erklärt, für den $\chi(x)\equiv\zeta(X)$ mod. 1 ist, wenn x irgend ein Element von G, X die x enthaltende Restklasse ist. Ist insbesondere $x\subset U$, so ist daher $\chi(x)\equiv 0$ mod. 1; χ ist daher in U ganz. Daß ζ durch χ induziert wird, folgt unmittelbar aus der Definition.

Wir betrachten jetzt das Polyeder P^n in einer festen Simplexzerlegung. Unter L^n verstehen wir die Gruppe der n-dimensionalen Komplexe von P^n (in dieser Zerlegung), unter Z^n die Gruppe der n-dimensionalen Zyklen. L^n ist eine freie Gruppe, Z^n eine abgeschlossene Untergruppe von L^n. Daher gibt es nach Nr. 4, a) eine Untergruppe V^n von L^n so, daß $L^n=Z^n+V^n$ ist; die Gruppe V^n ist durch den Satz aus Nr. 4, a) nicht eindeutig bestimmt, wir wählen sie aber ein für alle Mal fest. Ferner sei R^{n-1} die Gruppe der $(n-1)$-dimensionalen Ränder, $\overline{R}^{n-1}$ die Gruppe der „Randteiler", d.h. derjenigen $(n-1)$-dimensionalen Zyklen, von denen gewisse Vielfache Ränder sind; R^{n-1} ist Untergruppe von $\overline{R}^{n-1}$ mit endlichem Index, die zugehörige Restklassengruppe T^{n-1} ist die $(n-1)$-dimensionale Torsionsgruppe. Verstehen wir für jedes Element $v^n\subset V^n$ unter $\dot{v}^n$ seinen Rand, so wird, indem man jedem $v^n\subset V^n$ den zugehörigen $\dot{v}^n\subset R^{n-1}$ zuordnet, V^n homomorph auf R^{n-1} abgebildet; dies ist aber sogar ein Isomorphismus; denn ist $\dot{v}_1^n=\dot{v}_2^n$ so ist $\dot{v}_1^n-\dot{v}_2^n=(v_1^n-v_2^n)^{\cdot}=0$, d.h. $v_1^n-v_2^n$ ist Zyklus, also $v_1^n-v_2^n\subset Z^n$ und $v_1^n-v_2^n\subset V^n$, mithin $v_1^n-v_2^n=0$.

Es sei nun f eine Abbildung von P^n auf S^n. Verstehen wir für jeden Zyklus $z^n\subset Z^n$ unter $\chi(z^n)$ den Grad der Abbildung $f(z^n)$, so ist χ ein ganzer Charakter von Z^n. Wir nehmen nun weiter an, daß f simplizial sei, und daß dabei die ursprüngliche Zerlegung von P^n oder eine ihrer Unterteilungen zugrundeliegt. Ist dann τ^n ein festes n-dimensionales Simplex der in S^n zugrundeliegenden Zerlegung, und verstehen wir für jeden Komplex $x^n\subset L^n$ unter $\chi(x^n)$ den Grad der Abbildung $f(x^n)$ in τ^n, so stimmt diese Definition in Z^n mit der eben gegebenen überein, und χ ist ein ganzer Charakter von L^n. Infolge der Isomorphie zwischen V^n und R^{n-1} wird durch die Bestimmung $\dot{\chi}(\dot{v}^n)=\chi(v_n)$ auch in R^{n-1} ein ganzer Charakter $\dot{\chi}$ definiert. Durch ihn wird — gemäß e′) — in T^{n-1} ein zyklischer Charakter ζ induziert, wobei ζ nach folgender Vorschrift gebildet ist: X^{n-1} sei ein Element von T^{n-1}, also eine $(n-1)$-dimensionale Homologieklasse, welche Randteiler enthält (Restklasse von $\overline{R}^{n-1}$ nach R^{n-1}); x^{n-1} sei einer dieser Randteiler, und es sei $m\,x^{n-1}=\dot{v}^n$; dann ist $\zeta(X^{n-1})\equiv\frac{1}{m}\chi(v^n)$ mod. 1, oder: $m\cdot\zeta(X^{n-1})\equiv\chi(v^n)$ mod. m;

infolge von $\dot{v}^n = m x^{n-1}$ ist v^n ein Zyklus mod. m; die Restklasse mod. m von $\chi(v^n)$ ist der Grad mod. m der Abbildung $f(v^n)$, da $\chi(v^n)$ der Grad in dem Simplex τ^n ist. Mithin ist der zyklische Charakter ζ von T^{n-1} durch die Grade mod. m der Abbildungen der n-dimensionalen Zyklen mod. m für $m > 1$ vollständig bestimmt, und umgekehrt bestimmt ζ diese Grade eindeutig[18]).

Demnach ist klar: sind f und g zwei simpliziale Abbildungen aus derselben Klasse, so bewirken sie sowohl denselben ganzen Charakter χ von Z^n als auch denselben zyklischen Charakter ζ von T^{n-1}; da jede Abbildungsklasse simpliziale Abbildungen enthält, gehören daher zu jeder Klasse ein bestimmter Charakter $\chi(Z^n)$ und ein bestimmter Charakter $\zeta(T^{n-1})$. Gehören dagegen f und g verschiedenen Klassen an, so besitzen sie nach Satz I verschiedene algebraische Typen, d.h. es gibt einen n-dimensionalen Zyklus oder Zyklus mod. m, der durch sie mit verschiedenen Graden bzw. Graden mod. m abgebildet wird; folglich bewirken sie nicht sowohl denselben $\chi(Z^n)$ als auch denselben $\zeta(T^{n-1})$. Mithin entsprechen den Klassen eineindeutig Paare χ, ζ von Charakteren; umgekehrt gibt es, wenn χ und ζ willkürlich gegeben sind, Abbildungen, die diese Charaktere bewirken. Denn zunächst gibt es nach f) einen ganzen Charakter $\dot{\chi}$ der Gruppe R^{n-1}, der ζ induziert; erklären wir dann durch $\chi(v^n) = \dot{\chi}(\dot{v}^n)$ einen Charakter χ in V^n, so ist in Verbindung mit dem in Z^n gegebenen Charakter jetzt in $L^n = Z^n + V^n$ ein ganzer Charakter χ definiert. Wir konstruieren nun eine stetige Abbildung h, so daß für jeden Komplex $x^n \subset L^n$ die Zahl $\chi(x^n)$ der Grad der Abbildung $h(x^n)$ in dem festen Simplex τ^n von S^n ist: a sei ein nicht zu τ^n gehöriger Punkt von S^n; in jedem n-dimensionalen Simplex x_i^n von P^n wählen wir $|\chi(x_i^n)|$ zueinander fremde n-dimensionale Simplexe und bilden jedes von ihnen so auf S^n ab, daß der Rand von x_i^n auf a abgebildet wird, die Abbildung im Inneren von x_i^n eineindeutig ist und den Grad $+1$ oder -1 hat, je nachdem $\chi(x_i^n)$ positiv oder negativ ist; alle übrigen Punkte von P^n bilden wir ebenfalls auf a ab. Dann ist $\chi(x_i^n)$ der Grad von $h(x_i^n)$ in τ^n für jedes Simplex x_i^n, und mithin $\chi(x^n) = \sum a_i \chi(x_i^n)$ der Grad von $f(x^n)$ für jeden Komplex $x^n = \sum a_i x_i^n$. h, sowie jede simpliziale Abbildung f aus derselben Klasse, bewirkt dann die gegebenen Charaktere χ und ζ von Z^n und T^{n-1}.

Damit ist folgendes bewiesen:

Satz III: *Jede Klasse von Abbildungen des Polyeders P^n auf die Sphäre S^n bewirkt einen ganzen Charakter der n-dimensionalen Zyklen-*

[18]) Man vergesse aber nicht, daß in der Wahl der Gruppe V^n eine Willkür liegt. Ohne die Auszeichnung von V^n ist, wenn x^{n-1} gegeben ist, v^n durch $m x^{n-1} = \dot{v}^n$ nicht eindeutig bestimmt, da auch $m x = (v^n + z^n)^{\cdot}$ mit irgend einem (gewöhnlichen) Zyklus z^n ist; und im allgemeinen ist $\chi(v^n) \neq \chi(v^n + z^n)$.

gruppe Z^n von P^n und einen zyklischen Charakter der $(n-1)$-dimensionalen Torsionsgruppe T^{n-1} von P^n durch die folgenden Festsetzungen: $\chi(z^n)$ ist der Grad, mit dem der Zyklus $z^n \subset Z^n$ abgebildet wird; ferner sei die Gruppe L^n der n-dimensionalen Komplexe als direkte Summe $L^n = Z^n + V^n$ dargestellt; ist dann X^{n-1} eine Homologieklasse aus T^{n-1}, so gibt es in V^n einen Zyklus mod. *m v_m^n, dessen durch m geteilter Rand $\frac{1}{m}\dot{v}_m^n \subset X^{n-1}$ ist; der Grad* mod. *m, mit dem v_m^n abgebildet wird, ist $\equiv m \cdot \zeta(X^{n-1})$* mod. *$m$. Dies ist eine eineindeutige Zuordnung zwischen den Abbildungsklassen und der Gesamtheit aller Charakterenpaare $\chi(Z^n), \zeta(T^{n-1})$.*

Hiernach kann man leicht die Anzahl der Klassen bestimmen:

Satz III': *Ist die n-te Bettische Zahl von P^n positiv, so gibt es unendlich viele Klassen; ist sie* 0, *so ist die Anzahl der Klassen endlich, und zwar gleich der Ordnung der $(n-1)$-dimensionalen Torsionsgruppe.*

Beweis: Daß die n-te Bettische Zahl positiv ist, bedeutet, daß Z^n nicht nur aus dem Nullelement besteht; sie besitzt als freie Gruppe dann unendlich viele ganze Charaktere χ; denn man kann, wenn $Z^n = X_1 + \cdots + X_r$ ist und die X_i unendliche Zyklen sind, die Werte von χ für die erzeugenden Elemente der X_i willkürlich vorschreiben. Ist die n-te Bettische Zahl 0, so besteht Z^n nur aus der 0, und $\chi = 0$ ist der einzige Charakter von Z^n. Man hat also zu zeigen, daß die Anzahl der zyklischen Charaktere einer endlichen Gruppe T^{n-1} gleich der Ordnung von T^{n-1} ist. Nun ist T^{n-1} direkte Summe endlicher zyklischer Gruppen: $T^{n-1} = X_1 + \cdots + X_r$; x_i seien erzeugende Elemente der X_i, ihre Ordnungen seien e_i. Da $e_i \cdot x_i = 0$ ist, muß $e_i \cdot \zeta(x_i) \equiv 0$ mod. 1, also $\zeta(x_i) \equiv \frac{k_i}{e_i}$ mod. 1 sein, wobei k_i eine der Zahlen $0, 1, \ldots e_i - 1$ ist. Wählt man umgekehrt die k_i willkürlich und setzt $\zeta(x_i) \equiv \frac{k_i}{e_i}$ für $i = 1, \ldots, r$, so entsteht ein zyklischer Charakter von T^{n-1}. Daraus folgt, daß die Anzahl dieser Charaktere gleich $\prod e_i$, also gleich der Ordnung von T^{n-1} ist.

Als Spezialfall des Satzes III' sei noch hervorgehoben:

Satz III : *Die Abbildungen von P^n auf die S^n bilden dann und nur dann eine einzige Klasse, wenn für P^n die n-te Bettische Zahl* 0 *und keine $(n-1)$-dimensionale Torsion vorhanden ist*[19]).

[19]) Satz I der unter [6]) zitierten Arbeit.

Über die Abbildungen von Sphären auf Sphären niedrigerer Dimension

Fundamenta Mathematicae XXV (1935)

Die Frage, für welche Dimensionszahlen N und n mit $N > n$ es möglich ist, die Sphäre S^N wesentlich auf die Sphäre S^n abzubilden[1]), ist meines Wissens bisher nur in zwei Fällen beantwortet: 1. Für jedes $N > 1$ ist es unmöglich, die Sphäre S^N wesentlich auf den Kreis S^1 abzubilden; 2. es ist möglich, die Sphäre S^3 auf die Kugelfläche S^2 wesentlich abzubilden[2]).

Die Frage scheint mir aus verschiedenen Gründen der weiteren Untersuchung wert zu sein. Erstens versagt bei der Behandlung der Abbildungen der S^N in die S^n die übliche Methode des Abbildungsgrades; denn in S^N ist jeder n-dimensionale Zyklus homolog Null und wird daher mit dem Grade 0 abgebildet; infolgedessen zwingt unsere Frage dazu, nach neuen Methoden zu suchen. Zweitens weisen eine Reihe bekannter Sätze darauf hin, daß sich in der Existenz einer wesentlichen Abbildung eines Raumes R auf die S^n wichtige gestaltliche Eigenschaften von R ausdrücken[3]). Drittens ist durch den von HUREWICZ eingeführten Begriff der „mehrdimensionalen Homotopiegruppe" die Frage, ob sich in einem vorgelegten Raume R jedes stetige Bild der S^N auf einen Punkt zusammenziehen läßt, in ein neues Licht gerückt worden[4]).

---

[1]) Eine stetige Abbildung f_0 des Raumes A auf den Raum B heißt „wesentlich", wenn bei jeder Abbildung f_1, in welche sich f_0 stetig überführen läßt, das Bild $f_1(A)$ der ganze Raum B ist. Ist B eine Sphäre, so bedeutet die Unwesentlichkeit von f_0, daß sich f_0 in eine solche Abbildung f_1 stetig überführen läßt, bei welcher $f_1(A)$ ein einziger Punkt ist.

[2]) H. HOPF, Über die Abbildungen der dreidimensionalen Sphäre auf die Kugelfläche, Math. Ann. 104. Die Kenntnis dieser Arbeit wird für das folgende vorausgesetzt. Einen neuen Beweis für die wesentliche Abbildbarkeit der S^3 auf die S^2 hat W. HUREWICZ gegeben: Beiträge zur Topologie der Deformationen, Proceed. Amsterdam XXXVIII („Anwendungen", S. 117).

[3]) Man vgl.: ALEXANDROFF, Dimensionstheorie, Math. Ann. 106; BORSUK, Über Schnitte der n-dimensionalen Euklidischen Räume. Math. Ann. 106; BRUSCHLINSKY, Stetige Abbildungen und Bettische Gruppen der Dimensionszahlen 1 und 3, Math. Ann. 109; FREUDENTHAL, Die Hopfsche Gruppe, Compos. Math. 2; HOPF, Die Klassen der Abbildungen der n-dimensionalen Polyeder auf die n-dimensionale Sphäre, Comment. Math. Helvet. 5.

[4]) HUREWICZ, wie in Fußnote [2]).

Die nachstehenden Bemerkungen führen einerseits zu dem Satz: „*Für jedes* $k \geqq 1$ *existieren wesentliche Abbildungen der* S^{4k-1} *auf die* S^{2k}“ — einer allerdings ziemlich spärlichen und unbefriedigenden Verallgemeinerung des früheren Satzes über die S^3 und S^2; andererseits lassen sie Zusammenhänge unserer Frage mit anderen Sätzen und Problemen sichtbar werden, welche mir Interesse zu verdienen scheinen.

1. Zuerst muß ich kurz über die Methode berichten, die beim Nachweis der Existenz wesentlicher Abbildungen der S^3 auf die S^2 zum Ziele geführt hat[5]).

Es sei f eine simpliziale Abbildung einer Mannigfaltigkeit M^3 in eine Mannigfaltigkeit Γ^2; ist ξ innerer Punkt eines Simplexes τ^2 von Γ^2 und T^3 ein Simplex von M_3, das auf τ^2 abgebildet ist, so ist die Originalmenge von ξ in T^3 eine Strecke, die man in naheliegender Weise, auf Grund der Orientierungen von τ^2 und T^3, orientiert; Summation über alle Simplexe T^3 von M^3, die auf τ^2 abgebildet sind, faßt diese Strecken zu einem eindimensionalen *Zyklus* $\varphi(\xi)$, dem „Originalzyklus“ von ξ, zusammen. Wenn nun M^3 die Sphäre S^3 ist, so haben je zwei Zyklen $\varphi(\xi_1)$, $\varphi(\xi_2)$ eine *Verschlingungszahl* γ; das Vorzeichen von γ will ich, da es nachher (Nr. 3) noch besonders betrachtet werden soll, vorläufig vernachlässigen. Die Zahl $|\gamma|$ hängt von der Wahl der Punkte ξ_1, ξ_2 nicht ab. Sie läßt sich auch folgendermaßen charakterisieren: ist C^2 ein von $\varphi(\xi_1)$ berandeter Komplex in S^3, so ist γ der Betrag des *Grades*, mit welchem C^2 in S^2 abgebildet wird; dabei ist zu beachten, daß dieser Grad wohldefiniert ist, weil der Rand $\varphi(\xi_1)$ von C auf einen einzigen Punkt, nämlich ξ_1, von Γ^2 abgebildet wird; die Übereinstimmung dieses Grades mit der Verschlingungszahl $|\gamma|$ ergibt sich daraus, daß γ definitionsgemäß die algebraische Anzahl der Schnittpunkte von C^2 mit dem Originalzyklus $\varphi(\xi_2)$ eihes zweiten Punktes ξ_2, also die Anzahl der auf C^2 gelegenen Originalpunkte von ξ_2 ist.

Es zeigt sich nun weiter: die Zahl $|\gamma|$ ist eine Invariante der Abbildungsklasse von f; damit ist $|\gamma|$ zugleich für beliebige *stetige*, nicht notwendig simpliziale, Abbildungen f erklärt. Insbesondere folgt: *wenn* $\gamma \neq 0$ *ist, so ist* f *wesentlich.*

2. Bis hierher läßt sich alles ohne nennenswerte Änderung auf die Abbildungen der Sphäre S^{2n-1} in eine Mannigfaltigkeit Γ^n bei beliebigem $n > 2$ übertragen: zunächst sei wieder f simplizial und T^{2n-1} ein Simplex von M^{2n-1}, das auf das Simplex τ^n von Γ^n abgebildet wird; dann bilden die Originalpunkte eines inneren Punktes ξ von τ^n eine — wie eine leichte Dimensions-Abzählung zeigt — $(n-1)$-dimensionale Zelle in T^{2n-1}; bei geeigneter und naheliegender Orientierung dieser Zellen und

[5]) Vgl. Fußnote [2]).

Summation über die Simplexe T^{2n-1} von M^{2n-1} entsteht der $(n-1)$-dimensionale Originalzyklus $\varphi(\xi)$ von ξ in M^{2n-1}. Ist $M^{2n-1} = S^{2n-1}$, so ist die Verschlingungszahl $|\gamma|$ je zweier Originalzyklen $\varphi(\xi_1)$ und $\varphi(\xi_2)$ erklärt[6]); sie hat dieselben Eigenschaften wie im Fall $n=2$; insbesondere gilt auch hier: *ist* $\gamma \neq 0$, *so ist f wesentlich.*

Man erhält also wesentliche Abbildungen von S^{2n-1} auf M^n, falls es gelingt, Abbildungen mit $\gamma \neq 0$ zu konstruieren. Wir werden sogleich sehen, daß dies nicht für jedes n möglich ist.

3. Hierfür ist die Betrachtung des bisher vernachlässigten Vorzeichens von γ ausschlaggebend. Es sei, wie in Nr. 1, C^n ein von $\varphi(\xi_1)$ berandeter Komplex in S^{2n-1}; wir verstehen unter γ_{ξ_1} den Grad der Abbildung von C^n in Γ^n; dann ergibt sich, wie schon in Nr. 1 hervorgehoben wurde, daß $|\gamma_{\xi_1}|$ mit dem Betrag der Schnittzahl $\Phi(C^n, \varphi(\xi_2))$ übereinstimmt, wobei ξ_2 ein beliebiger, von ξ_1 verschiedener, Punkt von Γ^2 ist; es ist also

$$\Phi(C^n, \varphi(\xi_2)) = \varepsilon \cdot \gamma_{\xi_1},$$

und hierbei ist $\varepsilon = \pm 1$; auf die leicht durchzuführende Bestimmung von ε verzichten wir; jedenfalls ist klar: ε hängt nur von den auftretenden Dimensionszahlen, also von n, aber nicht von den Punkten ξ_1 und ξ_2 ab. Die Verschlingungszahl von $\varphi(\xi_1)$ und $\varphi(\xi_2)$ wird durch

$$\mathfrak{v}(\varphi(\xi_1), \varphi(\xi_2)) = \Phi(C^n, \varphi(\xi_2))$$

erklärt; es ist also

$$\mathfrak{v}(\varphi(\xi_1), \varphi(\xi_2)) = \varepsilon \cdot \gamma_{\xi_1}. \tag{1}$$

Nun gilt für die Verschlingungszahl eines r-dimensionalen mit einem s-dimensionalen Zyklus im R^N oder in der S^N (natürlich mit $r+s = N-1$)[7]):

$$\mathfrak{v}(z_1^r, z_2^s) = (-1)^{rs+1}\, \mathfrak{v}(z_2^s, z_1^r).$$

In unserem Fall ist also, da $r = s = n-1$, und daher $rs+1 \equiv n \bmod. 2$ ist:

$$\mathfrak{v}(\varphi(\xi_1), \varphi(\xi_2)) = (-1)^n \cdot \mathfrak{v}(\varphi(\xi_2), \varphi(\xi_1)).$$

Hieraus und aus (1) folgt

$$\gamma_{\xi_1} = (-1)^n \cdot \gamma_{\xi_2}. \tag{2}$$

---

[6]) Wenn man allgemeiner die Abbildungen einer M^N auf eine M^n mit $N > n$ betrachtet, so haben die Zyklen $\varphi(\xi)$ die Dimension $N-n$; damit die Verschlingungszahlen $\mathfrak{v}(\varphi(\xi_1), \varphi(\xi_2))$ definiert sind, muß $2(N-n) = N-1$, also $N = 2n-1$ sein.

[7]) Man vgl. hierfür, wie überhaupt für die Verschlingungs-Eigenschaften im R^N (oder in der S^N), das Kap. XI des Buches „Topologie" (1. Band) von Alexandroff und Hopf.

Ziehen wir noch einen dritten Punkt ξ_3 heran, so ist ebenfalls

(2′) $$\gamma_{\xi_1} = (-1)^n \gamma_{\xi_3},$$

(2″) $$\gamma_{\xi_3} = (-1)^n \gamma_{\xi_2}.$$

Setzt man (2″) in (2) ein, so folgt

(2‴) $$\gamma_{\xi_1} = \gamma_{\xi_3}.$$

Dies lehrt erstens: *die Invariante γ ist auch bezüglich des Vorzeichens wohlbestimmt*; und zweitens zeigt der Vergleich von (2′) und (2‴):

Satz I: *Bei ungeraden n ist $\gamma = 0$ für jede Abbildung der Sphäre S^{2n-1} auf eine Mannigfaltigkeit M^n.*

Bei ungeraden n versagt also unsere Methode zur Auffindung wesentlicher Abbildungen der S^{2n-1} auf die S^n, und die Frage, ob solche Abbildungen existieren, bleibt offen.

4. Wir werden also den Fall $n = 2k$ betrachten; unser Ziel ist der Beweis von

Satz II: *Für jedes $k \geqq 1$ gibt es Abbildungen der Sphäre S^{4k-1} auf die Sphäre S^{2k} mit $\gamma \neq 0$, also wesentliche Abbildungen*[7a]. Genauer:

Satz II′: *Für jedes $k \geqq 1$ gibt es Abbildungen von S^{4k-1} auf S^{2k} mit $\gamma = 2$.*

Die Konstruktion von Abbildungen, welche die Behauptung des Satzes II′ erfüllen, beruht auf der Betrachtung der Abbildungen der Produktmannigfaltigkeit $P^{2r} = S_1^r \times S_2^r$ zweier r-dimensionaler Sphären — also einer der möglichen Verallgemeinerungen der Torusfläche — auf die Sphäre S^r. In P^{2r} wird eine r-dimensionale Homologiebasis von den Zyklen

$$Z_1^r = S_1^r \times p_2, \qquad Z_2^r = p_1 \times S_2^r$$

gebildet, wobei p_1, p_2 Punkte in S_1^r bzw. S_2^r bezeichnen. Der Homologietypus einer Abbildung g von P^{2r} in die S^r wird durch die Grade c_1, c_2 beschrieben, mit welchen die Zyklen Z_1^r, Z_2^r in die S^r abgebildet werden; wir sagen: die Abbildung g ist vom *Typus* (c_1, c_2).

Nun gelten die folgenden beiden Sätze:

Satz III: *Wenn es eine Abbildung von $S_1^r \times S_2^r$ in die S^r vom Typus (c_1, c_2) gibt, so gibt es eine Abbildung der S^{2r+1} in die S^{r+1} mit $\gamma = c_1 \cdot c_2$.*

Satz IV: *Ist r ungerade, so gibt es eine Abbildung von $S_1^r \times S_2^r$ auf die S^r vom Typus* $(1, 2)$.

[7a]) Aus der Existenz von Abbildungen mit $\gamma \neq 0$ ergibt sich leicht (vgl. meine in Fußnote [2]) zitierte Arbeit): Es gibt *unendlich viele Klassen* von Abbildungen der S^{4k-1} auf die S^{2k}.

Es ist klar, daß der Satz II', und damit der Satz II, aus den Sätzen III und IV folgt, wenn man $r=2k-1$ setzt; es handelt sich also um die Beweise der beiden letztgenannten Sätze.

5. Als Vorbereitung für den Beweis des Satzes III überzeugen wir uns davon, daß sich das bekannte Heegaardsche Torus-Diagramm der S^3 auf die Sphäre S^{2r+1} übertragen läßt ($r\geqq 1$).

Die S^{2r+1} sei im R^{2r+2} durch die Gleichung

$$x_1^2+\cdots+x_{2r+2}^2=1$$

gegeben. Wir zerlegen sie in die folgendermaßen gegebenen Hälften V_1^{2r+1} und V_2^{2r+1}:

$$V_1^{2r+1}:\quad x_1^2+\cdots+x_{r+1}^2\leqq x_{r+2}^2+\cdots x_{2r+2}^2;$$

$$V_2^{2r+1}:\quad x_1^2+\cdots+x_{r+1}^2\geqq x_{r+2}^2+\cdots x_{2r+2}^2.$$

Jeder Teil V_i^{2r+1} ist, wie man leicht sieht, dem Produkt $S^r\times E^{r+1}$ homöomorph, wobei E^{r+1} eine $(r+1)$-dimensionale Vollkugel ist. In $S^r\times E^{r+1}$ wird eine r-dimensionale Homologiebasis von einem Zyklus der Form $S^r\times p$ gebildet, wobei p einen Punkt von E^{r+1} bezeichnet; in V_1^{2r+1} und V_2^{2r+1} sind derartige Zyklen zum Beispiel die folgendermaßen bestimmten Sphären Y_1^r und Y_2^r:

$$Y_1^r:\quad x_1=c,\qquad x_2=\cdots=x_{r+1}=0,\qquad x_{r+2}^2+\cdots+x_{2r+2}^2=1-c^2,$$

$$Y_2^r:\quad x_1^2+\cdots+x_{r+1}^2=1-c^2,\qquad x_{r+2}=c,\qquad x_{r+3}=\cdots=x_{2r+2}=0,$$

wobei c eine beliebige Konstante mit $c^2\leqq\frac{1}{2}$ ist.

Der Durchschnitt $V_1^{2r+1}\cdot V_2^{2r+1}$ ist zugleich die gemeinsame Begrenzung von V_1^{2r+1} und V_2^{2r+1}; er ist mit $P^{2r}=S_1^r\times S_2^r$ homöomorph und folgendermaßen bestimmt:

$$P^{2r}:\quad x_1^2+\cdots+x_{r+1}^2=x_{r+2}^2+\cdots+x_{2r+2}^2.$$

Wählen wir in der obigen Darstellung von Y_1^r und Y_2^r die Konstante $c=\frac{1}{\sqrt{2}}$, so erhalten wir zwei Zyklen $Y_1^r=Z_1^r$, $Y_2^r=Z_2^r$, welche dieselbe Bedeutung haben wie die in Nr. 4 eingeführten Zyklen Z_1^r, Z_2^r und also eine r-dimensionale Homologiebasis in P^{2r} bilden.

Der Zyklus Z_1^r berandet einen in V_2^{2r+1} gelegenen Komplex C_2^{r+1}, nämlich das — geeignet orientierte — Element, das folgendermaßen definiert ist:

$$C_2^{r+1}:\quad x_1\geqq\frac{1}{\sqrt{2}},\qquad x_2=\cdots=x_{r+1}=0,\qquad x_{r+2}^2+\cdots+x_{2r+2}^2\leqq\frac{1}{2}.$$

Die Schnittzahl von C_2^{r+1} mit einer Sphäre Y_2^r, welche im Inneren von V_2^{2r+1} liegt, ist ± 1; daher ist auch die Verschlingungszahl

(3) $$\mathfrak{v}(Z_1^r, Y_2^r) = \pm 1;$$

da jede Sphäre Y_1^r in V_1^{2r+1}, also im Komplementärraum von Y_2^r, mit Z_1^r homolog ist, läßt sich (3) zu

(3′) $$\mathfrak{v}(Y_1^r, Y_2^r) = \pm 1$$

verallgemeinern (dabei muß von den beiden Sphären Y_1^r, Y_2^r wenigstens eine im Inneren von V_1^{2r+1} bzw. V_2^{2r+1} liegen, damit sie fremd zueinander sind, die Verschlingungszahl also definiert ist).

6. Beweis des Satzes III: Die Sphären S^{2r+1} und S^{r+1} sind gegeben. Wir zerlegen S^{2r+1} gemäß Nr. 5 in die Hälften V_1^{2r+1} und V_2^{2r+1} mit der gemeinsamen Begrenzung P^{2r}; ferner zerlegen wir S^{r+1} durch eine Äquatorsphäre S^r in zwei Halbkugeln E_1^{r+1} und E_2^{r+1}. Wir üben eine Abbildung des Typus (c_1, c_2) von P^{2r} auf S^r aus. Diese Abbildung erweitern wir sowohl zu einer Abbildung von V_1^{2r+1} in E_1^{r+1} als auch zu einer Abbildung von V_2^{2r+1} in E_2^{r+1} [8]). Es entsteht eine Abbildung f von S^{2r+1} in S^r. Wir behaupten: für diese Abbildung f ist $\gamma = \pm c_1 \cdot c_2$.

Wir dürfen f als simplizial voraussetzen; dann sind, wenn ξ_1, ξ_2 innere Punkte r-dimensionaler Simplexe von E_1^{r+1} bzw. E_2^{r+1} sind, die r-dimensionalen Originalzyklen $\varphi(\xi_1)$, $\varphi(\xi_2)$ definiert, und zwar liegt $\varphi(\xi_1)$ in V_1^{2r+1}, $\varphi(\xi_2)$ in V_2^{2r+1}. Daher gelten Homologien

(4) $$\varphi(\xi_i) \sim b_i Y_i^r \quad \text{in} \quad V_i^{2r+1} \quad \text{für} \quad i = 1, 2.$$

Da Z_1^r durch f mit dem Grade c_1 in S^r abgebildet wird, wird der von Z_1^r berandete Komplex C_2^{r+1} (vgl. Nr. 5) durch f mit dem Grade c_1 in das von S^r berandete Element E_2^{r+1} abgebildet. Dies bedeutet (vgl. Nr. 2), daß C_2^{r+1} mit dem Zyklus $\varphi(\xi_2)$ die Schnittzahl $\pm c_1$ hat, und diese Schnittzahl ist die Verschlingungszahl des Randes Z_1^r von C_2^{r+1} mit $\varphi(\xi_2)$; es ist also

$$\mathfrak{v}(Z_1^r, \varphi(\xi_2)) = \pm c_1.$$

Aus (3) und (4) folgt andererseits

$$\mathfrak{v}(Z_1^r, \varphi(\xi_2)) = \pm b_2.$$

Daher ist $b_2 = \pm c_1$, das heißt

(5_2) $$\varphi(\xi_2) \sim \pm c_1 Y_2^r \quad \text{in} \quad V_2^{2r+1};$$

---

[8]) Diese Erweiterungen lassen sich, da die Elemente E_i^{r+1} mit Vollkugeln homöomorph sind, sowohl vermöge des bekannten Satzes über die Erweiterbarkeit stetiger Funktionen als auch durch spezielle Konstruktionen ausführen.

ebenso ergibt sich

(5₁) $$\varphi(\xi_1) \sim \pm c_2 Y_1^r \quad \text{in} \quad V_1^{2r+1}.$$

Aus (5_1), (5_2) und $(3')$ folgt

$$\mathfrak{v}\big(\varphi(\xi_1), \varphi(\xi_2)\big) = \pm c_1 \cdot c_2.$$

Aber die links stehende Verschlingungszahl ist γ, also ist in der Tat $\gamma = \pm c_1 \cdot c_2$.

Falls $\gamma = + c_1 \cdot c_2$ ist, ist damit der Satz III bewiesen. Falls $\gamma = - c_1 \cdot c_2$ ist, so nehme man zuerst eine Abbildung des Grades -1 der S^{2r+1} auf sich und hierauf die soeben konstruierte Abbildung f von S^{2r+1} auf S^{r+1} vor; für die so zusammengesetzte Abbildung f' ist $\gamma' = + c_1 \cdot c_2$. Damit ist der Satz III vollständig bewiesen.

7. Beweis des Satzes IV: Für die Untersuchung der Abbildungen der Produktmannigfaltigkeit $S_1^r \times S_2^r$ auf die Sphäre S^r deuten wir die Punkte von $S_1^r \times S_2^r$ als Punktepaare (p_1, p_2) auf S^r. Eine stetige Abbildung g von $S_1^r \times S_2^r$ in die S^r besteht dann darin, daß jedem Punktepaar (p_1, p_2) von S^r ein Punkt $q = g(p_1, p_2)$ von S^r zugeordnet ist, der stetig von p_1 und p_2 abhängt.

Daß die Abbildung g den Typus (c_1, c_2) besitzt, bedeutet: die Abbildungen $g_{p_2}(p_1) = g(p_1, p_2)$ von S^r auf sich, die entstehen, wenn p_1 bei festgehaltenem p_2 die Sphäre S^r durchläuft, haben den Grad c_1; und das Analoge gilt für die Abbildungen $g_{p_1}(p_2) = g(p_1, p_2)$ bei festgehaltenem p_1 und den Grad c_2.

Aus der Produktregel für die Abbildungsgrade ergibt sich: wenn g den Typus (c_1, c_2) hat und wenn h_1, h_2 Abbildungen von S^r auf sich mit den Graden b_1, b_2 sind, so hat die Abbildung h von $S_1^r \times S_2^r$ auf S^r, die durch $h(p_1, p_2) = g\big(h_1(p_1), h_2(p_2)\big)$ gegeben ist, den Typus $(b_1 c_1, b_2 c_2)$. Aus diesem Grunde brauchen wir, um, wie es der Satz IV verlangt, eine Abbildung des Typus $(1, 2)$ zu konstruieren, nur eine Abbildung des Typus $(\pm 1, \pm 2)$ mit irgendwelcher Vorzeichenverteilung zu finden.

Eine derartige Abbildung erhalten wir folgendermaßen: es bezeichne P_2 diejenige $(r-1)$-dimensionale Ebene durch den Mittelpunkt von S^r, die senkrecht auf den durch p_2 gehenden Durchmesser steht; dann verstehen wir unter $q = g(p_1, p_2)$ denjenigen Punkt von S^r, in welchen p_1 bei Spiegelung an P_2 übergeht. Diese Abbildung g ist offenbar stetig; wir behaupten: bei ungeradem r hat sie den Typus $(-1, \pm 2)$.

Erstens ist klar: die Abbildung g_{p_2} von S^r auf sich, die entsteht wenn p_1 bei festem p_2 die Sphäre S^r durchläuft, hat den Grad $c_1 = -1$, denn sie ist eine Spiegelung an einer $(r-1)$-dimensionalen Ebene. Wir haben noch den Grad c_2 der Abbildung g_{p_1} bei festem p_1 zu bestimmen.

Aus der Definition des Punktes $q = g_{p_1}(p_2)$ als Spiegelbild von p_1 an P_2 ergibt sich für die Abbildung g_{p_1}: 1. jeder Großkreis der S^r, der durch p_1 geht, wird auf sich abgebildet; 2. führt man auf einem solchen Kreis eine Winkelkoordinate mit p_1 als Nullpunkt ein, so geht der Punkt p_2 mit der Koordinate α in den Punkt q mit der Koordinate $2\alpha - \pi$ über. Aus diesen beiden Eigenschaften ist ersichtlich, daß die Halbkugel H_1^r von S^r, deren Mittelpunkt p_1 ist, folgendermaßen abgebildet wird: ihre Randsphäre S^{r-1} wird auf p_1 abgebildet; ihr Inneres $H_1^r - S^{r-1}$ wird topologisch auf $S^r - p_1$ abgebildet (und zwar so, daß p_1 in seinen Antipoden übergeht). Die Abbildung der zu H_1^r komplementären Halbkugel $\overset{*}{H}{}_1^r$ ist durch die Abbildung von H_1^r infolge der Tatsache bestimmt, daß je zwei antipodische Punkte p_2, $\overset{*}{p}_2$ von S^r denselben Bildpunkt haben.

Nun habe die topologische Abbildung g_{p_1} von H_1^r den Grad $\varepsilon = \pm 1$; wir setzen in Satz IV voraus, daß r ungerade ist; daher hat die Abbildung von S^r auf sich, die je zwei Antipoden miteinander vertauscht, den Grad $+1$; daraus folgt: die Abbildung g_{p_1} von $\overset{*}{H}{}_1^r$ hat ebenfalls den Grad ε. Mithin hat die Abbildung g_{p_1} von S^r den Grad $2\varepsilon = \pm 2$, w. z. b. w.

8. Durch den hiermit geführten Beweis des Satzes IV ist unser Hauptziel, der Beweis des Satzes II, erreicht. Der Satz IV legt aber die folgende Aufgabe nahe, mit der wir uns noch beschäftigen wollen: *man soll für jede Dimensionszahl r alle möglichen Typen (c_1, c_2) der Abbildungen von $S_1^r \times S_2^r$ auf S^r aufzählen.*

Nun sieht man sofort, daß es für jedes $r \geqq 1$ Abbildungen des Typus $(c, 0)$ mit beliebigem c gibt: man hat, in der Bezeichnungsweise der vorigen Nummer, nur $g(p_1, p_2) = h(p_1)$ zu setzen, wobei h eine Abbildung des Grades c von S^r auf sich bezeichnet; ebenso lassen sich Abbildungen des Typus $(0, c)$ mit beliebigem c konstruieren. Die Typen $(c, 0)$ und $(0, c)$ darf man als „trivial" bezeichnen. Die erste Frage, die man sich bei Behandlung der obigen Aufgabe stellen wird, ist: für welche r gibt es nicht-triviale Abbildungen? Die Antwort lautet:

Satz V: *Es gibt dann und nur dann nicht-triviale Abbildungen von $S_1^r \times S_2^r$ auf S^r, wenn r ungerade ist.*

In der Tat: die Existenz nicht-trivialer Abbildungen bei ungeradem r ist im Satz IV enthalten. Wenn es andererseits für ein gewisses r eine nicht-triviale Abbildung gibt, so gibt es nach Satz III eine Abbildung der Sphäre S^{2r+1} auf die Sphäre S^r mit $\gamma \neq 0$; dann folgt aus Satz I, daß r ungerade ist.

Die Aufgabe der Aufzählung der Typen (c_1, c_2) ist damit für die geraden r gelöst: es gibt die Typen $(c, 0)$, $(0, c)$ mit beliebigem c und nur diese; schwieriger scheint die Aufgabe für die ungeraden r zu sein; hier ist mir die vollständige Lösung nicht bekannt. Besonderes Interesse verdient die Frage: gibt es Abbildungen des Typus (1, 1)? Denn wenn es derartige Abbildungen gibt, dann gibt es, wie in Nr. 7 gezeigt wurde, auch Abbildungen vom Typus (b_1, b_2) mit beliebigen b_1, b_2; die Existenz von Abbildungen des Typus (1, 1) ist also gleichbedeutend damit, daß Abbildungen mit ganz beliebig vorgeschriebenem Typus existieren.

9. Die einzigen Dimensionszahlen r, für welche mir Abbildungen vom Typus (1, 1) bekannt sind, werden in dem nachstehenden Satz VI genannt; dieser Satz enthält zusammen mit dem Satz IV alles, was ich über die Existenz von Abbildungstypen (c_1, c_2) bei ungeradem r weiß.

Satz VI: *In den Fällen*

$$r=1, \quad r=3, \quad r=7$$

gibt es Abbildungen des Typus (1, 1) *von* $S_1^r \times S_2^r$ *auf* S^r.

Beweis: Wir ziehen die folgenden Systeme $\mathfrak{S}_r$ hyperkomplexer Größen mit $r+1$ Einheiten über dem reellen Körper heran: für $r=1$ die komplexen Zahlen; für $r=3$ die Hamiltonschen Quaternionen; für $r=7$ die Cayleyschen Zahlen[9]). Wir bezeichnen die Größen in jedem der drei Fälle durch

$$P=\sum_{\varrho=0}^{r} x_\varrho I_\varrho,$$

wobei I_ϱ die hyperkomplexen Einheiten, x_ϱ reelle Zahlen, die „Komponenten" von P, sind. Ferner setzen wir

$$\sqrt{\sum_{\varrho=0}^{r} x_\varrho^2}=|P|.$$

Dann haben in allen drei Fällen die Systeme $\mathfrak{S}_r$ die folgenden drei Eigenschaften: 1. die Komponenten des Produktes PQ sind stetige Funktionen der Komponenten der Faktoren P und Q; 2. es existiert eine „Eins", d.h. ein solches Element E, daß für jede Größe P die Gleichungen $EP=PE=P$ gelten; 3. für die „Beträge" P gilt die Produktregel $|P|\cdot|Q|=|PQ|$.

Deuten wir die Komponenten x_ϱ als cartesische Koordinaten im R^{r+1}, so sind die P mit $|P|=1$ eineindeutig den Punkten der Einheitssphäre S^r zugeordnet; wir bezeichnen den Punkt von S^r, der der Größe P entspricht, selbst mit P. Sind P_1, P_2 zwei Punkte dieser S^r, so folgt aus der Eigenschaft 3.: auch das Produkt $P_1 \cdot P_2$ ist Punkt dieser S^r; setzen

[9]) Die Cayleyschen Zahlen sind ein hyperkomplexes System mit 8 Einheiten über dem reellen Körper, welches frei von Nullteilern ist, in welchem jedoch das assoziative Gesetz der Multiplikation nicht gilt. Man vgl.: L. E. Dickson (1) Linear Algebras, Transact. Amer. Math. Soc. 13 (insbesondere S. 72); (2) Algebra und ihre Zahlentheorie, Zürich (1927) § 133; (3) Linear Algebras, Cambridge Tract., (1914) S. 14. Ferner: Zorn, Theorie der alternativen Ringe, Abh. Math. Seminar Hamburg, Bd. 8.

wir $g(P_1, P_2) = P_1 \cdot P_2$ für je zwei Punkte P_1 und P_2 der S^r, so ist dies also eine Abbildung von $S_1^r \times S_2^r$ in die S^r. Aus der Eigenschaft 1. folgt, daß diese Abbildung stetig ist. Die Eigenschaft 2. besagt: Die Abbildung $g_{E_1}(P_2) = g(E, P_2)$ von S^r auf sich, wobei P_2 variabel ist, ist die Identität, und ebenso ist die Abbildung $g_{E_2}(P_1, E)$ bei variablem P_1 die Identität; daher hat g — vgl. Nr. 7 — den Typus (1, 1)[10]).

10. Der damit bewiesene Satz VI liefert zusammen mit dem Satz III den

Satz VII: *Es gibt Abbildungen*

$$\textit{von } S^3 \textit{ auf } S^2, \textit{ von } S^7 \textit{ auf } S^4, \textit{ von } S^{15} \textit{ auf } S^8$$

mit $\gamma = 1$.

Da es für $r=1, r=3, r=7$ auf Grund des Satzes VI und der in Nr. 8 festgestellten Tatsache Abbildungen von $S_1^r \times S_1^r$ auf S^r mit beliebig vorgeschriebenem Typus (b_1, b_2) gibt, kann man aus dem Satz III sogar folgern:

Satz VII': *In den drei im Satz VII genannten Fällen gibt es Abbildungen mit beliebigem γ.*

Ob es auch in anderen Fällen Abbildungen mit $\gamma = 1$ gibt, ist mir nicht bekannt*).

11. In den drei Fällen des Satzes VII existieren besonders einfache und interessante Abbildungen mit $\gamma = 1$[11]).

Im R^{2r+2} seien cartesische Koordinaten

$$x_0, x_1, \ldots, x_r, y_0, y_1, \ldots, y_r$$

---

*) [Daß die im Satz VII genannten Abbildungen die einzigen mit $\gamma = 1$ sind, ist von J. F. Adams bewiesen worden: Bull. Amer. Math. Soc. 64 (1958) und Ann. of Math. 72 (1960); daraus ergibt sich noch ein Beweis des in dem Zusatz zu Fußnote [10]) genannten Satzes.]

[10]) Der Versuch liegt nahe, durch Heranziehung ähnlich gebauter Systeme $\mathfrak{S}_r$ auch für andere Zahlen r ähnliche Abbildungen zu konstruieren. Nun gibt es aber nach Hurwitz, Über die Composition der quadratischen Formen von beliebig vielen Variablen, Göttinger Nachr. 1898 (= Ges. Werke Bd. II, S. 565), außer $\mathfrak{S}_1$, $\mathfrak{S}_3$, $\mathfrak{S}_7$, keine anderen Systeme $\mathfrak{S}_r$, welche die Produktregel 3. für die Beträge erfüllen. Jedoch würde es für unsere Zwecke genügen, Systeme $\mathfrak{S}_r$ zu haben, welche anstelle der Eigenschaft 3. die schwächere Eigenschaft besitzen, keine Nullteiler zu enthalten (man hätte dann für je zwei Punkte P_1, P_2 von S^r unter $g(P_1, P_2)$ denjenigen Punkt der S^r zu verstehen, in welchen das Produkt $P_1 \cdot P_2$ vom Nullpunkt aus projiziert wird). Ob es außer für $r = 1, 3, 7$ derartige nullteilerfreie Systeme $\mathfrak{S}_r$ gibt, ist mir nicht bekannt (die Gültigkeit des assoziativen Gesetzes der Multiplikation wird nicht gefordert). — [Zusatz 1964: Daß es für $r \neq 1, 3, 7$ keine derartigen Systeme gibt, ist 1958 von M. Kervaire (Proc. Nat. Acad. Sci. USA 44) sowie von R. Bott und J. Milnor (Bull. Amer. Math. Soc. 64) bewiesen worden.]

[11]) Für $r = 1$ ist dies diejenige Abbildung der S^2 auf die S^2, die in den beiden in Fußnote [2]) zitierten Arbeiten betrachtet wird.

eingeführt; wir setzen voraus, daß $r=1$ oder $r=3$ oder $r=7$ ist, und fassen die x_ϱ und y_ϱ als Komponenten hyperkomplexer Größen X bzw. Y der in Nr. 9 betrachteten Systeme $\mathfrak{S}_r$ auf; dann sind die Punkte des R^{2r+2} eineindeutig den Paaren (X, Y) zugeordnet; mit anderen Worten: der R^{2r+2} wird als „$\mathfrak{S}_r$-Koordinaten-Ebene" gedeutet. Unter einer „$\mathfrak{S}_r$-Geraden" durch den Nullpunkt des R^{2r+2} verstehen wir: erstens jede Punktmenge, deren Gleichung in den $\mathfrak{S}_r$-Koordinaten

$$Y = AX \tag{6}$$

lautet, wobei A eine beliebige feste Größe aus $\mathfrak{S}_r$ ist; zweitens: die Punktmenge

$$X = 0. \tag{6_∞}$$

Diese $\mathfrak{S}_r$-Geraden sind offenbar $(r+1)$-dimensionale cartesische Ebenen, welche zu je zweien außer dem Nullpunkt keinen weiteren Punkt gemeinsam haben[12]).

Nun sei S^{2r+1} eine feste Sphäre im R^{2r+2} mit dem Nullpunkt als Mittelpunkt; sie wird von jeder der genannten Ebenen in einer r-dimensionalen Großkugel geschnitten. Je zwei dieser Großkugeln sind zueinander fremd. Diese Großkugeln bilden, wie man leicht sieht, eine stetige Zerlegung der S^{2r+1}, und zwar liegt eine „Faserung" der S^{2r+1} im Sinne von SEIFERT vor, in der es keine „Ausnahmefaser" gibt[13]).

Wir betrachten nun noch — unabhängig von dem bisher benutzten R^{2r+2} — eine Sphäre S^{r+1}, die wir als einen durch einen Punkt ∞ abgeschlossenen R^{r+1} auffassen; in diesem R^{r+1} seien $a_0, \ldots, a_r$ cartesische Koordinaten, die wir als Komponenten der Größen A des Systems $\mathfrak{S}_r$ deuten, so daß also die Punkte von R^{r+1} eineindeutig den Größen A zugeordnet sind. Bei Hinzufügung des Punktes ∞ können wir dann die dadurch entstehende Sphäre S^{r+1} die „projektive $\mathfrak{S}_r$-Gerade" nennen.

Nun kehren wir zu der S^{2r+1} im R^{2r+2} zurück: jedem Punkt von S^{2r+1}, der auf einer durch (6) gegebenen $\mathfrak{S}_r$-Geraden liegt, ordnen wir die betreffende Größe A, jedem auf der $\mathfrak{S}_r$-Geraden (6_∞) gelegenen Punkt der S^{2r+1} ordnen wir das Symbol ∞ zu. Damit haben wir eine Abbildung der S^{2r+1} auf die S^r konstruiert, die offenbar stetig ist.

---

12) Sind beide Geraden vom Typus (6), sind ihre Gleichungen also $Y = AX$, $Y = A'X$ mit $A' \neq A$, so gilt für die Koordinaten jedes gemeinsamen Punktes: $(A' - A)\,X = 0$, also infolge des Fehlens von Nullteilern: $X = 0$ und daher auch $Y = 0$; ist eine der beiden Geraden die Gerade (6_∞), so folgt aus (6) $Y = 0$.

13) SEIFERT, Topologie dreidimensionaler gefaserter Räume, Acta math. 60. Der dort eingeführte Begriff der Zerlegung einer M^3 in eindimensionale Fasern läßt sich ohne weiteres zu dem Begriff der Zerlegung einer M^N in Fasern, welche r-dimensionale Mannigfaltigkeiten sind, verallgemeinern.

Die Originalmenge jedes Punktes ξ der S^r bei dieser Abbildung ist eine der Großkugeln, in welche die S^{2r+1} zerlegt ist. Je zwei zu einander fremde r-dimensionale Großkugeln der S^{2r+1} haben die Verschlingungszahl 1. Daraus folgt [14]): für unsere Abbildung ist $\gamma=1$.

Das Ergebnis ist:

Satz VIII: *Es gibt Faserungen (ohne Ausnahmefasern) der Sphären* S^3, S^7, S^{15} *mit folgenden Eigenschaften: die einzelnen Fasern sind Großkugeln der Dimensionen* 1, 3, 7; *die induzierten Faserräume sind Sphären der Dimensionen* 2, 4, 8; *für die Faserabbildung ist* $\gamma=1$.

12. Die Frage nach allen Typen von Faserungen[15]) der Sphären scheint mir, auch unabhängig von Abbildungs-Problemen, Interesse zu verdienen; ihre Beantwortung würde unsere Kenntnis von der Struktur der Sphären wesentlich fördern; bisher ist aber hierüber meines Wissens nicht viel bekannt. Die Betrachtungen der vorigen Nummer führen zur Konstruktion weiterer Faserungen gewisser Sphären.

Es sei r eine der beiden Zahlen 1 und 3 und ferner k eine beliebige positive ganze Zahl. Die $k(r+1)$ cartesischen Koordinaten des $R^{k(r+1)}$ fassen wir als Komponenten von k Größen $X_1, X_2, \ldots, X_k$ des Systems $\mathfrak{S}_r$ auf; wir deuten also den $R^{k(r+1)}$ als „k-dimensionalen affinen $\mathfrak{S}_r$-Raum". Unter der „$\mathfrak{S}_r$-Geraden", welche den Nullpunkt mit dem Punkt $(X_1, \ldots, X_k)$ verbindet, verstehen wir die Menge derjenigen Punkte $(X_1', \ldots, X_k')$, für welche es Größen T mit $X_i'=TX_i$ für $i=1, 2, \ldots, k$ gibt. Man zeigt leicht: je zwei dieser Geraden haben nur den Nullpunkt gemeinsam[16]).

Jede dieser „$\mathfrak{S}_r$-Geraden" ist eine $(r+1)$-dimensionale Ebene des $R^{k(r+1)}$; sie schneidet eine feste Sphäre $S^{k(r+1)-1}$ mit dem Nullpunkt als Mittelpunkt in einer r-dimensionalen Großkugel; diese Großkugeln sind paarweise zueinander fremd; sie bilden eine Faserung der $S^{k(r+1)-1}$.

Damit haben wir, wenn wir noch diejenige Faserung berücksichtigen, die in Nr. 11 durch Heranziehung des Systems $\mathfrak{S}_7$ geliefert wurde, die folgenden Typen von *Faserungen der Sphären* S^N erhalten: 1. $N=2k-1$, k beliebig, die Fasern sind Kreise; 2. $N=4k-1$, k beliebig, die Fasern sind 3-dimensionale Sphären; 3. $N=15$, die Fasern sind 7-dimensionale Sphären.

Ich hoffe, auf die damit angeschnittenen Fragen noch näher eingehen zu können.

---

[14]) Man vgl. § 5 meiner in Fußnote [2]) genannten Arbeit.

[15]) Es sind hier immer Faserungen ohne „Ausnahmefasern" (im Sinne von SEIFERT) gemeint.

[16]) Für diesen Beweis braucht man die Gültigkeit des assoziativen Gesetzes der Multiplikation in $\mathfrak{S}_r$; daher muß $r=7$ hier ausscheiden.

Systeme symmetrischer Bilinearformen und euklidische Modelle der projektiven Räume

Vierteljahrsschrift der Naturforschenden Gesellschaft in Zürich.
LXXXV (1940). Beiblatt Nr. 32 (Festschrift Rudolf Fueter)

Es handelt sich im folgenden um ein Problem aus der reellen Algebra, um ein Problem aus der Topologie und um Zusammenhänge zwischen den beiden Problemen. Gelöst werden die Probleme nicht, es wird aber je ein Beitrag zur Lösung geliefert.

Im § 1 werden Probleme, Sätze und Zusammenhänge formuliert und besprochen; es werden hier nur wenige Beweise geführt, und diese sind ganz elementar. Der § 2 ist der wesentlich topologische Teil der Untersuchung; er enthält den eigentlichen Beweis der beiden Hauptsätze.

§ 1

1. Das algebraische Problem. In dem weiter unten formulierten Ergebnis zu unserem algebraischen Problem ist als Spezialfall der folgende Satz aus der projektiven Geometrie enthalten, der zur ersten Orientierung über die Fragestellung dienen kann: „*In der Ebene gibt es zu je vier reellen Kegelschnitten, im Raume gibt es zu je fünf reellen Flächen 2. Ordnung wenigstens ein reelles Punktepaar, das in bezug auf alle vier Kurven, bzw. auf alle fünf Flächen, konjugiert ist.*" Andererseits kann man, wie Beispiele lehren, fünf reelle Kegelschnitte, bzw. sechs reelle Flächen 2. Ordnung, so wählen, daß diese Gebilde kein gemeinsames konjugiertes reelles Punktepaar besitzen[1]).

Es liegt nahe, nach denjenigen Zahlen zu fragen, welche für die höherdimensionalen Räume der Zahl 5 für die Ebene, der Zahl 6 für den Raum entsprechen. Damit sind wir bei der allgemeinen Fragestellung, die wir jetzt algebraisch, ohne die geometrische Einkleidung, formulieren.

Wir betrachten reelle symmetrische Bilinearformen in zweimal r Unbestimmten $x_1, \dots, x_r$ und $y_1, \dots, y_r$:

$$f(x, y) = \sum a_{jk} x_j y_k, \qquad a_{kj} = a_{jk};$$

---

[1]) Wegen der Beweise dieser geometrischen Behauptung vgl. man die Formeln (6) sowie die im Anschluß an den Satz II (Nr. 7) gemachte Bemerkung über den Fall $k = 2$. Bei dem Versuch, diese Sätze mit den üblichen Methoden der projektiv-algebraischen Geometrie zu beweisen — gewiß ist ein solcher Beweis möglich —, macht, soviel ich sehe, die notwendige Realitäts-Betrachtung einige Schwierigkeit.

ein System von n derartigen Formen $f^1, \ldots, f^n$ heiße „*definit*", wenn das Gleichungssystem

$$f^\nu(x, y) = 0, \qquad \nu = 1, \ldots, n,$$

keine anderen reellen Lösungen $(x_1, \ldots, x_r, y_1, \ldots, y_r)$ besitzt als diejenigen mit $x_1 = \cdots = x_r = 0$ und diejenigen mit $y_1 = \cdots = y_r = 0$. Die kleinste Zahl n, für welche es, bei gegebenem r, ein definites System von n Formen gibt, heiße $N(r)$.

Die Bestimmung der Funktion $N(r)$ ist unser algebraisches Problem.

2. Schranken für $N(r)$; Satz I. Für jedes r ist

$$N(r) \leqq 2r - 1; \tag{1}$$

denn man bestätigt leicht, daß die $2r-1$ Formen

$$f^\nu(x, y) = \sum x_j y_k, \quad j + k = \nu + 1, \quad \nu = 1, \ldots, 2r-1, \tag{2}$$

ein definites System bilden.

Ist r gerade, $r = 2r'$, so läßt sich (1) zu

$$N(r) = N(2r') \leqq 2r - 2 \tag{3}$$

verschärfen; denn setzt man

$$x_{2\varrho-1} + i x_{2\varrho} = \xi_\varrho, \quad y_{2\varrho-1} + i y_{2\varrho} = \eta_\varrho, \quad \varrho = 1, \ldots, r',$$

so bilden zunächst, analog zu (2), die komplexen Bilinearformen

$$\varphi^\nu(\xi, \eta) = \sum \xi_j \eta_k, \quad j + k = \nu + 1, \quad \nu = 1, \ldots, 2r' - 1,$$

ein definites System, das heißt: aus $\varphi^\nu = 0$ für alle ν folgt, daß entweder alle ξ oder alle η verschwinden; folglich bilden die Real- und Imaginär-Teile der φ^ν ein definites System von $2(2r'-1) = 2r-2$ reellen Bilinearformen.

Insbesondere erhält man auf diese Weise für $r = 2$ das definite System

$$f^1 = x_1 y_1 - x_2 y_2, \qquad f^2 = x_1 y_2 + x_2 y_1;$$

hiermit ist, da für $r > 1$ eine einzelne Bilinearform niemals ein definites System darstellt, die Zahl $N(2)$ bestimmt:

$$N(2) = 2. \tag{4}$$

Wichtiger als Abschätzungen der Art (1) und (3) aber ist die Angabe *unterer* Schranken für $N(r)$; denn aus $N(r) \geqq N'$ folgt, daß für $n < N'$ jedes System von n bilinearen Gleichungen

$$f^1(x, y) = 0, \ldots, f^n(x, y) = 0$$

eine nicht-triviale Lösung besitzt. Unser Beitrag zur Bestimmung von $N(r)$ ist nun der folgende Satz:

Satz I: *Für $r > 2$ ist*

$$N(r) \geqq r + 2; \tag{5}$$

mit anderen Worten: ist $r > 2$, so gibt es kein definites System, das aus $r+1$ oder weniger symmetrischen Formen in zweimal r Variablen bestünde.

Speziell ergibt sich aus (5) und (1), bzw. aus (5) und (3), die folgende Bestimmung von $N(r)$ für $r=3$ und $r=4$:

$$N(3)=5, \quad N(4)=6. \tag{6}$$

Hierin sind die in Nr. 1 ausgesprochenen geometrischen Sätze enthalten.

Den Beweis des Satzes I werden wir erst in Nr. 5 beginnen.

3. Ein Korollar; Anwendung auf die Axiomatik der Algebren. Der aus den Formeln (4) und (5) ersichtliche Unterschied zwischen den Fällen $r=2$ und $r>2$ kommt bereits in dem folgenden Korollar des Satzes I zum Ausdruck:

Korollar: *In der — übrigens trivialen — Ungleichung $N(r) \geqq r$ tritt der Fall der Gleichheit nur für $r=2$ ein*[2]).

Einerseits läßt sich, wie man sehen wird, dieses Korollar wesentlich leichter beweisen als der Satz I; andererseits ergibt sich aus dem Korollar eine Tatsache, die man zwar vermutlich auch auf anderem Wege ohne große Mühe herleiten kann, auf die ich aber doch bei dieser Gelegenheit hinweisen möchte; sie bezieht sich auf Algebren über dem Körper der reellen Zahlen.

Wir ziehen für eine Algebra — oder ein hyperkomplexes System mit endlich vielen Einheiten —, in welcher die Addition als Vektor-Addition im üblichen Sinne erklärt sein soll, die folgenden Postulate für die Multiplikation in Betracht:

a) das distributive Gesetz,

b) das assoziative Gesetz,

c) das kommutative Gesetz,

d) die Divisions-Eigenschaft, d. h. die Nicht-Existenz von Nullteilern.

Es soll sich nur um Algebren über dem Körper der reellen Zahlen handeln. Man weiß: die einzige Algebra, welche alle vier Postulate erfüllt, ist der Körper der gewöhnlichen komplexen Zahlen; verzichtet man auf gewisse der Postulate, so kommen neue Systeme hinzu. Wir wollen hier jedenfalls an a) und d) festhalten; hält man außerdem an b) fest, verzichtet aber auf c), so kommt das System der Quaternionen — und nur dieses — hinzu; verzichtet man auf c) und b), so gibt es noch mindestens ein weiteres System: das Cayleysche System mit 8 Einheiten[3]).

[2]) Den Fall $r=1$ lassen wir als trivial beiseite; es ist $N(1)=1$.

[3]) Man vgl. z. B.: L. E. Dickson, Algebren und ihre Zahlentheorie (Zürich 1927), § 133.

Der Umstand, daß dieses Cayleysche System eine gewisse Rolle in Algebra und Geometrie spielt, zeigt, daß auch der Verzicht auf das assoziative Gesetz b) nicht unberechtigt ist. Daher liegt die Frage nach Systemen nahe, in welchen zwar a), c), d) erfüllt sind, aber nicht b) *).

Es gilt nun der Satz, daß es kein solches System gibt; also: *die Gültigkeit des assoziativen Gesetzes ist für eine Algebra über dem Körper der reellen Zahlen eine Folge der Postulate* a), c), d); anders ausgedrückt: *auch wenn man die Gültigkeit des assoziativen Gesetzes der Multiplikation nicht ausdrücklich postuliert, ist der Körper der komplexen Zahlen der einzige kommutative Erweiterungskörper endlichen Grades über dem Körper der reellen Zahlen.*

Beweis: Die Einheiten des betrachteten Systems seien $\mathfrak{n}_1, \ldots, \mathfrak{n}_r$; die Multiplikation sei durch

$$\mathfrak{n}_j \mathfrak{n}_k = \sum a^l_{jk} \mathfrak{n}_l$$

gegeben; dann ist das Produkt zweier Größen $\mathfrak{x} = \sum x_j \mathfrak{n}_j$, $\mathfrak{y} = \sum y_k \mathfrak{n}_k$ nach dem distributiven Gesetz:

$$\mathfrak{x}\mathfrak{y} = \sum f^l(x, y)\, \mathfrak{n}_l,$$

wobei wir

$$f^l(x, y) = \sum a^l_{jk} x_j y_k, \qquad l = 1, \ldots, r,$$

gesetzt haben. Das kommutative Gesetz bedeutet: die Bilinearformen $f^l(x, y)$ sind symmetrisch. Das Gesetz d) bedeutet: wenn alle $f^l(x, y)$ verschwinden, so verschwindet entweder $\mathfrak{x}$ oder $\mathfrak{y}$; mit anderen Worten: das System der r-Formen $f^l(x, y)$ ist definit. Dies ist nach dem oben formulierten Korollar nur für $r = 2$ möglich[2]). Die weiteren Schlüsse bis zu dem Ergebnis, daß das System der Körper der komplexen Zahlen ist, dürfen als bekannt gelten.

4. Die Beziehung zu den Sätzen von Stiefel. Wie die Formeln (6) zeigen, wird für $r = 3$ und $r = 4$ die durch (5) angegebene untere Schranke von $N(r)$ erreicht. Daß aber im allgemeinen diese Schranke bestimmt nicht die beste ist, sieht man aus einem Satz von E. Stiefel; zugleich wird durch diese Feststellung unser Problem einer bereits vorhandenen Theorie angegliedert[4]).

---

*) [Die Existenz einer 1 soll vorausgesetzt werden.]

[4]) Von E. Stiefel selbst sind bisher nur sehr spezielle seiner Sätze veröffentlicht worden: Comment. Math. Helvet. 8 (1936), p. 349; sowie: Verhandlungen der Schweizer. Naturforschenden Gesellschaft, 1935, p. 277. Den Stiefelschen Hauptsatz samt einem vollständigen, und zwar rein algebraischen Beweis findet man in der Arbeit von F. Behrend, Compos. Math. 7 (1939), p. 1—19. Der ursprüngliche topologische Beweis von Stiefel für den allgemeinen Satz soll demnächst in den Comm. Math. Helvet. erscheinen; gleichzeitig werde ich dort einen zweiten, ebenfalls topologischen Beweis mitteilen [C. M. H. 13 (1940/41)].

In der Stiefelschen Theorie betrachtet man reelle Bilinearformen $f(x, y)$, welche nicht symmetrisch zu sein brauchen; auch die Anzahl r der Unbestimmten x braucht nicht gleich der Anzahl s der Unbestimmten y zu sein. Für ein System derartiger Formen wird der Begriff der „Definitheit" genau so erklärt, wie wir es in Nr. 1 getan haben. Die kleinste Zahl n, für welche es, bei gegebenen r und s, ein definites System von n-Formen gibt, heiße $n(r, s)$. Für die Funktion $n(r, s)$ werden untere Schranken angegeben, die uns hier in dem Fall $r=s$ interessieren, da offenbar

$$N(r) \geqq n(r, r)$$

ist. Der diesen Fall betreffende Satz von STIEFEL lautet: *Die Zahl ϱ sei durch*

$$2^{\varrho-1} < r \leqq 2^{\varrho}$$

bestimmt; dann ist

$$n(r, r) \geqq 2^{\varrho}.$$

Es ist also erst recht

$$N(r) \geqq 2^{\varrho}. \tag{7}$$

Man sieht, daß die hiermit gewonnene untere Schranke 2^{ϱ} von $N(r)$ für die meisten r größer — also besser — ist als unsere, durch (5) gelieferte Schranke $r+2$. Lediglich für die Zahlen $r=2^{\varrho}-1$ und $r=2^{\varrho}$ ist unsere Schranke um 1, bzw. um 2 größer als 2^{ϱ}. Dabei ist immerhin bemerkenswert, daß gerade unser „Korollar" (Nr. 3) nicht aus den Stiefelschen Sätzen gefolgert werden kann; dies ist prinzipiell unmöglich, da sich diese Sätze ja auch auf unsymmetrische Formen beziehen, das Korollar aber für unsymmetrische Formen seine Gültigkeit verliert; in der Tat ist $n(r, r)=r$ nicht nur für $r=2$, sondern auch für $r=4$ und $r=8$ [4a]).

Übrigens ist unser Beweis des Satzes I von den bekannten Beweisen des Stiefelschen Satzes wesentlich verschieden.

5. Geometrische Deutung der definiten Systeme. Ein definites System von n symmetrischen Bilinearformen $f^1(x, y), \ldots, f^n(x, y)$ in den Veränderlichen $x=(x_1, \ldots, x_r)$, $y=(y_1, \ldots, y_r)$ sei vorgelegt. Wir fassen x und y als Punkte des $(r-1)$-dimensionalen projektiven Raumes P_{r-1} auf. Daneben betrachten wir den n-dimensionalen euklidischen Raum R_n; seine Koordinaten mögen $z_1, \ldots, z_n$ heißen; im R_n sei S_{n-1} die Sphäre vom Radius 1 um den Nullpunkt.

Aus der Definitheit des Systems der f^ν folgt zunächst, daß für keinen Punkt x des P_{r-1} sämtliche n-quadratischen Formen $f^\nu(x, x)$ verschwin-

[4a]) Auf die Frage, welche Verschärfungen der Stiefelsche Satz gestatte, wenn man sich auf symmetrische Formen beschränkt, hat mich Herr BEHREND hingewiesen.

den; daher werden durch

$$z_\nu(x) = \frac{f^\nu(x, x)}{\sqrt{\sum_l f^l(x, x)^2}}$$

n stetige Funktionen im P_{r-1} erklärt; sie vermitteln eine eindeutige und stetige Abbildung f des projektiven Raumes P_{r-1} in die Sphäre S_{n-1}.

Wir behaupten weiter: diese Abbildung f ist *eineindeutig*. In der Tat: aus $f(x) = f(y)$ folgt, daß sich die Formen $f^\nu(x, x)$ von den Formen $f^\nu(y, y)$ nur um einen positiven Faktor unterscheiden, der von dem Index ν nicht abhängt; nennen wir den Faktor λ^2, so ist also

$$f^\nu(y, y) = \lambda^2 \cdot f^\nu(x, x), \qquad \nu = 1, \ldots, n;$$

da die Formen symmetrisch sind, folgt hieraus

$$f^\nu(y + \lambda x, y - \lambda x) = 0, \qquad \nu = 1, \ldots, n;$$

da das System definit ist, ist dies nur für $y = \pm \lambda x$ möglich, also nur dann, wenn im projektiven Raume P_{r-1} der Punkt y mit dem Punkt x identisch ist.

Damit ist gezeigt: *zu jedem definiten System von n symmetrischen Bilinearformen in zweimal r Veränderlichen gehört eine topologische Abbildung des projektiven Raumes P_{r-1} in die Sphäre S_{n-1}*; und für die Zahl $N(r)$ bedeutet dies: *der projektive Raum P_{r-1} besitzt ein topologisches Bild auf der Sphäre $S_{N(r)-1}$.*

6. Beweis des „Korollars" (Nr. 3). Aus dem soeben ausgesprochenen geometrischen Satz ist die — auch aus algebraischen Gründen fast selbstverständliche — Tatsache ersichtlich, daß immer $N(r) \geqq r$ ist; wir können jetzt auch leicht feststellen, was die Gleichheit $N(r) = r$ bedeutet.

Es sei $N(r) = r$. Dann besitzt P_{r-1} ein topologisches Bild auf S_{r-1}; da P_{r-1} und S_{r-1} geschlossene Mannigfaltigkeiten der gleichen Dimension $r-1$ sind, muß S_{r-1} mit dem Bild von P_{r-1} identisch, die Mannigfaltigkeiten S_{r-1} und P_{r-1} müssen also homöomorph sein. Für $r-1 = 1$ ist dies in der Tat der Fall: sowohl der Kreis S_1 als auch die projektive Gerade P_1 ist eine einfach geschlossene Linie. Ist aber $r-1 > 1$, so ist die Sphäre S_{r-1} einfach zusammenhängend — im Gegensatz zu dem Fall $r-1=1$ —, während der projektive Raum P_{r-1} niemals einfach zusammenhängend ist, da sich in ihm die projektive Gerade nicht in einen Punkt deformieren läßt; die fragliche Homöomorphie liegt also für $r-1 > 1$ nicht vor.

Damit ist gezeigt: für $r > 2$ ist $N(r) > r$. Dies ist das Korollar aus Nr. 3.

7. Zurückführung des algebraischen Satzes I auf den topologischen Satz II; *ein topologisches Problem.* Wir können uns jetzt auf die Fälle

$r > 2$ beschränken. Nach Nr. 6 ist dann $N(r) > r$; folglich ist das topologische Bild des P_{r-1}, das nach Nr. 5 auf der $S_{N(r)-1}$ existiert, nur ein echter Teil der $S_{N(r)-1}$, und man kann es daher von einem nicht zu ihm gehörigen Punkt der Sphäre aus stereographisch in einen euklidischen Raum $R_{N(r)-1}$ projizieren. Damit sehen wir: *für $r > 2$ besitzt der projektive Raum P_{r-1} ein topologisches Bild im euklidischen Raum $R_{N(r)-1}$ der Dimension $N(r)-1$.*

Damit sind wir zu der Frage gekommen, in welche euklidischen Räume R_d sich ein projektiver Raum P_k topologisch einbetten läßt. Die kleinste Dimensionszahl d, für welche dies möglich ist, heiße $D(k)$. Der soeben festgestellte Zusammenhang mit der Zahl $N(r)$ ist der folgende:

$$D(r-1) \leqq N(r) - 1 \quad \textit{für } r > 2. \tag{8}$$

Die Bestimmung der Funktion $D(k)$ ist das topologische Problem, auf das hier hingewiesen werden soll. Außer den Beschränkungen

$$D(k) \leqq 2k \quad \text{für beliebiges } k,$$ [5])

$$D(k) \leqq 2k-1 \quad \text{für ungerades } k > 1,$$

die sich aus (8) und (1), bzw. (8) und (3) ergeben, ist unser — leider einziger — Beitrag zur Lösung des Problems der folgende Satz:

Satz II: *Für $k > 1$ ist*

$$D(k) \geqq k+2; \tag{9}$$

mit anderen Worten: *für $k > 1$ besitzt der k-dimensionale projektive Raum P_k kein topologisches Bild im $(k+1)$-dimensionalen euklidischen Raum R_{k+1}.*

Aus (9) und (8) folgt (5); also wird mit dem Satz II zugleich der Satz I bewiesen sein.

Für $k=2$ darf der Satz II als bekannt gelten; denn die projektive Ebene P_2 ist eine nicht-orientierbare geschlossene Fläche, und eine solche läßt sich nicht ohne Selbst-Durchdringungen, also nicht topologisch, im gewöhnlichen Raum R_3 realisieren. Damit ist auf Grund von (8) bereits bewiesen, daß $N(3) > 4$ ist; dies ist gleichbedeutend mit dem Satz über die vier Kegelschnitte, der in Nr. 1 formuliert worden ist.

Derselbe Schluß bleibt bekanntlich für alle geraden k gültig: bei geradem k ist der projektive Raum P_k eine nicht-orientierbare geschlossene Mannigfaltigkeit, und daher besitzt er im euklidischen R_{k+1} kein topologisches Bild[6]). Ferner ist der Satz II für die Dimensionszahlen $k=$

[5]) Dies ist nur ein Spezialfall des Satzes von E. R. van Kampen (Abh. Math. Seminar Hamburg 9 (1932), p. 72—78), welcher besagt, daß sich jede k-dimensionale Pseudomannigfaltigkeit in den R_{2k} einbetten läßt.

[6]) Man vgl. z. B. Alexandroff-Hopf, Topologie I (Berlin 1935), p. 390.

$4m-1$ von W. HANTZSCHE bewiesen worden[7]). Neu ist der Satz also nur für die Dimensionszahlen $k=4m+1$. Der Beweis, den wir jetzt führen werden, gilt aber ohne Fallunterscheidungen gleichzeitig für alle Dimensionszahlen.

§ 2

8. Verallgemeinerung des Satzes II: Der Beweis des Satzes II wird im Rahmen der Homologie- und Schnitt-Theorie der Mannigfaltigkeiten geführt werden. Als Koeffizientenbereich legen wir den Restklassenring modulo 2 zugrunde. Jeder Mannigfaltigkeit M ist dann ein Ring $\mathfrak{R}(M)$ zugeordnet: seine additive Gruppe ist die direkte Summe der Bettischen Gruppen der verschiedenen Dimensionen, und die Multiplikation ist durch die Schnittbildung erklärt. Die Mannigfaltigkeiten sollen geschlossen sein; Orientierbarkeit wird nicht vorausgesetzt.

Wir werden die folgende Verallgemeinerung des Satzes II beweisen:

Satz II': *Dafür, daß die k-dimensionale geschlossene Mannigfaltigkeit M_k topologisch in den euklidischen Raum R_{k+1} eingebettet werden kann, ist die folgende Bedingung notwendig:*

Die additive Gruppe aller Homologieklassen positiver Dimension von M_k — also die direkte Summe der 1., 2., ..., k-ten Bettischen Gruppen, ohne die 0-te Bettische Gruppe — ist die direkte Summe zweier Ringe (welche Unterringe von $\mathfrak{R}(M_k)$ sind, in welchen also das Produkt durch die Schnittbildung erklärt ist).[8])

Um zu zeigen, daß dies eine Verallgemeinerung des Satzes II ist, stellen wir fest, daß der projektive Raum P_k mit $k>1$ die im Satz II' ausgesprochene Bedingung nicht erfüllt. Bekanntlich hat der Ring $\mathfrak{R}(P_k)$ modulo 2 die folgende Struktur: in jeder Dimension r, $0\leqq r\leqq k$, besteht die Bettische Basis aus genau einem Element; es wird durch einen r-dimensionalen projektiven Unterraum P_r von P_k repräsentiert; das k-dimensionale Element ist die Eins des Ringes; das $(k-1)$-dimensionale Element heiße z; dann ist für jedes r das r-dimensionale Basiselement die $(k-r)$-te Potenz z^{k-r} von z. Es sei nun $k>1$; dann hat z positive Dimension. Wäre die Bedingung aus dem Satz II' erfüllt, so wäre z, da es das einzige, von 0 verschiedene Element seiner Dimension $k-1$ ist, in einem der beiden genannten Ringe, etwa in $\mathfrak{R}_1$, enthalten; da $\mathfrak{R}_1$ ein Ring ist, wäre dann aber auch jede Potenz von z, also insbesondere das Element z^k, das durch einen Punkt repräsentiert wird, in $\mathfrak{R}_1$ enthalten — entgegen der Annahme, daß $\mathfrak{R}_1$ nur Elemente positiver Dimension enthält.

---

[7]) W. HANTZSCHE, Math. Zeitschrift 43 (1937), p. 38—58.

[8]) Satz und Beweis bleiben für orientierbare Mannigfaltigkeiten unverändert gültig, wenn man als Koeffizientenbereich statt des Ringes mod. 2 den Restklassenring mod. m mit beliebigem $m>2$ oder den rationalen Körper zugrundelegt.

Damit ist gezeigt, daß in der Tat der Satz II in dem Satz II' enthalten ist.[9])

Das Prinzip des Beweises für den Satz II' ist das folgende. Wir nehmen an, daß M_k im R_{k+1} liegt. Der Raum R_{k+1} wird durch M_k in zwei Gebiete zerlegt; diese geometrische Zerlegung bewirkt eine Zerfällung der Gesamtheit der Homologieklassen des Komplementärraumes $R_{k+1}-M_k$ in zwei Teile. Die zwischen den Homologie-Eigenschaften von $R_{k+1}-M_k$ und denen von M_k herrschende Dualität, welche durch den Alexanderschen Dualitätssatz und seine Gordonsche Verfeinerung geklärt ist, hat zur Folge, daß eine ähnliche Zerfällung in zwei Teile auch für den Ring $\mathfrak{R}(M_k)$ vorliegt, und zwar gerade eine solche Zerfällung, wie sie im Satz II' formuliert worden ist.

9. Der Gordonsche Ring: Ich erinnere hier kurz an die von I. GORDON herrührenden Begriffe und Sätze, die wir soeben erwähnt haben und aus denen sich der Beweis des Satzes II' ergeben wird[10]).

a) Es sei G eine offene Menge im euklidischen R_n. Sind X, Y zwei *berandungsfähige*[11]) Zyklen in G, so gibt es Komplexe A, B in R_n mit [12]) $\dot{A}=X$, $\dot{B}=Y$. Der Rand des Schnittes $A \cdot B$ ist

$$(A \cdot B)^{\cdot}=X \cdot B+Y \cdot A;$$

er ist also, da $X \subset G$ und $Y \subset G$ ist, selbst ein (berandungsfähiger) Zyklus in G; man sieht leicht, daß seine Homologieklasse in G erstens bei festen X, Y unabhängig von der Willkür bei der Wahl von A, B ist, und daß sie sich zweitens auch nicht ändert, wenn man X, Y in ihren Homologieklassen von G variiert. Bezeichnet man die Homologieklasse von $(A \cdot B)^{\cdot}$ mit $[X, Y]$, so kann man daher $[X, Y]$ als „Produkt“ zweier Homologie-

---

[9]) Ebenso ergibt sich aus dem Satz II' die Tatsache, daß der k-dimensionale komplexe projektive Raum, der eine (orientierbare) Mannigfaltigkeit der Dimension $2k$ ist, für $k>1$ nicht in den R_{2k+1} eingebettet werden kann (für $k=1$ ist er eine Kugelfläche); auch dies war bisher nur für die geraden k bekannt (HANTZSCHE, a.a.O.). — Ferner folgt aus Satz II' z.B., bei Benutzung rationaler Koeffizienten: Die m-te Bettische Gruppe einer $M_{2m} \subset R_{2m+1}$ ist direkte Summe zweier Gruppen, von denen sich jede bei der Schnitt-Multiplikation selbst annulliert. Dies ist, infolge des Poincaré-Veblenschen Dualitätssatzes, eine Verschärfung der bekannten Tatsache (HANTZSCHE, a.a.O.), daß die m-te Bettische Zahl gerade sein muß.

[10]) I. GORDON, Ann. of Math. (2) 37 (1936), p. 519—525. — Die Gordonschen Sätze können als Verfeinerungen des Alexanderschen Dualitätssatzes angesehen werden; letzterer ist das wesentliche Hilfsmittel in der Arbeit von HANTZSCHE; aus dieser Arbeit entsteht bei Vornahme der Gordonschen Verfeinerung ziemlich zwangsläufig der Beweis unseres Satzes II'.

[11]) Berandungsfähig sind außer allen Zyklen positiver Dimension diejenigen 0-dimensionalen Zyklen, in welchen die Koeffizientensumme der Punkte gleich 0 ist; modulo 2 also diejenigen, die aus einer geraden Anzahl von Punkten bestehen. Man vgl. ALEXANDROFF-HOPF[6]), p. 179.

[12]) Ein oben angesetzter Punkt bedeutet die algebraische Randbildung.

klassen deuten. Diese Multiplikation ist assoziativ, und sie ist mit der Bettischen Addition distributiv verknüpft. Somit sind die berandungsfähigen Homologieklassen von G zu einem *Ring* verschmolzen; wir nennen ihn $P(G)$.

Haben X, Y die Dimensionszahlen p bzw. q, so hat $[X, Y]$ die Dimensionszahl $p+q+1-n$.[13])

b) Es sei M_k eine, im allgemeinen „krumme"[14]), k-dimensionale geschlossene Mannigfaltigkeit im R_n. Jeder berandungsfähigen p-dimensionalen Homologieklasse X von $R_n - M_k$ wird durch die folgende Vorschrift eine $(p-n+k+1)$-dimensionale Homologieklasse $x = \Gamma(X)$ von M_k zugeordnet: „Für *jede* $(n-1-p)$-dimensionale Homologieklasse von M_k ist die Verschlingungszahl mit X gleich der Schnittzahl mit x." Daß die Zuordnung Γ eindeutig ist, ergibt sich leicht aus den Dualitätssätzen von ALEXANDER und von POINCARÉ-VEBLEN.

Man kann — bei Zuhilfenahme einiger simplizialer Approximationen — Γ auch so erklären: „$\Gamma(X)$ ist diejenige Homologieklasse von M_k, in welcher sich die Schnittzyklen $A \cdot M_k$ der von X berandeten Komplexe A mit der Mannigfaltigkeit M_k befinden." Die Äquivalenz mit der vorigen Definition wird leicht bestätigt.

c) Aus den soeben genannten Dualitätssätzen ergibt sich ferner ohne weiteres, daß Γ eine *eineindeutige und additiv isomorphe* Abbildung des Ringes $P(R_n - M_k)$ auf den Ring $\mathfrak{R}(M_k)$ ist. Es gilt aber sogar der Gordonsche Dualitätssatz: *Γ ist auch ein multiplikativer Isomorphismus.*

Die Gültigkeit dieses Satzes erkennt man leicht auf Grund der zweiten Definition von Γ, die unter b) ausgesprochen wurde: ist

$$A^{\cdot} = X, \; B^{\cdot} = Y, \; [X, Y] = (A \cdot B)^{\cdot},$$

so ist nach dieser Definition

$$\Gamma(X) = A \cdot M_k, \qquad \Gamma(Y) = B \cdot M_k, \qquad \Gamma[X, Y] = (A \cdot B) \cdot M_k,$$

und man hat zum Beweise des Gordonschen Dualitätssatzes nur zu zeigen, daß $(A \cdot B) \cdot M_k$ dem Schnitt von $A \cdot M_k$ mit $B \cdot M_k$ auf M_k homolog ist[15]).

---

[13]) Die hier und im folgenden vorkommenden Zyklen und Homologieklassen sollen immer homogen-dimensional sein. (Ein Komplex heißt homogen r-dimensional, wenn jedes seiner Simplexe entweder r-dimensional ist oder auf einem r-dimensionalen Simplex liegt; eine Homologieklasse heißt homogen-dimensional, wenn sie homogen-dimensionale Zyklen enthält.)

[14]) ALEXANDROFF-HOPF[6]), p. 149.

[15]) Ersetzt man die Mannigfaltigkeit M_k durch ein beliebiges Polyeder (oder sogar ein beliebiges Kompaktum) Q, so läßt sich der Gordonsche Dualitätssatz aufrechterhalten, wenn man in Q statt des Schnittringes den Alexander-Kolmogoroffschen Homologiering der oberen Zyklen heranzieht; dies ist von H. FREUDENTHAL, Ann. of Math. (2), 38 (1937), p. 647—655, und von A. KOMATU, Tôhoku Math. Journal 43 (1937), p. 414—420, bewiesen worden.

10. Zusatz zur Gordonschen Theorie: Wir machen einen Zusatz zu Nr. 9a). Die offene Menge G zerfalle in Komponenten $G^{(i)}$:

$$G = G' + G'' + \cdots.$$

Da für zwei Zyklen X, Y aus $G^{(i)}$ das Produkt $[X, Y]$ offenbar davon unabhängig ist, ob man die Multiplikation in $P(G^{(i)})$ oder in $P(G)$ betrachtet, ist $P(G^{(i)})$ ein Unterring von $P(G)$. Ferner ist klar, daß $P(G^{(i)})$ und $P(G^{(j)})$ für $i \neq j$ kein von 0 verschiedenes Element gemeinsam haben; folglich enthält $P(G)$ die direkte Summe

$$P^*(G) = P(G') + P(G'') + \cdots;$$

sie ist eine additive Untergruppe von $P(G)$.

Da $G^{(i)}$ zusammenhängend ist, berandet in $G^{(i)}$ jeder berandungsfähige 0-dimensionale Zyklus, und er stellt daher das Null-Element der Bettischen Gruppen dar; mithin besteht der Ring $P(G^{(i)})$, der ja nur berandungsfähige Homologieklassen enthält, nur aus Elementen positiver Dimension; folglich haben auch alle Elemente von $P^*(G)$ positive Dimension[16]). Umgekehrt: ist X ein Zyklus positiver Dimension in G, so ist er von der Form

$$X = X' + X'' + \cdots, \qquad X^{(i)} \subset G^{(i)},$$

wobei die $X^{(i)}$ Zyklen derselben positiven Dimension sind; die Homologieklasse von $X^{(i)}$ ist Element von $P(G^{(i)})$, und daher die Homologieklasse von X Element von $P^*(G)$. Somit besteht $P^*(G)$ aus *allen* Elementen positiver Dimension von $P(G)$.

Das Ergebnis ist: *Die Gruppe $P^*(G)$ aller Homologieklassen positiver Dimension von G ist die direkte Summe von g Unterringen des Ringes $P(G)$; dabei ist g die Anzahl der Komponenten von G.*

11. Beweis des Satzes II': Es sei M_k eine geschlossene Mannigfaltigkeit im R_{k+1}; ihre offene Komplementärmenge zerfällt nach dem Jordan-Brouwerschen Satz in zwei Gebiete:

$$R_{k+1} - M_k = G' + G''.$$

Nach Nr. 10 bilden die Homologieklassen positiver Dimension von $R_{k+1} - M_k$ eine additive Gruppe, die direkte Summe zweier Ringe ist:

$$P^*(R - M) = P(G') + P(G'').$$

Der Gordonsche Isomorphismus Γ ist, da $n = k + 1$ ist, nach Nr. 9b) *dimensionstreu*. Folglich ist auch in dem Ring $\mathfrak{R}(M_k)$ die Gruppe der

16) Dem Null-Element kommt jede Dimension zu, es gehört also auch zu den Elementen positiver Dimension.

Elemente positiver Dimension direkte Summe zweier Ringe, nämlich der Ringe $\Gamma P(G')$ und $\Gamma P(G'')$[17]).

[Bemerkungen 1964. — Die Ergebnisse dieser Arbeit sind inzwischen weit überholt worden: erstens kennt man heute für viele k wesentlich größere untere Schranken von $D(k)$ als mein altes $k+2$ in (9); zweitens hat man interessante untere Schranken der Zahl $D'(k)$ gefunden, welche die kleinste Dimension d eines euklidischen R_d bezeichnet, in den eine „Immersion" von P_k möglich ist — d.h. eine differenzierbare Abbildung, deren Funktionalrang überall k ist. Da, wie man leicht bestätigt, die in Nr. 5 angegebene, durch die Funktionen z_ν vermittelte Abbildung eine Immersion ist, bleibt die Relation (8) erhalten, wenn man in ihr D durch D' ersetzt. Damit erhält man zahlreiche Verschärfungen des Satzes I. — Abschätzungen der angedeuteten Art von D und D' findet man unter anderem in Arbeiten von M. F. Atiyah (Topology 1, 1962), I. M. James (Bull. Amer. Math. Soc. 69, 1963), W. S. Massey (Pacific J. Math. 9, 1959) sowie in dem Bericht „Data on Immersions and Embeddings of Projective Spaces" von M. W. Hirsch (mimeographed notes, Summer Institute of the AMS on differential and algebraic topology, Seattle 1963).

Ferner weise ich auf zwei interessante Beiträge zur Lösung der Aufgabe hin, den Satz I mit rein algebraischen Methoden zu beweisen oder sogar zu verschärfen: B. Segre hat mit Methoden der algebraischen Geometrie bewiesen, daß

$$N(2^h+1) = 2^{h+1}+1 \qquad (\text{für } h > 0)$$

ist (Comm. Math. Helv. 28, 1954) — während aus unseren Formeln (1) und (7) nur folgt, daß $N(2^h+1)$ entweder gleich 2^{h+1} oder gleich $2^{h+1}+1$ ist. Damit ist, wie Segre betont, auch unser „Korollar" in Nr. 3 algebraisch bewiesen. Ein anderer algebraischer Beweis dieses Korollars stammt von T. A. Springer (Proc. Koninkl. Akad. Wetenschapen, Amsterdam, Ser. A, 57, 1954). — In diesen Zusammenhang gehört natürlich auch die in Fußnote [4]) genannte Arbeit von F. Behrend.]

[17]) Setzt man von M_k einige Regularität — etwa Simplizialität oder Differenzierbarkeit — voraus, so zeigt man leicht: $\Gamma P(G')$ besteht aus denjenigen Zyklen von M_k, welche in G'' beranden, $\Gamma P(G'')$ aus denjenigen, die in G' beranden.

Über die Topologie der Gruppen-Mannigfaltigkeiten und ihrer Verallgemeinerungen

Annals of Mathematics Vol. 42, No. 1, 1941
Received *) by Compositio Math., August 23, 1939

Einleitung[1])

1. In der geschlossenen und orientierbaren Mannigfaltigkeit M sei eine „stetige Multiplikation" erklärt, das heißt: jedem geordneten Punktepaar (p, q) von M ist als „Produkt" ein Punkt pq von M zugeordnet, der stetig von dem Paar (p, q) abhängt. Setzen wir

$$pq = l_p(q),$$

so ist l_p bei festem p und variablem q eine Abbildung von M in sich; die Abbildungen l_p hängen stetig von dem Parameter p ab, und sie haben daher alle den gleichen Abbildungsgrad c_l. Analog ist der Grad c_r der Abbildungen r_q bestimmt, die durch

$$pq = r_q(p)$$

gegeben sind.

Definiert man etwa die stetige Multiplikation so, daß pq für alle (p, q) ein fester Punkt von M ist, so ist $c_l = c_r = 0$; setzt man $pq = p$ oder setzt man $pq = q$ für alle (p, q), so ist $c_l = 0$, $c_r = 1$ bzw. $c_l = 1$, $c_r = 0$. Diese trivialen stetigen Multiplikationen sind in jeder Mannigfaltigkeit möglich; dagegen kann man, wie sich zeigen wird, nur in sehr speziellen Mannigfaltigkeiten stetige Multiplikationen so definieren, daß

$$c_l \neq 0 \quad \textit{und} \quad c_r \neq 0$$

ist. Eine Mannigfaltigkeit[2]), welche eine solche Multiplikation zuläßt, soll eine *Γ-Mannigfaltigkeit* heißen[2a]).

---

*) Editors' Note. This paper was originally submitted to Compositio Mathematica, August 23, 1939. It was transferred to the Annals of Mathematics (received November 18, 1940) after the Compositio Mathematica ceased publication.

[1]) Eine kurze Ankündigung dieser Arbeit ohne Beweis ist in den C. R. 208 (1939), 1266—1267, erschienen.

[2]) Unter einer „Mannigfaltigkeit" ist in dieser Arbeit immer eine geschlossene und orientierbare Mannigfaltigkeit zu verstehen.

[2a]) Die Gültigkeit des assoziativen Gesetzes wird also nicht gefordert.

Der Begriff der Γ-Mannigfaltigkeit ist eine Verallgemeinerung des Begriffes der *Gruppen*-Mannigfaltigkeit; ist nämlich M eine Gruppen-Mannigfaltigkeit, d.h. ist in M eine stetige Multiplikation erklärt, welche die Gruppen-Axiome erfüllt, so ist für den Punkt e, welcher die Gruppen-Eins darstellt, sowohl die Abbildung l_e als auch die Abbildung r_e die Identität von M, und daher ist $c_l = c_r = 1$.

Somit gelten alle Sätze, die für Γ-Mannigfaltigkeiten bewiesen werden, insbesondere für geschlossene Gruppen-Mannigfaltigkeiten[3]).

2. Wir werden Homologie-Eigenschaften von Mannigfaltigkeiten untersuchen; dabei soll *als Koeffizientenbereich der Körper der rationalen Zahlen* dienen[4]). Wie üblich fassen wir die Homologieklassen einer Mannigfaltigkeit M zu dem Homologie-Ring $\mathfrak{R}(M)$ zusammen: in ihm ist die Addition die der Bettischen Gruppen, und die Multiplikation ist durch die Schnitt-Bildung erklärt. Infolge der Benutzung rationaler Koeffizienten entgehen uns zwar gewisse Feinheiten der Struktur von M, so die etwa vorhandene Torsion; immerhin stimmen zwei Mannigfaltigkeiten M_1, M_2, deren rationalen Homologie-Ringe $\mathfrak{R}(M_1)$ und $\mathfrak{R}(M_2)$ einander dimensionstreu isomorph sind, in den wichtigsten algebraisch-topologischen Eigenschaften überein, insbesondere in den Werten der Bettischen Zahlen.

Unser Hauptziel ist der Beweis des folgenden Satzes:

Satz I: *Der Homologie-Ring $\mathfrak{R}(\Gamma)$ einer Γ-Mannigfaltigkeit Γ ist dimensionstreu isomorph dem Homologie-Ring $\mathfrak{R}(\Pi)$ eines topologischen Produktes*

$$\Pi = S_{m_1} \times S_{m_2} \times \cdots \times S_{m_l}, \qquad l \geqq 1,$$

in welchem S_m die m-dimensionale Sphäre bezeichnet und alle Dimensionszahlen $m_1, m_2, \ldots, m_l$ ungerade sind.

3. Da man die Struktur der Ringe $\mathfrak{R}(\Pi)$ vollständig übersieht, kann man den Inhalt des Satzes I auch durch eine ausführliche Beschreibung der Struktur der Ringe $\mathfrak{R}(\Gamma)$ ausdrücken. Hierfür machen wir noch die folgenden terminologischen Bemerkungen:

Der Ring $\mathfrak{R}(M)$ einer beliebigen n-dimensionalen Mannigfaltigkeit[2]) M enthält ein Eins-Element: es wird durch den orientierten n-dimensionalen Grundzyklus von M dargestellt; wir bezeichnen es durch 1.

---

[3]) Die Topologie der Gruppen-Mannigfaltigkeiten wird in den folgenden beiden Schriften von E. CARTAN behandelt: (a) La Théorie des Groupes Finis et Continus et l'Analysis Situs (Paris 1930, Mémorial Sc. Math. XLII); (b) La Topologie des Groupes de Lie (Paris 1936, Actualités Scient. et Industr. 358; sowie: L'Enseignement math. 35 (1936), 177—200; sowie: Selecta, Jubilé Scientifique, Paris 1939, 235—258).

[4]) Tatsächlich werden wir von dem Koeffizientenbereich nur benutzen, daß er ein *Körper der Charakteristik* 0 ist.

Die Dimension eines Elementes z von $\mathfrak{R}(M)$ nennen wir $d(z)$; daneben betrachten wir häufig die „duale Dimension“ $\delta(z) = n - d(z)$. Unter einer „vollen additiven Basis“ von $\mathfrak{R}(M)$ verstehen wir die Vereinigung von Homologie-Basen der Dimensionen $0, 1, \ldots, n$.

Nun läßt sich der Satz I folgendermaßen aussprechen:

Satz I *(2. Fassung): Aus dem Ringe $\mathfrak{R}(\Gamma)$ einer Γ-Mannigfaltigkeit Γ lassen sich Elemente $z_1, z_2, \ldots, z_l$ so auswählen, daß die 2^l Elemente*

$$1; \quad z_i; \quad z_{i_1} \cdot z_{i_2} \quad (i_1 < i_2);$$

$$z_{i_1} \cdot z_{i_2} \cdot z_{i_3} \quad (i_1 < i_2 < i_3); \quad \ldots; \quad z_1 \cdot z_2 \cdot \ldots \cdot z_l$$

eine volle additive Basis bilden; die Multiplikation in $\mathfrak{R}(\Gamma)$ ist durch das distributive Gesetz, das assoziative Gesetz und die antikommutative Regel

$$z_j \cdot z_i = - z_i \cdot z_j$$

— in welcher speziell die Regel

$$z_i \cdot z_i = 0$$

enthalten ist — vollständig bestimmt; kurz: $\mathfrak{R}(\Gamma)$ ist der Ring der (inhomogenen) Multilinearformen in den antikommutativen Größen $z_1, z_2, \ldots, z_l$ mit rationalen Koeffizienten. Alle z_i sind homogendimensional[5]*, und ihre dualen Dimensionen $\delta(z_i) = m_i$ sind ungerade; die Dimension von Γ ist*

$$n = m_1 + m_2 + \cdots + m_l,$$

und allgemein ist

$$d(z_{i_1} \cdot z_{i_2} \cdot \ldots \cdot z_{i_r}) = n - m_{i_1} - m_{i_2} - \cdots - m_{i_r}.$$

Daß hierdurch gerade das Bestehen eines dimensionstreuen Isomorphismus zwischen $\mathfrak{R}(\Gamma)$ und $\mathfrak{R}(\Pi)$ ausgedrückt wird, erhellt aus der folgenden Tatsache, die man leicht bestätigt: bezeichnet man den orientierten Grundzyklus von S_m selbst mit S_m und mit p immer einen einfach gezählten Punkt, so besitzen in $\mathfrak{R}(\Pi)$ die Elemente

$$(*) \qquad \begin{aligned} Z_1 &= p \times S_{m_2} \times S_{m_3} \times \cdots \times S_{m_l}, \\ Z_2 &= S_{m_1} \times p \times S_{m_3} \times \cdots \times S_{m_l}, \\ &\cdots\cdots\cdots\cdots \\ Z_l &= S_{m_1} \times S_{m_2} \times S_{m_3} \times \cdots \times p \end{aligned}$$

genau die analogen Eigenschaften, welche wir in $\mathfrak{R}(\Gamma)$ soeben den Elementen $z_1, z_2, \ldots, z_l$ zugeschrieben haben.

[5]) Ein Komplex K heißt homogen-dimensional von der Dimension r, wenn jedes Simplex von K auf einem r-dimensionalen Simplex von K liegt. Ein Element des Homologie-Ringes $\mathfrak{R}(M)$ heißt homogen-dimensional, wenn es in M durch einen homogen-dimensionalen Zyklus repräsentiert wird. Die additive Gruppe von $\mathfrak{R}(M)$ ist die direkte Summe der Gruppen der homogen r-dimensionalen Elemente mit $r = 0, 1, \ldots, n$.

Aus der zweiten Fassung des Satzes I liest man unter anderem die folgende bemerkenswerte Eigenschaft der Γ-Mannigfaltigkeiten ab:

Satz Ib: *Jedes homogen-dimensionale Element z von $\mathfrak{R}(\Gamma)$, für welches die duale Dimension $\delta(z)$ gerade und positiv ist, läßt sich durch Multiplikation und Addition aus höherdimensionalen Elementen erzeugen.*

4. Der Satz I enthält weitgehende Aussagen über die Bettischen Zahlen einer Γ-Mannigfaltigkeit. Unter dem „Poincaréschen Polynom" eines Komplexes K verstehen wir das Polynom

$$P_K(t) = p_0 + p_1 t + p_2 t^2 + \cdots$$

in einer Unbestimmten t, wobei der Koeffizient p_r die r-te Bettische Zahl von K ist. Für die Sphäre S_m ist

$$P_{S_m}(t) = 1 + t^m;$$

bei der Bildung des topologischen Produktes $K_1 \times K_2$ zweier Komplexe K_1 und K_2 gilt nach der Formel von KÜNNETH[6]) die Regel

$$P_{K_1 \times K_2}(t) = P_{K_1}(t) \cdot P_{K_2}(t);$$

daher ist in dem Satz I (Nr. 2) der folgende Satz enthalten:

Satz I': *Das Poincarésche Polynom einer Γ-Mannigfaltigkeit Γ hat die Gestalt*

$$P_\Gamma(t) = (1 + t^{m_1}) \cdot (1 + t^{m_2}) \cdot \dots \cdot (1 + t^{m_l}), \tag{1}$$

wobei alle Exponenten m_i ungerade sind.

Wir heben einige der zahlreichen Beziehungen zwischen den Bettischen Zahlen hervor, die sich aus (1) ablesen lassen:

(a) *Die Eulersche Charakteristik ist* 0[7]);
denn die Charakteristik eines Komplexes K ist gleich $P_K(-1)$.

(b) *Die Summe der Bettischen Zahlen ist eine Potenz von* 2[8]);
denn diese Summe ist für einen Komplex K gleich $P_K(+1)$.

Γ sei n-dimensional; dann ist $p_n = 1$, $p_r = 0$ für $r > n$, also n der Grad von $P_\Gamma(t)$ und

$$m_1 + m_2 + \cdots + m_l = n.$$

---

[6]) ALEXANDROFF-HOPF, Topologie I (Berlin 1935), 309, Formel (13').

[7]) Falls die Abbildungen l_p und r_q topologisch sind — also insbesondere, falls Γ eine *Gruppen*-Mannigfaltigkeit ist —, wird für $p_1 \neq p_2$ durch $f(q) = l_{p_1}^{-1} l_{p_2}(q)$ eine Abbildung von Γ auf sich erklärt, welche sich stetig in die Identität deformieren läßt und keinen Fixpunkt besitzt; dann folgt der obige Satz aus einem bekannten Fixpunktsatz.

[8]) Für Gruppen-Mannigfaltigkeiten: CARTAN[3]) (b), 24.

Da der r-te Koeffizient des Polynoms (1) offenbar nicht größer ist als der r-te Koeffizient des Polynoms

$$(1+t)^n = (1+t)^{m_1} \cdot (1+t)^{m_2} \ldots (1+t)^{m_l},$$

so sieht man:

(c) *Es ist* $p_r \leqq \binom{n}{r}$ *für alle* r.[9])

Man kann (1) in der Form

$$(1') \qquad P_\Gamma(t) = (1+t)^{l_1} \cdot (1+t^3)^{l_3} \cdot (1+t^5)^{l_5} \ldots, \qquad l_s \geqq 0,$$

schreiben; Ausrechnung ergibt

$$(1'') \quad P_\Gamma(t) = 1 + l_1 t + \binom{l_1}{2} t^2 + \left(l_3 + \binom{l_1}{3}\right) t^3 + \left(l_1 l_3 + \binom{l_1}{4}\right) t^4 + \cdots.$$

Es ist also

$$(2) \qquad p_1 = l_1.$$

Da nun der Koeffizient von t^r in dem Produkt (1′) offenbar nicht kleiner ist als in dem Faktor

$$(1+t)^{l_1} = (1+t)^{p_1},$$

so gilt:

(d) *Es ist* $p_r \geqq \binom{p_1}{r}$ *für alle* r.[10])

Nach (1′) ist

$$l_1 + 3 l_3 + 5 l_5 + \cdots = n,$$

also nach (2):

$$p_1 = n - 3 l_3 - 5 l_5 - \cdots;$$

daher läßt sich (c) für $r = 1$ verschärfen:

(e) *Es ist entweder* $p_1 = n$ *oder* $p_1 = n - 3$ *oder* $p_1 \leqq n - 5$.[11])

Ferner liest man aus (1″) und (2) die folgende Verschärfung von (d) für $r = 2$ ab:

(f) *Es ist* $p_2 = \binom{p_1}{2}$,

also speziell:

(f_0) *Ist* $p_1 = 0$ *oder* $p_1 = 1$, *so ist* $p_2 = 0$.[12])

[9]) Für Gruppen-Mannigfaltigkeiten: H. Weyl, The classical groups (Princeton 1939), 279, als Korollar eines Satzes von Cartan)cf. [13])).

[10]) Für Gruppen-Mannigfaltigkeiten wie [9]); für wesentlich allgemeinere Räume mit stetiger Multiplikation: W. Hurewicz (Proc. Akad. Amsterdam 39 (1936), 215—224).

[11]) Die Relation $p_1 \leqq n$ wurde für verallgemeinerte Gruppenräume zuerst von P. Smith (Annals of Math. (2) 36 (1935), 210—229) und dann von Hurewicz als Korollar aus dem unter [10]) zitierten Satz bewiesen.

[12]) Wegen der zweiten Bettischen Zahl einer Gruppen-Mannigfaltigkeit vgl. man Cartan [3]), (b), 14 und 23—24.

Ebenso sieht man aus (1″) und (2):

(g) *Ist* $p_1=0$, *so ist auch* $p_4=0$.

Man kann ohne Mühe noch eine Reihe ähnlicher Relationen feststellen, z.B. die folgenden:

(h) *Es sei* $p_1=0$; *dann ist*

$$3p_3+5p_5+7p_7\leqq n,$$

$$p_{ir}\geqq\binom{p_i}{r} \text{ für } i=3,5,7 \text{ und beliebiges } r.$$

5. Für *Liesche Gruppen* kann der Satz I, auf Grund von Sätzen, die wir E. CARTAN und G. DE RHAM verdanken, aus der Sprache der Homologie-Theorie in die Sprache der Theorie der invarianten Differentialformen übersetzt werden[13]). Ich begnüge mich mit der Formulierung des Ergebnisses, im Anschluß an die 2. Fassung des Satzes I (Nr. 3)[14]):

Die Mannigfaltigkeit G repräsentiere eine geschlossene Liesche Gruppe. Dann kann man aus der Gesamtheit der Differentialformen, welche in G invariant gegenüber den Operationen der Gruppe sind, Formen

$$\omega_1, \omega_2, \ldots, \omega_l,$$

deren Grade

$$m_1, m_2, \ldots, m_l$$

seien, so auswählen, daß sie die folgenden Eigenschaften besitzen:

1. *Für jedes r bilden diejenigen äußeren Produkte*

$$\omega_{i_1}\cdot\omega_{i_2}\cdot\ldots\cdot\omega_{i_p},$$

für welche

$$m_{i_1}+m_{i_2}+\cdots+m_{i_p}=r, \qquad i_1<i_2<\cdots<i_p$$

ist, eine lineare Basis (in bezug auf konstante Koeffizienten) der invarianten Differentialformen des Grades r;

2. *alle* m_i *sind ungerade;*

3. *es ist* $m_1+m_2+\cdots+m_l$ *gleich der Dimension von G.*

Hierin ist unter anderem die folgende Tatsache enthalten, die dem Satz Ib (Nr. 3) entspricht:

Jede invariante homogene Differentialform geraden Grades läßt sich aus invarianten Differentialformen kleinerer Grade durch äußere Multiplikation und Addition erzeugen.

---

[13]) E. CARTAN, Sur les invariants intégraux ... (Annales Soc. polonaise de Math. 8 (1929), 181—225 (= Selecta, 203—233)); G. DE RHAM, Sur l'analysis situs... (Journ. de Math. 10 (1931), 115—200). — Man vgl. auch H. WEYL, a.a.O.[9]), 276ff.

[14]) Hier muß als Koeffizientenbereich der Körper der reellen Zahlen dienen; man vgl.[4]).

6. Auch bei Beschränkung auf Liesche Gruppen sind, soweit ich sehe, sowohl der Satz I als auch der schwächere Satz I' neu. Allerdings waren diese Sätze bereits für eine so große und wichtige Reihe von Spezialfällen bekannt, daß ihre Gültigkeit für beliebige Liesche Gruppen vermutet werden konnte. L. PONTRJAGIN, R. BRAUER und C. EHRESMANN haben nämlich, mit verschiedenen Methoden, die Bettischen Zahlen derjenigen einfachen geschlossenen Lieschen Gruppen bestimmt, welche den vier großen Klassen in der Aufzählung von KILLING-CARTAN angehören, und diese Methoden liefern nicht nur den Satz I', sondern auch den Satz I für die genannten Gruppen[15]).

Ausgehend von diesem Resultat könnte man wohl folgendermaßen zu einem Beweis des Satzes I für *alle* geschlossenen Lieschen Gruppen gelangen: Man verifiziere die Gültigkeit des Satzes auch an den fünf einfachen geschlossenen „Ausnahme"-Gruppen in der Killing-Cartanschen Aufzählung; dann übertrage man den — nunmehr für alle *einfachen* geschlossenen Lieschen Gruppen bewiesenen — Satz auf *alle* geschlossenen Lieschen Gruppen, indem man die, aus der Cartanschen Theorie bekannte, Rolle ausnützt, welche die einfachen Gruppen als Bausteine beliebiger Gruppen spielen.

Aber ganz abgesehen von der Frage, ob die direkte Bestätigung des Satzes an den fünf Ausnahme-Gruppen wirklich gelingt, würde ein solcher Beweis aus zwei Gründen nicht vollständig befriedigen. Erstens würde er so umfangreiche und tiefgehende Teile der Theorie der kontinuierlichen Gruppen als Hilfsmittel verwenden, daß dieser Aufwand in keinem rechten Verhältnis zu dem elementartopologischen Charakter des Satzes selbst stünde. Zweitens würde ein solcher Beweis in einer *Verifizierung* gipfeln; somit würde er zwar besonders konkrete Aufschlüsse über diejenigen *speziellen* Mannigfaltigkeiten liefern, an denen die Verifizierung stattfindet — also über die Mannigfaltigkeiten der einfachen geschlossenen Lieschen Gruppen —, es würde aber wohl doch der Wunsch nach einem Beweis offen bleiben, welcher *allgemeine* Gründe für die Gültigkeit des Satzes erkennen ließe[16]).

Daher glaube ich, daß selbst dann, wenn die direkte Verifizierung des Satzes I an den fünf Ausnahme-Gruppen und damit ein anderer Beweis für alle geschlossenen Lieschen Gruppen gelingt, doch unser Beweis,

---

[15]) L. PONTRJAGIN (C. R. Acad. Sc. U.R.S.S. 1 (1935), 433—437 und C. R. Paris, 200 (1935), 1277—1280). — R. BRAUER (C. R. 201 (1935), 419—421) (man vgl. auch H. WEYL, a.a.O.[9]), 232ff.). — C. EHRESMANN (C. R. 208 (1939), 321—323; 1263—1265).

[16]) CARTAN[3]), (b), 26: „... Mais même en nous bornant à la simple détermination des nombres de Betti des groups simples, on ne devra pas s'estimer complètement satisfait si on arrive à faire cette détermination pour les cinq groupes exceptionnels.... Il faut espérer qu'on trouvera aussi une raison de portée générale expliquant la forme si particulière des polynomes de Poincaré des groupes simples clos."

welcher für alle Γ-Mannigfaltigkeiten gilt und infolgedessen aus der Lieschen Theorie *nichts* benutzt, auch für die Lieschen Gruppen-Mannigfaltigkeiten willkommen ist.

7. Andererseits weiß man, daß der Satz I gewisse Verschärfungen erlaubt, wenn man sich auf Gruppen-Mannigfaltigkeiten beschränkt; dann unterliegen nämlich die Zahlen m_i, die im Satz I auftreten, gewissen Gesetzen; so folgt aus Sätzen von E. CARTAN[17]): entweder sind alle $m_i = 1$ — dann ist die Gruppe Abelsch —, oder wenigstens ein m_i ist gleich 3. Diesen Satz oder ähnliche Sätze mit unserer Methode zu beweisen, welche immer alle Γ-Mannigfaltigkeiten gleichzeitig behandelt, ist prinzipiell unmöglich; denn für Γ-Mannigfaltigkeiten unterliegen die m_i überhaupt keiner Einschränkung; es gilt nämlich der folgende Satz:

Satz II: *Jedes Sphären-Produkt*

$$S_{m_1} \times S_{m_2} \times \cdots \times S_{m_l}, \quad l \geqq 1,$$

in welchem die Dimensionszahlen $m_1, m_2, \ldots, m_l$ *ungerade sind, ist eine* Γ-*Mannigfaltigkeit.*

Aus diesem Satz geht hervor, daß der Begriff der Γ-Mannigfaltigkeit nicht nur seiner Definition nach, sondern auch tatsächlich viel allgemeiner ist als der Begriff der Gruppen-Mannigfaltigkeit: nach Satz II sind alle Sphären S_{2k+1} Γ-Mannigfaltigkeiten, während nach einem bekannten, soeben erwähnten Satz von CARTAN unter allen Sphären S_n allein S_1 und S_3 Gruppenräume sind.

8. Die Aufgabe, diejenigen Ringe aufzuzählen, welche als Homologie-Ringe von Γ-Mannigfaltigkeiten auftreten ,ist durch die Sätze I und II vollständig gelöst.

Die Gültigkeit des Satzes II wird rasch im § 1 durch direkte Angabe geeigneter stetiger Multiplikationen bestätigt.

Im § 2 werden Erzeugenden-Systeme beliebiger Homologie-Ringe betrachtet. Im Rahmen dieser Betrachtung wird der Satz I in zwei Teile zerlegt — Satz Ia und Satz Ib, von denen wir den zweiten schon in Nr. 3 ausgesprochen haben. Im Satz Ib (Nr. 15) tritt der Begriff des „maximalen" Elementes eines Homologie-Ringes auf, der auch für andere Zwecke als unseren gegenwärtigen wichtig und brauchbar sein dürfte; wir werden sogleich noch auf ihn zurückkommen (Nr. 9).

Der Ansatz zum Beweis der Sätze Ia und Ib, und damit des Satzes I, ist der folgende: man fasse die Punktepaare (p, q) von M als die Punkte $p \times q$ der Produkt-Mannigfaltigkeit $M \times M$ auf; durch eine stetige Multiplikation pq in M, wie wir sie in Nr. 1 erklärt haben, ist dann eine stetige Abbildung F von $M \times M$ in M bestimmt: $F(p \times q) = pq$; diese Abbildungen F sind mit Hilfe des „Umkehrungs-Homomorphismus" zu

[17]) A.a.O.[3]): (a), 42—43; (b), 24.

untersuchen. Entsprechend diesem Ansatz werden zunächst im § 3 einige einfache Eigenschaften des Ringes $\mathfrak{R}(M \times M)$ zusammengestellt; sodann wird im § 4, nachdem an seinem Anfang kurz an die Theorie des Umkehrungs-Homomorphismus erinnert worden ist, der Beweis der Sätze Ia und Ib geführt.

9. Der schon erwähnte Begriff des maximalen Elementes ist der folgende: ein homogen-dimensionales Element eines Homologie-Ringes $\mathfrak{R}(M)$ heißt maximal, wenn es nicht durch Multiplikation und Addition aus höherdimensionalen Elementen erzeugt werden kann. Im § 5 werden die maximalen Elemente noch etwas näher betrachtet, und es werden ihnen jetzt die „minimalen" Elemente gegenübergestellt: das sind diejenigen homogen-dimensionalen Elemente v von $\mathfrak{R}(M)$, welche keine Vielfachen $w = u \cdot v$ mit $0 < d(w) < d(v)$ besitzen. Die Untersuchung führt erstens leicht zu einem Satz über eine gewisse Dualität zwischen den maximalen und den minimalen Elementen (Nr. 33) und zweitens, unter Benutzung des Umkehrungs-Homomorphismus, zu einer bemerkenswerten Invarianz-Eigenschaft der minimalen Elemente (Nr. 34). Diese Tatsachen, zusammen mit dem Satz Ib, liefern noch als Korollar den folgenden Satz, der eine kräftige Verallgemeinerung der Tatsache darstellt, daß eine Sphäre gerader Dimension nicht als Gruppen-Mannigfaltigkeit auftreten kann:

Satz III: *In den Γ-Mannigfaltigkeiten sind die stetigen Bilder von Sphären gerader Dimension immer homolog* 0.

Zum Schluß (Nr. 37) wird ein Problem formuliert, das durch die erwähnte Methode von PONTRJAGIN[15]) angeregt ist und das für die weitere topologische Untersuchung der Gruppen-Mannigfaltigkeiten wichtig sein dürfte; es wird eine Vermutung ausgesprochen, in welcher die minimalen Elemente einer Gruppen-Mannigfaltigkeit eine Hauptrolle spielen.

§ 1. Beweis des Satzes II

Der Satz II (Nr. 7) läßt sich in die folgenden beiden Teile zerlegen:

Satz IIa: *Für ungerades m ist die Sphäre S_m eine Γ-Mannigfaltigkeit*[18]).

Satz IIb: *Das topologische Produkt $\Gamma \times \Gamma'$ zweier Γ-Mannigfaltigkeiten Γ und Γ' ist selbst eine Γ-Mannigfaltigkeit.*

10. Beweis des Satzes IIa[19]): Für jeden Punkt q der Sphäre S_m bezeichne r_q die Spiegelung der S_m an demjenigen Durchmesser, auf welchem q liegt; wir setzen $pq = l_p(q) = r_q(p)$.

[18]) Daß für gerades m die S_m nicht Γ-Mannigfaltigkeit ist, ist in Nr. 4 (a) und in Satz III (Nr. 9) enthalten.

[19]) Wiedergabe des Beweises von „Satz IV" aus meiner Arbeit in den Fund. Math. 25 (1935), 427—440.

Die Abbildung r_q ist topologisch, also ist $c_r = \pm 1$ (und zwar, wie man leicht sieht, $c_r = -1$). Wir behaupten weiter: $c_l = \pm 2$ (und zwar ist $c_l = +2$).

p sei ein fester Punkt auf S_m; durch l_p wird jeder Großkreis, auf dem p liegt, auf sich abgebildet, und zwar folgendermaßen: führt man auf dem Kreis eine Winkelkoordinate mit p als Nullpunkt ein, und ist dann q der Punkt mit der Koordinate α, so hat $pq = l_p(q)$ die Koordinate 2α. Daraus ergibt sich: sowohl die offene Halbkugel H von S_m, deren Mittelpunkt p ist, als auch ihre antipodische Halbkugel H' wird topologisch auf $S_m - p'$ abgebildet, wobei p' der Antipode von p ist; die gemeinsame Randsphäre von H und H' geht in den Punkt p' über. Bezeichnen wir mit q' immer den Antipoden von q, so ist der Zusammenhang zwischen den Abbildungen der beiden Halbkugeln H und H' durch die Beziehung $l_p(q') = l_p(q)$ gegeben. Nun hat bei ungeradem m die Involution der S_m, welche je zwei Antipoden vertauscht, den Grad $+1$; daher haben, wenn wir die Orientierungen von H und H' durch eine feste Orientierung der S_m festlegen, die topologischen Abbildungen l_p von H und H' den *gleichen* Grad $\varepsilon = \pm 1$ (und zwar, wie man leicht sieht, $+1$). Daher hat die Abbildung l_p der ganzen S_m auf sich den Grad $2\varepsilon = \pm 2$ (und zwar $+2$).

11. Beweis des Satzes IIb: Die stetigen Multiplikationen in Γ und Γ' seien durch

$$pq = l_p(q) = r_q(p) \quad \text{bzw.} \quad p'q' = l'_{p'}(q') = r'_{q'}(p')$$

gegeben; die zugehörigen Grade seien $c_l, c_r, c_{l'}, c_{r'}$; sie sind sämtlich $\neq 0$. Wir definieren in der Mannigfaltigkeit $\Gamma \times \Gamma'$, deren Punkte mit $p \times p'$, $q \times q'$, ... bezeichnet werden, eine stetige Multiplikation durch die Festsetzung

$$(p \times p') \cdot (q \times q') = pq \times p'q' = L_{p \times p'}(q \times q') = R_{q \times q'}(p \times p');$$

die zugehörigen Grade seien C_L, C_R. Der Satz ist bewiesen, sobald gezeigt ist:

$$C_L = c_l \cdot c_{l'}, \qquad C_R = c_r \cdot c_{r'}.$$

Die Gültigkeit dieser Gleichheiten ist in dem folgenden *Hilfssatz* enthalten:

f und f' seien Abbildungen[20]) der Mannigfaltigkeiten[2]) A und A' in die Mannigfaltigkeiten B bzw. B', welche die gleichen Dimensionen haben wie A bzw. A'; die Grade von f und f' seien c bzw. c'. Dann hat die Abbildung F von $A \times A'$ in $B \times B'$, die durch

$$F(p \times p') = f(p) \times f'(p')$$

gegeben ist, wobei p, p' die Punkte von A bzw. A' durchlaufen, den Grad cc'.

[20]) Alle vorkommenden „Abbildungen" von Mannigfaltigkeiten sollen *eindeutig und stetig* sein.

Für den Beweis ersetzen wir f und f' durch so gute simpliziale Approximationen f_1, f'_1, daß auch diese die Grade c, c' haben, und daß auch die Abbildung F_1 von $A \times A'$ in $B \times B'$, die durch

$$F_1(p \times p') = f_1(p) \times f'_1(p')$$

gegeben ist, den gleichen Grad C hat wie F. Die Grundsimplexe der Zerlegungen von A, A', B, B', welche den simplizialen Abbildungen f_1, f'_1 zugrunde liegen, seien mit u_i, u'_j, v_k, v'_l bezeichnet; dann bilden die Produkte $u_i \times u'_j$ und $v_k \times v'_l$ die Grundzellen von Zellenzerlegungen der Mannigfaltigkeiten $A \times A'$ bzw. $B \times B'$. Durch F_1 wird jede Zelle $u_i \times u_j$ affin abgebildet, und zwar folgendermaßen: ist

$$f_1(u_i) = 0 \quad \text{oder} \quad f'_1(u'_j) = 0,$$

wird also die Dimension wenigstens eines der Simplexe u_i, u'_j durch die Abbildung f_1 oder f'_1 erniedrigt, so wird auch die Dimension der Zelle $u_i \times u'_j$ durch die Abbildung F_1 erniedrigt, es ist also $F_1(u_i \times u'_j) = 0$; ist

$$f_1(u_i) = \varepsilon v_k, \quad f'_1(u'_j) = \varepsilon' v'_l, \quad \varepsilon = \pm 1, \quad \varepsilon' = \pm 1,$$

sind also die beiden Abbildungen f_1, f'_1 nicht-singulär, so ist auch die Abbildung F_1 von $u_i \times u'_j$ nicht-singulär, und es ist, wie sich aus bekannten Vorzeichenregeln bei der Bildung topologischer Produkte ergibt,

$$F_1(u_i \times u'_j) = \varepsilon \varepsilon' (v_k \times v'_l).$$

Jetzt lehrt eine leichte Abzählung: die algebraische Bedeckungszahl — d.h. die Anzahl der positiven Bedeckungen, vermindert um die Anzahl der negativen Bedeckungen — einer festen Grundzelle von $B \times B'$, etwa der Zelle $v_k \times v'_l$, also der Grad C von F_1, ist gleich dem Produkt der algebraischen Bedeckungszahlen von v_k und v'_l bei den Abbildungen f_1 bzw. f'_1, also gleich cc'.

§ 2. Irreduzible Erzeugenden-Systeme und maximale Elemente eines Homologie-Ringes. Umformung des Satzes I

12. Vorbemerkungen: Es sei M eine n-dimensionale Mannigfaltigkeit. Wie schon in Nr. 3 festgesetzt, bezeichnen wir die Dimension eines Elementes z von $\mathfrak{R}(M)$ mit $d(z)$ und verstehen unter seiner dualen Dimension die Zahl $\delta(z) = n - d(z)$.

Bekanntlich ist für homogen-dimensionale z, z' auch $z \cdot z'$ homogen-dimensional und

(2.1) $$\delta(z \cdot z') = \delta(z) + \delta(z')$$ [21]

sowie

(2.2) $$z' \cdot z = \pm z \cdot z',$$

[21]) Dem Null-Element des Ringes $\mathfrak{R}(M)$ wird *jede* Dimensionszahl zugeschrieben.

und zwar[22])

(2.3) $$z' \cdot z = (-1)^{\delta(z)\cdot\delta(z')}\, z \cdot z',$$

also speziell

(2.4) $$z \cdot z = 0 \qquad \text{bei ungeradem } \delta(z).$$

13. Erzeugenden-Systeme: Die homogen-n-dimensionalen Elemente von $\mathfrak{R}(M)$, also die rationalen Vielfachen der Eins des Ringes, nennen wir die „skalaren" Elemente von $\mathfrak{R}(M)$.

Unter einem „Erzeugenden-System" von $\mathfrak{R}(M)$ verstehen wir ein solches System von homogen-dimensionalen, nicht-skalaren Elementen $z_1, z_2, \ldots, z_L$, daß man alle Elemente erhält, wenn man auf $z_1, z_2, \ldots, z_L$ und 1 die Operationen der gegenseitigen Multiplikation, der Multiplikation mit rationalen Koeffizienten und der Addition ausübt.

Auf Grund der Regel (2.2) kann man jedes Element von $\mathfrak{R}(M)$ auf wenigstens eine Weise als Polynom in den z_λ, d.h. als Summe von Ausdrücken

(2.5) $$t \cdot z_1^{\alpha_1} \cdot z_2^{\alpha_2} \ldots . z_L^{\alpha_L}, \qquad a_\lambda \geqq 0,$$

mit rationalen Koeffizienten t schreiben.

Ein Erzeugenden-System heißt „irreduzibel", wenn keines seiner echten Teilsysteme bereits ein Erzeugenden-System ist.

Offenbar ist in jedem Erzeugenden-System wenigstens ein irreduzibles Erzeugenden-System enthalten.

Man zeigt übrigens leicht, daß die Anzahl l der Elemente eines irreduziblen Erzeugenden-Systems von $\mathfrak{R}(M)$ nicht von diesem speziellen System abhängt, sondern eine Invariante von M ist; wir werden diese Tatsache, die wir vorläufig nicht benutzen, später beweisen (Nr. 31).

14. Maximale Elemente: Ein Element z von $\mathfrak{R}(M)$ heißt „maximal", wenn es 1. homogen-dimensional und nicht-skalar ist, und wenn es 2. nicht in dem Teilring von $\mathfrak{R}(M)$ enthalten ist, der von den homogen-dimensionalen Elementen z' von $\mathfrak{R}(M)$ mit $d(z') > d(z)$ erzeugt wird[23]).

Wir behaupten: *Jedes Element z_λ eines irreduziblen Erzeugenden-Systems $(z_1, z_2, \ldots, z_l)$ ist maximal.*

Beweis: Daß z_λ homogen-dimensional und nicht-skalar ist, ist in der Definition des Erzeugenden-Systems enthalten. Wäre z_λ nicht maximal, so wäre z_λ Element des Ringes $\mathfrak{U}$, der von allen homogen-dimensionalen Elementen z' mit $d(z') > d(z_\lambda)$ erzeugt wird. Nun läßt sich aber jedes dieser z' als Polynom in den Erzeugenden $z_1, z_2, \ldots, z_l$ schreiben, und hierbei tritt aus Dimensionsgründen das Element z_λ nicht auf; aus $z_\lambda \in \mathfrak{U}$ würde daher folgen, daß auch z_λ selbst ein Polynom in den von z_λ ver-

[22]) Man vgl. z.B. Lefschetz, Topology (New York 1930), 166.

[23]) Insbesondere ist jedes homogen $(n-1)$-dimensionale Element, das $\neq 0$ ist, maximal.

schiedenen Elementen des Systems $(z_1, z_2, \ldots, z_l)$ wäre; dann würde aber dieses System, wenn man aus ihm z_λ wegließe, immer noch ein Erzeugenden-System bleiben — entgegen seiner Irreduzibilitäts-Eigenschaft.

15. Umformung des Satzes I:

Satz Ia: $(z_1, z_2, \ldots, z_l)$ *sei ein irreduzibles Erzeugenden-System des Ringes* $\mathfrak{R}(\Gamma)$ *einer* Γ*-Mannigfaltigkeit. Dann ist*

$$z_1 \cdot z_2 \cdot \cdots \cdot z_l \neq 0. \tag{2.6}$$

Satz Ib: z *sei ein maximales Element des Ringes* $\mathfrak{R}(\Gamma)$ *einer* Γ*-Mannigfaltigkeit. Dann ist* $\delta(z)$ *ungerade.*

Wir werden diese beiden Sätze im § 4 beweisen. Jetzt wollen wir nur zeigen, daß aus ihnen der Satz I (Nr. 2, 3) folgt; dies wird geschehen sein, sobald wir bewiesen haben:

Es sei $(z_1, z_2, \ldots, z_l)$ *ein irreduzibles Erzeugenden-System von* $\mathfrak{R}(\Gamma)$, *und es sei bekannt, daß die Sätze I a und I b gelten; dann haben* $z_1, z_2, \ldots, z_l$ *die in Nr. 3 genannten Eigenschaften.*

Zunächst ergibt sich aus Nr. 14, daß alle Elemente z_i maximal, also aus Satz Ib, daß alle Zahlen

$$\delta(z_i) = m_i, \qquad i = 1, 2, \ldots, l, \tag{2.7}$$

ungerade sind. Nach (2.3) ist daher

$$z_j \cdot z_i = -z_i \cdot z_j, \tag{2.8}$$

also speziell

$$z_i \cdot z_i = 0. \tag{2.9}$$

Da die z_i ein Erzeugenden-System bilden, kann man jedes Element von $\mathfrak{R}(\Gamma)$ als Summe von Ausdrücken (2.5) — mit $L = l$ — darstellen; infolge von (2.9) kann man sich dabei aber auf die Exponenten $\alpha_\lambda = 0$ und $\alpha_\lambda = 1$ beschränken; das heißt: jedes Element z von $\mathfrak{R}(\Gamma)$ läßt sich auf wenigstens eine Weise als lineare Verbindung mit rationalen Koeffizienten der Elemente

$$\left\{\begin{array}{l} 1; \quad z_i; \quad z_{i_1} \cdot z_{i_2} \, (i_1 < i_2); \quad z_{i_1} \cdot z_{i_2} \cdot z_{i_3} \, (i_1 < i_2 < i_3); \ldots; \\ \hfill z_1 \cdot z_2 \cdot \cdots \cdot z_l \end{array}\right. \tag{2.10}$$

darstellen, also in der Form

$$\left\{\begin{array}{l} z = t + \sum t_i z_i + \sum t_{i_1 i_2} z_{i_1} \cdot z_{i_2} + \sum t_{i_1 i_2 i_3} z_{i_1} \cdot z_{i_2} \cdot z_{i_3} + \\ \hfill + \cdots + t_{12\ldots l} z_1 \cdot z_2 \cdot \cdots \cdot z_l, \end{array}\right. \tag{2.11}$$

wobei die Koeffizienten $t, t_i, t_{i_1 i_2}, \ldots$ rational sind und die Indices die unter (2.10) angedeuteten Bedingungen erfüllen. Wir haben zu zeigen, daß die Elemente (2.10) eine additive Basis bilden, d.h. daß sie linear unabhängig sind (in bezug auf rationale Koeffizienten), mit anderen Worten: in einer Darstellung (2.11) des Elementes $z=0$ verschwinden alle Koeffizienten auf der rechten Seite.

Es sei also

$$(2.11_0)\quad \begin{cases} 0=t+\sum t_i z_i+\sum t_{i_1 i_2} z_{i_1}\cdot z_{i_2}+\sum t_{i_1 i_2 i_3} z_{i_1}\cdot z_{i_2}\cdot z_{i_3}+ \\ \qquad +\cdots+t_{12\ldots l} z_1\cdot z_2\cdot\cdots\cdot z_l. \end{cases}$$

Wir multiplizieren mit $z_1\cdot z_2\cdot\cdots\cdot z_l$; auf Grund des assoziativen Gesetzes und der Regeln (2.8), (2.9) verschwinden auf der rechten Seite alle Produkte, in denen ein Index zweimal auftritt, und es entsteht daher die Gleichung

$$0=t\cdot z_1\cdot z_2\cdot\cdots\cdot z_l;$$

nach Satz Ia folgt hieraus — da der Koeffizientenbereich ein Körper ist —:

$$t=0.$$

Wir betrachten einen Index i und multiplizieren (2.11_0) mit dem Produkt aller der z_j, für welche $j\neq i$ ist; aus analogen Gründen wie soeben entsteht:

$$0=t_i\cdot z_1\cdot z_2\cdot\cdots\cdot z_l,$$

also folgt wie soeben:

$$t_i=0.$$

Wir betrachten zwei Indizes i_1, i_2 und multiplizieren (2.11_0) mit dem Produkt aller der z_j, für welche $j\neq i_1$ und $j\neq i_2$ ist; es ergibt sich

$$t_{i_1 i_2}=0.$$

So fortfahrend erkennt man, daß in der Tat alle Koeffizienten auf der rechten Seite von (2.11_0) gleich 0 sind.

Somit bilden die Elemente (2.10) eine Basis, und die Elemente von $\mathfrak{R}(\Gamma)$ lassen sich in eineindeutiger Weise mit den Ausdrücken (2.11) identifizieren. Daß für die Multiplikation die antikommutative Regel (2.8) gilt, wurde schon gezeigt. Für den vollständigen Beweis des Satzes I fehlt nur noch die Bestätigung der in Nr. 3 angegebenen Dimensions-Regeln.

Aus dem Satz Ia folgt, daß die Dimensionszahl $d(z_1\cdot z_2\cdot\cdots\cdot z_l)=d_0$ wohlbestimmt und $\geqq 0$ ist; für $i_1<i_2<\cdots<i_r$ ist $d(z_{i_1}\cdot z_{i_2}\cdot\cdots\cdot z_{i_r})\geqq d_0$, also ist infolge von (2.11) auch $d(z)\geqq d_0$ für jedes Element z von $\mathfrak{R}(\Gamma)$; da es 0-dimensionale Elemente z gibt, ist daher $d_0=0$. Dies ist, wenn Γ die Dimension n hat, gleichbedeutend mit $\delta(z_1\cdot z_2\cdot\cdots\cdot z_l)=n$; wenn wir $\delta(z_i)=m_i$ setzen, ist daher nach (2.1)

$$n=m_1+m_2+\cdots+m_l.$$

Allgemein ergibt sich für $i_1 < i_2 < \cdots < i_r$, wieder nach (2.1),

$$d(z_{i_1} \cdot z_{i_2} \cdot \cdots \cdot z_{i_r}) = n - \delta(z_{i_1} \cdot z_{i_2} \cdot \cdots \cdot z_{i_r})$$
$$= n - m_{i_1} - m_{i_2} - \cdots - m_{i_r}.$$

Daß schließlich alle m_i ungerade sind, wurde schon durch (2.7) festgestellt.

Damit ist der Satz I vollständig bewiesen — unter der Voraussetzung, daß die Sätze Ia und Ib gelten, die im § 4 bewiesen werden sollen.

16. Hilfssätze:[24]) Wir stellen hier noch einige einfache Tatsachen zusammen, die wir später (§ 4) brauchen werden.

M sei eine n-dimensionale Mannigfaltigkeit und $(z_1, z_2, \ldots, z_l)$ ein beliebiges Erzeugenden-System von $\mathfrak{R}(M)$. Unter $\mathfrak{U}$ verstehen wir die Menge aller derjenigen Elemente, die sich in der Gestalt

$$w_2 \cdot z_2 + w_3 \cdot z_3 + \cdots + w_l \cdot z_l$$

schreiben lassen, wobei die w_i beliebige Elemente von $\mathfrak{R}(M)$ sind.

Wir behaupten:

(a) *Jedes homogen-dimensionale Element z mit $d(z_1) < d(z) < n$ gehört zu $\mathfrak{U}$.*

(b) *Ist z_1 in $\mathfrak{U}$ enthalten, so ist das Erzeugenden-System $(z_1, z_2, \ldots, z_l)$ reduzibel.*

Beweis von (a): Man schreibe z als lineare Verbindung von Potenzprodukten $z_1^{\alpha_1} \cdot z_2^{\alpha_2} \cdot \cdots \cdot z_l^{\alpha_l}$ (mit rationalen Koeffizienten); da z und alle z_i homogen-dimensional sind, kann man sich dabei offenbar auf solche Potenzprodukte beschränken, die selbst die Dimension $d(z)$ haben; für ein solches Potenzprodukt ist dann nach (2.1)

$$\alpha_1 \cdot \delta(z_1) + \alpha_2 \cdot \delta(z_2) + \cdots + \alpha_l \cdot \delta(z_l) = \delta(z);$$

da $\delta(z) < \delta(z_1)$ ist, folgt hieraus $\alpha_1 = 0$, und da $\delta(z) > 0$ ist, folgt weiter, daß *nicht* $\alpha_2 = \cdots = \alpha_l = 0$ ist; dies bedeutet: jedes Potenzprodukt enthält wenigstens eines der Elemente $z_2, \ldots, z_l$ als Faktor, d.h. z gehört zu $\mathfrak{U}$.

Beweis von (b): Es sei $z_1 \in \mathfrak{U}$, also

$$z_1 = \sum_{j=2}^{l} w_j \cdot z_j; \tag{2.12}$$

dabei kann man, da die z_i homogen-dimensional sind, auch die Elemente w_j als homogen-dimensional und $d(w_j \cdot z_j) = d(z_1)$, also $\delta(w_j) + \delta(z_j) = \delta(z_1)$, annehmen. Da die $\delta(z_j) > 0$ sind (Nr. 13), sind daher alle $\delta(z_1)$.

[24]) Die Hilfssätze der Nummern 16—18 und 20—22, die an und für sich kaum Interesse verdienen, werden erst in den Nummern 28 und 29 angewandt.

Hieraus folgt, analog wie im Beweis von (a): stellt man w_j als lineare Verbindung von Potenzprodukten $z_1^{\alpha_1} \cdot z_2^{\alpha_2} \cdot \cdots \cdot z_l^{\alpha_l}$ dar, so ist immer $\alpha_1 = 0$; jedes w_j ist also durch $z_2, \ldots, z_l$ allein auszudrücken, und nach (2.12) ist dann auch z_1 durch $z_2, \ldots, z_l$ auszudrücken. Aber dann erzeugen bereits $z_2, \ldots, z_l$ den Ring $\mathfrak{R}(M)$.

17. Es sei z ein homogen-dimensionales Element von $\mathfrak{R}(M)$ und $d(z) < n$. Unter $\mathfrak{V}$ verstehen wir die Menge aller derjenigen Elemente, die sich als Summen von Produkten $w \cdot v$ schreiben lassen, wobei die Elemente v homogen-dimensional mit

$$d(v) \neq d(z), \qquad d(v) < n \tag{2.13}$$

und die Elemente w beliebig sind.

Wir behaupten:

(c) *Ist z in $\mathfrak{V}$ enthalten, so ist z nicht maximal.*

Beweis: Es sei z in $\mathfrak{V}$ enthalten, also

$$z = \sum w_h \cdot v_h; \tag{2.14}$$

hierin sind die v_h homogen-dimensional und erfüllen (2.13); da z homogen-dimensional ist, dürfen wir auch die w_h als homogen-dimensional und $d(w_h \cdot v_h) = d(z)$, also $\delta(w_h) + \delta(v_h) = \delta(z)$, für alle h annehmen. Dann ist $\delta(v_h) \leqq \delta(z)$, also, da nach (2.13) $\delta(v_h) \neq \delta(z)$ ist, $\delta(v_h) < \delta(z)$, $d(v_h) > d(z)$. Da nach (2.13) andererseits $\delta(v_h) > 0$ ist, ist auch $\delta(w_h) < \delta(z)$, $d(w_h) > d(z)$. Aus $d(v_h) > d(z)$ und $d(w_h) > d(z)$ folgt nach (2.14), daß z nicht maximal ist.

18. Bemerkung über Ideale in $\mathfrak{R}(M)$: Da die Multiplikation in dem Ring $\mathfrak{R}(M)$ im allgemeinen nicht kommutativ ist, hat man unter den Idealen des Ringes zwischen Links-, Rechts- und zweiseitigen Idealen zu unterscheiden. Jedoch gilt folgender Satz:

Es seien $x_1, x_2, \ldots, x_m$ *homogen-dimensionale* Elemente von $\mathfrak{R}(M)$ und $\mathfrak{X}$ das von ihnen erzeugte Links-Ideal, d.h. die Menge aller Elemente der Gestalt

$$w_1 \cdot x_1 + w_2 \cdot x_2 + \cdots + w_m \cdot x_m \tag{2.15}$$

mit willkürlichen Elementen w_i; dann ist $\mathfrak{X}$ zugleich Rechts-Ideal, also *zweiseitig*.

Zum Beweis ziehen wir eine volle additive Basis $(Z_1, Z_2, \ldots, Z_q)$ von $\mathfrak{R}(M)$ heran, deren Elemente Z_h wir als homogen-dimensional annehmen dürfen. Dann ist die Menge $\mathfrak{X}$ aller Elemente (2.15) identisch mit der Menge aller linearen Verbindungen der Produkte $Z_h \cdot x_i$ mit rationalen Koeffizienten ($h = 1, 2, \ldots, q$; $i = 1, 2, \ldots, m$). Nach (2.2) ist aber, da die Z_h und die x_i homogen-dimensional sind, $Z_h \cdot x_i = \pm x_i \cdot Z_h$, und daher ist $\mathfrak{X}$ auch die Menge aller linearen Verbindungen der Produkte

$x_i \cdot Z_h$, also die Menge aller Elemente

$$x_1 \cdot w_1 + x_2 \cdot w_2 + \cdots + x_m \cdot w_m$$

mit willkürlichen w_i; diese Menge ist aber das von $x_1, x_2, \ldots, x_m$ erzeugte Rechts-Ideal.

Auf Grund dieses Satzes sind insbesondere die Mengen $\mathfrak{U}$ und $\mathfrak{V}$, die wir in Nr. 16 und 17 betrachtet haben, *zweiseitige Ideale.*

§ 3. Eigenschaften des Ringes $\mathfrak{R}(M \times M)$

In Nr. 8 wurde die Rolle angedeutet, welche die Produkt-Mannigfaltigkeit $\Gamma \times \Gamma$ beim Beweise des Satzes I spielt. Der gegenwärtige Paragraph enthält lediglich eine, auf diesen Zweck zugeschnittene, Zusammenstellung und Formulierung bekannter Eigenschaften des Ringes $\mathfrak{R}(M \times M)$; dabei bezeichnet M eine beliebige Mannigfaltigkeit. Der Koeffizientenbereich ist wie immer der Körper der rationalen Zahlen[25]).

19. Zu je zwei Elementen x, y von $\mathfrak{R}(M)$ gehört ein Element $x \times y$ von $\mathfrak{R}(M \times M)$. Diese Produktbildung ist mit der Addition distributiv verknüpft. Sind x und y homogen-dimensional, so ist auch $x \times y$ homogen-dimensional und $d(x \times y) = d(x) + d(y)$.

Umgekehrt läßt sich jedes Element von $\mathfrak{R}(M \times M)$ als $\sum (x_h \times y_h)$ darstellen; genauer: ist das System $(Z_1, Z_2, \ldots, Z_q)$ eine volle additive Basis von $\mathfrak{R}(M)$ — d.h. die Vereinigung von Homologiebasen aller Dimensionen —, so bilden die $Z_i \times Z_k$ eine volle additive Basis von $\mathfrak{R}(M \times M)$; die Elemente von $\mathfrak{R}(M \times M)$ sind also in eineindeutiger Weise als $\sum t_{ik}(Z_i \times Z_k)$ mit rationalen t_{ik} auszudrücken. Damit sind die additiven Eigenschaften von $\mathfrak{R}(M \times M)$ gegeben.

Die Multiplikation ist nun durch die Regel

$$(x \times y) \cdot (x' \times y') = (-1)^{\delta(x)\,\delta(y')} (x \cdot x' \times y \cdot y'), \tag{3.1}$$

welche *für homogen-dimensionale* x, y' gilt, und durch die distributiven Gesetze vollständig bestimmt.

20. Hilfssätze[24]): $\mathfrak{X}$ sei eine additive Untergruppe von $\mathfrak{R}(M)$, die rational abgeschlossen ist, d.h.: aus $x \in \mathfrak{X}$ folgt $tx \in \mathfrak{X}$ für jede rationale Zahl t. Ferner seien x, y, und zwar $y \neq 0$, zwei solche Elemente von

---

[25]) Wegen der additiven Eigenschaften von $\mathfrak{R}(M \times M)$ vgl. man z.B. Alexandroff-Hopf, a.a.O.[6]), Kap. VII, § 3; jedoch hat man die dortigen Betrachtungen dadurch abzuändern (und wesentlich zu vereinfachen), daß man rationale Koeffizienten verwendet; wegen der multiplikativen Eigenschaften, insbesondere unserer Formel (3.1), vgl. man Lefschetz, a.a.O.[22]), Chapter V, § 3, insbesondere Formel (21). — Übrigens darf in unserem ganzen § 3 der Koeffizientenbereich ein *beliebiger* Körper sein.

$\mathfrak{R}(M)$, daß sich das Element $y \times x$ von $\mathfrak{R}(M \times M)$ in der Form

$$y \times x = \sum_h (y_h \times x_h) \tag{3.2}$$

darstellen läßt, wobei die x_h Elemente von $\mathfrak{X}$ sind, während von den Elementen y_h nichts vorausgesetzt wird.

Behauptung: *Dann ist* $x \in \mathfrak{X}$.

Beweis: $(Z_1, Z_2, \dots, Z_q)$ sei eine volle additive Basis in $\mathfrak{R}(M)$. Es sei

$$x = \sum_i a_i Z_i, \qquad y = \sum_j b_j Z_j,$$
$$x_h = \sum_i c_{hi} Z_i, \qquad y_h = \sum_j d_{hj} Z_j$$

mit rationalen a, b, c, d; dann folgt aus (3.2), daß

$$b_j a_i = \sum_h d_{hj} c_{hi},$$

also

$$b_j x = \sum_h d_{hj} x_h \tag{3.3}$$

für jedes j ist. Da nach Voraussetzung $y \neq 0$ ist, ist wenigstens ein $b_j \neq 0$; es sei etwa $b_1 \neq 0$. Dann folgt aus (3.3)

$$x = \sum_h \frac{d_{h1}}{b_1} x_h \in \mathfrak{X}.$$

21. $\mathfrak{X}$ sei ein (zweiseitiges) Ideal in $\mathfrak{R}(M)$, welches von homogen-dimensionalen Elementen $x_1, x_2, \dots, x_m$ erzeugt wird (man vgl. Nr. 18).Unter $\mathfrak{X}^*$ verstehen wir die Menge aller derjenigen Elemente von $\mathfrak{R}(M \times M)$, welche sich in der Gestalt

$$\sum_h (y_h \times x'_h) \tag{3.4}$$

schreiben lassen, wobei x'_h Elemente von $\mathfrak{X}$, die y_h beliebige Elemente von $\mathfrak{R}(M)$ sind.

Behauptung: $\mathfrak{X}^*$ *ist ein zweiseitiges Ideal in* $\mathfrak{R}(M \times M)$.

Beweis: Es sei wieder $(Z_1, Z_2, \dots, Z_q)$ eine volle additive Basis in $\mathfrak{R}(M)$; dann ist $\mathfrak{X}$ identisch mit der Menge aller linearen Verbindungen der Produkte $Z_j \cdot x_i$ (mit rationalen Koeffizienten) und $\mathfrak{X}^*$ daher identisch mit der Menge aller linearen Verbindungen der Elemente $Z_k \times Z_j \cdot x_i$ ($j, k = 1, 2, \dots, q$; $i = 1, 2, \dots, m$). Da wir die Z_k als homogen-dimensional annehmen dürfen, ist aber nach (3.1)

$$Z_k \times Z_j x_i = \pm (Z_k \times Z_j) \cdot (1 \times x_i);$$

die $Z_k \times Z_j$ bilden eine volle additive Basis; folglich ist $\mathfrak{X}^*$ die Menge aller Summen

$$\sum_i W_i \cdot (1 \times x_i),$$

wobei W_i willkürliche Elemente von $\mathfrak{R}(M \times M)$ sind; dies bedeutet aber: $\mathfrak{X}^*$ ist das Links-Ideal, das von den Elementen $1 \times x_i$, $i = 1, 2, \ldots, m$, erzeugt wird. Da die x_i homogen-dimensional sind, sind auch die Elemente $1 \times x_i$ homogen-dimensional, und nach Nr. 18 ist $\mathfrak{X}^*$ daher ein zweiseitiges Ideal.

22. Wir bringen den hiermit bewiesenen Satz in Verbindung mit dem Satz aus Nr. 20. Ein Ideal $\mathfrak{X}$ hat die in Nr. 20 genannte Eigenschaft der rationalen Abgeschlossenheit, da man ja die rationalen Zahlen als die skalaren Elemente — d.h. die rationalen Vielfachen des Eins-Elementes — von $\mathfrak{R}(M)$ auffassen kann. Daher ergibt sich aus Nr. 20 und 21 das folgende *Lemma*:

Die Ideale $\mathfrak{X}$ und $\mathfrak{X}^*$ sollen wie in Nr. 21 *erklärt sein; ferner seien x und y Elemente von $\mathfrak{R}(M)$, für welche*

$$y \neq 0$$

$$y \times x \equiv 0 \mod \mathfrak{X}^*$$

gilt; dann ist

$$x \equiv 0 \mod \mathfrak{X}.$$

23. Die Homomorphismen Λ und P: M sei eine n-dimensionale Mannigfaltigkeit und $(Z_1, Z_2, \ldots, Z_q)$ eine volle additive Basis von $\mathfrak{R}(M)$; wir dürfen annehmen, daß alle Z_j homogen-dimensional sind, daß $Z_1 = 1$ und $d(Z_j) < n$ für $j > 1$ ist. Da die $Z_j \times Z_k$ eine Basis von $\mathfrak{R}(M \times M)$ bilden, besitzt jedes Element Q von $\mathfrak{R}(M \times M)$ eine und nur eine Darstellung

$$Q = \sum_{j,k} t_{jk}(Z_j \times Z_k) \tag{3.4}$$

mit rationalen t_{jk}. Wir setzen

$$\Lambda(Q) = \sum_k t_{1k} Z_k \tag{3.5}$$

Zum Beispiel ist für jedes Element y von $\mathfrak{R}(M)$

$$\Lambda(1 \times y) = y \tag{3.6}$$

und, falls $d(x) < n$ ist,

$$\Lambda(x \times y) = 0; \tag{3.7}$$

man bestätigt (3.6) und (3.7) einfach, indem man y, bzw. x und y, als lineare Verbindungen der Z_k schreibt.

Wir fassen Λ als Abbildung des Ringes $\mathfrak{R}(M \times M)$ in den Ring $\mathfrak{R}(M)$ auf und behaupten: *Λ ist eine Homomorphie.*

Daß Λ additiv homomorph, d.h. daß

$$\Lambda(Q_1+Q_2)=\Lambda(Q_1)+\Lambda(Q_2)$$

ist, liest man unmittelbar aus (3.4) und (3.5) ab. Für den Beweis der multiplikativen Homomorphie, d.h. der Gültigkeit der Gleichheit

$$\Lambda(Q_1 \cdot Q_2)=\Lambda(Q_1) \cdot \Lambda(Q_2) \tag{3.8}$$

darf man sich infolge der Distributivität und der schon konstatierten additiven Homomorphie auf den Fall beschränken, daß Q_1, Q_2 Elemente der Basis $Z_j \times Z_k$ von $\Re(M \times M)$ sind. Es sei also

$$Q_1=Z_h \times Z_i, \qquad Q_2=Z_j \times Z_k.$$

Ist $h=j=1$, so ist einerseits

$$\Lambda(Q_1)=Z_i, \qquad \Lambda(Q_2)=Z_k,$$

andererseits nach (3.1)

$$Q_1 \cdot Q_2=1 \times Z_i \cdot Z_k,$$

also nach (3.6)

$$\Lambda(Q_1 \cdot Q_2)=Z_i \cdot Z_k;$$

folglich gilt (3.8). Ist nicht $h=j=1$, so ist wenigstens eines derElemente $\Lambda(Q_1), \Lambda(Q_2)$ gleich Null, also ist die rechte Seite von (3.8) Null; andererseits ist nach (3.1)

$$Q_1 \cdot Q_2= \pm Z_h \cdot Z_j \times Z_i \cdot Z_k,$$

und hierin ist $d(Z_h \cdot Z_j)<n$; daher ist nach (3.7) auch die linke Seite $\Lambda(Q_1 \cdot Q_2)$ von (3.8) gleich Null. — Damit ist die Homomorphie-Eigenschaft von Λ bewiesen.

Setzt man im Anschluß an (3.4)

$$\mathsf{P}(Q)=\sum_j t_{j1} Z_j, \tag{3.9}$$

so ergibt sich ganz analog: P ist eine homomorphe Abbildung von $\Re(M \times M)$ in $\Re(M)$.

24. Aus (3.4),,(3.5), (3.9) liest man ab, daß für jedes Element Q von $\Re(M \times M)$ Gleichungen

$$\left\{\begin{aligned} Q&=(1 \times \Lambda(Q))+\sum_j (Z_j \times Y_j), \quad d(Z_j)<n, \\ Q&=(\mathsf{P}(Q) \times 1)+\sum_k (X_k \times Z_k), \quad d(Z_k)<n \end{aligned}\right. \tag{3.10}$$

gelten.

Ferner ist klar: ist Q homogen $(n+r)$-dimensional, so sind $\Lambda(Q)$ und $\mathrm{P}(Q)$ homogen r-dimensional.

Es sei jetzt Q homogen $(n+r)$-dimensional und $r<n$. Dann ist in (3.4) $t_{11}=0$, und daher erhält (3.4) mit Hilfe von (3.5) und (3.9) die Gestalt

$$Q=(1\times\Lambda(Q))+(\mathrm{P}(Q)\times 1)+\sum_{j=2}^{q}\sum_{k=2}^{q}t_{jk}(Z_j\times Z_k). \tag{3.11}$$

Da die Z_i homogen-dimensional sind, sind auch die $Z_j\times Z_k$ homogen-dimensional, und es ist $d(Z_j\times Z_k)=d(Z_j)+d(Z_k)$; daher sind in (3.11) nur solche $t_{jk}\neq 0$, für welche

$$d(Z_j)+d(Z_k)=n+r$$

ist; ferner ist in (3.11), da $j>0$, $k>0$ ist, immer

$$d(Z_j)<n, \quad d(Z_k)<n$$

und folglich

$$d(Z_k)>r, \quad d(Z_j)>r.$$

Mithin läßt sich (3.11) auch so ausdrücken:

$$\left\{\begin{array}{l} Q=(1\times\Lambda(Q))+(\mathrm{P}(Q)\times 1)+\sum_h(x_h\times y_h), \\ x_h,\ y_h \text{ homogen-dimensional mit} \\ r<d(x_h)<n, \quad r<d(y_h)<n. \end{array}\right. \tag{3.12}$$

Wir fassen zusammen: *Es gibt zwei solche Homomorphismen Λ und P des Ringes $\mathfrak{R}(M\times M)$ in den Ring $\mathfrak{R}(M)$, daß jedes Element Q von $\mathfrak{R}(M\times M)$ Darstellungen* (3.10) *und daß jedes homogen $(n+r)$-dimensionale Element Q mit $r<n$ eine Darstellung* (3.12) *besitzt.*

Es ist übrigens leicht zu sehen, daß die Abbildungen Λ und P, die wir durch (3.5) und (3.9) unter Benutzung einer speziellen Basis $\{Z_i\}$ erklärt haben, von der Wahl dieser Basis unabhängig sind.

§ 4. Beweis des Satzes I

25. Der Umkehrungs-Homomorphismus: M und M' seien beliebige Mannigfaltigkeiten[2]), und F sei eine Abbildung von M in M'. Dann bewirkt F eine Abbildung des Ringes $\mathfrak{R}(M)$ in den Ring $\mathfrak{R}(M')$; wir bezeichnen auch diese Ring-Abbildung mit F; sie ist übrigens additiv homomorph, jedoch im allgemeinen nicht multiplikativ homomorph.

Es gilt der Satz[26]:

Es existiert eine Abbildung Φ des Ringes $\mathfrak{R}(M')$ in den Ring $\mathfrak{R}(M)$ mit den folgenden drei Eigenschaften:

1. *Φ ist ein additiver und multiplikativer Homomorphismus;*

2. *Φ ist mit F durch die Funktionalgleichung*

$$F(\Phi(z) \cdot x) = z \cdot F(x) \tag{4.1}$$

verknüpft, in welcher x ein beliebiges Element von $\mathfrak{R}(M)$ und z ein beliebiges Element von $\mathfrak{R}(M')$ ist;

3. *ist z homogen-dimensional, so ist auch $\Phi(z)$ homogen-dimensional, und zwar ist $\delta(\Phi(z)) = \delta(z)$,* also

$$d(\Phi(z)) = d(z) + d(M) - d(M').$$

Φ heißt der „Umkehrungs-Homomorphismus" von F.

26. Ansatz zum Beweis der Sätze Ia und Ib. In der n-dimensionalen Mannigfaltigkeit Γ sei eine stetige Multiplikation gegeben (Nr. 1). Da wir die Punktepaare (p, q) von Γ als die Punkte $p \times q$ der Produkt-Mannigfaltigkeit $\Gamma \times \Gamma$ deuten können, ist die stetige Multiplikation gleichbedeutend mit einer Abbildung F von $\Gamma \times \Gamma$ in Γ; diese ist durch $F(p \times q) = pq$ bestimmt.

Wie in Nr. 25 bezeichnen wir auch die durch F bewirkte Abbildung des Ringes $\mathfrak{R}(\Gamma \times \Gamma)$ in den Ring $\mathfrak{R}(\Gamma)$ mit F. Das Element von $\mathfrak{R}(\Gamma)$, das durch einen einfach gezählten Punkt repräsentiert wird heiße p. Das mit einer rationalen Zahl c multiplizierte Eins-Element von $\mathfrak{R}(\Gamma)$ bezeichnen wir kurz mit c. Dann sind die Grade c_l und c_r, die in Nr. 1 erklärt worden sind, offenbar durch

$$F(p \times 1) = c_l, \qquad F(1 \times p) = c_r \tag{4.2}$$

charakterisiert.

[26]) H. Hopf, Zur Algebra der Abbildungen von Mannigfaltigkeiten (Journ. f. d. r. u. a. Math. 163 (1930), 71—88). — Neue Begründung und Verallgemeinerung des Umkehrungs-Homomorphismus: H. Freudenthal, Zum Hopfschen Umkehrhomomorphismus (Annals of Math. (2) 38 (1937), 847—853); ferner: A. Komatu, Über die Ringdualität eines Kompaktums (Tôhoku Math. Journ. 43 (1937), 414 bis 420); H. Whitney, On products in a complex (Annals of Math. (2) 39 (1938), 397—432), (Theorem 6). — Die Eigenschaft 3 unseres Textes ist in meiner zitierten Arbeit nicht hervorgehoben, da dort nur gleichdimensionale Mannigfaltigkeiten betrachtet werden; sie ergibt sich aber unmittelbar aus jeder einzelnen der verschiedenen, in den soeben genannten Arbeiten enthaltenen, Definitionen von Φ; überdies ist sie eine Folge der Eigenschaft 2; hierzu vgl. man Nr. 11 meiner Arbeit „Ein topologischer Beitrag zur reellen Algebra" (Com. Math. Helvet.; erscheint nächstens).

Φ sei der Umkehrungs-Homomorphismus von F. Dann folgt aus (4.1) und (4.2)

$$F(\Phi(z)\cdot(p\times 1))=c_l z, \tag{4.3a}$$

$$F(\Phi(z)\cdot(1\times p))=c_r z \tag{4.3b}$$

für jedes Element z von $\mathfrak{R}(\Gamma)$.

Die Homomorphismen Λ und P sind in Nr. 23, 24 erklärt worden; wir setzen

$$\Lambda\Phi(z)=\lambda(z), \qquad \mathrm{P}\Phi(z)=\varrho(z)$$

für jedes Element z von $\mathfrak{R}(\Gamma)$; dann sind λ und ϱ *Homomorphismen des Ringes* $\mathfrak{R}(\Gamma)$ *in sich*, und nach Nr. 24, (3.10), gelten für jedes Element z von $\mathfrak{R}(\Gamma)$ Gleichungen

$$\Phi(z)=(1\times\lambda(z))+\sum_j(Z_j\times Y_j), \qquad d(Z_j)<n, \tag{4.4a}$$

$$\Phi(z)=(\varrho(z)\times 1)+\sum_k(X_k\times Z_k), \qquad d(Z_k)<n. \tag{4.4b}$$

Nach Nr. 25, 3., ordnet Φ, da $d(\Gamma\times\Gamma)=2n$, $d(\Gamma)=n$ ist, jedem homogen r-dimensionalen Element von $\mathfrak{R}(\Gamma)$ ein homogen $(n+r)$-dimensionales Element von $\mathfrak{R}(\Gamma\times\Gamma)$ zu; nach Nr. 24 ordnen Λ und P den homogen $(n+r)$-dimensionalen Elementen von $\mathfrak{R}(\Gamma\times\Gamma)$ homogen r-dimensionale Elemente von $\mathfrak{R}(\Gamma)$ zu; folglich sind λ und ϱ *dimensionstreu.*

27. Jetzt sei

$$c_l\neq 0, \qquad c_r\neq 0, \tag{4.5}$$

also Γ eine Γ-Mannigfaltigkeit. Wir behaupten: *dann sind λ und ϱ Automorphismen*[27]) *von* $\mathfrak{R}(\Gamma)$.

Beweis: Ist $\lambda(z)=0$, so ist nach (4.4a)

$$\Phi(z)=\sum(Z_j\times Y_j) \quad \text{mit} \quad d(Z_j)<n;$$

aus $d(Z_j)<n$ folgt $Z_j\cdot p=0$; folglich ist, nach (3.1),

$$\Phi(z)\cdot(p\times 1)=0,$$

also nach (4.3a)

$$c_l z=0,$$

also nach (4.5), da der Koeffizientenbereich ein Körper ist,

$$z=0.$$

Das bedeutet: der Homomorphismus λ ist eineindeutig. Folglich ist die Determinante der Substitution, welche durch λ auf eine volle additive Basis von $\mathfrak{R}(\Gamma)$ ausgeübt wird, nicht Null. Da der Koeffizientenbereich ein Körper ist, folgt hieraus: λ ist eine Abbildung von $\mathfrak{R}(\Gamma)$ *auf* sich.

[27]) Unter einem „Automorphismus" eines Ringes $\mathfrak{R}$ ist ein Auto-*Iso*morphismus von $\mathfrak{R}$ *auf* sich zu verstehen.

Somit ist λ ein Automorphismus. — Analog beweist man die Behauptung für ϱ.

Wir fassen zusammen, indem wir noch das Ergebnis von Nr. 24 heranziehen:

Für jede n-dimensionale Γ-Mannigfaltigkeit Γ sind zwei dimensionstreue Automorphismen λ und ϱ von $\mathfrak{R}(\Gamma)$ und ein Homomorphismus Φ von $\mathfrak{R}(\Gamma)$ in $\mathfrak{R}(\Gamma \times \Gamma)$ ausgezeichnet; ist z ein homogen r-dimensionales Element von $\mathfrak{R}(\Gamma)$ und $r<n$, so gilt

$$(4.6)\qquad \begin{cases} \Phi(z) = (1 \times \lambda(z)) + (\varrho(z) \times 1) + \sum (x_h \times y_h), \\ x_h,\ y_h \text{ homogen-dimensional mit} \\ r < d(x_h) < n, \qquad r < d(y_h) < n. \end{cases}$$

In diesem Satz sind alle Eigenschaften der Γ-Mannigfaltigkeiten enthalten, die wir im folgenden benutzen werden.

28. Beweis des Satzes Ia (Nr. 15): Es sei $(z_1, z_2, \ldots, z_l)$ ein irreduzibles Erzeugenden-System für die n-dimensionale Γ-Mannigfaltigkeit Γ. Wir werden durch vollständige Induktion nach k beweisen: das Produkt von je k voneinander verschiedenen Elementen dieses Systems ist $\neq 0$. Für $k=1$ ist dies richtig, da ein irreduzibles Erzeugenden-System niemals die Null enthalten kann. Es sei für $k-1$ bewiesen, und k Elemente des Systems, etwa $z_1, z_2, \ldots, z_k$, seien vorgelegt; da ihre Anordnung lediglich das Vorzeichen ihres Produktes beeinflussen kann, dürfen wir annehmen, daß

$$(4.7)\qquad d(z_1) \leqq d(z_j), \qquad j=1, 2, \ldots, k$$

ist; nach Induktions-Annahme ist

$$z_2 \cdot z_3 \cdot \cdots \cdot z_k \neq 0,$$

also, da ϱ ein Automorphismus ist, auch

$$(4.8)\qquad \varrho(z_2 \cdot z_3 \cdot \cdots \cdot z_k) \neq 0.$$

Wir setzen $\lambda(z_i) = z_i'$ für $i=1, 2, \ldots, l$. Da λ ein Automorphismus ist, bilden auch $z_1', z_2', \ldots, z_l'$ ein irreduzibles Erzeugenden-System. Da λ dimensionstreu ist, ist

$$(4.9)\qquad d(z_i') = d(z_i), \qquad i=1, 2, \ldots, l$$

und nach (4.7)

$$(4.7')\qquad d(z_1') \leqq d(z_j'), \qquad j=1, 2, \ldots, k.$$

Wir verstehen nun wie in Nr. 16 — mit dem Unterschied, daß wir die dortigen z_i durch unsere neuen z_i' ersetzen — unter $\mathfrak{U}$ das Ideal in $\mathfrak{R}(\Gamma)$, das von $z_2', \ldots, z_l'$ erzeugt wird (man vgl. Nr. 18); ferner verstehen wir unter $\mathfrak{U}^*$ das, analog wie in Nr. 21 erklärte, zu $\mathfrak{U}$ gehörige Ideal in

$\mathfrak{R}(\Gamma\times\Gamma)$, also die Menge derjenigen Elemente von $\mathfrak{R}(\Gamma\times\Gamma)$, die sich in der Gestalt $\sum(w_h\times u_h')$ mit $u_h'\in\mathfrak{U}$ schreiben lassen.

Schreiben wir für $j=1, 2, \ldots, k$ das Element $\Phi(z_j)$ in der Form (4.6):

$$\Phi(z_j)=(1\times z_j')+\big(\varrho(z_j)\times 1\big)+\sum(x_h\times y_h), \tag{4.6$_j$}$$

so lautet auf Grund von (4.9) und (4.7′) die eine der Dimensions-Bedingungen aus (4.6)

$$d(z_1')\leqq d(z_j')<d(y_h)<n;$$

folglich gehören nach Nr. 16 (a) alle in den Gleichungen (4.6$_j$) auftretenden y_h zu $\mathfrak{U}$ und daher die Summe $\sum(x_h\times y_h)$ zu $\mathfrak{U}^*$; für $1<j\leqq k$ gehört außerdem z_j' zu $\mathfrak{U}$, also $1\times z_j'$ zu $\mathfrak{U}^*$. Daher sind in den Gleichungen (4.6$_j$) die folgenden Kongruenzen modulo $\mathfrak{U}^*$ enthalten:

$$\Phi(z_1)\equiv(1\times z_1')+\big(\varrho(z_1)\times 1\big),$$

$$\Phi(z_j)\equiv\big(\varrho(z_j)\times 1\big),\qquad j=2,\ldots,k.$$

Da $\mathfrak{U}^*$ ein zweiseitiges Ideal ist, dürfen wir diese Kongruenzen miteinander multiplizieren, und da Φ und ϱ Homomorphismen sind, ergibt sich dabei, bei Beachtung von (3.1):

$$\Phi(z_1\cdot z_2\cdot\cdots\cdot z_k)\equiv\big(\varrho(z_2\cdot\cdots\cdot z_k)\times z_1'\big)+\big(\varrho(z_1\cdot z_2\cdot\cdots\cdot z_k)\times 1\big).$$

Wäre nun $z_1\cdot z_2\cdot\cdots\cdot z_k=0$, so würde hieraus

$$\varrho(z_2\cdot\cdots\cdot z_k)\times z_1'\equiv 0 \bmod \mathfrak{U}^*$$

folgen; nach (4.8) und dem Lemma von Nr. 22 wäre dann

$$z_1'\equiv 0 \bmod \mathfrak{U},$$

also z_1' in $\mathfrak{U}$ enthalten; nach Nr. 16 (b) ist dies mit der Irreduzibilität des Erzeugenden-Systems $(z_1', z_2', \ldots, z_l')$ nicht verträglich. Folglich ist

$$z_1\cdot z_2\cdot\cdots\cdot z_k\neq 0,$$

was zu beweisen war.[28])

29. Beweis des Satzes Ib (Nr. 15): Im Ring der n-dimensionalen Γ-Mannigfaltigkeit Γ sei z ein homogen-dimensionales Element, für welches $d(z)<n$ und $\delta(z)$ *gerade* ist; wir haben zu zeigen, daß dann z nicht maximal ist.

Das Ideal $\mathfrak{V}$ sei wörtlich wie in Nr. 17 definiert; $\mathfrak{V}^*$ sei das Ideal in $\mathfrak{R}(\Gamma\times\Gamma)$, das analog wie in Nr. 21 durch $\mathfrak{V}$ bestimmt ist: es besteht aus allen Elementen $\sum(w_h\times v_h)$ mit $v_h\in\mathfrak{V}$.

---

[28]) Der Beweis zeigt, daß für den Satz Ia der Koeffizientenbereich ein *beliebiger Körper* sein darf.

In der Gleichung (4.6) für unser Element z gehören alle Elemente y_h zu $\mathfrak{B}$ und somit gehört die Summe $\sum(x_h \times y_h)$ zu $\mathfrak{B}^*$. Es gilt also die Kongruenz

$$\Phi(z) \equiv (1 \times \lambda(z)) + (\varrho(z) \times 1) \quad \text{mod } \mathfrak{B}^*. \tag{4.10}$$

Nach (3.1) ist

$$(1 \times \lambda(z)) \cdot (\varrho(z) \times 1) = \varrho(z) \times \lambda(z) \tag{4.11}$$

und, da $\delta(z)$ gerade ist, auch

$$(\varrho(z) \times 1) \cdot (1 \times \lambda(z)) = \varrho(z) \times \lambda(z). \tag{4.11'}$$

Aus (4.11) und (4.11') ergibt sich, daß man die rechte Seite von (4.10) nach der binomischen Formel potenzieren kann; tut man dies und beachtet man, daß Φ, ϱ, λ Homomorphismen sind, so erhält man für jeden positiven Exponenten m:

$$\Phi(z^m) \equiv \sum_{r=0}^{m} \binom{m}{r} (\varrho(z^{m-r}) \times \lambda(z^r)) \quad \text{mod } \mathfrak{B}^*. \tag{4.12}$$

Nun ist, da $d(z) < n$ ist, für $r > 1$ immer $d(z^r) < d(z)$, also, da λ dimensionstreu ist, auch $d(\lambda(z^r)) < d(z)$ und daher $\lambda(z^r) \in \mathfrak{B}$ und

$$\varrho(z^{m-r}) \times \lambda(z^r) \in \mathfrak{B}^* \quad \text{für } r > 1;$$

daher reduziert sich die Kongruenz (4.12) auf

$$\Phi(z^m) \equiv m(\varrho(z^{m-1}) \times \lambda(z)) + (\varrho(z^m) \times 1) \text{ mod } \mathfrak{B}^*. \tag{4.13}$$

Dies gilt für jeden positiven Exponenten m. Da aus Dimensions-Gründen $z^m = 0$ für hinreichend große m ist, kann man m so wählen, daß

$$z^{m-1} \neq 0, \qquad z^m = 0$$

ist. Dann entsteht aus (4.13) die Kongruenz

$$m(\varrho(z^{m-1}) \times \lambda(z)) \equiv 0 \text{ mod } \mathfrak{B}^*,$$

also, da der Koeffizientenbereich der Körper der rationalen Zahlen ist[29]),

$$\varrho(z^{m-1}) \times \lambda(z) \equiv 0 \text{ mod } \mathfrak{B}^*. \tag{4.14}$$

Da $z^{m-1} \neq 0$ und ϱ ein Automorphismus ist, ist auch $\varrho(z^{m-1}) \neq 0$; nach dem Lemma in Nr. 22 folgt daher aus (4.14)

$$\lambda(z) \equiv 0 \text{ mod } \mathfrak{B},$$

d.h. $\lambda(z) \in \mathfrak{B}$. Der Automorphismus λ ist dimensionstreu, und die Menge $\mathfrak{B}$ ist durch Dimensions-Eigenschaften definiert; daher geht $\mathfrak{B}$ bei Aus-

[29]) Dies ist die einzige Stelle in der ganzen Arbeit, an welcher benutzt wird, daß der Koeffizientenkörper die *Charakteristik* 0 hat.

übung von λ^{-1} in sich über, und mit $\lambda(z)$ ist daher auch z in $\mathfrak{B}$ enthalten. Nach dem Hilfssatz Nr. 17 (c) ist mithin z nicht maximal — was zu beweisen war.

Mit den Sätzen Ia und Ib ist der Satz I vollständig bewiesen (Nr. 15).

§ 5. Maximale und minimale Elemente. Beweis des Satzes III

30. Die Ränge l_s: Wir knüpfen an Nr. 13 und 14 an. Es sei wieder M eine beliebige n-dimensionale Mannigfaltigkeit. Die additive Gruppe der homogen r-dimensionalen Elemente von $\mathfrak{R}(M)$, also die r-te Bettische Gruppe (in bezug auf rationale Koeffizienten) heiße $\mathfrak{B}_r$; ihr Rang p_r ist die r-te Bettische Zahl von M.

Für $0 \leqq r < n$ verstehen wir unter $\mathfrak{U}_r$ die Gruppe derjenigen Elemente von $\mathfrak{B}_r$, welche sich aus den Elementen der Gruppe

$$\mathfrak{B}_n + \mathfrak{B}_{n-1} + \cdots + \mathfrak{B}_{r+1}$$

durch Multiplikation und Addition erzeugen lassen, mit anderen Worten: welche nicht maximal sind. $\mathfrak{U}_r$ läßt sich auch als die Gesamtheit derjenigen Elemente charakterisieren, die sich in der Form $\sum_i x_i \cdot y_i$ schreiben lassen, wobei x_i, y_i homogen-dimensional mit

$$\delta(x_i) + \delta(y_i) = n - r, \qquad 0 < \delta(x_i), \qquad 0 < \delta(y_i)$$

sind.

Den Rang von $\mathfrak{U}_r$ nennen wir q_r, und wir setzen

$$p_{n-s} - q_{n-s} = l_s, \qquad s = 1, 2, \ldots, n.$$

Die Zahl l_s ist der Rang der Restklassengruppe $\mathfrak{B}_{n-s} - \mathfrak{U}_{n-s}$ und hat daher die folgende Bedeutung: es gibt ein System von l_s derartigen maximalen Elementen $y_1, y_2, \ldots, y_{l_s}$ mit $\delta(y_i) = s$, daß auch jede lineare Verbindung

$$u_1 y_1 + u_2 y_2 + \cdots + u_{l_s} y_{l_s}$$

mit rationalen Koeffizienten u_i, abgesehen von derjenigen mit $u_1 = \cdots = u_{l_s} = 0$, selbst maximal ist; dagegen gibt es für kein $l' > l_s$ ein System von l' derartigen Elementen.

31. Wir behaupten erstens: *In einem Erzeugenden-System* $(z_1, \ldots, z_L)$ *von* $\mathfrak{R}(M)$ *ist die Anzahl der* z_j *mit* $\delta(z_j) = s$ *stets* $\geqq l_s$.

Beweis: Es seien $y_1, \ldots, y_{l_s}$ maximale Elemente mit der soeben genannten Eigenschaft. Stellt man die y_i als Polynome in den Erzeugenden $z_1, \ldots, z_L$ dar, so haben diese Darstellungen aus Dimensions-Gründen die Gestalt

$$y_i = t_{i1} z_1 + \cdots + t_{im} z_m + Y_i;$$

dabei sind $z_1, \ldots, z_m$ diejenigen Erzeugenden z_j, für welche $\delta(z_j) = s$ ist $(m \geqq 0)$, t_{ij} rationale Zahlen und Y_i Polynome in den z_k mit $d(z_k) > n - s$. Wäre $m < l_s$, so besäße das Gleichungssystem

$$\sum_{i=1}^{l_s} u_i t_{ij} = 0, \qquad j = 1, \ldots, m,$$

eine rationale Lösung $(u_1, \ldots, u_{l_s}) \neq (0, \ldots, 0)$, und es wäre

$$u_1 y_1 + \cdots + u_{l_s} y_{l_s} = u_1 Y_1 + \cdots + u_{l_s} Y_{l_s};$$

dieses Element wäre, wie die rechte Seite zeigt, nicht maximal — entgegen der Voraussetzung über die y_i.

Wir behaupten zweitens: *Ist — bei Benutzung derselben Bezeichuungen wie soeben — $m > l_s$, so ist das Erzeugenden-System $(z_1, \ldots, z_L)$ reduzibel.*

Beweis: Da $l' = m > l_s$ ist, kann man, wie am Schluß von Nr. 30 festgestellt wurde, Zahlen $u_1, \ldots, u_m$ so bestimmen, daß das Element

$$Z = u_1 z_1 + \cdots + u_m z_m$$

nicht maximal ist, und daß nicht alle $u_j = 0$ sind; dann ist Z ein Polynom in den z_k mit $d(z_k) > n - s$, also erst recht in den z_i mit $i > m$, und man kann, wenn etwa $u_1 \neq 0$ ist, z_1 durch die z_i mit $i > 1$ ausdrücken und somit das Erzeugenden-System reduzieren.

Damit haben wir festgestellt: *In jedem irreduziblen Erzeugenden-System $(z_1, \ldots, z_l)$ ist die Anzahl derjenigen z_i, für welche $\delta(z_i) = s$ ist, gleich l_s; die Anzahl aller Erzeugenden eines irreduziblen Systems ist daher immer*

$$l = l_1 + \cdots + l_n \text{ [30]}.$$

32. Die minimalen Elemente: Es sei v ein homogen-dimensionales Element von $\mathfrak{R}(M)$ und $d(v) > 0$. Wir betrachten seine Vielfachen, d. h. die Elemente $x \cdot v$, wobei x die Elemente von $\mathfrak{R}(M)$ durchläuft; unter diesen Vielfachen sind außer dem Null-Element erstens alle rationalen

[30]) Hierdurch ist jeder Mannigfaltigkeit M eine Invariante l zugeordnet, welche etwa der „Rang" von M heißen möge. Für eine Γ-Mannigfaltigkeit ist, wie sich aus dem Satz (b) in Nr. 4 und seiner Herleitung ergibt, die Summe der Bettischen Zahlen gleich 2^l; andererseits ist für eine Gruppen-Mannigfaltigkeit, wie CARTAN mit Hilfe der Integral-Invarianten berechnet hat[3]), (b), 24, der hier auftretende Exponent gleich dem „Rang" der *Gruppe*, d. h. gleich der Dimension der maximalen Abelschen Untergruppen. Die Aufgabe, die Gleichheit zwischen dem Rang einer Gruppen-Mannigfaltigkeit — in dem Sinne, wie wir l oben für jede Mannigfaltigkeit M erklärt haben — und der genannten Dimensionszahl auf möglichst rein geometrischem Wege aufzuklären, habe ich in einer Arbeit behandelt, die in den Comm. Math. Helv. 1941 erscheint.

Vielfachen von v enthalten — das sind Elemente der Dimension $d(v)$ — und zweitens, falls nur $v \neq 0$ ist, nach dem Poincaré-Veblenschen Dualitäts-Satz alle Elemente der Dimension 0; für alle Vielfachen ist $d(x \cdot v) \leqq d(v)$. Wir definieren nun: das Element v heißt „minimal", wenn es keine Vielfachen $x \cdot v$ besitzt, für welche

$$x \cdot v \neq 0, \qquad 0 < d(x \cdot v) < d(v)$$

ist. Diese Definition ist offenbar gleichwertig mit der folgenden: v ist minimal, wenn für alle homogen-dimensionalen x, für welche

$$0 < \delta(x) < d(v), \quad \text{also} \quad n - d(v) < d(x) < n,$$

ist, die Produkte $x \cdot v = 0$ sind.

Dabei ist, wie oben gesagt, $d(v) > 0$ vorausgesetzt; diese Verabredung ist analog der früher getroffenen, die n-dimensionalen Elemente nicht als maximal zu bezeichnen. Dagegen ist das Element 0 des Ringes $\mathfrak{R}(M)$ minimal[31]).

33. Ein Dualitätssatz: Die Gruppen $\mathfrak{U}_r$ sind in Nr. 30 erklärt worden. Wir behaupten:

Das homogen s-dimensionale Element v ist dann und nur dann minimal, wenn es ein Annullator der Gruppe $\mathfrak{U}_{n-s}$ ist, d.h. wenn $u \cdot v = 0$ für jedes Element u aus $\mathfrak{U}_{n-s}$ gilt ($s = 1, \ldots, n$).

Beweis: Es sei erstens v minimal und $u \in \mathfrak{U}_{n-s}$; dann ist $u = \sum x_i \cdot y_i$, wobei die x_i, y_i homogen-dimensional sind, mit

$$\delta(x_i) + \delta(y_i) = s, \qquad \delta(x_i) > 0, \qquad \delta(y_i) > 0,$$

also

$$0 < \delta(y_i) < s = d(v);$$

hieraus folgt $y_i \cdot v = 0$ für jedes i, also $u \cdot v = 0$. Es sei zweitens v homogen s-dimensional, aber nicht minimal; dann gibt es ein homogen-dimensionales y mit $0 < \delta(y) < s$ und $y \cdot v \neq 0$, und nach dem Poincaré-Veblenschen Dualitätssatz gibt es dann weiter ein homogen-dimensionales x mit $\delta(x) = d(y \cdot v)$ und $x \cdot y \cdot v \neq 0$; da $\delta(x) = n - \delta(y) - \delta(v)$, also $\delta(xy) = n - s$ ist, ist $x \cdot y \in \mathfrak{U}_{n-s}$; somit ist v nicht Annullator von $\mathfrak{U}_{n-s}$.

Aus der damit bewiesenen Charakterisierung der minimalen Elemente als Annulatoren ist erstens ersichtlich, daß sie eine additive *Gruppe* $\mathfrak{B}_s$ bilden — (dies kann man auch direkt im Anschluß an die Definition in Nr. 32 leicht feststellen) —, und zweitens erkennt man mit Hilfe des Poincare-Veblenschen Dualitätssatzes jetzt ohne Mühe, daß der Rang dieser Gruppe $\mathfrak{B}_s$ gleich $p_{n-s} - q_{n-s}$ (Nr. 30), also gleich l_s ist. Damit ist der folgende Satz bewiesen, der eine neue Charakterisierung der Zahlen l_s enthält:

31) Alle homogen 1-dimensionalen Elemente sind offenbar minimal.

Die s-dimensionalen minimalen Elemente von $\mathfrak{R}(M)$ *bilden eine additive Gruppe vom Range* l_s.

34. Ein Invarianzsatz: Die Eigenschaft der „Minimalität" ist invariant gegenüber beliebigen stetigen Abbildungen; genauer: M und M' seien beliebige Mannigfaltigkeiten, und F sei eine Abbildung von M in M'; die dadurch bewirkte Abbildung von $\mathfrak{R}(M)$ in $\mathfrak{R}(M')$ nennen wir ebenfalls F. *Dann ist für jedes minimale Element* v *von* $\mathfrak{R}(M)$ *das Bild* $F(v)$ *minimales Element von* $\mathfrak{R}(M')$.

Beweis: x sei ein homogen-dimensionales Element von $\mathfrak{R}(M)$, und das Element $F(x)$ von $\mathfrak{R}(M')$ sei nicht minimal; wir haben zu zeigen, daß x nicht minimal ist. Falls $d(x)=0$ ist, ist nichts zu beweisen; es sei $d(x)>0$; dann ist, da die Abbildung F von $\mathfrak{R}(M)$ in $\mathfrak{R}(M')$ dimensionstreu ist, auch $d(F(x))>0$; da $F(x)$ nicht minimal ist, gibt es ein solches homogen-dimensionales Element z von $\mathfrak{R}(M')$, daß $0<\delta(z)<d(F(x))=d(x)$ und $z\cdot F(x)\neq 0$ ist. Bezeichnet Φ den Umkehrungs-Homomorphismus von F (Nr. 25), so folgt aus (4.1), daß auch $\Phi(z)\cdot x\neq 0$ ist; dies bedeutet, da nach Nr. 25, 3., $\delta(\Phi(z))=\delta(z)$, also $0<\delta(\Phi(z))<d(x)$ ist: x ist nicht minimal.

35. Sphärenbilder: Für die s-dimensionale Sphäre S_s ist dasjenige Element von $\mathfrak{R}(S_s)$, das durch den Grundzyklus repräsentiert wird — also das Eins-Element — minimal; daher ist in dem soeben bewiesenen Satz der folgende enthalten — (statt M' schreiben wir M) —: *Für eine beliebige Mannigfaltigkeit* M *ist ein Element von* $\mathfrak{R}(M)$, *das durch das stetige Bild einer Sphäre in* M *repräsentiert wird, stets ein minimales Element*[32]).

Hieraus folgt weiter, da nach Nr. 33 die Gruppe $\mathfrak{B}_s$ den Rang l_s hat: *Ist* $l_s=0$, *so ist in* M *jedes stetige Bild der s-dimensionalen Sphäre homolog* 0[32]).

36. Anwendung auf Γ-Mannigfaltigkeiten: Nach Satz Ib gibt es in einer Γ-Mannigfaltigkeit kein maximales Element z mit geradem $\delta(z)$; daher sind die Ränge l_s für alle geraden s gleich 0; aus Nr. 35 folgt mithin der *Satz III* (Nr. 9)[32]).

Für ein Sphärenprodukt

$$S_{m_1}\times S_{m_2}\times\cdots\times S_{m_l},\qquad d(S_{m_i})=m_i,$$

gibt die Zahl l_s an, wieviele der Zahlen m_i gleich s sind; dies folgt aus der Charakterisierung der l_s am Schluß von Nr. 31 und der Tatsache, die man

[32]) An die Stelle einer wirklichen Sphäre darf offenbar auch eine Homologie-Sphäre (in bezug auf den rationalen Koeffizientenbereich) treten, d. h. eine Mannigfaltigkeit, welche dieselben Bettischen Zahlen hat wie eine Sphäre.

leicht bestätigt, daß die Elemente $Z_1, \dots, Z_l$, die in Nr. 3, Formel (*), angegeben sind, ein irreduzibles Erzeugenden-System bilden, und daß $\delta(Z_i) = m_i$ ist. Für eine Γ-Mannigfaltigkeit Γ gibt also l_s an, wieviele Faktor-Sphären in dem Sphärenprodukt, das einen mit Γ isomorphen Ring hat, s-dimensional sind. Hierin ist enthalten, daß die Exponenten l_s in Nr. 4, Formel (1'), mit unseren Rängen l_s übereinstimmen.

37. Die Pontrjaginsche Multiplikation und eine Vermutung: Die Grundlage für Pontrjagins Untersuchung der Homologie-Eigenschaften geschlossener Liescher Gruppen[15]) ist die folgende „Produktbildung": In der Mannigfaltigkeit M sei eine stetige Multiplikation erklärt; x und y seien zwei Zyklen in M; werden x und y von zwei Punkten p bzw. q durchlaufen, so durchläuft das stetige Produkt pq einen Zyklus, den wir mit $x \circ y$ bezeichnen wollen; variieren x und y in ihren Homologieklassen, so ändert sich die Homologieklasse von $x \circ y$ nicht; wir dürfen daher $x \circ y$ als Produkt zweier Homologieklassen x und y deuten; in unserer Ausdrucksweise aus Nr. 26 ist

$$x \circ y = F(x \times y).$$

Diese Produktbildung ist mit der Addition der Homologieklassen offenbar distributiv verknüpft; nehmen wir nun weiter an, die stetige Multiplikation in M sei *assoziativ*, dann wird auch die Produktbildung $x \circ y$ assoziativ sein. Somit sieht man: Für eine *Gruppen*-Mannigfaltigkeit Γ läßt sich die additive Gruppe der Homologieklassen nicht nur durch die Schnittbildung $x \cdot y$ zu dem Ring $\mathfrak{R}(\Gamma)$, sondern außerdem durch die Pontrjaginsche Produktbildung $x \circ y$ zu einem Ring $\mathfrak{P}(\Gamma)$ machen.

Die Bedeutung des Ringes $\mathfrak{P}(\Gamma)$ liegt auf der Hand: in seiner Struktur äußert sich die Wirkung der Gruppen-Multiplikation auf die Zyklen — also ein Zusammenhang zwischen den algebraischen Eigenschaften der Gruppe einerseits, den geometrischen Eigenschaften der Mannigfaltigkeit andererseits. Die Untersuchung dieses Ringes ist daher gewiß eine wichtige Aufgabe. Ich will hierzu eine Vermutung äußern, die sowohl durch Pontrjagins Ergebnisse, als auch durch unseren Satz I nahegelegt wird[33]).

Auch in jedem Sphären-Produkt

$$H = S_{m_1} \times S_{m_2} \times \cdots \times S_{m_l}$$

läßt sich neben der Schnittbildung in naheliegender Weise noch eine zweite Multiplikation, die „Aufspannung", erklären. Wie in Nr. 3 bezeichnen wir den Grundzyklus der Sphäre S_m selbst mit S_m und mit p immer einen einfach gezählten Punkt; wir stellen den Elementen (*) aus

[33]) Man vergleiche zum Folgenden: Cartan[3]), (b), 25—26.

Nr. 3 die folgenden Elemente gegenüber:

$$(**)\qquad \begin{aligned} V_1 &= S_{m_1} \times p \times p \times \cdots \times p, \\ V_2 &= p \times S_{m_2} \times p \times \cdots \times p, \\ &\cdots\cdots\cdots\cdots \\ V_l &= p \times p \times p \times \cdots \times S_{m_l}. \end{aligned}$$

Dann definieren wir zunächst für

$$i_1 < i_2 < \cdots < i_k$$

das von $V_{i_1}, V_{i_2}, \ldots, V_{i_k}$ aufgespannte Element

$$(5.1)\qquad V_{i_1} \otimes V_{i_2} \otimes \cdots \otimes V_{i_k} = x_1 \times x_2 \times \cdots \times x_l$$

durch die Festsetzung:

$$\begin{aligned} x_j &= S_{m_j} \quad \text{für} \quad j = i_1, i_2, \ldots, i_k, \\ x_j &= p \quad \text{für alle anderen } j. \end{aligned}$$

Durch (5.1) sind 2^l Elemente erklärt, die eine volle additive Basis bilden. Für je zwei Elemente (5.1)

$$(5.2)\qquad X = V_{i_1} \otimes V_{i_2} \otimes \cdots \otimes V_{i_k}, \qquad Y = V_{j_1} \otimes V_{j_2} \otimes \cdots \otimes V_{j_m}$$

definieren wir das aufgespannte Element $X \otimes Y$ dadurch, daß wir die rechten Seiten von (5.2) formal nach dem assoziativen Gesetz miteinander multiplizieren und die Regeln

$$V_j \otimes V_i = (-1)^{m_i m_j} V_i \otimes V_j, \qquad V_i \otimes V_i = 0$$

anwenden; dann wird entweder $X \otimes Y = 0$ oder $\pm X \otimes Y$ wieder ein Element (5.1). Schließlich erklären wir für beliebige Elemente X, Y das Produkt $X \otimes Y$ dadurch, daß wir X und Y als lineare Verbindungen mit rationalen Koeffizienten der Elemente (5.1) darstellen und die distributiven Gesetze anwenden.

Durch die damit erklärte Multiplikation wird die additive Gruppe der Homologieklassen des Sphärenproduktes Π zu einem Ring $\mathfrak{Q}(\Pi)$ gemacht. Die Struktur dieses Ringes ist leicht zu übersehen: man stellt leicht fest, daß die Ringe $\mathfrak{R}(\Pi)$ und $\mathfrak{Q}(\Pi)$ miteinander isomorph sind, und daß dieser Isomorphismus durch eine gewisse Dualität vermittelt wird, die sich zunächst darin äußert, daß einem Element x von $\mathfrak{R}(\Pi)$ immer ein Element y von $\mathfrak{Q}(\Pi)$ mit $d(y) = \delta(x)$ entspricht.

Die oben erwähnte *Vermutung* bezüglich des Pontrjaginschen Ringes $\mathfrak{P}(\Gamma)$ einer *Gruppen*-Mannigfaltigkeit Γ ist nun die folgende:

Die, auf Grund des Satzes I mögliche, isomorphe Abbildung der Ringe $\mathfrak{R}(\Gamma)$ und $\mathfrak{R}(\Pi)$ aufeinander läßt sich so wählen, daß sie zugleich die Ringe $\mathfrak{P}(\Gamma)$ und $\mathfrak{Q}(\Pi)$ isomorph aufeinander abbildet.

Damit wäre die Struktur des Ringes $\mathfrak{P}(\Gamma)$ sowie die Beziehung zwischen den Ringen $\mathfrak{P}(\Gamma)$ und $\mathfrak{R}(\Gamma)$ weitgehend geklärt.

Unter anderem würde noch die folgende Rolle der minimalen Elemente einer Gruppen-Mannigfaltigkeit sichtbar werden. Offenbar sind die Elemente $V_1, \ldots, V_l$, die durch (**) gegeben sind, minimale Elemente von $\mathfrak{R}(\Pi)$, und zwar bilden sie eine additive Basis der *vollen* Gruppe der minimalen Elemente von $\mathfrak{R}(\Pi)$, d.h. der Vereinigung der Gruppen $\mathfrak{V}_1, \ldots, \mathfrak{V}_n$ (Nr. 33); daher würden auch die Elemente $v_1, \ldots, v_l$ von $\mathfrak{R}(\Gamma)$, welche bei dem vermuteten Isomorphismus den V_i entsprächen, minimal sein und eine Basis der vollen Gruppe der minimalen Elemente von $\mathfrak{R}(\Gamma)$ bilden; da aber die Elemente (5.1) eine volle additive Basis in Π bilden, würden auch die Pontrjaginschen Produkte

$$v_{i_1} \circ v_{i_2} \circ \cdots \circ v_{i_k}, \quad i_1 < i_2 \cdots < i_k,$$

eine volle additive Basis in Γ bilden. Es würde sich also herausstellen, daß die minimalen Elemente $v_1, v_2, \ldots, v_l$ in ganz analoger Weise durch die Pontrjaginsche Produktbildung den Ring $\mathfrak{P}(\Gamma)$ aufspannen, wie die maximalen Elemente $z_1, z_2, \ldots, z_l$ durch die Schnittbildung den Ring $\mathfrak{R}(\Gamma)$ erzeugen[34]).

[34]) Die oben ausgesprochene Vermutung, für die ich keinen Beweis gefunden hatte, habe ich mündlich Herrn H. SAMELSON mitgeteilt, und dieser hat ihre Richtigkeit inzwischen in vollem Umfange bewiesen [Ann. of Math. 42 (1941), pp. 1091—1137]. — Sie bezieht sich übrigens ausdrücklich auf Gruppenmannigfaltigkeiten, und für den Beweis ist die Bedeutung des assoziativen Gesetzes wesentlich.

Über den Rang geschlossener Liescher Gruppen

Commentarii Mathematici Helvetici 13, (1940/41)
L. E. J. Brouwer zum 60. Geburtstag

1. Der „Rang" λ einer geschlossenen Lieschen Gruppe G soll im folgenden so definiert sein: G enthält λ-dimensionale, aber nicht höherdimensionale Abelsche Untergruppen. Diese Definition weicht zwar von der üblichen etwas ab, sie ist aber am Platze, wenn man will, daß der nachstehende Satz von E. Cartan für beliebige geschlossene Gruppen, nicht nur für halb-einfache, Gültigkeit habe[1]):

Die Summe der Bettischen Zahlen einer geschlossenen Gruppe vom Range λ ist gleich 2^λ.

Da der Rang bereits durch die Eigenschaften der Gruppe in der Umgebung des Eins-Elementes bestimmt ist, vermittelt der Satz eine der interessanten Beziehungen, die zwischen der lokalen und der globalen Struktur von G bestehen. Er ist von Cartan im Rahmen seiner Theorie der invarianten Integrale durch eine Rechnung bewiesen worden.

Wir werden im folgenden für den Rang eine Deutung innerhalb der Homologie-Theorie der Gruppen-Mannigfaltigkeiten angeben, welche die Gültigkeit des Satzes in Evidenz setzt. Als Koeffizientenbereich für die Homologien soll der Körper der rationalen Zahlen — oder auch der Körper der reellen Zahlen — dienen; dann ist; wie ich gezeigt habe, der Homologie-Ring $\Re(G)$ einer geschlossenen Gruppe G dimensionstreu isomorph dem Homologie-Ring eines topologischen Produktes

$$S_1 \times S_2 \times \cdots \times S_l, \qquad l \geqq 1,$$

wobei die S_i Sphären von ungeraden Dimensionen sind[2]). Es ist klar, daß die Summe der Bettischen Zahlen dieses Produktes, also auch die Summe der Bettischen Zahlen von G, gleich 2^l ist; daher ist der Cartansche Satz mit dem folgenden äquivalent:

Der Rang λ von G ist gleich der Anzahl l der Faktoren in dem Sphärenprodukt, dessen Ring dem Ring von G isomorph ist.

---

[1]) (**2**), Nr. 56; (4), § VII, p. 24. — Die fetten Nummern in Klammern beziehen sich auf das Literatur-Verzeichnis am Ende der Arbeit.

[2]) H. Hopf, Über die Topologie der Gruppen-Mannigfaltigkeiten und ihrer Verallgemeinerungen (Annals of Math. 42 (1941)).

Dieser Satz enthält die Deutung des Ranges als Homologiegröße; er wird im folgenden neu bewiesen werden, und zwar mit prinzipiell anderen Hilfsmitteln als denen, auf welchen der frühere Beweis des Cartanschen Satzes beruht[3]).

2. Die zu beweisende Gleichheit zwischen der „lokal" definierbaren Zahl λ und der „global" definierten Zahl l wird mit Hilfe des Brouwerschen Abbildungsgrades zu Tage treten. Wir betrachten für eine ganze Zahl k die Abbildung

$$p_k(x) = x^k,$$

welche jedem Element von G seine k-te Potenz zuordnet; ihr Grad sei γ_k. Die Gleichheit $\lambda = l$ ist gesichert, sobald für eine Zahl $k > 1$ die beiden folgenden Sätze bewiesen sind:

Satz I: *Der Homologie-Ring der geschlossenen Gruppe G sei dem Ring des topologischen Produktes von l Sphären ungerader Dimensionen dimensionstreu isomorph; dann ist $\gamma_k = k^l$.*

Satz II: *Die geschlossene Gruppe G enthalte eine λ-dimensionale Abelsche Untergruppe, und es gebe keine höher-dimensionale Abelsche Untergruppe von G; dann ist $\gamma_k = k^\lambda$.*

Beide Sätze gelten für beliebige ganze Zahlen k.

3. Die Beweise der beiden Sätze werden ganz unabhängig voneinander sein; der Abbildungsgrad zeigt sich in ihnen von zwei verschiedenen Seiten: das eine Mal tritt er als eine der Größen auf, die zu dem Homologietypus einer Abbildung gehören, das andere Mal als Bedeckungszahl der Umgebungen einzelner Punkte. Mit diesen Andeutungen ist folgendes gemeint:[4])

Eine Abbildung f einer Mannigfaltigkeit M in sich bewirkt eine Abbildung des Homologie-Ringes $\mathfrak{R}(M)$ in sich, die wir ebenfalls f nennen; sie ist ein additiver Homomorphismus. Die algebraischen Eigenschaften dieser Ring-Abbildung charakterisieren den Homologietypus der Abbildung f von M. Das Eins-Element des Ringes $\mathfrak{R}(M)$, das durch den orientierten Grundzyklus von M repräsentiert wird, bezeichnen wir selbst mit M; dann ist der Grad γ von f durch die Gleichung

$$f(M) = \gamma M$$

gegeben. Dies ist die algebraische und globale Definition des Grades, die wir beim Beweise des Satzes I benutzen.

---

[3]) Dadurch wird die in Fußnote 30 meiner Arbeit[2]) gestellte Aufgabe gelöst.

[4]) Alle im folgenden benutzten Eigenschaften des Abbildungsgrades findet man im Kap. XII der „Topologie I" von ALEXANDROFF-HOPF (Berlin 1935).

Dem Beweise des Satzes II dagegen liegt die anschauliche und lokale Bedeutung des Grades zugrunde. Die Abbildung f heiße im Punkte q „glatt", wenn jeder Punkt p, der auf q abgebildet wird, eine Umgebung besitzt, in welcher f eineindeutig ist; ist f in q glatt, so besteht das Urbild $f^{-1}(q)$ nur aus endlich vielen Punkten, da in der Umgebung eines Häufungspunktes von Urbildpunkten von q die geforderte Eineindeutigkeit nicht bestehen könnte; eine Umgebung von q erleidet also eine endliche Anzahl schlichter Bedeckungen durch die Bildmenge; die Bedeckungszahl, d.h. die Anzahl der positiven Bedeckungen vermindert um die Anzahl der negativen Bedeckungen, ist der Grad von f. Er hängt nicht von dem Punkt q ab, es gilt also der folgende „Hauptsatz" über den Abbildungsgrad: Ist die Abbildung f in zwei verschiedenen Punkten q_1 und q_2 glatt, so sind die Bedeckungszahlen in den beiden Punkten einander gleich; ist insbesondere die Bedeckungszahl in einem Punkt q_1 von 0 verschieden, so kann sie in keinem Punkt gleich 0 sein, es gibt also zu jedem Punkt q wenigstens einen Punkt p mit $f(p)=q$.

Die Glattheit in einem Punkte q ist speziell dann gesichert, wenn f stetig differenzierbar ist und die Funktionaldeterminante in keinem Urbildpunkt von q verschwindet; das Vorzeichen einer Bedeckung von q ist dasselbe wie das Vorzeichen der Funktionaldeterminante in dem betreffenden Urbildpunkt.

4. Der Satz I wird im § 1 bewiesen (für beliebige k). Die Untersuchung des Homologietypus der Abbildungen p_k geschieht mit Hilfe des Begriffes der „minimalen" Elemente eines Homologieringes (Nr. 5) und unter Benutzung der Theorie des „Umkehrungs-Homomorphismus" (Nr. 9).

Der § 2, der den Beweis des Satzes II enthält (für $k>0$), kann ohne Kenntnis des § 1 gelesen werden; aus der Homologietheorie kommt in ihm nichts vor. Die Grundlage des Beweises ist die Tatsache, daß die Funktionaldeterminante einer Abbildung p_k bei positivem k nirgends negativ ist (Nr. 15). Zur Vermeidung von Komplikationen nehmen wir die geschlossene Gruppe G als analytisch an, was bekanntlich keine Einschränkung bedeutet. Aus der Theorie der kontinuierlichen Gruppen werden die folgenden beiden Sätze ohne Beweis benutzt: 1. Die Existenz eines kanonischen Koordinatensystems in der Umgebung des Eins-Elementes (Nr. 17). — 2. Die Tatsache, daß jede kompakte zusammenhängende Abelsche Untergruppe von G ein „Toroid" ist, d.h. das direkte Produkt von endlich vielen Kreisdrehungsgruppen (Nr. 18). — Zwei weitere Sätze über geschlossene Liesche Gruppen, die auf dem Wege zum Satz II auftreten, werden wir nicht als bekannt voraussetzen, sondern mit Hilfe des Abbildungsgrades neu beweisen: a) Jede geschlossene Gruppe wird von ihren infinitesimalen Transformationen erzeugt, d.h. sie wird von ihren einparametrigen Untergruppen vollständig überdeckt

(Nr. 17). — b) Diejenigen Toroide in G, welche nicht in höherdimensionalen Toroiden enthalten sind, haben sämtlich die gleiche Dimension λ (Nr. 21).

Im § 3 werden, im Anschluß an den § 2, noch einige weitere Bemerkungen über die Abbildungen p_k gemacht; dabei treten die bekannten „singulären" Gruppenelemente auf, und unser Rang $\lambda = l$ wird mittels der charakteristischen Polynome der zu G adjungierten linearen Gruppe ausgedrückt, wie es bei halb-einfachen Gruppen üblich ist (Nr. 26).

Ich möchte noch feststellen, daß Gespräche mit Herrn H. SAMELSON dazu beigetragen haben, die in dieser Arbeit behandelten Fragen zu klären.

§ 1

5. Der Koeffizientenbereich für die Homologien soll immer der rationale Körper sein. Die Homologieklassen einer geschlossenen orientierbaren Mannigfaltigkeit M werden in der üblichen Weise durch Bettische Addition und Schnitt-Multiplikation zu dem Ring $\mathfrak{R}(M)$ vereinigt. Ein homogen-dimensionales Element V von $\mathfrak{R}(M)$ heißt „minimal", wenn es keine anderen Vielfachen in $\mathfrak{R}(M)$ besitzt als die durch Multiplikation mit rationalen Zahlen α entstehenden Vielfachen αV — welche die gleiche Dimension wie V haben — und als die 0-dimensionalen Elemente — welche infolge des Poincaré-Veblenschen Dualitätssatzes Vielfache jedes von 0 verschiedenen Elementes sind; die 0-dimensionalen Elemente selbst rechnen wir nicht zu den minimalen.[5])

Es gilt der Invarianzsatz: *Bei jeder stetigen Abbildung von M in eine Mannigfaltigkeit M' ist das Bild eines minimalen Elementes von $\mathfrak{R}(M)$ wieder ein minimales Element von $\mathfrak{R}(M')$.* [5])

6. In der Mannigfaltigkeit Γ sei eine stetige Multiplikation erklärt, d.h. jedem geordneten Punktepaar (p, q) von Γ sei ein Punkt $p \cdot q$ von Γ zugeordnet, der stetig von dem Paar (p, q) abhängt. Setzen wir

$$p \cdot q = L_p(q) = R_q(p),$$

so ist L_p eine stetige Abbildung von Γ in sich; da L_p stetig von p abhängt, ist die durch L_p bewirkte Abbildung des Ringes $\mathfrak{R}(\Gamma)$ in sich unabhängig von p; wir nennen diese Ringabbildung L; analog ist die Ringabbildung R erklärt.

Ist M irgendeine Mannigfaltigkeit[6]), und sind f, g zwei Abbildungen von M in Γ, so wird durch

$$P_{f,g}(a) = f(a) \cdot g(a),$$

---

[5]) A. a. O.[2]), Nr. 32—34.

[6]) Alle Mannigfaltigkeiten sollen geschlossen und orientierbar sein.

wobei a einen variablen Punkt von M bezeichnet und das Produkt auf der rechten Seite im Sinne der stetigen Multiplikation in Γ zu bilden ist, eine neue Abbildung von M in Γ erklärt; die durch f, g, $P_{f,g}$ bewirkten Ringabbildungen nennen wir ebenfalls f, g, $P_{f,g}$.

Hilfssatz 1: Für jedes minimale Element V von $\mathfrak{R}(M)$ gilt

$$P_{f,g}(V) = Rf(V) + Lg(V).$$

Beweis: Die stetige Multiplikation in Γ kann als Abbildung F des topologischen Produktes $\Gamma \times \Gamma$ in Γ aufgefaßt werden:

$$F(p \times q) = p \cdot q$$

für jedes Punktepaar (p, q) von Γ. Ist Z irgend ein Element von $\mathfrak{R}(\Gamma)$ und E das durch einen einfachen Punkt repräsentierte Element, so ist[7])

(1) $$F(E \times Z) = L(Z), \quad F(Z \times E) = R(Z).$$

Sind Π_1, Π_2 die Projektionen von $\Gamma \times \Gamma$ auf Γ, die durch

$$\Pi_1(p \times q) = p, \quad \Pi_2(p \times q) = q$$

gegeben sind, so ist[7])

(2a) $$\Pi_1(Z \times E) = \Pi_2(E \times Z) = Z,$$

(2b) $$\Pi_1(E \times Z) = \Pi_2(Z \times E) = 0,$$

wobei für (2b) vorausgesetzt ist, daß Z positive Dimension hat.

Die Abbildungen f und g von M in Γ bewirken eine Abbildung Q von M in $\Gamma \times \Gamma$:

$$Q(a) = f(a) \times g(a)$$

für jeden Punkt a von M; es ist

(3) $$P_{f,g} = FQ,$$

(4) $$\Pi_1 Q = f, \quad \Pi_2 Q = g.$$

Es sei nun V ein minimales Element von $\mathfrak{R}(M)$; nach dem Invarianzsatz (Nr. 5) ist $Q(V)$ minimales Element von $\mathfrak{R}(\Gamma \times \Gamma)$; die minimalen Elemente dieses Ringes sind aber, wie man aus den bekannten Homologie- und Schnitt-Eigenschaften in Produkt-Mannigfaltigkeiten leicht bestätigt[8]), die Elemente

$$(V' \times E) + (E \times V''),$$

wobei V', V'' minimale Elemente von $\mathfrak{R}(\Gamma)$ sind, die auch 0 sein können. Es gibt also zwei solche Elemente V', V'' in $\mathfrak{R}(\Gamma)$, daß

(5) $$Q(V) = (V' \times E) + (E \times V'')$$

[7]) Analog wie oben bezeichnen wir die durch die stetigen Abbildungen $F, \Pi, \ldots$ bewirkten Ring-Abbildungen selbst mit $F, \Pi, \ldots$.

[8]) Man vergleiche Kap. V der „Topology" von LEFSCHETZ (New York 1930).

ist. Aus (5), (4), (2a), (2b) folgt

$$V' = f(V), \qquad V'' = g(V),$$

also

$$Q(V) = (f(V) \times E) + (E \times g(V)). \tag{6}$$

Aus (6), (3), (1) folgt

$$P_{f,g}(V) = Rf(V) + Lg(V), \tag{7}$$

was zu beweisen war.

7. Wir nehmen jetzt an, daß die stetige Multiplikation in Γ ein Eins-Element besitzt; es gebe also einen Punkt e, so daß für jeden Punkt p

$$e \cdot p = p \cdot e = p$$

ist. Dann ist L_e die identische Abbildung von Γ auf sich und L die identische Abbildung von $\mathfrak{R}(\Gamma)$ auf sich; das Gleiche gilt für R_e und R. Die Gleichung (7) lautet daher

$$P_{f,g}(V) = f(V) + g(V). \tag{8}$$

Wir betrachten in Γ die Potenzabbildungen

$$p_k(x) = x^k;$$

für sie gilt

$$p_0(x) = e, \qquad p_k(x) = x \cdot p_{k-1}(x); \tag{9}$$

falls in Γ die Gruppenaxiome erfüllt sind, sind diese Abbildungen von vornherein für alle positiven und negativen k definiert; andernfalls sind sie durch (9) wenigstens für alle positiven k definiert.

Hilfssatz 2: In Γ sei eine stetige Multiplikation mit Eins-Element erklärt; die Potenzabbildungen p_k seien in dem soeben besprochenen Sinne definiert. Dann ist für jedes minimale Element V von $\mathfrak{R}(\Gamma)$

$$p_k(V) = kV. \tag{10}$$

Beweis: Für $k=0$ und $k=1$ ist (10) offenbar richtig. Setzen wir $M=\Gamma$, $f=p_1$, $g=p_{k-1}$, so ist nach (9) $p_k = P_{f,g}$, und folglich nach (8)

$$p_k(V) = V + p_{k-1}(V).$$

Hieraus folgt (10) für positive k durch Schluß von $k-1$ auf k, für negative k durch Schluß von k auf $k-1$.[9])

---

[9]) Herr B. Eckmann hat mir gezeigt, daß der Hilfssatz 1 seine Gültigkeit behält, wenn man die in ihm behauptete Gleichung als Gleichung in einer Hurewiczschen Homotopiegruppe deutet und unter V eine Sphäre beliebiger Dimension versteht; sowie, daß der Hilfssatz 2 gültig bleibt, wenn man (10) als Gleichung in einer Hurewiczschen Gruppe deutet und unter V irgend ein Element dieser Gruppe versteht.

8. Als weitere Vorbereitung für den Beweis des Satzes I stellen wir hier Eigenschaften des Ringes der Produkt-Mannigfaltigkeit

$$P = S_1 \times S_2 \times \cdots \times S_l$$

zusammen, wobei die S_i Sphären von ungeraden Dimensionen sind; die Beweise übergehen wir[8]).

Die durch die Grundzyklen repräsentierten Elemente der Ringe $\mathfrak{R}(S_i)$ und $\mathfrak{R}(P)$, also die Eins-Elemente dieser Ringe, seien selbst mit S_i szw. P, die durch einfache Punkte repräsentierten Elemente dieser Ringe beien mit E_i bzw. E bezeichnet.

In $\mathfrak{R}(P)$ besteht eine volle Homologiebasis, d.h. die Vereinigung von Homologiebasen aller Dimensionen, aus den 2^l Elementen

$$X_1 \times X_2 \times \cdots \times X_l, \tag{11}$$

wobei X_i entweder S_i oder E_i ist.

V_i sei dasjenige Element (11), in welchem $X_i = S_i$, $X_j = E_j$ für $j \neq i$ ist. $V_1, \ldots, V_l$ sind minimale Elemente, und zwar bilden sie eine Basis aller minimalen Elemente von $\mathfrak{R}(P)$: sie sind linear unabhängig, und jedes minimale Element ist eine lineare Verbindung von ihnen.

Z_j sei dasjenige Element (11), in welchem $X_i = \pm E_i$, $X_j = S_j$ für $j \neq i$ ist, wobei das Vorzeichen von E_i so gewählt ist, daß $Z_i \cdot V_i = +E$ ist. Das System aller Punkte

$$Z_{i_1} \cdot Z_{i_2} \cdots Z_{i_r}, \quad i_1 < i_2 < \cdots < i_r, \tag{12}$$

zusammen mit dem Eins-Element P ist bis auf Vorzeichen identisch mit dem System der Elemente (11); es bildet also eine Basis in $\mathfrak{R}(P)$; bezeichnen wir die Produkte (12), in welchen $r > 1$ ist, mit $Y_1, Y_2, \ldots$, so haben wir also eine Basis

$$P, Z_1, \ldots, Z_l, Y_1, Y_2, \ldots; \tag{13}$$

sie ist dual zu der Basis

$$E, V_1, \ldots, V_l, W_1, W_2, \ldots; \tag{14}$$

(auf den Bau der Elemente W_j kommt es im Augenblick nicht an); daß die Basis (13) zur Basis (14) dual ist, bedeutet: es ist

$$P \cdot E = Z_i \cdot V_i = Y_j \cdot W_j = E,$$

während für jedes andere Paar aus (13) und (14), in welchem die Dimensionszahlen der beiden Elemente sich zur Dimensionszahl von P ergänzen, das Produkt gleich 0 ist.

Folgende Produktregeln sind wichtig:

$$Z_1 \cdot Z_2 \cdot \cdots \cdot Z_l = \pm E, \tag{15}$$

wobei es uns auf das Vorzeichen nicht ankommt; ferner

(16) $$Z_i \cdot Z_i = 0,$$

(17) $$Z_i \cdot Z_j = -Z_j \cdot Z_i \quad \text{für} \quad i \neq j;$$

(die Voraussetzung, daß die Dimensionen der S_i ungerade sind, ist im vorstehenden nun für (17) gebraucht worden).

9. Wir erinnern jetzt an den „Umkehrungs-Homomorphismus" der Abbildungen von Mannigfaltigkeiten[10]). Es seien M, M' zwei Mannigfaltigkeiten; $\{U_i\}$ bzw. $\{U'_j\}$ seien volle Homologiebasen in ihren Ringen, und $\{X_i\}$ bzw. $\{X'_j\}$ seien die zu diesen Basen dualen Basen. Eine Abbildung f von M in M' bewirkt eine Abbildung von $\mathfrak{R}(M)$ in $\mathfrak{R}(M')$, die durch

(18) $$f(U_i) = \sum \alpha_{ij} U'_j$$

gegeben sei; dann gilt der Satz: Die Abbildung φ von $\mathfrak{R}(M')$ in $\mathfrak{R}(M)$, die durch

(19) $$\varphi(X'_j) = \sum \alpha_{ij} X_i$$

gegeben ist, ist nicht nur ein additiver, sondern auch ein multiplikativer Homomorphismus.

Wir nehmen jetzt an, daß M und M' gleiche Dimension haben; dann ist der Abbildungsgrad γ von f erklärt. In den obigen Basen seien $U_1 = M$, $U'_1 = M'$ die Eins-Elemente, $X_1 = E$, $X'_1 = E'$ die durch einfache Punkte repräsentierten Elemente der beiden Ringe. Die Gleichung (18) für $i = 1$ lautet

$$f(U_1) = \gamma U'_1,$$

es ist also $\alpha_{11} = \gamma$; da die U_i für $i > 1$ kleinere Dimension haben als $U'_1 = M'$, ist $\alpha_{i1} = 0$ für $i > 1$. Folglich lautet (19) für $j = 1$:

(20) $$\varphi(E') = \gamma E;$$

auch durch diese Formel ist der Grad γ charakterisiert.

10. Es sei jetzt G eine Mannigfaltigkeit, deren Ring dem Ring der Produkt-Mannigfaltigkeit P aus Nr. 8 dimensionstreu isomorph sei. Diejenigen Elemente aus $\mathfrak{R}(G)$, die bei diesem Isomorphismus den Elementen V_i, Z_i, Y_j, W_j, E aus $\mathfrak{R}(P)$ entsprechen, bezeichnen wir mit denselben Buchstaben; nur statt P schreiben wir G.

Eine Abbildung f von G in sich sei gegeben; die Bilder $f(V_h)$ der minimalen Elemente V_h sind nach dem Invarianzsatz (Nr. 5) selbst wieder minimale Elemente; infolge der Basis-Eigenschaft der V_i (Nr. 8) bestehen daher Gleichungen

(21) $$f(V_h) = \sum \gamma_{hi} V_i.$$

---

[10]) H. Hopf, Zur Algebra der Abbildungen von Mannigfaltigkeiten (Crelle's Journ. 163 (1930), 171—188), Satz I und Satz Ia.

Hilfssatz 3: Der Grad von f ist die Determinante der γ_{hi}.

Beweis: Der Umkehrungs-Homomorphismus φ von f bewirkt unter anderem die folgenden Substitutionen:

$$\varphi(Z_i) = \sum \gamma_{hi} Z_h + \sum \beta_{ji} Y_j, \tag{22}$$

wobei die γ_{hi} dieselben sind wie in (21). Wir multiplizieren die l Gleichungen (22) für $i=1, 2, \ldots, l$ miteinander; dabei entsteht auf der rechten Seite eine lineare Verbindung von Produkten Π_λ, von denen jedes l Faktoren, teils Z_h und teils Y_j, enthält; nun ist aber jedes Y_j gemäß seiner Definition selbst Produkt von mindestens zwei Z_h; diejenigen Π_λ, welche wenigstens einen Faktor Y_j enthalten, lassen sich daher als Produkte von mehr als l Faktoren Z_h schreiben, und folglich verschwinden sie auf Grund von (17) und (16). Es ergibt sich also zunächst

$$\Pi \varphi(Z_i) = \Pi\left(\sum \gamma_{hi} Z_h\right),$$

wobei die Produkte auf beiden Seiten über $i=1, 2, \ldots, l$ zu erstrecken sind. Auf der linken Seite benutze man jetzt die multiplikativ-homomorphe Eigenschaft von φ und die Formel (15), und auf der rechten Seite wende man (17), (16), (15) an; dann erhält man

$$\varphi(E) = \text{Det.}\,(\gamma_{hi}) \cdot E.$$

Nach (20) ist daher Det. (γ_{hi}) der Grad von f.

11. Der Satz I (Nr. 2) ist eine unmittelbare Folge aus dem soeben bewiesenen Hilfssatz 3 und dem Hilfssatz 2 (Nr. 7); denn für die Potenzabbildung p_k einer Gruppen-Mannigfaltigkeit G lautet auf Grund des Hilfssatzes 2 die Substitution (21)

$$p_k(V_i) = k V_i, \qquad i = 1, 2, \ldots, l;$$

ihre Determinante ist k^l; nach dem Hilfssatz 3 ist dies der Grad von p_k.

Es sei noch darauf aufmerksam gemacht, daß die Gültigkeit des assoziativen Gesetzes der stetigen Multiplikation in G nicht benutzt worden ist; nur muß ein Eins-Element e existieren, und die Potenzen p_k müssen so definiert sein, daß die Formeln (9) gelten.

§ 2

12. G sei eine n-dimensionale Liesche Gruppe; vorläufig setzen wir nicht voraus, daß sie geschlossen sei; ihr Eins-Element heiße e. Es seien Abbildungen $h_1, h_2, \ldots, h_r$ gegeben, welche eine Umgebung von e so in eine Umgebung von e abbilden, daß

$$h_\varrho(e) = e, \qquad \varrho = 1, 2, \ldots, r, \tag{1}$$

ist. Dann ist auch das Produkt

$$h(x) = h_1(x) \cdot h_2(x) \cdot \cdots \cdot h_r(x)$$

eine Abbildung mit $h(e) = e$.

Wir benutzen in der Umgebung von e ein festes Koordinatensystem; die Nummern der Koordinaten deuten wir durch obere Indizes an. Die $h^i_\varrho(x)$ seien stetig differenzierbare Funktionen der x^k; dann sind die Funktionalmatrizen $H, H_1, H_2, \ldots, H_r$ der Abbildungen $h, h_1, h_2, \ldots, h_r$ im Punkte e definiert.

Wir behaupten:

$$H = H_1 + H_2 + \cdots + H_r. \tag{2}$$

Es genügt, dies für $r = 2$ zu beweisen, da sich dann der allgemeine Fall durch wiederholte Anwendung ergibt.

Die Multiplikation in G sei durch

$$y \cdot z = f(y; z)$$

gegeben, in Koordinaten:

$$(y \cdot z)^i = f^i(y^1, \ldots, y^n;\ z^1, \ldots, z^n).$$

Aus

$$f(y; e) = y, \qquad f(e; z) = z$$

folgt

$$\left(\frac{\partial f^i}{\partial y^j}\right)_{z=e} = \left(\frac{\partial f^i}{\partial z^j}\right)_{y=e} = \delta_{ij}, \tag{3}$$

wobei (δ_{ij}) die Einheitsmatrix ist. Differentiation von

$$h^i(x) = f^i(h_1(x);\ h_2(x))$$

ergibt

$$\frac{\partial h^i}{\partial x^k} = \sum_j \frac{\partial f^i}{\partial y^j} \cdot \frac{\partial h^j_1}{\partial x^k} + \sum_j \frac{\partial f^i}{\partial z^j} \cdot \frac{\partial h^j_2}{\partial x^k},$$

also nach (1) und (3)

$$\left(\frac{\partial h^i}{\partial x^k}\right)_{x=e} = \left(\frac{\partial h^i_1}{\partial x^k}\right)_{x=e} + \left(\frac{\partial h^i_2}{\partial x^k}\right)_{x=e}.$$

Das ist die Behauptung (2) für $r = 2$.

13. Wir wollen die Funktionalmatrix der Potenzabbildung[11])

$$p_k(x) = x^k$$

von G in sich an einer Stelle $x = a$ untersuchen; die Matrix selbst hängt zwar von den Koordinatensystemen in den Umgebungen der Punkte a und $p_k(a) = a^k$ ab, aber wesentlich sind nur solche Eigenschaften, die von

---

[11]) Obere Indizes sind im folgenden immer Exponenten (nicht Koordinaten-Nummern).

der Koordinatenwahl unabhängig sind; wir werden die Koordinatensysteme möglichst bequem wählen. Da wir uns besonders für das Vorzeichen der Funktionaldeterminante interessieren, haben wir dabei auf Orientierungsfragen zu achten.

Die Mannigfaltigkeit G ist analytisch und orientierbar; es sind also lokale analytische Koordinatensysteme ausgezeichnet, die dort, wo sie übereinandergreifen, durch reguläre Transformationen mit positiver Funktionaldeterminante auseinander hervorgehen, und es sind beliebige reguläre Koordinatentransformationen mit positiven Determinanten zugelassen. Durch solche Koordinatentransformationen werden wir jetzt in den Umgebungen der Punkte a und a^k spezielle Koordinatensysteme einführen, und in bezug auf diese Systeme werden wir die Funktionalmatrix P_k der Abbildung p_k berechnen. Das Verschwinden oder Nicht-Verschwinden (Nr. 14) sowie das Vorzeichen (Nr. 15) der Funktionaldeterminante von p_k wird durch die spezielle Wahl der Koordinatensysteme nicht beeinflußt.

In der Umgebung des Punktes e nehmen wir ein festes Koordinatensystem; die Abbildung $x \to xa$ einer Umgebung von e auf eine Umgebung von a hat, da sie sich durch eine Deformation von G erzeugen läßt, positive Funktionaldeterminante; infolgedessen kann man durch eine zugelassene Koordinatentransformation in der Umgebung von a erreichen, daß die Funktionalmatrix dieser Abbildung die Einheitsmatrix E wird. Ebenso kann man durch eine zugelassene Koordinatentransformation in der Umgebung des Punktes a^k erreichen, daß die Funktionalmatrix der Abbildung $x \to a^{k-1}\, xa$ einer Umgebung von e auf eine Umgebung von a^k die Einheitsmatrix E wird. Damit sind in den Umgebungen von e, a, a^k Koordinatensysteme eingeführt, an denen wir festhalten wollen.

Es sei $k > 0$. Setzen wir

$$a^{-\varrho}\, x a^{\varrho} = h_{\varrho}(x)$$

und

$$h(x) = h_{k-1}(x) \cdot h_{k-2}(x) \cdot \cdots \cdot h_1(x) \cdot h_0(x),$$

so verifiziert man leicht die Identität

$$x^k = a^{k-1} \cdot h(xa^{-1}) \cdot a.$$

Man kann also die Abbildung $p_k(x)$, welche x in x^k überführt, in drei Schritten ausführen:

$$x \to xa^{-1} = x_1 \to h(x_1) = x_2 \to a^{k-1}\, x_2 a = x^k.$$

Die Funktionalmatrizen des ersten und des dritten Schrittes sind, dank der von uns gewählten Koordinatensysteme, die Einheitsmatrizen; die

Funktionalmatrix P_k von p_k an der Stelle $x=a$ ist daher gleich der Funktionalmatrix von h an der Stelle $x_1=e$; diese Matrix ist nach Nr. 12

$$H=H_{k-1}+H_{k-2}+\cdots+H_1+H_0,$$

wenn H_ϱ die Funktionalmatrix von h^ϱ an der Stelle e bezeichnet.

Nun ist h_ϱ die ϱ-te Iteration der Abbildung h_1, und es ist $h_1(e)=e$; folglich ist H_ϱ die ϱ-te Potenz der Matrix H_1. Schreiben wir A statt H_1, so haben wir damit das folgende Resultat:

Bei geeigneter Wahl von zugelassenen Koordinatensystemen in den Umgebungen der Punkte a und a^k ist die Funktionalmatrix der Abbildung $p_k(x)=x^k$, $k>0$, an der Stelle $x=a$

$$P_k=E+A+A^2+\cdots+A^{k-1}; \tag{4}$$

dabei bezeichnet A die Funktionalmatrix der Abbildung $x\to a^{-1}xa$ an der Stelle $x=e$, also die Matrix derjenigen adjungierten linearen Transformation, welche zum Element a gehört.

14. Wir fassen die Matrix A und ihre Potenzen als lineare Transformationen des Vektorbündels im Punkte e auf. Ein „Fixvektor" von A ist ein Vektor $\mathfrak{x}$ mit $A\mathfrak{x}=\mathfrak{x}$, also ein Eigenvektor mit dem Eigenwert $+1$. Wir behaupten:

Dann und nur dann ist die Determinante $|P_k|=0$, wenn es einen Vektor gibt, der Fixvektor von A^k, aber nicht Fixvektor von A ist.

Beweis: Aus (4) folgt

$$P_k\cdot(E-A)=E-A^k, \tag{5a}$$

$$(E-A)\cdot P_k=E-A^k. \tag{5b}$$

Es gebe nun erstens einen Vektor $\mathfrak{x}$ der in der Behauptung genannten Art; dann ist (wenn $\mathfrak{o}$ den Nullvektor bezeichnet)

$$(E-A^k)\,\mathfrak{x}=\mathfrak{o},\qquad (E-A)\,\mathfrak{x}=\mathfrak{x}'\neq\mathfrak{o},$$

und nach (5a) $P_k\mathfrak{x}'=\mathfrak{o}$, also $|P_k|=0$.

Es sei zweitens $|P_k|=0$; dann gibt es einen Vektor $\mathfrak{x}\neq\mathfrak{o}$ mit $P_k\mathfrak{x}=\mathfrak{o}$; nach (5b) ist $\mathfrak{x}$ Fixvektor von A^k; wäre er auch Fixvektor von A, so wäre $A^\varrho\mathfrak{x}=\mathfrak{x}$ für jedes ϱ, also nach (4) $P_k\mathfrak{x}=k\mathfrak{x}$; dies ist nicht verträglich mit $\mathfrak{x}\neq\mathfrak{o}$, $P_k\mathfrak{x}=\mathfrak{o}$; folglich ist $\mathfrak{x}$ nicht Fixvektor von A.

15. *Von jetzt an sei die Gruppe G geschlossen.* Wir behaupten:

Für jedes $k>0$ und an jeder Stelle a von G ist die Determinante

$$|P_k|\geqq 0. \tag{6}$$

Beweis: Für ein beliebiges Element b von G sei B die zugehörige adjungierte Matrix, d.h. die Funktionalmatrix der Transformation $x \to b^{-1} x b$ an der Stelle $x = e$, und $C_b(\zeta)$ das charakteristische Polynom von B, also

$$C_b(\zeta) = |\zeta E - B|.$$

Bekanntlich gilt für geschlossene Gruppen der Satz, daß die Wurzeln dieser Polynome den Betrag 1 haben. Ich erinnere an den Beweis[12]: die Koeffizienten der Polynome C_b sind stetige Funktionen von b, also, da b auf der geschlossenen Mannigfaltigkeit G variiert, beschränkt; folglich sind auch die Wurzeln beschränkt; da aber, wenn ζ Wurzel von C_b ist, die Potenz ζ^m Wurzel von C_{b^m} ist, sind auch alle Potenzen der Wurzeln mit positiven und mit negativen Exponenten beschränkt; das ist nur möglich, wenn die Wurzeln den Betrag 1 haben.

Insbesondere hat C_b keine reelle Wurzel $\zeta > 1$, und da $C_b(\zeta)$ für große positive ζ positiv ist, ist daher

$$C_b(\zeta) > 0 \quad \text{für} \quad \zeta > 1. \tag{7}$$

Wir betrachten nun die von dem Parameter ζ abhängige Matrizenschar

$$P_k(\zeta) = \zeta^{k-1} E + \zeta^{k-2} A + \cdots + \zeta A^{k-2} + A^{k-1},$$

so daß also nach Nr. 13

$$P_k(1) = P_k$$

ist. Dann ist

$$(\zeta E - A) \cdot P_k(\zeta) = \zeta^k E - A^k,$$

also, wenn man zu den Determinanten übergeht und beachtet, daß A^k die zu dem Element a^k gehörige adjungierte Matrix ist,

$$C_a(\zeta) \cdot |P_k(\zeta)| = C_{a^k}(\zeta^k).$$

Hieraus und aus (7) folgt

$$|P_k(\zeta)| > 0 \quad \text{für} \quad \zeta > 1,$$

also

$$|P_k(1)| \geqq 0.$$

Das ist die Behauptung (6).

Es sei noch bemerkt, daß der hiermit für geschlossene Gruppen bewiesene Satz für offene Gruppen im allgemeinen nicht gilt: bei der 6-dimensionalen Gruppe der eigentlichen affinen Transformationen der (x, y)-Ebene,

$$\left.\begin{aligned} x' &= a x + b y + s \\ y' &= c x + d y + t \end{aligned}\right\}, \quad ad - bc > 0,$$

---

[12]) (3), Nr. 39.

hat, wenn man a, b, c, d, s, t als Koordinaten benutzt, die Funktionaldeterminante der Abbildung p_2 den Wert

$$4(ad-bc)\,(a+d)^2\,\big((a+1)\,(d+1)-bc\big),$$

und dieser kann negativ werden — z.B. für $a=-2$, $d=-\frac{1}{2}$, $b=c=0$.

16. *Für jedes Element q der geschlossenen Gruppe G und für jedes $k>0$ hat die Gleichung*

$$x^k=q$$

wenigstens eine Lösung x in G[13]).

Beweis: Gemäß dem „Hauptsatz" über den Abbildungsgrad (Nr. 3) genügt es, einen Punkt q_1 zu finden, in welchem die Abbildung p_k glatt und die Bedeckungszahl nicht 0 ist. Da G analytisch und p_k eine analytische Abbildung ist, verschwindet die Funktionaldeterminante auf einer abgeschlossenen und höchstens $(n-1)$-dimensionalen Menge N, und das Bild $N'=p_k(N)$ ist ebenfalls abgeschlossen und höchstens $(n-1)$-dimensional; (n ist die Dimension von G). Im Punkte e ist, wie man z.B. aus (4) abliest, die Funktionaldeterminante nicht 0; daher gibt es eine Umgebung U von e, welche schlicht auf ein Gebiet U' abgebildet wird. In U' gibt es Punkte, die nicht zu N' gehören; jeder solche Punkt q_1 hat die gewünschten Eigenschaften: da er nicht zu N' gehört, ist p_k in ihm glatt; da die Funktionaldeterminante nach Nr. 15 nirgends negativ ist, ist seine Bedeckungszahl nicht negativ, und zwar ist sie gleich der Anzahl der Urbilder von q_1; diese Anzahl ist nicht 0, da q_1 zu U' gehört.

Den hiermit bewiesenen Satz kann man offenbar auch so formulieren: *Für $k>0$ ist*

$$p_k(G)=G.$$

Auch dieser Satz verliert seine Gültigkeit für offene Gruppen: in der multiplikativen Gruppe der reellen Matrizen

$$X=\begin{pmatrix} a & b \\ c & d \end{pmatrix} \quad \text{mit} \quad ad-bc=1$$

ist

$$p_2(X)=X^2=(a+d)\,X-E;$$

die Spur dieser Matrix ist $(a+d)^2-2$; zu einer Matrix Q, deren Spur <-2 ist, gibt es daher keine Lösung X der Gleichung $X^2=Q$; Beispiel: $Q=\begin{pmatrix} -2 & 0 \\ 0 & -\frac{1}{2} \end{pmatrix}$.

[13]) Der Satz ist bekannt, denn er ist eine unmittelbare Folge des bekannten Satzes in Nr. 17 — man vergleiche Fußnote 15; überdies ist er ein Korollar unseres Satzes I, den wir aber aus Gründen der Methode hier nicht benutzen wollen.

17. *Jedes Element q der geschlossenen Gruppe G gehört einer einparametrigen Untergruppe von G an*[14]); dieselbe Behauptung drückt man oft so aus: *die Gruppe G wird von ihren infinitesimalen Transformationen erzeugt*[15]).

Beweis: U sei eine offene Umgebung des Punktes e, in welcher ein kanonisches Koordinatensystem existiert[16]); hieraus folgen zwei Tatsachen: 1. jeder Punkt von U gehört einer einparametrigen Untergruppe von G an, 2. für jeden Punkt q von U und jedes $k>0$ gibt es in U einen Punkt x mit $x^k=q$; diese zweite Tatsache kann man auch so formulieren:

$$U\subset p_k(U). \tag{8}$$

Es sei x irgend ein Punkt von G. Infolge der Geschlossenheit von G enthält die Folge seiner positiven Potenzen x^m eine konvergente Teilfolge, es gibt also eine solche Zahlenfolge $m_1<m_2<\cdots$, daß $\lim x^{m_i}$ existiert; dann ist $\lim x^{m_i-m_{i-1}}=e$; somit liegt jedenfalls eine Potenz x^k in U, und da U offen ist, gibt es eine Umgebung $V(x)$ von x mit $p_k(V(x))\subset U$.

Jedem Punkt x ist eine solche Umgebung $V(x)$ zugeordnet; da G geschlossen ist, kann man aus dem unendlichen System dieser $V(x)$ endlich viele, etwa $V_1, V_2, \ldots, V_m$, so auswählen, daß $\sum V_i=G$ ist; es gibt Zahlen k_i mit

$$p_{k_i}(V_i)\subset U, \quad i=1,\ldots,m. \tag{9}$$

Setzen wir $k_1\cdot k_2\cdot\cdots\cdot k_m=k^*$ und erklären wir k_i' durch $k_i\cdot k_i'=k^*$, so ergibt sich aus (9) durch Ausübung von $p_{k_i'}$

$$p_{k^*}(V_i)\subset p_{k_i'}(U); \tag{10}$$

nach (8) ist $U\subset p_{k_i}(U)$, und hieraus folgt durch Ausübung von p_k

$$p_{k_i'}(U)\subset p_{k^*}(U);$$

hieraus und aus (10) ergibt sich

$$p_{k^*}(V_i)\subset p_{k^*}(U).$$

Dies gilt für $i=1,\ldots,m$, und es ist $\sum V_i=G$; folglich ist auch $p_{k^*}(G)\subset p_{k^*}(U)$. Nach Nr. 16 ist aber $p_{k^*}(G)=G$; es ist also $G\subset p_{k^*}(U)$, und somit

$$p_{k^*}(U)=G.$$

---

[14]) Unter einer einparametrigen Gruppe soll immer eine *zusammenhängende* eindimensionale Gruppe verstanden werden, wie in (**5**), p. 86 und p. 184ff.

[15]) Dieser Satz ist bekannt: er ergibt sich erstens leicht aus (**3**), Nr. 47, und er folgt zweitens auch aus der Deutung der einparametrigen Untergruppen als geodätische Linien — man vergleiche (**1**), chap. II — und der Tatsache, daß in einer geschlossenen Riemannschen Mannigfaltigkeit zwischen je zwei Punkten eine kürzeste Verbindung existiert.

[16]) (**5**), § 39.

Dies bedeutet: zu jedem Punkt q von G gibt es einen solchen Punkt x in U, daß $x^{k^*}=q$ ist; da x einer einparametrigen Gruppe G_1 angehört, gehört seine Potenz q derselben Gruppe G_1 an.

Es ist bekannt, daß auch der hiermit bewiesene Satz nicht für alle offenen Gruppen gilt; diese Tatsache ist, da ein Element q, für welches die Gleichung $x^2=q$ keine Lösung besitzt, keiner einparametrigen Gruppe angehören kann, in der Bemerkung am Schluß von Nr. 16 enthalten.[17])

18. Nach dem Satz aus Nr. 17 liegt jeder Punkt von G auf einer einparametrigen, also Abelschen, zusammenhängenden Untergruppe G_1 von G; die abgeschlossene Hülle von G_1 ist eine abgeschlossene Untergruppe von G, also eine Liesche Gruppe[18]); sie ist kompakt, Abelsch und zusammenhängend; folglich ist sie nach bekannten Sätzen das direkte Produkt von endlich vielen geschlossenen einparametrigen Gruppen, also von Kreisdrehungsgruppen[19]). Eine solche Gruppe wollen wir ein „Toroid" nennen. Wir haben also gezeigt:

Jeder Punkt von G liegt auf einem Toroid, welches Untergruppe von G ist.

19. Es sei hier an einige Eigenschaften der Toroide erinnert. Ein λ-dimensionales Toroid T_λ wird durch Koordinaten $x_1, \ldots, x_\lambda$ beschrieben, wobei die x_i die Restklassen der reellen Zahlen modulo 1 durchlaufen; die Zuordnung zwischen den Punkten von T_λ und den Systemen $(x_1, \ldots, x_\lambda)$ ist eineindeutig. Das Produkt zweier Elemente $x=(x_1, \ldots, x_\lambda)$ und $y=(y_1, \ldots, y_\lambda)$ ist durch

$$x \cdot y=(x_1+y_1, \ldots, x_\lambda+y_\lambda)$$

gegeben.

Wir werden die folgenden beiden Tatsachen benutzen.

(*a*) *Auf jedem Toroid T gibt es Punkte c, deren Potenzen c^m überall dicht auf T liegen.*

Das ist in dem klassischen Approximationssatz von Kronecker enthalten, der überdies besagt, daß diejenigen $c=(c_1, \ldots, c_\lambda)$ die genannte Eigenschaft haben, für welche die einzige Relation

$$m_1 c_1+\cdots+m_\lambda c_\lambda=m$$

mit ganzen $m_1, \ldots, m_\lambda, m$ die triviale mit $m_1=\cdots=m_\lambda=0$ ist[20]).

---

[17]) Man vergleiche (3), Nr. 24.

[18]) (3), Nr. 26; (5), Th. 50.

[19]) (3), Nr. 43; sowie, ohne Benutzung von Differenzierbarkeitseigenschaften: (5), Th. 42.

[20]) Eine Zusammenstellung verschiedener Beweise findet man bei J. F. Koksma, Diophantische Approximationen (Berlin 1936), p. 83; einige von ihnen bewegen sich im Rahmen der Theorie der stetigen Moduln, also der kontinuierlichen Abelschen Gruppen; hierher gehört auch ein neuer Beweis von Pontrjagin: (5), p. 150, Ex. 51.

Da für ein c, dessen Potenzen auf T überall dicht sind, T die kleinste abgeschlossene Gruppe ist, welche c enthält, soll ein solches c ein erzeugendes Element von T heißen.

(*b*) *Für jedes Element q des λ-dimensionalen Toroids T_λ und jede ganze Zahl $k>0$ hat die Gleichung $x^k=q$ genau k^λ Lösungen x auf T_λ.*

Diese Lösungen sind nämlich, wie man leicht bestätigt, wenn $q=(q_1, \ldots, q_\lambda)$ ist, die Elemente $x=(x_1, \ldots, x_\lambda)$ mit

$$x_i = \frac{q_i + m_i}{k},$$

wobei $m_1, \ldots, m_\lambda$ ganze Zahlen sind, welche unabhängig voneinander die Werte $0, 1, \ldots, k-1$ durchlaufen.

20. In G gibt es nach Nr. 18 ein Toroid; es gibt daher auch ein maximales Toroid, d.h. ein solches, das nicht in einem höher-dimensionalen Toroid enthalten ist; es gebe in G ein maximales Toroid T_λ von der Dimension λ. Dann gilt der Satz:

Für jedes $k>0$ hat die Abbildung p_k von G den Grad k^λ.

Beweis: Es sei c ein erzeugendes Element von T_λ, gemäß Nr. 19 (a), und es sei x ein Element von G, das die Gleichung $x^k=c$ erfüllt. Nach Nr. 18 liegt x auf einem Toroid T'; dann liegt auch jede Potenz von x, also auch jede Potenz von c, also, da c das Toroid T_λ erzeugt, auch T_λ auf T'; da T_λ maximal ist, ist $T'=T_\lambda$. Folglich liegt x auf T_λ, und wir sehen: alle Lösungen x der Gleichung $x^k=c$ liegen auf T_λ.

Wir behaupten, daß in jedem dieser Punkte x die Funktionaldeterminante der Abbildung p_k von 0 verschieden ist; nach Nr. 14 ist dies bewiesen, sobald gezeigt ist: ist $\mathfrak{x}$ Fixvektor der zu c gehörigen adjungierten Transformation C, so ist $\mathfrak{x}$ auch Fixvektor der zu x gehörigen adjungierten Transformation X. Nun ist aber ein Fixvektor $\mathfrak{x}$ von C auch Fixvektor der adjungierten Transformationen C^m, die zu den Potenzen c^m gehören, und aus Stetigkeitsgründen auch Fixvektor jeder Transformation C', die zu einem Häufungspunkt c' der c^m gehört; alle Punkte von T_λ, also auch unsere x, sind solche c'. Damit ist die Behauptung bewiesen.

Da die Funktionaldeterminante von p_k in keinem Urbildpunkt von c verschwindet, ist p_k im Punkte c glatt (Nr. 3), und die Bedeckungszahl in c ist definiert; da die Funktionaldeterminante nirgends negativ ist (Nr. 15), ist die Bedeckungszahl gleich der Anzahl der Urbildpunkte; wir sahen schon, daß es keine anderen Urbilder von c gibt als diejenigen auf T_λ; deren Anzahl ist nach Nr. 19 (b) gleich k^λ. Diese Zahl ist also die Bedeckungszahl des Punktes c, und somit der Grad der Abbildung p_k.

21. Da der Grad von p_k nicht von dem speziell gewählten maximalen Toroid abhängt, ist ein Korollar des soeben bewiesenen Satzes:

Alle maximalen Toroide haben die gleiche Dimension λ[21]).

Da ferner in jeder abgeschlossenen ϱ-dimensionalen Abelschen Untergruppe von G die Komponente, welche das Eins-Element enthält, ein ϱ-dimensionales Toroid ist, sieht man: *Die Zahl λ ist die höchste Dimension, welche eine Abelsche Untergruppe von G haben kann.*

Durch den Satz aus Nr. 20 zusammen mit den soeben gemachten Bemerkungen ist der Satz II (Nr. 2) für alle positiven Zahlen k bewiesen.

22. Damit ist unser Ziel, das in Nr. 1 gesteckt worden ist, nämlich der Beweis der Gleichheit $\lambda = l$, erreicht; hierfür hätte ja der Beweis der Sätze I und II für ein einziges $k > 1$ genügt. Da wir den Satz I für alle k, auch für die negativen, bewiesen haben, ist damit auch die Gültigkeit des Satzes II für die negativen k gesichert. Man wird aber wünschen, den Satz II auch für diese k ohne den algebraisch-topologischen Apparat des § 1 zu beweisen; ein solcher Beweis wird sich später ergeben; im Augenblick bemerke ich als Vorbereitung dazu nur folgendes:

Da schon bewiesen ist, daß p_k für $k > 0$ den Grad k^λ hat, genügt es für den Beweis der Behauptung, daß p_{-k} den Grad $(-k)^\lambda$ habe, zu zeigen: die Abbildung p_{-1}, also die Inversion, welche x mit x^{-1} vertauscht, hat den Grad $(-1)^\lambda$. Sind $x_1, \ldots, x_n$ kanonische Koordinaten in der Umgebung des Punktes e, so befördert p_{-1} den Punkt mit den Koordinaten x_i in den Punkt mit den Koordinaten $-x_i$; daraus ist ersichtlich: der Grad von p_{-1} ist $(-1)^n$. Unsere Behauptung, dieser Grad sei $(-1)^\lambda$, ist daher gleichbedeutend mit der folgenden:

$$\lambda \equiv n \mod 2. \tag{11}$$

Diese Tatsache aber wird sich in Nr. 27 aus einem allgemeinen Satze ablesen lassen.[22])

§ 3

Es sollen hier noch einige Zusätze zu dem Inhalt des § 2 gemacht werden, um einerseits den Zusammenhang mit bekannten Begriffen aus der Theorie der kontinuierlichen Gruppen herzustellen[23]), und um andererseits die Frage nach der Anzahl der Lösungen der Gleichung $x^k = q$ noch etwas weiter zu verfolgen. Wie bisher ist G eine geschlossene n-dimensionale Gruppe und λ ihr Rang, d.h. die Dimension ihrer maximalen Toroide.

---

[21]) Dieser Satz folgt leicht aus (**6**), Teil II, p. 354—366, oder auch aus (**1**), chap. I.

[22]) Da wir schon wissen, daß $\lambda = l$ ist, kann (11) auch als Korollar des in Nr. 1 angeführten Satzes gelten, welcher besagt, daß die n-dimensionale Gruppe G den gleichen Homologie-Ring hat wie ein topologisches Produkt aus l Sphären ungerader Dimensionen.

[23]) Man vergleiche z.B. (**1**), Nr. 1—6, und (**6**), Teil III, p. 379.

23. Hilfssatz: Es sei T ein Toroid (beliebiger Dimension) in G und a ein Element von G, das mit allen Elementen von T vertauschbar ist; dann gibt es ein Toroid, welches sowohl T als auch a enthält.

Beweis: A sei die von T und a erzeugte abgeschlossene Gruppe und A^1 diejenige Komponente von A, die das Eins-Element e enthält. Dann ist eine Potenz a^m von a in A^1 enthalten $(m > 0)$; denn für jede hinreichend kleine Umgebung U von e bildet der Durchschnitt von A und U einen Teil einer zusammenhängenden Mannigfaltigkeit[18]), also einen Teil von A^1, und in jedem U gibt es Potenzen von a (man vgl. Nr. 17). Aus der Voraussetzung über T und a folgt, daß A Abelsch, also A^1 ein Toroid ist. Es sei c ein erzeugendes Element von A^1 (Nr. 19); da $c \cdot a^{-m} \in A^1$ ist, kann man ein Element b von A^1 so bestimmen, daß $b^m = c \cdot a^{-m}$ ist; es gibt (Nr. 18) ein Toroid T', welches das Element $a \cdot b$ enthält. Jedes Element von T' ist mit $a \cdot b$, also auch mit $(a \cdot b)^m = c$, also auch mit jedem Element von A^1 vertauschbar; folglich ist die von A^1 und T' erzeugte abgeschlossene Gruppe T'' Abelsch; da sie zusammenhängend ist, ist sie ein Toroid; sie enthält A^1, also auch T; sie enthält T', also $a \cdot b$, also, da $b \in A^1$ ist, auch a; sie hat also alle gewünschten Eigenschaften.

Aus dem Hilfssatz folgt unmittelbar: *Ein Element a, das mit allen Elementen eines λ-dimensionalen Toroides T_λ vertauschbar ist, liegt selbst auf diesem T_λ*; sowie, da die Eins-Komponente (d.h. die Komponente, die e enthält) jeder Abelschen Gruppe ein Toroid ist:

Jede λ-dimensionale Abelsche Untergruppe von G ist zusammenhängend, also ein Toroid.

24. Unter dem Normalisator N_a eines Elementes a verstehen wir wie üblich die Gruppe der mit a vertauschbaren Elemente; die Eins-Komponente von N_a bezeichnen wir mit N_a^1; sie ist eine abgeschlossene zusammenhängende Liesche Gruppe, und sie hat selbst den Rang λ, da ein maximales Toroid, welches a enthält, zu ihr gehört. Wir behaupten: *Die Gruppe N_a^1 ist die Vereinigung derjenigen λ-dimensionalen Toroide, welche a enthalten.*

Beweis: Daß alle die genannten Toroide zu N_a^1 gehören, ist klar; zu zeigen ist: jedes Element b von N_a^1 liegt auf einem λ-dimensionalen Toroid, welches a enthält. Es sei also b ein Element von N_a^1; nach Nr. 18, angewandt auf die Gruppe N_a^1, gibt es in N_a^1 ein Toroid, welches b enthält, und ein höchstdimensionales unter diesen Toroiden hat nach Nr. 21 die Dimension λ, da λ der Rang von N_a^1 ist; T_λ sei ein solches Toroid. Da es zu N_a gehört, ist a mit jedem Element von T_λ vertauschbar; nach Nr. 23 liegt daher a auf T_λ.

25. Im folgenden werden λ-dimensionale Toroide immer mit T_λ bezeichnet. Nach Nr. 18 und Nr. 21 liegt jedes Element a von G auf wenigstens einem T_λ.

Definition: Das Element a heißt „*regulär*", wenn es auf nur einem T_λ liegt, und „singulär", wenn es auf mindestens zwei T_λ liegt.

Ist a regulär und $a \in T_\lambda$, so folgt aus Nr. 24, daß $N_a^1 = T_\lambda$ ist; ist a singulär und $a \in T_\lambda$, so ist T_λ echte Untergruppe von N_a^1, also hat N_a höhere Dimension als T_λ; mithin läßt sich die Regularität oder Singularität auch so charakterisieren: *das Element a ist regulär oder singulär, je nachdem sein Normalisator die Dimension λ oder höhere Dimension hat.*

Hieraus und aus Nr. 24 folgt weiter, daß jedes singuläre Element unendlich vielen T_λ angehört.

Ein erzeugendes Element eines T_λ (Nr. 19) ist, wie man leicht sieht, immer regulär.

26. Die Normalisatoren hängen eng mit den Fixvektoren zusammen, die wir in Nr. 14 betrachtet haben. Jeder von $\mathfrak{o}$ verschiedene Vektor $\mathfrak{x}$ im Punkte e ist tangential an eine wohlbestimmte einparametrige Untergruppe; (diese wird durch die infinitesimale Transformation, die $\mathfrak{x}$ darstellt, erzeugt)[16]). Diese Untergruppe ist offenbar dann und nur dann in dem Normalisator N_a des Elementes a enthalten, wenn $\mathfrak{x}$ Fixvektor der zu a gehörigen adjungierten Transformation A ist, also derjenigen linearen Transformation des Vektorbündels in e, welche durch die Abbildung $x \to a^{-1} x a$ bewirkt wird. Die Fixvektoren von A erfüllen ein lineares Vektorgebilde, das „Fixgebilde" von A; nach dem eben Gesagten ist klar: *Das Fixgebilde von A ist identisch mit dem Gebilde der Tangentialvektoren des Normalisators N_a im Punkte e.*

Insbesondere ist die Dimension von N_a gleich der Dimension dieses Fixgebildes, also gleich der Maximalzahl linear unabhängiger Fixvektoren von A. Für die Untersuchung dieser Dimensionszahl ist nun wichtig der Satz von WEYL, welcher besagt, daß jede geschlossene Gruppe reeller linearer Transformationen einer orthogonalen Gruppe ähnlich ist[24]). Nach diesem Satz kann man im Punkte e ein solches Koordinatensystem einführen, daß alle Matrizen A orthogonal werden. Für eine orthogonale Matrix aber ist die Maximalzahl linear unabhängiger Fixvektoren, also Eigenvektoren mit Eigenwerten $+1$, gleich der Vielfachheit der Zahl $+1$ als Wurzel des charakteristischen Polynoms von A; diese Vielfachheit gibt also die Dimension des Normalisators N_a an. Damit haben wir auf Grund der Ergebnisse von Nr. 25 den folgenden Sachverhalt:

Ist das Element a regulär, so besitzt die zugehörige adjungierte Matrix A die Zahl $+1$ als λ-fache charakteristische Wurzel; ist a singulär, so ist $+1$ charakteristische Wurzel von A mit einer größeren Vielfachheit als λ.

Das charakteristische Polynom $C_a(\zeta) = |\zeta E - A|$ ist somit für jedes Element a durch $(\zeta - 1)^\lambda$ teilbar, aber nur für die singulären Elemente a durch eine höhere Potenz von $(\zeta - 1)$; dabei beachte man, daß nicht alle

---

[24]) (6), Teil I, p. 288—289; (3), Nr. 38.

Elemente singulär sind, denn z.B. die erzeugenden Elemente eines T_λ sind regulär (Nr. 19); es gilt also folgender Satz, durch welchen der Rang charakterisiert wird:

Die charakteristischen Polynome der den Elementen a von G adjungierten linearen Transformationen A sind von der Form

$$C_a(\zeta) = (\zeta - 1)^\lambda \cdot F_a(\zeta),$$

wobei F_a ein Polynom ist, für welches $F_a(1) \neq 0$ ist; dann und nur dann ist $F_a(1) = 0$, wenn das Element a singulär ist.

Da die Koeffizienten des Polynoms F_a analytisch von a abhängen, geht hieraus zugleich hervor, daß die singulären Elemente eine abgeschlossene und nirgends dichte Punktmenge in G bilden[25]).

27. Die orthogonalen Transformationen A lassen sich stetig in die Identität überführen und haben daher die Determinante $+1$; die Vielfachheit der Zahl $+1$ als charakteristische Wurzel einer orthogonalen Matrix mit der Determinante $+1$ ist immer der Variablen-Anzahl n kongruent modulo 2; daher folgt aus Nr. 26 zunächst die Kongruenz

$$\lambda \equiv n \quad \text{mod. } 2, \tag{11}$$

wodurch die in Nr. 22 besprochene Lücke ausgefüllt ist, und weiter der folgende allgemeinere Satz:

Die Dimension eines Normalisators N_a ist mit der Dimension n sowie mit dem Rang λ von G kongruent modulo 2; für ein singuläres Element a ist die Dimension von N_a daher mindestens $\lambda + 2$.

Für jedes Element a von G bilden die konjugierten Elemente $a' = t^{-1}at$, $t \in G$, eine Mannigfaltigkeit, die bekanntlich mit dem Raum der Restklassen, in welche G nach dem Normalisator N_a zerfällt, homöomorph ist; aus dem letzten Satz folgt daher:

Für jedes Element a bildet die Klasse seiner konjugierten Elemente $t^{-1}at$ eine Mannigfaltigkeit gerader Dimension; wenn a nicht dem Zentrum von G angehört, ist diese Dimension positiv, also mindestens 2.

28. Wir kehren zu unseren Abbildungen $p_k(x) = x^k$ mit beliebigen positiven Exponenten k zurück und untersuchen die Gleichung

$$x^k = q \tag{12}$$

bei gegebenem Element q.

Jedes T_λ, welches eine Lösung x von (12) enthält, enthält auch q; folglich liegen alle Lösungen x in N_q^1.

---

[25]) Tatsächlich ist diese Menge nur $(n-3)$-dimensional: (**6**), Teil III, p. 379 und (**1**), Nr. 6.

Ist q regulär, so liegen alle x in dem einzigen T_λ, das q enthält; ihre Anzahl ist also k^λ (Nr. 19).

q sei singulär und T_λ^0 eines der T_λ, die q enthalten; wir unterscheiden zwei Fälle, je nachdem es außer den Lösungen, die in T_λ^0 liegen, noch andere Lösungen von (12) gibt oder nicht.

Im ersten Fall sei x eine Lösung, die nicht in T_λ^0 liegt; nach Nr. 23 ist x nicht mit allen Elementen von T_λ^0 vertauschbar, x gehört also gewiß nicht zum Zentrum von N_q^1; die Klasse seiner in N_q^1 konjugierten Elemente, also die Menge der Elemente

$$x' = t^{-1} x t, \qquad t \in N_q^1,$$

ist daher nach Nr. 27 eine mindestens 2-dimensionale Mannigfaltigkeit; aber alle Elemente x' erfüllen die Gleichung (12). Folglich enthält die Menge der Lösungen von (12) eine mindestens 2-dimensionale Mannigfaltigkeit.

Zweiter Fall: q ist singulär, und alle Lösungen x von (12) liegen in demselben T_λ^0. Dann ist ihre Anzahl k^λ. Wir behaupten, daß dies ein Ausnahmefall ist, d.h. daß er höchstens für endlich viele k eintreten kann; genauer: das Zentrum Z von N_q^1 bestehe aus m Komponenten; dann kann der Ausnahmefall höchstens dann eintreten, wenn $k \leqq m$ ist.

Beweis: Da es auf *jedem* T_λ, das q enthält, k^λ Lösungen gibt, liegen alle k^λ Lösungen von (12) auf jedem T_λ, welches q enthält; sie sind daher Elemente von Z; wir haben also nur die durch p_k bewirkte Abbildung von Z in sich zu betrachten. Die Eins-Komponente Z^1 von Z ist ein Toroid T_ϱ, und jede Komponente von Z ist mit Z^1 homöomorph; aus den Eigenschaften der Toroide ist leicht ersichtlich (man vergleiche Nr. 19, b): in jeder Komponente, welche überhaupt eine Lösung x enthält, gibt es genau k^ϱ Lösungen x; da es im ganzen k^λ Lösungen gibt, ist daher $k^\lambda \leqq m \cdot k^\varrho$. Hierbei ist ϱ die Dimension von Z; sie ist kleiner als λ, da aus $\varrho = \lambda$ und aus Nr. 23 folgen würde, daß $N_q^1 = T_\varrho = T_\lambda$ ist, entgegen der Tatsache, daß N_q infolge der Singularität von q größere Dimension hat als λ. Aus $k^\lambda \leqq m \cdot k^\varrho$ und $\varrho < \lambda$ folgt $k \leqq m$.

Fassen wir zusammen:

Ist q regulär, so hat die Gleichung (12) *genau k^λ Lösungen x. Es sei q singulär; dann kann derselbe einfache Sachverhalt — also die Existenz von genau k^λ Lösungen — für endlich viele Ausnahmewerte von k vorliegen; für jedes andere k gibt es unendlich viele Lösungen von* (12), *und zwar enthält die Menge der Lösungen eine mindestens 2-dimensionale Mannigfaltigkeit.*

Das Eins-Element e ist in jeder Gruppe, die nicht Abelsch ist, singulär; daher besitzt die Gleichung

$$x^k = e \tag{13}$$

in jeder geschlossenen, nicht-Abelschen Gruppe wenigstens ∞^2 Lösungen, vorausgesetzt, daß k nicht ein Ausnahmewert ist; die Ausnahmewerte können im Falle der Gleichung (13) nicht größer sein als die Anzahl m der Komponenten des Zentrums Z von G.

Ein trivialer Ausnahmewert für jedes singuläre Element q ist $k=1$. Auch $k=2$ tritt als Ausnahmewert auf: in der Gruppe $G=A_1$ der Quaternionen vom Betrage 1 — also einer Gruppe mit $n=3$, $\lambda=1$ — hat die Gleichung $x^2=e$ nur zwei Lösungen.[26])

Literatur

(1) E. Cartan, La géométrie des groupes simples (Annali di Mat. 4 (1927), 209—256).

(2) E. Cartan, Sur les invariants intégraux de certains espaces homogènes clos et les propriétés topologiques de ces espaces (Ann. Soc. Pol. Math. 8 (1929), 181—225; sowie: Selecta, Jubilé scientifique (Paris 1939), 203—233).

(3) E. Cartan, La théorie des groupes finis et continus et l'analysis situs (Paris 1930, Mémorial Sc. Math. XLII).

(4) E. Cartan, La topologie des groupes de Lie (Paris 1936, Actualités scient. et industr. 358; sowie: L'enseignement math. 35 (1936), 177—200; sowie: Selecta (wie oben), 235—258).

(5) L. Pontrjagin, Topological groups (Princeton 1939).

(6) H. Weyl, Theorie der Darstellung kontinuierlicher halb-einfacher Gruppen durch lineare Transformationen (Math. Zeitschrift 23, 24 (1925, 1926), 271—309 bzw. 328—395).

(7) A. Weil, Démonstration topologique d'un théorème fondamental de Cartan (C. R. 200 (1935), 518—520). — In dieser Note, auf die ich erst nachträglich aufmerksam wurde, findet man für die Sätze aus Nr. 17, Nr. 21 und die Formel (11) aus Nr. 22 Beweise, die von den früher zitierten und von unseren Beweisen verschieden sind.

[26]) Dieses Beispiel — $G=A_1$, $k=2$ — ist, wenn man sich auf einfache geschlossene Gruppen beschränkt, die den vier großen Killing-Cartanschen Klassen angehören, das einzige, in welchem es zu dem Element e einen Ausnahmewert $k>1$ gibt, in welchem also die Gleichung (13) für ein $k>1$ nur endlich viele Lösungen hat; man bestätigt dies leicht mit Hilfe derjenigen Eigenschaften der vier großen Klassen, die in (4), § IV, p. 14, angegeben sind.

Bericht über einige neue Ergebnisse in der Topologie

Revista Matematica Hispano-Americana 4.ª Serie-Tomo VI, 1946*)

Der ehrenvollen Aufforderung, durch einen Artikel über Topologie in der „Revista Matematica" L. E. J. BROUWERS 60. Geburtstag feiern zu helfen, leiste ich Folge, indem ich einige Argumente für die These vorbringe: „Die Entwicklung der Topologie, in welche BROUWER vor rund 30 Jahren bahnbrechend und richtungweisend eingegriffen hat, schreitet heute lebhaft fort, und man darf mit Zuversicht in die Zukunft blicken: es herrscht kein Mangel an Problemen; manche Probleme werden gelöst, und die Lösungen gewähren neue Einsichten und führen wieder zu neuen Problemen; und es herrscht auch kein Mangel an jungen Geometern, die diese Aufgaben angreifen." Meine Argumente — denen man viele ähnliche, welche nicht weniger überzeugend sind, wird an die Seite stellen können — sind einige Ergebnisse aus noch nicht veröffentlichten Arbeiten der Herren B. ECKMANN, W. GYSIN, A. PREISSMANN, H. SAMELSON, E. STIEFEL, sämtlich in Zürich, und auch aus einer noch nicht veröffentlichten Arbeit von mir.

1. E. STIEFEL hat seine Theorie der Systeme stetiger Richtungsfelder und des Fernparallelismus in n-dimensionalen Mannigfaltigkeiten [1]**) neuerdings auf die reellen n-dimensionalen projektiven Räume P^n angewandt [2] und, als Spezialfall eines allgemeineren Satzes, auf den ich hier nicht eingehe, folgendes bewiesen: „Es sei $n+1=2^a u$, u ungerade; dann ist es unmöglich, im P^n ein System von 2^a überall stetigen und linear unabhängigen Richtungsfeldern anzubringen." Für $a=0$ ist das einer der klassischen Sätze von BROUWER. Auf die Frage, welche projektiven Räume P^n parallelisierbar seien — d.h. in welchen sich ein stetiger Fernparallelismus einführen läßt oder, was dasselbe ist, in welchen P^n Systeme von n stetigen und linear unabhängigen Richtungsfeldern existieren —, gibt der neue Satz von STIEFEL folgende Teilantwort: „Höchstens diejenigen P^n, für welche $n+1$ eine Potenz von 2 ist."

*) [Dieser Bericht sollte ein Beitrag zu einer Festschrift zu L. E. J. BROUWERS 60. Geburtstag im Jahre 1941 sein, die im Rahmen der „Revista Matematica" geplant war. Der damalige Zustand der Welt verhinderte das Zustandekommen dieser Festschrift, und auch mein, Anfang 1941 eingereichtes Manuskript konnte erst 1946 gedruckt werden. Die wenigen nachträglich (1964) vorgenommenen Änderungen sind als solche bezeichnet.]

**) Literaturverzeichnis am Ende des Berichtes.

Diese Sätze sind nicht nur aus geometrischen Gründen interessant, sondern auch wegen ihrer merkwürdigen algebraischen Konsequenzen, von denen ich hier die folgenden nenne: „Es sei $N=2^a u$, u ungerade, $m>2^a$, und es seien $A_1, \ldots, A_m$ reelle N-reihige quadratische Matrizen; dann gibt es ein solches reelles Wertsystem $(x_1, \ldots, x_m) \neq (0, \ldots, 0)$, daß die Determinante der Matrix $x_1 A_1 + \cdots + x_m A_m$ gleich 0 ist;" sowie: „Der Grad eines hyperkomplexen Systems, das keine Nullteiler enthält, dessen Multiplikation aber nicht assoziativ zu sein braucht, über dem Körper der reellen Zahlen ist notwendigerweise eine Potenz von 2." — Es ist übrigens F. BEHREND gelungen, für diese auf topologischen Wege entdeckten algebraischen Sätze auch algebraische Beweise zu finden [3].

Hyperkomplexe Systeme der eben genannten Art kennen wir für die Grade 2, 4, 8 — die komplexen Zahlen, die Quaternionen, die Cayleyschen Zahlen —, wir wissen aber leider nicht, ob es auch für Zahlen $N=2^a>8$ ähnliche Systeme mit N Einheiten gibt. Diese Unkenntnis hängt damit zusammen, daß wir auch nicht wissen, ob für gewisse Dimensionszahlen $n=2^a-1 \geqq 15$ die projektiven Räume P^n parallelisierbar sind. Überhaupt liefern uns die Stiefelschen Sätze zwar notwendige, aber keine hinreichenden Bedingungen für die Existenz von Richtungsfeldern. Neben den damit angedeuteten Aufgaben entstehen im Anschluß an die Theorie der Richtungsfelder in natürlicher Weise weitere Fragen, wie z.B. die Frage nach Kriterien für die Existenz überall stetiger Felder von Flächenelementen in einer vorgelegten n-dimensionalen Mannigfaltigkeit; selbst für $n=4$ steht die Antwort noch aus (daß es in jeder (geschlossenen orientierbaren) 3-dimensionalen Mannigfaltigkeit M^3 Felder von Flächenelementen gibt, folgt daraus, daß nach einem Satz von STIEFEL jede M^3 parallelisierbar ist). Aber die Methode von STIEFEL wird sich wohl noch in manchen Richtungen ausbauen und verallgemeinern lassen, und dabei dürfte die Sprache der „Kohomologien", die in den letzten Jahren ausgebildet worden ist, gute Dienste leisten.

2. Es ist eine etwas paradoxe Tatsache, daß wir über die n-dimensionalen Sphären S^n, also die einfachsten unter allen geschlossenen Mannigfaltigkeiten, in mancher Beziehung weniger wissen als über die projektiven Räume: die Stiefelschen Sätze konnten bisher nicht auf die Sphären übertragen werden. Die Frage, ob außer S^1, S^3, S^7, deren Parallelisierbarkeit bekannt ist, noch andere Sphären parallelisierbar sind, dürfte manchen Geometer reizen, und da die Sphären gerader Dimension nicht einmal die Anbringung eines einzigen Richtungsfeldes gestatten, ist S^5 die niedrigst-dimensionale Sphäre, die hier als problematisch erscheint. Dieses Problem ist vor kurzem gelöst worden: B. ECKMANN konnte beweisen [4], daß die S^5 nicht parallelisierbar ist, und noch mehr: „Auf der S^5 gibt es kein System von zwei überall stetigen und linear unabhängigen (tangentialen) Richtungsfeldern." Der Beweis besteht in einer Zurückführung auf den neuerdings von PONTRJAGIN bewiesenen Satz, daß die Mannigfaltigkeit, welche die Gruppe A_2 der 3-reihigen unitären unimodularen Matrizen repräsentiert, nicht mit dem topologischen Produkt der Sphären S^3 und S^5 homöomorph ist [5]. ECKMANN hat noch mehr Sätze von der Art des obigen bewiesen; erstens hat er diesen Satz verschärft: „Auf der S^5 gibt es kein überall stetiges Feld von Flächenelementen;" ferner: „Wenn es auf einer S^n, $n>2$, ein stetiges Feld von Flächenelementen gibt, so gibt es auf dieser S^n auch drei überall stetige und linear unabhängige Richtungsfelder"; hieraus folgt unmittelbar: „Bei geradem n, $n>2$, gibt es auf der S^n kein stetiges Feld von Flächenelementen."

Diese Untersuchungen operieren — im Gegensatz zu den Homologie-Methoden von STIEFEL — mit den Homotopie-Begriffen, die von HUREWICZ entwickelt worden sind, und sie führen auch zu Aussagen über die Struktur gewisser Hurewiczscher Homotopie-Gruppen. Neben den — auch noch sehr wenig erforschten — Homotopie-Gruppen der Sphären verdienen aus guten Gründen die Homotopie-Gruppen derjenigen Mannigfaltigkeiten H_n, welche die orthogonalen Gruppen in n Variablen repräsentieren, besonderes Interesse; man sieht leicht, daß für $n>k+1$ alle Mannigfaltigkeiten H_n die gleiche k-te Homotopie-Gruppe Q_k haben. Den bekannten Tatsachen, daß Q_1 von der Ordnung 2 und Q_2 die triviale Gruppe der Ordnung 1 ist, hat ECKMANN die folgenden Sätze hinzugefügt [6]: „Q_3 ist die unendliche zyklische Gruppe, und Q_4 ist die triviale Gruppe der Ordnung 1."

Die vorstehenden Sätze über die Sphären und über die Gruppen Q_k bilden vorläufig eine Sammlung von Merkwürdigkeiten, die schwer aufzufinden waren; aber es ist zu hoffen, daß die Sammlung sich vergrößern wird, und daß dann Gesetzmäßigkeiten sichtbar werden.

Zu der Methode ist, außer der Feststellung, daß es sich um Homotopie-Betrachtungen handelt, zu sagen, daß der Begriff der „Faserung" einer Mannigfaltigkeit eine Hauptrolle spielt, also einer solchen stetigen Zerlegung einer Mannigfaltigkeit M in untereinander homöomorphe Mannigfaltigkeiten F kleinerer Dimension, die „Fasern", daß diese Zerlegung in der Nähe jeder einzelnen Faser so aussieht, als sei M das topologische Produkt aus zwei Faktoren, von denen der eine F ist; die Fasern selbst bilden die Elemente einer neuen Mannigfaltigkeit $W=M/F$, des „Faserraumes"; Beispiele: M ist die Mannigfaltigkeit der Richtungselemente (oder Flächenelemente) einer Mannigfaltigkeit W, und die Fassern sind die Bündel der Richtungselemente (bzw. Flächenelemente) in den einzelnen Punkten von W; oder: M ist eine Gruppen-Mannigfaltigkeit, und die Fasern sind die Nebengruppen, in welche die Gruppe M nach einer Untergruppe zerfällt. Dieses letzte Beispiel tritt in den Untersuchungen von HUREWICZ auf: es werden für eine Gruppe M die Zusammenhänge zwischen den Homotopie-Eigenschaften der Räume M, F, W studiert; ausgehend von der Bemerkung, daß hierbei die Gruppen-Eigenschaft von M keine wesentliche Rolle spielt, hat ECKMANN eine sehr allgemeine Theorie derartiger Zusammenhänge dargestellt.

3. Ein ganz ähnliches Ziel hat eine Arbeit von W. GYSIN, mit dem Unterschied, daß nicht Homotopie-, sondern Homologie-Eigenschaften untersucht werden [7]. Es wird also wieder eine gefaserte Mannigfaltigkeit M betrachtet; dabei werden allerdings nur spezielle Faserungen zugelassen: die Faser F soll eine Sphäre S^d, $d>0$, sein — (es handelt sich also im wesentlichen um „Sphären-Räume" im Sinne von WHITNEY, mit dessen Untersuchungen sich die Arbeit von GYSIN aber kaum zu berühren scheint). GYSIN studiert nun vom Standpunkt der Homologie-Theorie aus systematisch sowohl beliebige Abbildungen einer Mannigfaltigkeit M auf eine Mannigfaltigkeit W kleinerer Dimension, als auch besonders diejenigen Abbildungen, welche durch Faserungen der soeben beschriebenen Art von M auf den Faserraum W=M/F vermittelt werden; die Theorie, die sich dabei ergibt, umfaßt als sehr speziellen Fall die Methode, mit der ich früher die Abbildungen einer Sphäre auf eine Sphäre kleinerer Dimension untersucht habe.

Ich will hier nicht auf allgemeine Sätze aus der Theorie von GYSIN eingehen, sondern nur auf spezielle Konsequenzen derselben. Eine erste Frage betrifft die Ähnlichkeit zwischen M und dem topologischen Produkt P aus der Faser $F=S^d$ und dem Faserraum W; neben der nahezu trivialen Tatsache, daß M und P immer die gleiche Eulersche Charakteristik haben, gelten folgende Sätze (wobei ich mich der Kürze halber auf Homologien mit rationalen Koeffizienten beschränke): „Wenn F nicht homolog 0 ist, so hat M dieselben Bettischen Zahlen wie P; wenn überdies d ungerade, oder wenn d gerade und $n<3d$ ist, so sind sogar die Schnittringe von M und von P isomorph." Die Frage, ob F homolog 0 ist, ist also wichtig; hier gilt nun der merkwürdige Satz: „Wenn d gerade ist, so ist F nie homolog 0"; sowie: „auch wenn d ungerade und $n<2d$ ist, so ist F nicht homolog 0". Auf die Frage, welche Mannigfaltigkeiten in Sphären $F=S^d$ gefasert werden können, gibt folgender Satz eine gewisse Auskunft: „Dafür, daß M in Sphären S^d gefasert werden kann, ist notwendig, daß für wenigstens ein k die $(kd+k-1)$-te Bettische Zahl von M nicht 0 ist." Für den Spezialfall $M=S^n$ ergibt sich: „Die Sphäre S^n kann höchstens dann in Sphären $F=S^d$ gefasert werden, wenn d ungerade und $d+1$ ein Teiler von $n+1$ ist."

Es ist nicht anzunehmen, daß damit für den Fall $M=S^n$ die notwendigen Bedingungen für die Faserbarkeit in Sphären S^d erschöpft sind; wir kennen nur folgende Faserungen von Sphären S^n in Sphären S^d, $d>0$: diejenigen mit $d=1$, $n=2k-1$, k beliebig; ferner diejenigen mit $d=3$,

$n=4k-1$, k beliebig; und schließlich eine Faserung mit $d=7$, $n=15$. Die Existenz weiterer ähnlicher Sphären-Faserungen ist fraglich.

Ganz problematisch ist auch, was aus den obigen Sätzen wird, wenn man als Fasern F statt der Sphären S^d andere Mannigfaltigkeiten zuläßt; es ist z.B. nicht bekannt, ob es eine Sphäre S^n gibt, die sich in Torusflächen fasern läßt*).

4. Es wurde schon auf die Rolle hingewiesen, die der Begriff der Faserung in der Topologie der Gruppenräume spielt: G sei eine Liesche Gruppe und U eine Untergruppe von G; dann bilden die Nebengruppen xU eine Faserung der Mannigfaltigkeit G. Wenn man alle Elemente von G mit einem festen Element a multipliziert, so ist xU durch axU zu ersetzen, der Faserraum W = G/U erleidet also eine Transformation in sich, und wenn a die Gruppe G durchläuft, so entsteht eine transitive Transformationsgruppe von W; umgekehrt gibt es zu jeder Mannigfaltigkeit W, welche durch eine Liesche Gruppe G transitiv in sich transformiert wird, eine Untergruppe U von G, so daß G/U mit W homöomorph ist; diese Räume W heißen die „Wirkungsräume" von G. Da Liesche Gruppen oft als transitive Transformationsgruppen — Drehungsgruppen usw. — definiert sind, ist die Untersuchung der Zusammenhänge zwischen G, U und W = G/U besonders wichtig.

H. Samelson hat, neben anderen Fragen über die Topologie der Gruppenräume, diese Aufgabe in Angriff genommen [9]; er knüpft an den von mir bewiesenen Satz [10] an, daß der Schnittring einer geschlossenen Lieschen Gruppen-Mannigfaltigkeit G isomorph dem Schnittring eines topologischen Produktes von Sphären $S^{m_1}, \dots, S^{m_l}$ ungerader Dimensionen $m_1, \dots, m_l$ ist (dabei sollen hier und im folgenden immer nur Homologien mit rationalen Koeffizienten betrachtet werden, so daß Torsion also vernachlässigt wird); auf Grund dieses „Isomorphiesatzes" wird die Homologie-Struktur von G vollständig durch die Zahlenreihe $(m_1, \dots, m_l)$ beschrieben, die ich daher die „charakteristische Reihe" von G nennen will. Nun lautet einer der Sätze von Samelson: „Der Wirkungsraum W der geschlossenen Lieschen Gruppe G sei eine Sphäre S^n; wenn n ungerade ist, so entsteht die charakteristische Reihe von G aus der charakteristischen Reihe von U durch Hinzufügung der Zahl n; wenn n gerade ist, so enthält die charakteristische Reihe von U die Zahl $n-1$, und aus dieser Reihe entsteht die charakteristische Reihe von G, indem man eine Zahl $n-1$ durch die Zahl $2n-1$ ersetzt." Dieser allgemeine Satz erlaubt es, ohne Mühe durch eine einfache Induktion — durch Schluß von U auf G — die Homologieringe der einfachen Gruppen aus den vier großen Klassen in der Killing-Cartanschen Aufzählung zu bestimmen; die Strukturen dieser Ringe waren zwar schon vorher durch Pontrjagin [11], R. Brauer [12] und Ehresmann [13]

*) [Es gibt keine solche S^n; cf. [8].]

mit verschiedenen Methoden ermittelt worden, jedoch tritt durch den Satz von SAMELSON wohl zum ersten Mal ein allgemeiner Grund für die Gesetzmäßigkeiten dieser Strukturen zu Tage.

Für den allgemeinen Fall, in welchem W keine Sphäre ist, konnte SAMELSON folgendes beweisen: „U sei nicht homolog 0 in G; dann ist auch der Ring von W dem Ring eines Produktes von Sphären ungerader Dimensionen isomorph, und der Ring von G ist isomorph dem Ring des Produktes von U und von W." Ungeklärt ist die Situation, wenn U homolog 0 ist; ich hoffe aber, daß die Methoden, die zu den schon genannten Sätzen geführt haben, auch hierüber Klarheit schaffen werden. Damit sind dann auch allgemeine Sätze über die Homologie-Struktur der Wirkungsräume zu erwarten; einen speziellen Satz hierüber haben SAMELSON und ich gemeinsam bewiesen [14]: „Eine Mannigfaltigkeit mit negativer Eulerscher Charakteristik kann niemals Wirkungsraum einer geschlossenen Lieschen Gruppe sein;" der Beweis beruht auf der Betrachtung von Fixpunkten.

In der Methode, mit welcher SAMELSON zu seinen oben formulierten Sätzen gelangt ist, spielt die folgende Konstruktion, die zuerst von PONTRJAGIN angewandt worden ist [11], eine Hauptrolle: werden zwei Zyklen x, y in einer Gruppen-Mannigfaltigkeit G von Punkten p bzw. q durchlaufen, so durchläuft der durch die Gruppen-Multiplikation gegebene Produkt-Punkt pq einen Zyklus z, das „Pontrjaginsche Produkt" von x und y; diese Produktbildung wird mit dem oben zitierten „Isomorphiesatz" in Verbindung gebracht: es wird gezeigt, daß der Homologiering von G in ganz ähnlicher Weise durch gewisse Basis-Elemente mittels der Pontrjaginschen Multiplikation aufgespannt wird, wie der Homologiering eines Sphären-Produktes mittels der gewöhnlichen topologischen Produktbildung durch die Faktor-Sphären; diese Präzisierung des „Isomorphiesatzes" — welcher zunächst einen ziemlich abstrakt-algebraischen Charakter hatte und erst jetzt geometrisch verständlich geworden ist — bildet den Inhalt des eigentlichen Hauptsatzes von SAMELSON und die Grundlage für die weiteren Untersuchungen und Beweise.

5. Der „Isomorphiesatz" über die Gruppen-Mannigfaltigkeiten sowie der oben formulierte Satz über die Charakteristik der Wirkungsräume sind Sätze von folgender Art: aus Eigenschaften, deren Natur nicht eigentlich topologisch — sondern in den beiden genannten Beispielen eher gruppentheoretisch — ist, werden Schlüsse auf den topologischen Bau einer Mannigfaltigkeit gezogen. Ähnliche Sätze — und noch mehr ungelöste Probleme ähnlicher Art — treten besonders in der „Differentialgeometrie im Großen" auf: hier wird, unter anderem, nach Beziehungen zwischen den differentialgeometrischen Eigenschaften und der global-topologischen Struktur einer Riemannschen Mannigfaltigkeit gefragt; das klassische Beispiel eines solchen Satzes ist die bekannte Formel, welche die Eulersche Charakteristik einer geschlossenen Fläche durch das Integral der Gaußschen Krümmung ausdrückt. Was mehrdimensionale Mannigfaltigkeiten betrifft, so ist zwar der Fall konstanter Krümmung weitgehend geklärt — das ist die Theorie der Clifford-Kleinschen Raumformen —, aber für nicht konstante Krümmung hat man nur vereinzelte Resultate gewonnen. Bevor ich über einen neuen Beitrag zu diesem Problemkreise berichte, erinnere ich an einige bekannte Tatsachen. Dabei ist die Krümmung K einer Riemannschen Mannigfaltigkeit wie üblich als die Gaußsche Krümmung der Flächen definiert, welche von den an ein Flächenelement tangentialen geodätischen Linien gebildet werden. Alle Mannigfaltigkeiten sollen geschlossen sein.

M sei eine Riemannsche Mannigfaltigkeit, in der überall $K > 0$ ist; dann hat K ein positives Minimum K_0, und auch auf der universellen Überlagerung $\overline{M}$ von M ist eine Riemannsche Metrik mit $K \geqq K_0$ gegeben; mit Hilfe klassischer Betrachtungen von STURM und BONNET — die, wie man weiß, nicht nur auf Flächen, sondern auch auf mehrdimensionalen Riemannschen Mannigfaltigkeiten Gültigkeit haben [15] — ergibt sich, daß $\overline{M}$ einen endlichen Durchmesser (im Sinne der Riemannschen Metrik) hat, also geschlossen ist; das bedeutet: die Fundamentalgruppe von M ist endlich. — (Hierzu ist übrigens von SYNGE [16] der interessante Zusatz gemacht worden: „Wenn die Dimension von M gerade und M orientierbar ist, so ist M einfach zusammenhängend, *d. h.* die Fundamentalgruppe hat die Ordnung 1.")

Jetzt sei M eine Riemannsche Mannigfaltigkeit, in der überall $K \leqq 0$ ist; aus dem bekannten Umstand, daß es dann auf den geodätischen Linien keine konjugierten Punkte gibt, folgert man, daß die universelle Überlagerung von M mit dem euklidischen Raum homöomorph ist; insbesondere ist daher die Fundamentalgruppe unendlich; und in ähnlicher Weise kann man sogar leicht zeigen, daß die Fundamentalgruppe kein Element endlicher Ordnung enthält.

Diese Schlüsse und Tatsachen dürfen wohl als bekannt gelten; aus ihnen sieht man: eine topologisch gegebene Mannigfaltigkeit M kann nicht sowohl mit einer Metrik versehen werden, für welche überall $K > 0$ ist, als auch mit einer anderen Metrik, in welcher überall $K \leqq 0$ ist.

Dagegen sieht man noch nicht, ob eine Mannigfaltigkeit M fähig sein kann, sowohl eine Metrik mit $K < 0$, als auch eine Metrik mit $K \equiv 0$ zu tragen. Nun weiß man aus der Theorie der euklidischen Raumformen, daß eine Mannigfaltigkeit mit $K \equiv 0$ immer eine Überlagerung besitzt, die dem n-dimensionalen Torus T^n homöomorph ist; daraus folgt: wenn M außer der euklidischen Metrik mit $K \equiv 0$ noch eine solche mit $K < 0$ zuläßt, so gestattet auch T^n eine Metrik mit $K < 0$; die Frage ist also, ob es möglich ist, T^n in dieser Weise zu metrisieren.

A. PREISSMANN [17] hat nun gezeigt, daß dies unmöglich ist; er hat nämlich bewiesen: „Eine (geschlossene) Riemannsche Mannigfaltigkeit, in welcher überall $K<0$ ist, hat niemals eine Abelsche Fundamentalgruppe;" sowie: „Die Fundamentalgruppe einer Riemannschen Mannigfaltigkeit mit $K<0$ besitzt keine anderen Abelschen Untergruppen als unendliche zyklische Gruppen". Der zweite Satz — der übrigens einen großen Teil des ersten umfaßt — scheint auch für den Fall konstanter Krümmung, in welchem er eine Aussage über hyperbolische Bewegungsgruppen mit endlichem Fundamentalbereich macht, bisher nicht bemerkt worden zu sein.

Der Beweis des zweiten Preissmannschen Satzes läßt sich so andeuten: in M sei $K \leqq 0$, und die Fundamentalgruppe G habe die behaupteet Eigenschaft nicht; dann gibt es zwei Elemente a und b von G, die miteinander vertauschbar, aber nicht Potenzen ein und desselben Elementes sind; durch zwei geodätische Schleifen, welche die Elemente a und b repräsentieren, wird in gewisser Weise eine Fläche vom Typus eines Torus „aufgespannt"; aus Krümmungs-Eigenschaften dieser Fläche ergibt sich, daß auf ihr die Krümmung K von M nicht überall negativ sein kann.

6. Der letzte Gegenstand meines Berichtes, zu dem ich jetzt komme, gehört in die Theorie der alten Grundbegriffe der algebraisch-kombinatorischen Topologie, also in die Theorie der Bettischen Gruppen und der Fundamentalgruppe beliebiger zusammenhängender Komplexe; (die Bettischen Gruppen sind im folgenden immer in bezug auf ganzzahlige Koeffizienten, also mit Berücksichtigung von Torsion, zu verstehen). Man weiß, daß die erste Bettische Gruppe B^1 durch die Fundamentalgruppe G bestimmt ist: sie ist die Faktorgruppe der Kommutatorgruppe von G. Man überzeugt sich andererseits leicht davon, daß für $n>2$ die n-te Bettische Gruppe B^n von der Fundamentalgruppe unabhängig ist; denn man kann, wenn G und B willkürlich gegebene abstrakte Gruppen mit endlich viel Erzeugenden und Relationen sind und B abelsch ist, ohne Mühe einen Komplex konstruieren, dessen Fundamentalgruppe mit G und dessen n-te Bettische Gruppe mit B isomorph ist. Versucht man aber, eine ähnliche Konstruktion auch für $n=2$ auszuführen, so stößt man auf Schwierigkeiten, da man durch die Relationen in der Gruppe G gezwungen wird, gewisse zweidimensionale Gebilde zu bauen, welche die Struktur der Gruppe B^2 stören können. Es entsteht daher die Frage nach dem Einfluß, den die Fundamentalgruppe auf die zweite Bettische Gruppe hat; diese Frage kann man, wie ich festgestellt habe, befriedigend beantworten.

Diejenigen Elemente der Gruppe B^2, deren „Cap"-Produkte im Sinne von ČECH-WHITNEY mit beliebigen eindimensionalen Kohomologieklassen (in bezug auf beliebige Koeffizientenbereiche) sämtlich gleich

0 sind, bilden eine Untergruppe V^2 von B^2; wenn der Komplex eine n-dimensionale Mannigfaltigkeit ist, so werden also die Elemente von V^2 durch diejenigen zweidimensionalen (ganzzahligen) Zyklen repräsentiert, deren (eindimensionale) Schnitte mit beliebigen $(n-1)$-dimensionalen Zyklen (beliebiger Koeefizientenbereiche) homolog 0 sind. Es gilt nun der Satz: „In jedem (zusammenhängenden) Komplex ist die Faktorgruppe B^2/V^2 vollständig durch die Fundamentalgruppe bestimmt." Die Art dieser Bestimmung läßt sich genau angeben; jeder abstrakten Gruppe G ist nämlich durch einen algebraischen Prozeß, auf den wir sogleich zurückkommen werden, eine Abelsche Gruppe A(G) zugeordnet, und es gilt: „Für jeden Komplex, dessen Fundamentalgruppe G ist, ist B^2/V^2 isomorph mit A(G)".*)

Ich will den A-Prozeß hier nicht ausführlich beschreiben, sondern nur einige Beispiele und eine Formel nennen; Beispiele: wenn G der Fundamentalgruppe einer geschlossenen orientierbaren Fläche positiven Geschlechtes isomorph ist, so ist A(G) unendlich-zyklisch; wenn G das direkte Produkt von p unendlich-zyklischen Gruppen ist, so ist A(G) das direkte Produkt von $\frac{p(p-1)}{2}$ unendlich-zyklischen Gruppen; wenn G das direkte Produkt von zwei zyklischen Gruppen der Ordnungen m_1 und m_2 ist, so ist A(G) die zyklische Gruppe, deren Ordnung der größte gemeinsame Teiler von m_1 und m_2 ist. Um eine Formel für A(G) zu erhalten, stelle man G — was bekanntlich immer möglich ist — als Faktorgruppe $G=F/R$ einer freien Gruppe F nach einem Normalteiler R dar; für jede Untergruppe U von F verstehe man unter K(U) die kleinste Untergruppe von F, welche alle Elemente $xux^{-1}u^{-1}$ enthält, wobei x die Elemente von F und u die Elemente von U durchläuft; speziell ist $K(F)=K$ die Kommutatorgruppe von F; ferner bezeichnen wir, wenn U und V zwei Untergruppen sind, mit $U\cup V$ die von U und V erzeugte Untergruppe von F und mit $U\cap V$ den Durchschnitt von U und V. Dann gilt die folgende Isomorphie:

$$A(G)\cong R\cap K \;/\; R\cap K(R\cup K).$$

Die vorstehenden Sätze zeigen, daß bei gegebener Fundamentalgruppe G die zweite Bettische Gruppe B^2 nicht „zu klein" sein kann, denn sie besitzt die Gruppe A(G) als homomorphes Bild. Die Beweise beruhen darauf, daß die Kurvensysteme, welche gewissen ausgezeich-

*) [Die vorstehenden sowie die noch folgenden Aussagen über die Gruppen V^2 und A(G) habe ich in der Note [18] von 1940 formuliert; jedoch ist bisher kein Beweis dieser Behauptung veröffentlicht worden — wohl weil bei der Ausarbeitung dieser Dinge (cf. [19]) anstelle der Gruppen V^2 immer mehr die Gruppen der Homologieklassen, welche Kugelbilder enthalten, in den Vordergrund traten. Erst jetzt (1964) habe ich diese Lücke durch die Note [20] ausgefüllt.]

neten endlichen Systemen von Elementen der Fundamentalgruppe entsprechen, in dem Komplex Flächen „aufspannen", deren Beiträge zur zweiten Bettischen Gruppe genau zu übersehen sind; z.B. bildet jedes Paar vertauschbarer Elemente ein solches ausgezeichnetes System, und die aufgespannte Fläche hat dann den Typus eines Torus; die Pontrjaginsche Multiplikation in einem Gruppenraum (Nr. 4) — für den Spezialfall, daß die Faktoren x und y eindimensional sind —, sowie die Flächen-Konstruktion in einem Riemannschen Raum, die in der Arbeit von PREISSMANN vorkommt (Nr. 5) lassen sich, bei aller Verschiedenheit der Problemstellungen, in den hier besprochenen Prozeß der Aufspannung einordnen.

Die genauere Untersuchung*) der in der angedeuteten Weise konstruierten Flächen führt nun weiter zu folgendem Satz: „In einem Komplex, in welchem jedes Bild einer Kugelfläche homolog 0 ist, ist die Gruppe B^2 vollständig durch G bestimmt." Ersetzt man in diesem Satz das Wort „homolog" durch „homotop" — was eine Abschwächung des Satzes bedeutet —, so geht der Satz in einen Spezialfall ($n=2$) des folgenden Satzes von HUREWICZ über: „In einem Komplex, dessen r-te Homotopiegruppen für $r=2, 3, \ldots, n$ verschwinden, ist die Gruppe B^n vollständig durch die Fundamentalgruppe bestimmt." Diese Beziehungen legen die Vermutung nahe, daß zwischen dem Homologiering und dem System der Homotopiegruppen eines beliebigen Komplexes gesetzmäßige Zusammenhänge bestehen, die uns noch unbekannt sind.

Literaturverzeichnis

[revidiert und ergänzt 1964]

[1] E. STIEFEL, Richtungsfelder und Fernparallelismus in n-dimensionalen Mannigfaltigkeiten. Comm. Math. Helv. 8 (1936), pp. 305—353.

[2] E. STIEFEL, Über Richtungsfelder in den projektiven Räumen und einen Satz aus der reellen Algebra. Comm. Math. Helv. 13 (1941), pp. 201—218.

[3] F. BEHREND, Über Systeme reeller algebraischer Gleichungen. Compos. Math. 7 (1939), pp. 1—19.

[4] B. ECKMANN, Zur Homotopietheorie gefaserter Räume. Comm. Math. Helv. 14 (1941), pp. 141—192.

[5] L. PONTRJAGIN, Über die topologische Struktur der Lieschen Gruppen. Comm. Math. Helv. 13 (1940/41), pp. 277—283.

[6] B. ECKMANN, Über die Homotopiegruppen von Gruppenräumen. Comm. Math. Helv. 14 (1941), pp. 234—256.

[7] W. GYSIN, Zur Homologietheorie der Abbildungen und Faserungen von Mannigfaltigkeiten. Comm. Math. Helv. 14 (1941), pp. 61—122.

[8] B. ECKMANN, H. SAMELSON, G. W. WHITEHEAD, On fibering spheres by toruses. Bull. Am. Math. Soc. 55 (1949), pp. 433—438.

*) [Ursprünglich befand sich in dem hier folgenden letzten Abschnitt eine falsche Behauptung; sie ist in diesem Neudruck weggelassen (1964).]

[9] H. SAMELSON, Beiträge zur Topologie der Gruppenmannigfaltigkeiten. Ann. Math. 42 (1941), pp. 1091—1137.
[10] H. HOPF, Über die Topologie der Gruppenmannigfaltigkeiten und ihrer Verallgemeinerungen. Ann. Math. 42 (1941), pp. 22—52.
[11] L. PONTRJAGIN, C. R. Paris 200 (1935).
[12] R. BRAUER, C. R. Paris 201 (1935).
[13] CH. EHRESMANN, C. R. Paris 208 (1939).
[14] H. HOPF und H. SAMELSON, Ein Satz über die Wirkungsräume geschlossener Liescher Gruppen. Comm. Math. Helv. 13 (1940/41), pp. 240—251.
[15] S. B. MYERS, Riemannian manifolds in the large. Duke math. Journ. 1 (1935), pp. 39—49.
[16] J. L. SYNGE, On the connectivity of spaces of positive curvature. Quart. J. of Math. (Oxford series) 17 (1936), pp. 316—320.
[17] A. PREISSMANN, Quelques propriétés globales des espaces de Riemann. Comm. Math. Helv. 15 (1942—43), pp. 175—216.
[18] H. HOPF, Relations between the fundamental group and the second Betti group. Lectures in Topology, pp. 315—316. University of Michigan Press, Ann Arbor, Mich. (1941).
[19] H. HOPF, Fundamentalgruppe und zweite Bettische Gruppe. Comm. Math. Helv. 14 (1942), pp. 257—309.
[20] H. HOPF, Beweis einer Formel aus der algebraischen Topologie. Comm. Math. Helv. (Wird 1965 erscheinen.)

Fundamentalgruppe und zweite Bettische Gruppe*

(gekürzt)

Commentarii Mathematici Helvetici 14 (1941/42)

Einleitung

Es ist bekannt, daß die erste Bettische Gruppe $\mathfrak{B}^1$ eines Komplexes K durch die Fundamentalgruppe $\mathfrak{G}$ von K bestimmt ist: sie ist die Faktorgruppe von $\mathfrak{G}$ nach der Kommutatorgruppe[1]). In dieser Arbeit wird der Einfluß von $\mathfrak{G}$ auf die zweite Bettische Gruppe $\mathfrak{B}^2$ untersucht.

a) $\mathfrak{B}^2$ ist, wie man schon an trivialen Beispielen sehen kann, nicht durch $\mathfrak{G}$ bestimmt; es wird aber folgendes festgestellt: *Jeder Gruppe $\mathfrak{G}$ ist durch einen bestimmten algebraischen Prozeß eine Abelsche Gruppe $\mathfrak{G}_1^*$ zugeordnet, die im allgemeinen nicht die Nullgruppe*[2]) *ist; wenn $\mathfrak{G}$ die Fundamentalgruppe eines Komplexes K und wenn $\mathfrak{S}^2$ die Untergruppe von $\mathfrak{B}^2$ ist, die aus denjenigen Homologieklassen besteht, welche stetige Bilder von Kugelflächen enthalten, so ist*

$$\mathfrak{B}^2/\mathfrak{S}^2 \cong \mathfrak{G}_1^* .$$

Die zweite Bettische Gruppe besitzt also $\mathfrak{G}_1^*$ als homomorphes Bild, und sie kann daher, wenn die Fundamentalgruppe $\mathfrak{G}$ gegeben ist, „nicht zu klein" sein. Ist z.B. $\mathfrak{G}$ eine freie Abelsche Gruppe vom Range p, so erweist sich $\mathfrak{G}_1^*$ als freie Abelsche Gruppe vom Range $\frac{p(p-1)}{2}$; für

---

*) [Anmerkung der Herausgeber: Diese Arbeit hat eine so bedeutungsvolle und umfangreiche Entwicklung zur Folge gehabt, daß es nicht möglich ist, diese hier im Einzelnen darzulegen; sie enthält im Keim sowohl die algebraischen wie auch die topologischen Ideenkreise, die man heute mit dem Namen „Homologische Algebra" bezeichnet. An der Weiterführung der Gedanken, die in dieser ersten Arbeit auftraten, hat sich auch HEINZ HOPF selbst beteiligt, wie das die drei nachstehend abgedruckten Arbeiten zeigen. Es tritt in ihnen die Homologietheorie der Gruppen mit ihren topologischen Anwendungen auf und ebenso der algebraische Begriff der freien Auflösung eines Moduls. Für Angaben über die große weitere Literatur betreffend diese Gegenstände und viele historische Hinweise sei der Leser auf das Buch „Homology" von SAUNDERS MACLANE (Springer-Verlag, Heidelberg, 1963) aufmerksam gemacht.]

1) SEIFERT-THRELFALL, Lehrbuch der Topologie (Leipzig und Berlin 1934), § 48. — Statt „Homologiegruppe" (l. c.) sage ich „Bettische Gruppe".

2) Die Nullgruppe, oft kurz mit 0 bezeichnet, ist die Gruppe, die nur ein Element enthält.

einen Komplex mit dieser Fundamentalgruppe $\mathfrak{G}$ ist mithin die zweite Bettische Zahl mindestens gleich $\frac{p(p-1)}{2}$.

Die „untere Schranke" $\mathfrak{G}_1^*$ für die mit $\mathfrak{G}$ als Fundamentalgruppe verträglichen zweiten Bettischen Gruppen kann nicht verbessert werden; zu jeder Gruppe $\mathfrak{G}$ (mit endlich vielen Erzeugenden und endlich vielen Relationen) gibt es nämlich einen Komplex K, der die Fundamentalgruppe $\mathfrak{G}$ besitzt und in dem jedes Kugelbild homolog 0, also $\mathfrak{S}^2=0$ ist; dann ist $\mathfrak{B}^2 \cong \mathfrak{G}_1^*$.

Die allgemeine Theorie dieser Zusammenhänge wird im § 2 dargestellt; der § 3 enthält spezielle Folgerungen und Beispiele. Im § 1, der rein gruppentheoretischen Inhalt hat, wird die Gruppe $\mathfrak{G}_1^*$ eingeführt.

b) Der § 4 handelt von dem Einfluß der Fundamentalgruppe auf die Schnitt-Eigenschaften der Zyklen in einer n-dimensionalen (geschlossenen und orientierbaren) Mannigfaltigkeit M^n. Es stellt sich heraus: *Diese Eigenschaften, soweit es sich um Schnitte zwischen je einem* $(n-1)$*-dimensionalen und einem zweidimensionalen Zyklus, sowie um Schnitte zwischen je zwei* $(n-1)$*-dimensionalen Zyklen handelt, sind rein algebraisch durch die Fundamentalgruppe bestimmt.*

Zum Beispiel ergibt sich: wenn $\mathfrak{G}$ eine freie Gruppe ist, so sind die genannten Schnitte sämtlich homolog 0; wenn $\mathfrak{G}$ eine Abelsche Gruppe ist, so ist der Schnitt zweier $(n-1)$-dimensionaler Zyklen nur dann homolog 0, wenn die beiden Zyklen linear abhängig im Sinne der Homologien sind.

Die Beschränkung auf Mannigfaltigkeiten ist übrigens nicht nötig; zieht man nämlich die neuere Produkt-Theorie in Komplexen heran[3]), so bleiben die angedeuteten Sätze gültig, wenn man die Schnitte zwischen $(n-1)$-dimensionalen und zweidimensionalen Zyklen durch die Čech-Whitneyschen Produkte zwischen eindimensionalen Kozyklen und zweidimensionalen Zyklen sowie die Schnitte zwischen zwei $(n-1)$-dimensionalen Zyklen durch die Kolmogoroff-Alexanderschen Produkte zwischen zwei eindimensionalen Kozyklen ersetzt; die Produkte selbst sind im ersten Fall eindimensionale Zyklen, im zweiten Fall zweidimensionale Kozyklen (aus diesen Formulierungen sieht man übrigens, daß es berechtigt ist, auch die oben genannten Schnitte, bei denen $(n-1)$-dimensionale Zyklen auftreten, zu den Eigenschaften eindimensionaler und zweidimensionaler Gebilde zu rechnen).

c) Falls eine dreidimensionale Mannigfaltigkeit M^3 vorliegt, so kommt zu den Beziehungen zwischen $\mathfrak{G}$ und $\mathfrak{B}^2$, die in den §§ 2 und 4 festgestellt werden, noch die durch den Poincaréschen Dualitätssatz ausgedrückte Beziehung sowie, für die Schnitt-Eigenschaften, die Gleichheit

[3]) Zusammenfassende Darstellung: H. WHITNEY, On products in a complex, Annals of Math. 39 (1938), 397—432.

$n-1=2$ hinzu. Diese verschiedenartigen Beziehungen sind im allgemeinen nicht miteinander verträglich, und daher sind die Gruppen $\mathfrak{G}$, die als Fundamentalgruppen dreidimensionaler Mannigfaltigkeiten auftreten, starken Einschränkungen unterworfen. Derartige Bedingungen sind in dem kurzen § 5 zusammengestellt. Als Anwendung ergibt sich ein neuer Beweis für den Satz von REIDEMEISTER: Die einzigen Abelschen Gruppen, welche als Fundamentalgruppen dreidimensionaler Mannigfaltigkeiten auftreten, sind die zyklischen Gruppen und das direkte Produkt von drei unendlich-zyklischen Gruppen.[4] *)

d) Sowohl für den Aufbau der allgemeinen Theorie als auch für die Behandlung von Beispielen sind gruppentheoretische Überlegungen notwendig, die mir auch vom gruppentheoretischen Standpunkt aus nicht uninteressant zu sein scheinen. Besonders wichtig ist die Bildung von „höheren Kommutatorgruppen", die in der neueren Gruppentheorie eine Rolle spielen[5]: ist $\mathfrak{R}$ eine Untergruppe der Gruppe $\mathfrak{F}$, so verstehe man unter $\mathfrak{C}_{\mathfrak{F}}(\mathfrak{R})$ die Gruppe, welche von allen Kommutatoren $x\,r\,x^{-1}\,r^{-1}$ erzeugt wird, für die $x \in \mathfrak{F}$, $r \in \mathfrak{R}$ ist; speziell ist $\mathfrak{C}_{\mathfrak{F}}(\mathfrak{F})=\mathfrak{C}_{\mathfrak{F}}$ die Kommutatorgruppe und $\mathfrak{C}_{\mathfrak{F}}(\mathfrak{C}_{\mathfrak{F}})=\mathfrak{C}_{\mathfrak{F}}^2$ die zweite Kommutatorgruppe von $\mathfrak{F}$. Die Struktur der Gruppe $\mathfrak{G}_1^*$, die in unserem unter a) genannten Hauptsatz auftritt, ist folgendermaßen zu bestimmen: wenn $\mathfrak{G}$ homomorphes Bild einer freien Gruppe $\mathfrak{F}$ und wenn $\mathfrak{R}$ der Kern dieses Homomorphismus ist[6]) — ein solcher Homomorphismus liegt immer vor, wenn $\mathfrak{G}$ durch Erzeugende und Relationen gegeben ist —, so ist

$$\mathfrak{G}_1^* \cong (\mathfrak{R} \cap \mathfrak{C}_{\mathfrak{F}})/\mathfrak{C}_{\mathfrak{F}}(\mathfrak{R}).$$

Eine Grundlage für unsere Untersuchungen ist der gruppentheoretische Satz, daß die durch diese Formel gegebene Gruppe $\mathfrak{G}_1^*$ nicht von der speziellen Darstellung der Gruppe $\mathfrak{G}$ als Bild von $\mathfrak{F}$, sondern nur von $\mathfrak{G}$ selbst, also nicht von $\mathfrak{F}$ und $\mathfrak{R}$, sondern nur von der Faktorgruppe $\mathfrak{F}/\mathfrak{R}$ abhängt.

Das folgende Beispiel zeigt, von welcher Art die gruppentheoretisch-topologischen Zusammenhänge sind, mit denen man es zu tun hat.

---

*) [Zusatz 1964. — Unser Beweis im § 5 enthält einen Fehler (letzte Zeile von Nr. 26), der aber wegfällt, wenn man den Satz von STEENROD anwendet, daß das Cup-Quadrat eines 1-dimensionalen Cozyklus immer ein Corand ist (Ann. of Math. 48, pp. 291—320, speziell p. 306). Einen einfachen Beweis dieses Steenrodschen Satzes erhält man durch Betrachtung der Abbildungen eines Polyeders in die Kreislinie und ihrer dualen Cohomologie-Abbildungen.]

[4]) K. REIDEMEISTER, Kommutative Fundamentalgruppen, Monatshefte f. Math. u. Ph. 43 (1936), 20—28.

[5]) Zur Orientierung über die bei uns auftretenden Begriffe aus der Gruppentheorie: W. MAGNUS, Allgemeine Gruppentheorie (Enzyklopädie d. math. Wiss. I 1, 9; Leipzig-Berlin 1939), Nr. 4 (besonders p. 17) und Nr. 14.

[6]) Der „Kern" eines Homomorphismus ist das Urbild des Eins-Elementes der Bildgruppe.

$\mathfrak{G}$ sei durch Erzeugende $E_1, \ldots, E_m$ gegeben, zwischen denen eine einzige Relation $R(E_1, \ldots, E_m) = 1$ besteht; man betrachte das Element $r = R(e_1, \ldots, e_m)$ der von freien Erzeugenden $e_1, \ldots, e_m$ erzeugten freien Gruppe $\mathfrak{F}$; es gelten die folgenden beiden Sätze: (I) Dann und nur dann gibt es einen Komplex K, dessen Fundamentalgruppe $\mathfrak{G}$ und dessen zweite Bettische Gruppe 0 ist, wenn r nicht in $\mathfrak{C}_{\mathfrak{F}}$ enthalten oder wenn $r = 1$ ist. — (II) M^n sei eine Mannigfaltigkeit mit der Fundamentalgruppe $\mathfrak{G}$; dann und nur dann gibt es in M^n zwei $(n-1)$-dimensionale Zyklen, deren Schnitt nicht homolog 0 ist, wenn r in $\mathfrak{C}_{\mathfrak{F}}$, aber nicht in $\mathfrak{C}^2_{\mathfrak{F}}$ enthalten ist.

e) Nachdem man ziemlich befriedigende Sätze über den Einfluß der Fundamentalgruppe auf die zweite Bettische Gruppe gewonnen hat, wird man fragen, ob ähnliches nicht auch für die höheren Bettischen Gruppen möglich sei. Die oben erwähnte Rolle, welche die Kugelbilder spielen, gibt einen Fingerzeig, in welcher Richtung man derartige Verallgemeinerungen zu suchen haben wird: der Begriff des Kugelbildes ist der Grundbegriff der Homotopie-Theorie von HUREWICZ, und auch die übrigen Begriffe und Beziehungen, die im § 2 auftreten — insbesondere der Begriff des „Homotopie-Randes" eines zweidimensionalen Komplexes —, scheinen mir in den Ideenkreis von HUREWICZ zu gehören[7]); übrigens ergeben sich auch einige direkte Berührungen mit Resultaten dieser Theorie (Nr. 12b, e). Ich halte es daher für wahrscheinlich, daß die in der vorliegenden Arbeit festgestellten Beziehungen zwischen $\mathfrak{G}$ einerseits, $\mathfrak{B}^2$ und $\mathfrak{S}^2$ andererseits in allgemeineren, uns noch unbekannten Beziehungen enthalten sind, die zwischen den ersten k Homotopiegruppen einerseits, der $(k+1)$-ten Bettischen und der $(k+1)$-ten Homotopiegruppe andererseits bestehen. Jedenfalls lassen sich der erwähnte Begriff des Homotopie-Randes und seine Haupt-Eigenschaften auf höhere Dimensionszahlen übertragen; wichtig für derartige Verallgemeinerungen dürfte der Zusammenhang zwischen der Fundamentalgruppe und den höheren Homotopiegruppen sein, auf den EILENBERG aufmerksam gemacht hat[8]).

Wenn man dagegen die Homotopiegruppen nicht heranzieht, sondern ausschließlich die Fundamentalgruppe und die Bettischen Gruppen — also die klassischen Invarianten von POINCARÉ — untersucht und in diesem Rahmen die Frage nach den gegenseitigen Beziehungen zwischen diesen Gruppen stellt, so ist hierauf zu antworten, daß diese Beziehungen sich auf die Dimensionszahlen 1 und 2 beschränken; wenn nämlich $\mathfrak{G}$, $\mathfrak{B}^3$,

[7]) W. HUREWICZ, Beiträge zur Topologie der Deformationen, Proc. Akad. Amsterdam: (I) vol. 38 (1935), 112—119; (II) vol. 38 (1935), 521—528; (III) vol. 39 (1936), 117—126; (IV) vol. 39 (1936), 215—224.

[8]) S. EILENBERG, On the relation between the fundamental group of a space and the higher homotopy groups, Fundamenta Math. 32 (1939), 167—175.

..., $\mathfrak{B}^n$ willkürlich vorgegebene Gruppen sind — mit endlich vielen Erzeugenden und Relationen, die $\mathfrak{B}^r$ Abelsch —, so gibt es, wie man leicht sieht, immer einen Komplex K mit der Fundamentalgruppe $\mathfrak{G}$ und den Bettischen Gruppen $\mathfrak{B}^r$ [9]). In diesem Sinne sind also Verallgemeinerungen unserer Sätze nicht möglich.

§ 1. Eine Gruppen-Konstruktion

1. Wir beginnen mit der Zusammenstellung einiger bekannter Tatsachen. Γ sei eine Menge von Elementen $\alpha, \beta, \ldots$. Jedem geordneten Paar (α, β) sei eine „Summe“ $\alpha+\beta\in\Gamma$, jedem α sei ein „Inverses“ $-\alpha\in\Gamma$ zugeordnet; statt $\beta+(-\alpha)$ schreiben wir auch $\beta-\alpha$. Dann verstehen wir unter einer „Restklassengruppe“ von Γ folgendes:

Γ ist in zueinander fremde Klassen $\bar{\alpha}, \bar{\beta}, \ldots$ zerlegt; zwischen diesen ist eine Addition erklärt, durch welche die Gesamtheit der Klassen zu einer Gruppe wird; diese Addition ist mit der Addition in Γ auf folgende natürliche Weise verknüpft:

$$(1)\qquad \begin{cases} \text{aus } \alpha\in\bar{\alpha}, \beta\in\bar{\beta} \text{ folgt } \alpha+\beta\in\bar{\alpha}+\bar{\beta}; \\ \text{aus } \alpha\in\bar{\alpha} \text{ folgt } -\alpha\in-\bar{\alpha}. \end{cases}$$

Jede Restklassengruppe läßt sich folgendermaßen erzeugen. Γ wird durch eine Abbildung q homomorph auf eine Gruppe $\mathfrak{Q}$ abgebildet, d.h. so, daß[10])

$$(1')\qquad q(\alpha+\beta)=q(\alpha)\cdot q(\beta), \qquad q(-\alpha)=q(\alpha)^{-1}$$

ist; die Restklassen sind die Urbildmengen der einzelnen Elemente von $\mathfrak{Q}$; die Summe $\bar{\alpha}+\bar{\beta}$ zweier Restklassen ist durch die Vorschrift $q(\bar{\alpha}+\bar{\beta})=q(\bar{\alpha})\cdot q(\bar{\beta})$ bestimmt; so entsteht eine mit $\mathfrak{Q}$ isomorphe Restklassengruppe von Γ.

Unter dem „Kern“ einer Restklassengruppe verstehen wir diejenige Restklasse, welche das Null-Element der Gruppe darstellt; oder in der Sprache der Homomorphismen: diejenige Klasse, welche durch q auf die Eins von $\mathfrak{Q}$ abgebildet wird.

Mit Hilfe von (1) oder von (1′) bestätigt man leicht folgende Tatsache: Zwei Elemente α, β von Γ sind dann und nur dann in derselben Rest-

[9]) Andeutung: Es gibt einen Komplex mit der Fundamentalgruppe $\mathfrak{G}$ (SEIFERT-THRELFALL, l. c.[1]), 180, Aufgabe 3); der Komplex K' seiner zweidimensionalen Simplexe hat auch die Fundamentalgruppe $\mathfrak{G}$; es gibt ferner einen Komplex K'' mit der Fundamentalgruppe 0 und den Bettischen Gruppen $\mathfrak{B}^3, \ldots, \mathfrak{B}^n$ (ALEXANDROFF-HOPF, Topologie I (Berlin 1935), 266, Nr. 9); man füge K' und K'' in einem Punkt aneinander.

[10]) Im allgemeinen schreiben wir beliebige Gruppen multiplikativ, Abelsche Gruppen oft additiv, daß wir Γ additiv schreiben, obwohl die Summenbildung i.a. nicht kommutativ ist, wird sich im „Anhang“ rechtfertigen (im Hinblick auf das distributive Gesetz der dort behandelten Produktbildung).

klasse, wenn das Element $\beta-\alpha$ in dem Kern enthalten ist. Hieraus folgt:

Zwei Restklassengruppen von Γ sind miteinander identisch (nicht nur isomorph), wenn ihre Kerne identisch sind.

2. $\mathfrak{A}$ sei eine beliebige Gruppe, $\mathfrak{U}$ ein Normalteiler von $\mathfrak{A}$. Mit $\mathfrak{C}_{\mathfrak{A}}(\mathfrak{U})$ bezeichnen wir die von allen Elementen $a\,u\,a^{-1}\,u^{-1}$ mit $a\in\mathfrak{A}$, $u\in\mathfrak{U}$ erzeugte Gruppe; sie ist, wie man leicht sieht, Normalteiler von $\mathfrak{A}$ und in $\mathfrak{U}$ enthalten. Beim Rechnen mit Kongruenzen mod. $\mathfrak{C}_{\mathfrak{A}}(\mathfrak{U})$ — d.h. beim Rechnen in der Faktorgruppe $\mathfrak{A}/\mathfrak{C}_{\mathfrak{A}}(\mathfrak{U})$ — ist jedes Element von $\mathfrak{U}$ mit jedem Element von $\mathfrak{A}$ vertauschbar.

Für beliebige Gruppenelemente $x_1, y_1, x_2, y_2, \ldots, x_n, y_n$ definieren wir das „Wort" C durch

$$C(x_1, \ldots, y_n) = x_1 \cdot y_1 \cdot x_1^{-1} \cdot y_1^{-1} \cdot x_2 \cdot \cdots y_{n-1}^{-1} \cdot x_n \cdot y_n \cdot x_n^{-1} \cdot y_n^{-1}. \tag{2}$$

Dann gilt folgende Regel: sind $a_1, b_1, \ldots, a_n, b_n$ und $a_1', b_1', \ldots, a_n', b_n'$ Elemente von $\mathfrak{A}$ mit

$$a_i' \equiv a_i, \quad b_i' \equiv b_i \quad \text{mod. } \mathfrak{U}, \tag{3}$$

so ist

$$C(a_1', \ldots, b_n') \equiv C(a_1, \ldots, b_n) \quad \text{mod. } \mathfrak{C}_{\mathfrak{A}}(\mathfrak{U}). \tag{4}$$

Denn (3) bedeutet: $a_i' = a_i \cdot u_i$, $b_i' = b_i \cdot v_i$ mit $u_i \in \mathfrak{U}$, $v_i \in \mathfrak{U}$; setzt man dies in C ein und beachtet die oben erwähnte Vertauschbarkeits-Eigenschaft sowie die besondere Gestalt (2) von C, so erhält man (4).

Die Gruppe $\mathfrak{C}_{\mathfrak{A}}(\mathfrak{A})$ ist die Kommutatorgruppe von $\mathfrak{A}$; wir nennen sie kurz $\mathfrak{C}_{\mathfrak{A}}$.

3. Nach diesen Vorbemerkungen kommen wir zu der Konstruktion, die das Ziel dieses Paragraphen ist. $\mathfrak{G}$ sei eine beliebige Gruppe. Unter $\Gamma_{\mathfrak{G}}$ verstehen wir die Menge aller geordneten Systeme $(X_1, Y_1, \ldots, X_n, Y_n)$ mit $X_i \in \mathfrak{G}$, $Y_i \in \mathfrak{G}$ und beliebigem n. Für zwei Systeme $\alpha = (X_1, \ldots, Y_n)$, $\beta = (U_1, \ldots, V_m)$ soll $\alpha + \beta = (X_1, \ldots, Y_n, U_1, \ldots, V_m)$, und es soll $-\alpha = (Y_n, X_n, \ldots, Y_1, X_1)$ sein.

Wir konstruieren nach einer speziellen Methode Restklassengruppen von $\Gamma_{\mathfrak{G}}$. Es sei A eine homomorphe Abbildung einer Gruppe $\mathfrak{A}$ auf $\mathfrak{G}$; der Kern[6]) von A heiße $\mathfrak{U}$. Wir nehmen ein Element $\alpha = (X_1, \ldots, Y_n)$ von $\Gamma_{\mathfrak{G}}$ und ordnen seinen Komponenten $X_1, \ldots, Y_n$ Elemente a_i, b_i von $\mathfrak{A}$ so zu, daß $A(a_i) = X_i$, $A(b_i) = Y_i$ ist; diese a_i und b_i sind nicht eindeutig bestimmt; aber ihre Restklassen modulo $\mathfrak{U}$ sind eindeutig bestimmt; daher ist nach Nr. 2 die Restklasse modulo $\mathfrak{C}_{\mathfrak{A}}(\mathfrak{U})$, welcher das Element $C(a_1, \ldots, b_n)$ angehört, eindeutig bestimmt; diese Restklasse nennen wir $q_A(\alpha)$. Man verifiziert leicht, daß q_A eine homomorphe Abbildung (im Sinne von Nr. 1) von $\Gamma_{\mathfrak{G}}$ auf die Faktorgruppe $\mathfrak{C}_{\mathfrak{A}}/\mathfrak{C}_{\mathfrak{A}}(\mathfrak{U})$

ist. Der Homomorphismus q_A erzeugt eine Restklassengruppe von $\Gamma_{\mathfrak{G}}$ (Nr. 1); diese heiße $\mathfrak{G}_A$; es ist

$$\mathfrak{G}_A \cong \mathfrak{C}_{\mathfrak{A}}/\mathfrak{C}_{\mathfrak{A}}(\mathfrak{U}).$$

Der Kern des Homomorphismus q_A, also die Klasse derjenigen $\alpha = (X_1, \ldots, Y_n)$, zu denen es Elemente a_i, b_i von $\mathfrak{A}$ mit

$$A(a_i) = X_i, \quad A(b_i) = Y_i, \quad C(a_1, \ldots, b_n) \in \mathfrak{C}_{\mathfrak{A}}(\mathfrak{U})$$

gibt, heiße K_A.

4. Jetzt sei $\mathfrak{F}$ eine *freie* Gruppe und F ein Homomorphismus von $\mathfrak{F}$ auf $\mathfrak{G}$; der Kern von F heiße $\mathfrak{R}$. Dann ist gemäß der soeben besprochenen Konstruktion eine Restklassengruppe $\mathfrak{G}_F$ von $\Gamma_{\mathfrak{G}}$ gegeben; der Kern der zugehörigen Abbildung q_F heiße K_F. Daneben betrachten wir weiter wie in Nr. 3 einen Homomorphismus A einer beliebigen Gruppe $\mathfrak{A}$ auf dieselbe Gruppe $\mathfrak{G}$. — Wir behaupten:[10a])

(5) $$K_F \subset K_A.$$

Beweis: $\{e_1, e_2, \ldots\}$ sei ein freies Erzeugenden-System von $\mathfrak{F}$. Zu jedem e_i gibt es in $\mathfrak{A}$ Elemente, die durch A auf das Element $F(e_i)$ abgebildet sind; unter diesen Elementen von $\mathfrak{A}$ wählen wir je eines aus und nennen es $H(e_i)$; da die e_i ein freies Erzeugenden-System bilden, gibt es einen Homomorphismus H von $\mathfrak{F}$ in $\mathfrak{A}$, der den Elementen e_i die Elemente $H(e_i)$ zuordnet. Nach Definition von H ist $AH(e_i) = F(e_i)$; dann ist auch

(6) $$AH(x) = F(x) \quad \text{für alle} \quad x \in \mathfrak{F}.$$

Hiernach ist speziell $AH(\mathfrak{R}) = F(\mathfrak{R}) = 1$, also

(7) $$H(\mathfrak{R}) \subset \mathfrak{U}.$$

Aus (7) folgt

(8) $$H\mathfrak{C}_{\mathfrak{F}}(\mathfrak{R}) \subset \mathfrak{C}_{\mathfrak{A}}(\mathfrak{U}).$$

Nun sei $\alpha = (X_1, \ldots, Y_n) \in K_F$; dann gibt es solche Elemente x_i, y_i in $\mathfrak{F}$, daß

(9) $$F(x_i) = X_i, \quad F(y_i) = Y_i,$$

(10) $$C(x_1, \ldots, y_n) \in \mathfrak{C}_{\mathfrak{F}}(\mathfrak{R})$$

ist. Wir setzen $H(x_i) = a_i$, $H(y_i) = b_i$. Dann folgt aus (6) und (9)

(11) $$A(a_i) = X_i, \quad A(b_i) = Y_i.$$

Da H ein Homomorphismus ist, ist

$$C(a_1, \ldots, b_n) = HC(x_1, \ldots, y_n);$$

[10a]) Das Zeichen $\subset$ bedeute immer: „echter oder *unechter* Teil von“.

hieraus, aus (10) und (8) folgt

(12) $$C(a_1, \ldots, b_n) \in \mathfrak{C}_{\mathfrak{A}}(\mathfrak{U}).$$

(11) und (12) bedeuten: $\alpha \in K_A$. Somit gilt (5).

5. Jetzt seien F, F' Homomorphismen zweier freier Gruppen $\mathfrak{F}, \mathfrak{F}'$ auf $\mathfrak{G}$. Nach Nr. 4 ist $K_F \subset K_{F'}$ und $K_{F'} \subset K_F$, also $K_F = K_{F'}$. Dann sind nach der Bemerkung am Schluß von Nr. 1 die Gruppen $\mathfrak{G}_F$ und $\mathfrak{G}_{F'}$ miteinander identisch; mit anderen Worten: die Gruppe $\mathfrak{G}_F$ ist von F unabhängig, wenn nur $\mathfrak{F}$ eine freie Gruppe ist.

Jede Gruppe $\mathfrak{G}$ ist homomorphes Bild freier Gruppen; man erhält einen solchen Homomorphismus, wenn man die Elemente eines beliebigen Erzeugenden-Systems von $\mathfrak{G}$ zugleich als freie Erzeugende einer freien Gruppe auffaßt. Daher ist für jede Gruppe $\mathfrak{G}$ die Gruppe $\mathfrak{G}_F$ erklärt; um die Unabhängigkeit von F zu betonen, setzen wir $\mathfrak{G}_F = \mathfrak{G}^*$. Wir fassen die Konstruktions-Vorschrift für $\mathfrak{G}^*$ noch einmal zusammen:

Die Gruppe $\mathfrak{G}$ sei gegeben. $\Gamma_{\mathfrak{G}}$ sei die Menge aller Systeme $(X_1, Y_1, \ldots, X_n, Y_n)$ mit $X_i \in \mathfrak{G}$, $Y_i \in \mathfrak{G}$; in $\Gamma_{\mathfrak{G}}$ sind „Summe" und „Inverses" gemäß Nr. 3 erklärt. F sei ein Homomorphismus einer freien Gruppe $\mathfrak{F}$ auf $\mathfrak{G}$; der Kern von F heiße $\mathfrak{R}$; die Gruppen $\mathfrak{C}_{\mathfrak{F}}$ und $\mathfrak{C}_{\mathfrak{F}}(\mathfrak{R})$ sind in Nr. 2 definiert. Den Komponenten X_i, Y_i jedes Elementes $\alpha = (X_1, \ldots, Y_n)$ von $\Gamma_{\mathfrak{G}}$ ordnen wir Elemente x_i, y_i von $\mathfrak{F}$ zu, für welche $F(x_i) = X_i$, $F(y_i) = Y_i$ ist; dann ist die Restklasse von $\mathfrak{F}$ modulo $\mathfrak{C}_{\mathfrak{F}}(\mathfrak{R})$, welche das Kommutatorelement $C(x_1, \ldots, y_n)$ enthält, durch α eindeutig bestimmt; sie heiße $q_F(\alpha)$. q_F ist ein Homomorphismus von $\Gamma_{\mathfrak{G}}$ auf die Faktorgruppe $\mathfrak{C}_{\mathfrak{F}}/\mathfrak{C}_{\mathfrak{F}}(\mathfrak{R})$; die von diesem Homomorphismus erzeugte Restklassengruppe von $\Gamma_{\mathfrak{G}}$ ist $\mathfrak{G}^*$. Sie ist unabhängig von F.

Es ist

(13) $$\mathfrak{G}^* \cong \mathfrak{C}_{\mathfrak{F}}/\mathfrak{C}_{\mathfrak{F}}(\mathfrak{R}).$$

Als Korollar ergibt sich: *Sind $\mathfrak{F}$, $\mathfrak{F}'$ freie Gruppen, $\mathfrak{R}$, $\mathfrak{R}'$ Normalteiler von ihnen, und ist*

(14) $$\mathfrak{F}/\mathfrak{R} \cong \mathfrak{F}'/\mathfrak{R}',$$

so ist auch

(15) $$\mathfrak{C}_{\mathfrak{F}}/\mathfrak{C}_{\mathfrak{F}}(\mathfrak{R}) \cong \mathfrak{C}_{\mathfrak{F}'}/\mathfrak{C}_{\mathfrak{F}'}(\mathfrak{R}').$$

Denn ist $\mathfrak{G}$ die durch jede der beiden Seiten von (14) erklärte abstrakte Gruppe, so ist jede der beiden Seiten von (15) mit der zugehörigen Gruppe $\mathfrak{G}^*$ isomorph.

6. Für unsere späteren Zwecke ist eine bestimmte Untergruppe $\mathfrak{G}_1^*$ von $\mathfrak{G}^*$ wichtig, die wir jetzt erklären werden.

Zu jedem Element $\alpha=(X_1, \ldots, Y_n)$ von $\Gamma_{\mathfrak{G}}$ gehört ein Element $C(X_1, \ldots, Y_n)$ von $\mathfrak{C}_{\mathfrak{G}}$, das wir $C(\alpha)$ nennen. Mit $\bar{\alpha}, \ldots$ bezeichnen wir die Restklassen von $\Gamma_{\mathfrak{G}}$, welche die Elemente von $\mathfrak{G}^*$ sind.

F sei wieder ein Homomorphismus wie in Nr. 5. Da $\mathfrak{C}_{\mathfrak{F}}(\mathfrak{R}) \subset \mathfrak{R}$ ist, wird durch F jeder Restklasse von $\mathfrak{F}$ modulo $\mathfrak{C}_{\mathfrak{F}}(\mathfrak{R})$ ein bestimmtes Element von $\mathfrak{G}$ zugeordnet; daher ist für jedes α ein bestimmtes Element $F q_F(\alpha)$ erklärt; aus der Definition von q_F und der Homomorphie-Eigenschaft von F folgt leicht:

$$F q_F(\alpha) = C(\alpha). \tag{16}$$

Hieraus ist ersichtlich: Sind α, α' in derselben Klasse $\bar{\alpha}$ enthalten, ist also $q_F(\alpha)=q_F(\alpha')$, so ist $C(\alpha)=C(\alpha')$. Man kann daher statt $C(\alpha)$ auch $C(\bar{\alpha})$ schreiben. Unter $\Gamma_{\mathfrak{G}}^1$ verstehen wir die Menge der α, für die $C(\alpha)=1$, unter $\mathfrak{G}_1^*$ die Menge der $\bar{\alpha}$, für die $C(\bar{\alpha})=1$ ist. Aus (16) sieht man, daß die Bedingungen $C(\alpha)=1$ gleichbedeutend damit ist, daß $q_F(\alpha) \subset \mathfrak{R}$ ist; hierbei ist $q_F(\alpha)$ eine der Restklassen, in die $\mathfrak{C}_{\mathfrak{F}}$ modulo $\mathfrak{C}_{\mathfrak{F}}(\mathfrak{R})$ zerfällt; (eine beliebige dieser Restklassen ist, da $\mathfrak{C}_{\mathfrak{F}}(\mathfrak{R}) \subset \mathfrak{R}$ ist, entweder fremd zu $\mathfrak{R}$ oder in $\mathfrak{R}$ enthalten). Die in $\mathfrak{R}$ enthaltenen $q_F(\alpha)$ bilden die Untergruppe $(\mathfrak{R} \cap \mathfrak{C}_{\mathfrak{F}})/\mathfrak{C}_{\mathfrak{F}}(\mathfrak{R})$ von $\mathfrak{C}_{\mathfrak{F}}/\mathfrak{C}_{\mathfrak{F}}(\mathfrak{R})$; da diese $q_F(\alpha)$ den zu $\mathfrak{G}_1^*$ gehörigen α entsprechen, ist $\mathfrak{G}_1^*$ eine, mit der genannten Untergruppe isomorphe, Untergruppe von $\mathfrak{G}^*$. — Wir fassen zusammen:

$\mathfrak{G}_1^*$ ist die Untergruppe der Restklassengruppe $\mathfrak{G}^*$, die aus denjenigen Restklassen $\bar{\alpha}$ besteht, für deren Elemente $\alpha=(X_1, \ldots, Y_n)$ die Kommutatoren $C(\alpha)=C(X_1, \ldots, Y_n)=1$ sind.

$\mathfrak{G}_1^*$ ist daher ebenso wie $\mathfrak{G}^*$ vollständig durch $\mathfrak{G}$ bestimmt (unabhängig von dem als Hilfsmittel benutzten Homomorphismus F).

Man kann $\mathfrak{G}_1^*$ auch so charakterisieren: *Der durch $C(\alpha)=1$ bestimmte Teil $\Gamma_{\mathfrak{G}}^1$ von $\Gamma_{\mathfrak{G}}$ wird durch q_F homomorph auf die Gruppe $(\mathfrak{R} \cap \mathfrak{C}_{\mathfrak{F}})/\mathfrak{C}_{\mathfrak{F}}(\mathfrak{R})$ abgebildet; $\mathfrak{G}_1^*$ ist die hierdurch erzeugte Restklassengruppe von $\Gamma_{\mathfrak{G}}^1$. Es ist*

$$\mathfrak{G}_1^* \cong (\mathfrak{R} \cap \mathfrak{C}_{\mathfrak{F}})/\mathfrak{C}_{\mathfrak{F}}(\mathfrak{R}). \tag{17}$$

In Analogie zu (15) erhält man das Korollar: *Unter der Voraussetzung* (14) *gilt*

$$(\mathfrak{R} \cap \mathfrak{C}_{\mathfrak{F}})/\mathfrak{C}_{\mathfrak{F}}(\mathfrak{R}) \cong (\mathfrak{R}' \cap \mathfrak{C}_{\mathfrak{F}'})/\mathfrak{C}_{\mathfrak{F}'}(\mathfrak{R}'). \tag{18}$$

Aus (17) ist übrigens ersichtlich, daß $\mathfrak{G}_1^*$ eine Abelsche Gruppe ist; denn die Kommutatorgruppe von $\mathfrak{R} \cap \mathfrak{C}_{\mathfrak{F}}$ ist in der Kommutatorgruppe von $\mathfrak{R}$, also auch in deren Obergruppe $\mathfrak{C}_{\mathfrak{F}}(\mathfrak{R})$ enthalten.

Wir bemerken noch folgendes: durch die oben eingeführte Funktion $C(\bar{\alpha})$ wird $\mathfrak{G}^*$ homomorph auf $\mathfrak{C}_{\mathfrak{G}}$ abgebildet, und $\mathfrak{G}_1^*$ ist der Kern dieses Homomorphismus; daher ist

$$\mathfrak{G}^*/\mathfrak{G}_1^* \cong \mathfrak{C}_{\mathfrak{G}}. \tag{19}$$

Damit brechen wir die gruppentheoretischen Betrachtungen ab; sie werden in Nr. 19, wozu auch der „Anhang" gehört, fortgesetzt werden.

§ 2. Homotopie-Ränder, Kugelbilder und Fundamentalgruppe

7. Homotopie-Ränder: E sei ein zweidimensionales Element, d.h. eine abgeschlossene Kreisscheibe oder ein topologisches Bild einer solchen; E sei orientiert; ϱ sei die Randkurve von E, einmal im positiven Sinne durchlaufen. K sei ein simplizialer Komplex, f eine simpliziale Abbildung einer Simplizialzerlegung von E in den Komplex K. Dann ist $f(E) = Y$ ein zweidimensionaler algebraischer Komplex[11]) in K und $f(\varrho) = \mathfrak{r}$ ein geschlossener Kantenweg in K[12]). Unter diesen Umständen sagen wir: „$\mathfrak{r}$ *ist ein Homotopie-Rand von* Y".

Dieser Begriff des „simplizialen" Homotopie-Randes ist nur wenig spezieller als der folgendermaßen erklärte Begriff des „stetigen" Homotopie-Randes. Mit K^r bezeichnen wir den Komplex der höchstens r-dimensionalen Simplexe von K; die durch K, K^r bestimmten Polyeder nennen wir $\overline{K}, \overline{K^r}$ [11]). Wir betrachten nur solche stetige Abbildungen f von E in $\overline{K}$, daß [10a])

$$(1) \qquad f(\varrho) \subset \overline{K^1}, \quad f(E) \subset \overline{K^2}$$

ist; dann hat die Abbildung f von E in jedem zweidimensionalen orientierten Simplex y_i von K einen bestimmten Grad c_i, und nur endlich viele c_i sind nicht 0; wir definieren den algebraischen Komplex $Y = f(E)$ durch $Y = \sum c_i y_i$; das Bild $f(\varrho) = \mathfrak{r}$ ist ein stetiger geschlossener Weg in $\overline{K^1}$ [12]). *Wir nennen* $\mathfrak{r}$ *einen (stetigen) Homotopie-Rand des algebraischen Komplexes* Y.

8. Der Komplex K sei zusammenhängend; er kann übrigens endlich oder unendlich sein; die Komplexe K^r seien wie oben erklärt. Ein Eckpunkt O sei ausgezeichnet. $\mathfrak{F}$ sei die Fundamentalgruppe von $\overline{K^1}$; wir repräsentieren ihre Elemente in bekannter Weise durch geschlossene Wege in $\overline{K^1}$, deren Anfangs- und Endpunkte in O zusammenfallen. Ferner sei auf dem Rande jedes Elementes E ein Punkt a ausgezeichnet; wir betrachten nur solche stetige Abbildungen f von E in $\overline{K}$, welche (1) erfüllen und für welche $f(a) = O$ ist; dann repräsentieren die Randbilder $\mathfrak{r} = f(\varrho)$ Elemente der Gruppe $\mathfrak{F}$. — Kleine deutsche Buchstaben sollen bis auf weiteres immer geschlossene Wege in $\overline{K}$ durch den Punkt O bezeichnen.

---

11) Terminologie wie bei ALEXANDROFF-HOPF, l.c.[9]).

12) Wegen des Begriffes „geschlossener Weg" vgl. man die Bücher von SEIFERT-THRELFALL[1]), 149ff., und ALEXANDROFF-HOPF[9]), 332ff.; dieser Begriff ist verschieden von dem Begriff „eindimensionaler Zyklus" (oder „eindimensionale geschlossene Kette").

Unter $\mathfrak{R}$ verstehen wir die Menge derjenigen Elemente von $\mathfrak{F}$, welchen geschlossene Wege in $\overline{K}^1$ entsprechen, die in $\overline{K}$ auf einen Punkt zusammenziehbar sind; diese Wege sind dann bekanntlich bereits in $\overline{K}^2$ auf einen Punkt zusammenziehbar; ebenso ist bekannt oder leicht zu sehen, daß $\mathfrak{R}$ Normalteiler von $\mathfrak{F}$ ist. $\mathfrak{C}$ bezeichne die Kommutatorgruppe von $\mathfrak{F}$; die von den Elementen $x\,r\,x^{-1}\,r^{-1}$ mit $x \in \mathfrak{F}$, $r \in \mathfrak{R}$ erzeugte Gruppe heiße $\mathfrak{C}(\mathfrak{R})$; daraus, daß $\mathfrak{R}$ Normalteiler ist, folgt: $\mathfrak{C}(\mathfrak{R}) \subset \mathfrak{R}$.

Wir werden jetzt eine Reihe von Tatsachen zusammenstellen, die sich auf den Zusammenhang beziehen, der durch die Bildung der (stetigen) Homotopie-Ränder zwischen den algebraischen Komplexen Y in K^2 und der Fundamentalgruppe $\mathfrak{F}$ von K^1 sowie deren Untergruppen $\mathfrak{R}$ und $\mathfrak{C}(\mathfrak{R})$ vermittelt wird.

a) $\mathfrak{r}$ *ist dann und nur dann ein Homotopie-Rand, wenn das durch* $\mathfrak{r}$ *repräsentierte Element* r *von* $\mathfrak{F}$ *zu* $\mathfrak{R}$ *gehört.*

Denn die Tatsache, daß $\mathfrak{r}$ Homotopie-Rand ist, ist gleichbedeutend mit der Existenz einer Abbildung f eines Elementes E, für welche $f(E) \subset \overline{K}^2$, $f(\varrho) = \mathfrak{r}$ ist, wobei ϱ wieder den Rand von E bezeichnet; dieselbe Bedingung ist aber auch charakteristisch dafür, daß $\mathfrak{r}$ in $\overline{K}^2$ auf einen Punkt zusammenziehbar ist, also wie oben bemerkt, dafür, daß $r \in \mathfrak{R}$ ist.

b) *Es sei* $r_1 \in \mathfrak{R}$, $x \in \mathfrak{F}$, $r_2 = x^{-1}\,r_1\,x$; $\mathfrak{r}_1, \mathfrak{r}_2$ *seien Wege, welche* r_1, r_2 *repräsentieren;* $\mathfrak{r}_1$ *sei Homotopie-Rand von* Y. *Dann ist auch* $\mathfrak{r}_2$ *Homotopie-Rand von* Y.

Beweis: Da $r_2 = x^{-1}\,r_1\,x$ ist, sind $\mathfrak{r}_1$ und $\mathfrak{r}_2$ einander „frei homotop" auf $\overline{K}^1$, d.h. $\mathfrak{r}_1$ läßt sich auf $\overline{K}^1$ stetig in $\mathfrak{r}_2$ deformieren, ohne daß dabei ein Punkt festgehalten zu werden braucht[13]). Es gibt daher eine solche Abbildung f' eines von zwei Kreisen ϱ_1, ϱ_2 begrenzten Kreisringes R, daß $f'(\varrho_1) = \mathfrak{r}_1$, $f'(\varrho_2) = \mathfrak{r}_2$, $f'(R) \subset \overline{K}^1$ ist. Hierbei sei ϱ_1 der innere Randkreis von R; da $\mathfrak{r}_1$ Homotopie-Rand von Y ist, gibt es eine solche Abbildung f_1 der von ϱ_1 begrenzten Kreisscheibe E_1, daß f_1 auf ϱ_1 mit f' übereinstimmt und daß $f_1(E_1) = Y$ ist. f_1 und f' zusammen bilden eine Abbildung f_2 der von ϱ_2 begrenzten Kreisscheibe E_2; da $f_2(R) = f'(R) \subset \overline{K}^1$ ist, liefert das Bild von R keinen Beitrag zu dem algebraischen Komplex $f_2(E_2)$, und daher ist $f_2(E_2) = f_1(E_1) = Y$; da außerdem $f_2(\varrho_2) = f'(\varrho_2) = \mathfrak{r}_2$ ist, ist $\mathfrak{r}_2$ Homotopie-Rand von Y.

Bemerkung: Von dem hiermit bewiesenen Satz ist besonders auch der Spezialfall wichtig, in dem $r_2 = r_1$ ist.

c) y sei ein zweidimensionales orientiertes Simplex von K; unter einer „Schleife um y" verstehen wir einen geschlossenen Weg folgender Art: man läuft erst von O auf einem (in K^1 gelegenen) Weg w bis in einen

[13]) Seifert-Threlfall, § 49.

Eckpunkt von y, dann durchläuft man den Rand von y einmal im positiven Sinne, schließlich läuft man auf w, in der entgegengesetzten Richtung wie zuerst, nach O zurück.

Behauptung: *Jede Schleife um y ist Homotopie-Rand von y.* Den Beweis führt man leicht durch geeignete (z.B. simpliziale) Abbildung eines Elementes auf die aus den Punkten von y und w bestehende Punktmenge.

d) *Ist $\mathfrak{r}$ Homotopie-Rand von Y, so ist der inverse Weg $\mathfrak{r}^{-1}$ Homotopie-Rand des Komplexes $-Y$; sind $\mathfrak{r}_1, \mathfrak{r}_2$ Homotopie-Ränder von Y_1, Y_2, so ist der zusammengesetzte Weg $\mathfrak{r}_1 \cdot \mathfrak{r}_2$ Homotopie-Rand von $Y = Y_1 + Y_2$.*

Der Beweis des ersten Teiles ist klar. Um den zweiten Teil zu beweisen, hefte man die beiden Elemente E_1, E_2, welche durch f_1, f_2 so abgebildet sind, daß $f_i(E_i) = Y_i$, $f_i(\varrho_i) = \mathfrak{r}_i$ ist, in ihren Randpunkten a_1, a_2, welche durch f_1, f_2 auf O abgebildet sind, zusammen; auf diesen Komplex $E_1 + E_2$ bilde man ein Element E durch eine Abbildung f' so ab, daß E_1 und E_2 mit dem Grade 1 bedeckt werden, daß der Rand ϱ von E in den aus den beiden Rändern zusammengesetzten Weg $\varrho_1 \cdot \varrho_2$ übergeht, und daß ein vorgegebener Randpunkt a von E auf $a_1 = a_2$ abgebildet wird; für die Abbildung f von E, die entsteht, wenn man erst f', dann f_1 und f_2 ausführt, ist $f(E) = Y_1 + Y_2$, $f(\varrho) = \mathfrak{r}_1 \cdot \mathfrak{r}_2$.

e) Durch den soeben geführten Beweis ist zugleich folgendes gezeigt worden: wenn die Komplexe Y_1, Y_2 Bilder $f_1(E_1), f_2(E_2)$ von Elementen sind — mit den Nebenbedingungen $f_1(a_1) = f_2(a_2) = O$ —, so ist auch $Y = Y_1 + Y_2$ Bild $f(E)$ eines Elementes — mit der Nebenbedingung $f(a) = O$. Ferner geht aus c) hervor, daß jedes Simplex y_i von K^2 Bild eines Elementes ist — ebenfalls mit der Nebenbedingung, daß ein vorgeschriebener Randpunkt des Elementes auf O abgebildet wird. Durch Kombination dieser Tatsachen ergibt sich:

Jeder Komplex $Y = \sum c_i y_i$ ist Bild eines Elementes E, und zwar so, daß ein vorgeschriebener Randpunkt von E auf O abgebildet wird; jeder Komplex Y besitzt daher Homotopie-Ränder, und zwar solche, welche geschlossene Wege durch den Punkt O sind.

f) *Jeder Weg $\mathfrak{r}$, der ein Element r der Gruppe $\mathfrak{C}(\mathfrak{R})$ repräsentiert, ist Homotopie-Rand des Nullkomplexes $Y = 0$.*

Beweis: Es sei $r \in \mathfrak{C}(\mathfrak{R})$; dann ist $r = \Pi(x_i r_i x_i^{-1} r_i^{-1})^{\pm 1}$ mit $r_i \in \mathfrak{R}$, $x_i \in \mathfrak{F}$. Nach a) und b) gibt es zu jedem i einen Komplex Y_i, so daß sowohl die Wege, die zu dem Element r_i, als auch die Wege, die zu dem Element $x_i r_i x_i^{-1}$ gehören, Homotopie-Ränder von Y_i sind; nach dem ersten Teil von d) sind die zu r_i^{-1} gehörigen Wege Homotopie-Ränder von $-Y_i$; nach dem zweiten Teil von d) sind daher die zu $x_i r_i x_i^{-1} r_i^{-1}$

gehörigen Wege Homotopie-Ränder von $Y_i - Y_i = 0$; und ebenfalls nach d) sind daher auch die zu r gehörigen Wege Homotopie-Ränder des Komplexes 0.

g) *Der Weg* $\mathfrak{r}$ *sei Homotopie-Rand des Nullkomplexes. Dann ist das durch* $\mathfrak{r}$ *repräsentierte Element* r *von* $\mathfrak{F}$ *in* $\mathfrak{C}(\mathfrak{R})$ *enthalten.*

Beweis: Es gibt eine Abbildung f von E mit $f(E)=0, f(\varrho)=\mathfrak{r}$, $f(a)=O$. Beim Übergang zu einer simplizialen Approximation von f ändert sich weder das durch $f(\varrho)$ repräsentierte Element von $\mathfrak{F}$, noch, wie sich aus den Grundeigenschaften des Abbildungsgrades ergibt, der algebraische Komplex $f(E)$; außerdem kann man dafür sorgen, daß O das Bild von a bleibt. Daher können wir f von vornherein als simplizial annehmen.

Die Simplizialzerlegung von E, die der simplizialen Abbildung f zugrundeliegt, ist ein Komplex E^2; mit E^1 bezeichnen wir den Kantenkomplex von E^2; die Fundamentalgruppe von E^1 heiße Φ; wir repräsentieren ihre Elemente durch geschlossene Wege durch den Eckpunkt a; die Kommutatorgruppe von Φ heiße Γ. Die zweidimensionalen Simplexe von E^2 seien η_λ; sie seien so orientiert, daß $\sum \eta_\lambda = E$ das orientierte Element ist. Für jedes λ sei ϱ_λ eine feste „Schleife" um η_λ, die analog wie unter c) definiert ist, mit dem Anfangs- und Endpunkt a. Der Randweg des orientierten Elementes E sei ϱ.

Die Wege ϱ, ϱ_λ repräsentieren im Sinne der Homologietheorie Zyklen ϱ', ϱ'_λ des Komplexes E^1; aus $\sum \eta_\lambda = E$ folgt

$$\varrho' = \sum \varrho'_\lambda. \tag{2}$$

Nun ist der Zusammenhang zwischen der Fundamentalgruppe und der Gruppe der eindimensionalen Zyklen eines Komplexes E^1 bekanntlich derart, daß man ϱ', ϱ'_λ als diejenigen Restklassen von Φ mod. Γ auffassen kann, welche die durch ϱ bzw. ϱ_λ repräsentierten Elemente von Φ enthalten[1]). Daher ist (2) gleichbedeutend mit der Tatsache, daß der Weg ϱ sich folgendermaßen aus den Wegen ϱ_λ und einem Weg γ, der ein Element von Γ repräsentiert, zusammensetzen läßt:

$$\varrho = \gamma \cdot \Pi \varrho_\lambda. \tag{3}$$

Durch Ausübung der Abbildung f folgt aus (3)

$$\mathfrak{r} = \mathfrak{c} \cdot \Pi \mathfrak{r}_\lambda; \tag{4}$$

hierin bezeichnet $\mathfrak{c}$ einen Weg, der ein Element c der Gruppe $f(\Gamma)$ repräsentiert, und es ist $f(\varrho_\lambda) = \mathfrak{r}_\lambda$ gesetzt; die durch $\mathfrak{r}, \mathfrak{r}_\lambda$ repräsentierten Elemente von $\mathfrak{F}$ seien r, r_λ. Unsere Behauptung, daß $r \in \mathfrak{C}(\mathfrak{R})$ sei, können wir auf Grund von (4) in zwei Teile zerlegen:

(5_1) $\qquad c \in \mathfrak{C}(\mathfrak{R})$; $\qquad (5_2)$ $\qquad \Pi r_\lambda \in \mathfrak{C}(\mathfrak{R})$.

Beweis von (5_1): Da E ein Element ist, ist jeder geschlossene Weg des Komplexes E^1 in E auf einen Punkt zusammenziehbar; daher ist auch das durch f gelieferte Bild eines solchen Weges in $\overline{K}$ zusammenziehbar; das bedeutet: $f(\Phi) \subset \mathfrak{R}$. Folglich ist $f(\Gamma)$ in der Kommutatorgruppe von $\mathfrak{R}$, also erst recht in deren Obergruppe $\mathfrak{C}(\mathfrak{R})$ enthalten. Mithin gilt (5_1).

Beweis von (5_2): Das Bild $f(\eta_\lambda)$ eines Simplexes η_λ von E^2 ist entweder 0 oder ein Simplex $\pm y_i$ von K^2; im ersten Fall wird der einmal durchlaufene Rand von η_λ auf einen Punkt oder auf eine hin und her durchlaufene Strecke abgebildet, und daher ist das Bild $\mathfrak{r}_\lambda$ der Schleife ϱ_λ offenbar in $\overline{K}$ zusammenziehbar, also ist dann r_λ das Eins-Element von $\mathfrak{F}$; im zweiten Fall ist $\mathfrak{r}_\lambda$ eine Schleife um $\pm y_i$. Wir lassen nun aus dem Produkt $\Pi r_\lambda = p$ die Faktoren r_λ weg, die gleich 1 sind; dann ist p als Produkt von Elementen r_λ dargestellt, welche Schleifen $\mathfrak{r}_\lambda$ um die Simplexe $\pm y_i$ entsprechen. Dabei treten für jedes $|y_i|$ ebensoviele positive wie negative Schleifen auf; denn deren Anzahlen sind gleich den Anzahlen der positiven bzw. negativen Bedeckungen, die das Simplex y_i durch Bilder $f(\eta_\lambda)$ erleidet, und diese beiden Anzahlen sind einander gleich, da $f(E) = 0$ ist.

Wir rechnen modulo der Gruppe $\mathfrak{C}(\mathfrak{R})$; dann dürfen wir, da $r_\lambda \in \mathfrak{R}$ ist, in dem Produkt $p = \prod_\lambda r_\lambda$ je zwei Faktoren r_λ miteinander vertauschen; daher ist

$$p \equiv \prod_i p_i \quad \text{mod.}\ \mathfrak{C}(\mathfrak{R}),$$

wobei p_i das Produkt derjenigen r_λ bezeichnet, welche durch Schleifen um $\pm y_i$ repräsentiert werden. Die Behauptung (5_2) wird bewiesen sein, wenn wir für jedes einzelne i gezeigt haben, daß $p_i \in \mathfrak{C}(\mathfrak{R})$ ist.

$\mathfrak{r}_1$ und $\mathfrak{r}_2$ seien zwei Schleifen um y_i; dann ist $\mathfrak{r}_1 = w_1\, u\, w_1^{-1}$, $\mathfrak{r}_2 = w_2 u w_2^{-1}$, wobei u den Randweg von y_i und w_1, w_2 zwei Wege von O nach demselben Eckpunkt von y_i bezeichnen[14]); dann ist $\mathfrak{r}_2 = \mathfrak{x}\, \mathfrak{r}_1\, \mathfrak{x}^{-1}$, wobei $\mathfrak{x} = w_2\, w_1^{-1}$ ein geschlossener Weg durch O ist. Zwischen den durch $\mathfrak{r}_1, \mathfrak{r}_2$ repräsentierten Elementen r_1, r_2 von $\mathfrak{F}$ besteht also eine Beziehung $r_2 = x\, r_1\, x^{-1}$ mit $x \in \mathfrak{F}$; hieraus sieht man, daß $r_2 \equiv r_1$ mod. $\mathfrak{C}(\mathfrak{R})$ ist. Bezeichnet nun s_i ein Element, das durch eine feste Schleife um y_i repräsentiert wird, so ist aus dem Vorstehenden ersichtlich, daß jeder der Faktoren r_λ des Produktes p_i entweder mit s_i oder mit s_i^{-1} kongruent mod. $\mathfrak{C}(\mathfrak{R})$ ist; es ist daher $p_i \equiv s_i^{c_i}$ mod. $\mathfrak{C}(\mathfrak{R})$, wobei c_i die Anzahl der

[14]) Man darf annehmen, daß die Eckpunkte e_1, e_2 von y_i, in denen w_1 und w_2 enden, zusammenfallen; wenn dies zunächst nicht so ist, so verlängere man w_2 zu einem Weg w_2', indem man auf dem Rande von y_1 im negativen Sinne von e_2 bis e_1 läuft, und ersetze w_2 durch w_2'.

positiven Schleifen $\mathfrak{r}_\lambda$ um y_i, vermindert um die Anzahl der negativen Schleifen $\mathfrak{r}_\lambda$ um y_i ist. Wir haben oben gesehen, daß $c_i=0$ ist; folglich ist $p_i \equiv 1$ mod. $\mathfrak{C}(\mathfrak{N})$. Damit ist (5_2) bewiesen.

h) $\mathfrak{r}$ *sei Homotopie-Rand von* Y; *dann besteht die Gesamtheit aller Homotopie-Ränder von* Y *aus denjenigen Wegen* $\mathfrak{r}'$, *für welche* $r' \equiv r$ *mod.* $\mathfrak{C}(\mathfrak{N})$ *ist, wobei* r, r' *wieder die durch* $\mathfrak{r}, \mathfrak{r}'$ *repräsentierten Gruppenelemente bezeichnen.*

Der Beweis ergibt sich leicht aus f), g) und d).

i) S sei eine Kugelfläche, g eine stetige Abbildung von S in das Polyeder $\overline{K}^2$; diese Abbildung hat in jedem Simplex y_i von K^2 einen bestimmten Grad c_i, und nur endlich viele c_i sind nicht 0; den Komplex $Y = \sum c_i y_i$ nennen wir ein (stetiges) „*Kugelbild*" und setzen $g(S) = Y$. Ist g' eine simpliziale Approximation von g, so ergibt sich aus bekannten Eigenschaften der simplizialen Approximation und des Abbildungsgrades, daß $g'(S) = g(S)$ ist; ein Komplex Y, der stetiges Kugelbild ist, ist also auch „simpliziales" Kugelbild. Natürlich sind alle Kugelbilder Zyklen.

Ist Y Kugelbild, $Y = g(S)$, so gibt es auch eine solche Abbildung g_1 einer Kugel S_1, daß $Y = g_1(S_1)$ ist, und daß ein Punkt a_1 von S_1 auf O abgebildet wird. Um g_1 zu konstruieren, befestige man eine Strecke s mit einem Endpunkt q an S und erweitere g zu einer Abbildung g' von $s+S$, indem man s auf einen Streckenzug in K abbildet, der O mit $g(q)$ verbindet; ferner sei h eine Abbildung von S_1 auf $s+S$, welche a_1 auf den freien Endpunkt von s, die Halbkugel, deren Mittelpunkt a_1 ist, auf s, den Äquator, der die Halbkugel begrenzt, auf q und die andere Halbkugel mit dem Grade 1 auf S abbildet; dann leistet die Abbildung $g_1 = g'h$ das Gewünschte. Man erhält also auch dann alle Kugelbilder in K, wenn man nur solche Abbildungen einer Kugel S_1 zuläßt, bei denen ein Punkt a_1 auf O abgebildet wird; die so erhaltenen Bilder Y sind aber offenbar identisch mit denjenigen Bildern $f(E)$ eines Elementes E, bei denen das Bild des Randes ϱ nur aus dem Punkt O besteht. Dies können wir auch so ausdrücken:

Die Kugelbilder in K *sind diejenigen Komplexe* Y, *welche einen Homotopie-Rand haben, der nur aus einem Punkt besteht.*

Auf Grund von h) ist diese Aussage gleichbedeutend mit der folgenden:

Y *ist dann und nur dann Kugelbild, wenn die Homotopie-Ränder von* Y *die Elemente der Gruppe* $\mathfrak{C}(\mathfrak{N})$ *repräsentieren.*

j) Jedem geschlossenen Weg $\mathfrak{x}$ in K^1 ist in bekannter Weise ein eindimensionaler Zyklus X zugeordnet: für jedes eindimensionale orientierte Simplex s_i von K^1 gebe die Zahl b_i an, wie oft s_i im algebraischen

Sinne von $\mathfrak{x}$ durchlaufen wird; mit anderen Worten: ist $\mathfrak{x}=f(\varrho)$, ϱ eine Kreislinie, so ist b_i der Grad der Abbildung f in s_i; dann ist $X=\sum b_i s_i$. Wir setzen $X=B(\mathfrak{x})$. Die Zuordnung B ist homomorph in dem Sinne, daß $B(\mathfrak{x}_1\cdot\mathfrak{x}_2)=B(\mathfrak{x}_1)+B(\mathfrak{x}_2)$, $B(\mathfrak{x}^{-1})=-B(\mathfrak{x})$ ist. Bekanntlich ist dann und nur dann $B(\mathfrak{x})=0$, wenn das durch $\mathfrak{x}$ repräsentierte Element von $\mathfrak{F}$ in der Kommutatorgruppe $\mathfrak{C}$ von $\mathfrak{F}$ enthalten ist[1]). Hieraus und aus der Homomorphie-Eigenschaft folgt noch: dann und nur dann ist $B(\mathfrak{x}_1)=B(\mathfrak{x}_2)$, wenn die durch $\mathfrak{x}_1$, $\mathfrak{x}_2$ repräsentierten Elemente von $\mathfrak{F}$ einander kongruent mod. $\mathfrak{C}$ sind.

Für zweidimensionale Komplexe Y, y_i sollen $\dot{Y}, \dot{y}_i$ ihre Ränder im Sinne der Homologietheorie bezeichnen. — Wir behaupten:

Ist $\mathfrak{r}$ *Homotopie-Rand von* Y, *so ist* $B(\mathfrak{r})=\dot{Y}$.

Beweis: Sind $\mathfrak{r}$, $\mathfrak{r}'$ zwei Homotopie-Ränder von Y, so sind nach h) die durch sie repräsentierten Elemente r, r' einander kongruent mod. $\mathfrak{C}(\mathfrak{R})$; sie sind also, da $\mathfrak{C}(\mathfrak{R})\subset\mathfrak{C}$ ist, einander auch kongruent mod. $\mathfrak{C}$; folglich ist, wie oben bemerkt, $B(\mathfrak{r})=B(\mathfrak{r}')$. Daher genügt es, die für alle Homotopie-Ränder von Y ausgesprochene Behauptung für einen speziellen Homotopie-Rand $\mathfrak{r}$ von Y zu beweisen.

Es sei $Y=\sum c_i y_i$, wobei y_i wieder zweidimensionale Simplexe sind. Für jedes i sei $\mathfrak{r}_i$ eine Schleife um y_i; aus c) und d) folgt, daß $\mathfrak{r}=\Pi\mathfrak{r}_i^{c_i}$ ein Homotopie-Rand von Y ist. Für die Schleifen $\mathfrak{r}_i$ folgt aus der Definition von B unmittelbar, daß $B(\mathfrak{r}_i)=\dot{y}_i$ ist; aus der Homomorphie-Eigenschaft von B folgt $B(\mathfrak{r})=\sum c_i B(\mathfrak{r}_i)$; somit ist $B(\mathfrak{r})=\sum c_i\dot{y}_i=\dot{Y}$.

In dem hiermit bewiesenen Satz ist der folgende enthalten:

Y ist dann und nur dann Zyklus, wenn die Homotopie-Ränder von Y Elemente der Gruppe $\mathfrak{C}$ repräsentieren.

Denn daß Y Zyklus ist, ist gleichbedeutend mit: $\dot{Y}=0$; und daß $\mathfrak{r}$ ein Element von $\mathfrak{C}$ repräsentiert, ist gleichbedeutend mit: $B(\mathfrak{r})=0$.

k) Wir fassen unsere bisherigen Ergebnisse zusammen. Auf Grund von a), e) und h) ist jedem Komplex Y eine bestimmte Restklasse der Gruppe $\mathfrak{R}$ modulo $\mathfrak{C}(\mathfrak{R})$ zugeordnet, nämlich diejenige, deren Elemente durch die Homotopie-Ränder von Y repräsentiert werden; wir nennen diese Restklasse $T(Y)$. Die Gruppe der zweidimensionalen Komplexe Y in K heiße $\mathfrak{L}^2$; dann ist also T eine Abbildung von $\mathfrak{L}^2$ in die Gruppe $\mathfrak{R}/\mathfrak{C}(\mathfrak{R})$; aus a) folgt, daß dies eine Abbildung auf die ganze Gruppe $\mathfrak{R}/\mathfrak{C}(\mathfrak{R})$ ist, und aus d), daß die Abbildung ein Homomorphismus ist. Nehmen wir noch die Sätze i) und j) hinzu, so erhalten wir folgenden Satz:

Satz I: *Für jeden zweidimensionalen algebraischen Komplex Y in K bilden diejenigen Elemente der Gruppe $\mathfrak{F}$, welche durch die Homotopie-Ränder von Y repräsentiert werden, eine der Restklassen, in welche die*

Gruppe $\mathfrak{R}$ modulo $\mathfrak{C}(\mathfrak{R})$ zerfällt; nennen wir diese Restklasse $T(Y)$, so ist T eine homomorphe Abbildung der Gruppe $\mathfrak{L}^2$ aller Komplexe Y auf die Faktorgruppe $\mathfrak{R}/\mathfrak{C}(\mathfrak{R})$; der Kern dieses Homomorphismus — also die Urbildmenge der Eins der Bildgruppe — besteht aus denjenigen Y, welche Kugelbilder sind. Die Zyklen sind unter Komplexen Y dadurch ausgezeichnet, daß die Elemente der Restklassen $T(Y)$ der Gruppe $\mathfrak{C}$ angehören; die Gruppe $\mathfrak{Z}^2$ der Zyklen wird also durch T auf die Faktorgruppe

$$(\mathfrak{R}\frown\mathfrak{C})/\mathfrak{C}(\mathfrak{R})$$

abgebildet.

Dabei ist — um daran zu erinnern —, $\mathfrak{F}$ die Fundamentalgruppe des Kantenkomplexes K^1 von K; $\mathfrak{R}$ die Untergruppe von $\mathfrak{F}$, die durch die in $\overline{K}$ zusammenziehbaren Wege repräsentiert wird; $\mathfrak{C}(\mathfrak{R})$ die von allen Elementen $x\,r\,x^{-1}\,r^{-1}$ mit $x\in\mathfrak{F}$, $r\in\mathfrak{R}$ erzeugte Gruppe; $\mathfrak{C}$ die Kommutatorgruppe von $\mathfrak{F}$.

9. Die Gruppen $\mathfrak{B}^2/\mathfrak{S}^2$ und $\mathfrak{G}_1^*$: Die zweidimensionalen Zyklen des Komplexes K bilden eine Untergruppe $\mathfrak{Z}^2$ von $\mathfrak{L}^2$. Auch die Kugelbilder bilden eine Gruppe; das kann man sowohl leicht direkt beweisen, als auch dem Satz I entnehmen, da die Kugelbilder den Kern des Homomorphismus T bilden; diese Gruppe heiße $\overline{\mathfrak{S}}^2$. Sie ist Untergruppe von $\mathfrak{Z}^2$. Diejenigen Zyklen, welche homolog 0 in K sind, bilden eine Untergruppe $\mathfrak{H}^2$ von $\mathfrak{Z}^2$; sie wird von den Rändern der dreidimensionalen Simplexe von K erzeugt, und diese Simplexränder sind natürlich Kugelbilder; folglich ist $\mathfrak{H}^2\subset\overline{\mathfrak{S}}^2$. Die Bettische Gruppe $\mathfrak{B}^2$, also die Gruppe der Homologieklassen, ist als die Faktorgruppe $\mathfrak{Z}^2/\mathfrak{H}^2$ definiert[15]). Daraus, daß $\mathfrak{H}^2\subset\overline{\mathfrak{S}}^2$ ist, folgt, daß eine Homologieklasse entweder zu $\overline{\mathfrak{S}}^2$ fremd oder in $\overline{\mathfrak{S}}^2$ enthalten ist; die in $\overline{\mathfrak{S}}^2$ enthaltenen Homologieklassen, also diejenigen, deren Zyklen Kugelbilder sind, bilden die Untergruppe $\mathfrak{S}^2=\overline{\mathfrak{S}}^2/\mathfrak{H}^2$ von $\mathfrak{B}^2$. Da eine Homologieklasse, die stetige Kugelbilder enthält, auch simpliziale Kugelbilder enthält, ist es übrigens klar, daß die Gruppe $\mathfrak{S}^2$, ebenso wie $\mathfrak{B}^2$, eine topologische Invariante des Polyeders $\overline{K}$ ist.

Bei dem natürlichen Homomorphismus von $\mathfrak{Z}^2$ auf $\mathfrak{B}^2$, der jedem Zyklus die ihn enthaltende Homologieklasse zuordnet, ist $\overline{\mathfrak{S}}^2$ das Urbild von $\mathfrak{S}^2$; daher ist

$$\mathfrak{Z}^2/\overline{\mathfrak{S}}^2\cong\mathfrak{B}^2/\mathfrak{S}^2. \tag{6}$$

Nach dem Satz I bildet T die Gruppe $\mathfrak{Z}^2$ homomorph auf die Gruppe $(\mathfrak{R}\frown\mathfrak{C})/\mathfrak{C}(\mathfrak{R})$ ab, und der Kern dieses Homomorphismus ist $\overline{\mathfrak{S}}^2$; daher ist

$$\mathfrak{Z}^2/\overline{\mathfrak{S}}^2\cong(\mathfrak{R}\frown\mathfrak{C})/\mathfrak{C}(\mathfrak{R}). \tag{7}$$

---

[15]) Der Koeffizientenbereich für die Zyklen und Homologien ist in dieser Arbeit immer der Ring der ganzen Zahlen.

Jetzt betrachten wir die Fundamentalgruppe $\mathfrak{G}$ von K und die mit ihr gemäß Nr. 6 verknüpfte Gruppe $\mathfrak{G}_1^*$. Es liegt ein natürlicher Homomorphismus F von $\mathfrak{F}$ auf $\mathfrak{G}$ vor: jedem Element x von $\mathfrak{F}$, als Wegeklasse von K^1 aufgefaßt, ist diejenige Wegeklasse $X=F(x)$ in K — also ein Element von $\mathfrak{G}$ — zugeordnet, in welcher die Klasse x enthalten ist. Der Kern dieses Homomorphismus F ist $\mathfrak{R}$. $\mathfrak{F}$ ist als Fundamentalgruppe eines eindimensionalen Komplexes eine freie Gruppe[16]). Daher ist nach Nr. 6 [17])

$$\mathfrak{G}_1^* \cong (\mathfrak{R} \frown \mathfrak{C})/\mathfrak{C}(\mathfrak{R}). \tag{8}$$

Mit (6), (7) und (8) haben wir das folgende Hauptresultat erhalten:

Satz II: *Für jedes zusammenhängende (endliche oder unendliche) Polyeder sind die Bettische Gruppe $\mathfrak{B}^2$, die Gruppe $\mathfrak{S}^2$ der Homologieklassen, die Kugelbilder enthalten, und die Fundamentalgruppe $\mathfrak{G}$ durch die Beziehung*

$$\mathfrak{B}^2/\mathfrak{S}^2 \cong \mathfrak{G}_1^* \tag{9}$$

miteinander verknüpft; dabei ist $\mathfrak{G}_1^*$ die Gruppe, die gemäß Nr. 6 in algebraischer Weise durch die Gruppe $\mathfrak{G}$ gegeben ist. *)

10. Der Satz II läßt sich noch präzisieren. Die in (9) stehenden Gruppen sind ja nicht als abstrakte Gruppen gegeben, sondern sie haben für den Komplex K — und sogar für das Polyeder $\overline{K}$ — bestimmte geometrische Bedeutungen: die Elemente von $\mathfrak{B}^2$ und von $\mathfrak{S}^2$ sind Homologieklassen, die Elemente von $\mathfrak{G}_1^*$ sind Klassen von Systemen von Elementen der Fundamentalgruppe $\mathfrak{G}$, und die Elemente von $\mathfrak{G}$ werden durch geschlossene Wege repräsentiert. Es gibt nun zwischen den isomorphen Gruppen $\mathfrak{B}^2/\mathfrak{S}^2$ und $\mathfrak{G}_1^*$ auch eine isomorphe Abbildung, die eine bestimmte geometrische Bedeutung hat; sie ergibt sich leicht aus dem Satz I und dem § 1; sie soll übrigens ohne Bezugnahme auf die Gruppe $\mathfrak{F}$ charakterisiert werden.

Die Elemente der Fundamentalgruppe $\mathfrak{G}$ von K nennen wir X_i, $Y_i, \ldots$; wir repräsentieren sie durch geschlossene Wege $\mathfrak{x}_i, \mathfrak{y}_i, \ldots$ in K^1 mit gemeinsamem Anfangs- und Endpunkt O; wie im § 1 sind die Systeme

*) [Zusatz 1964. — Die Gruppe $\mathfrak{G}_1^*$ wurde als eine gewisse Untergruppe der ebenfalls durch $\mathfrak{G}$ gegebenen Gruppe $\mathfrak{G}^*$ eingeführt. Diese Gruppe $\mathfrak{G}^*$ kommt in dieser Arbeit nicht weiter vor; ihre geometrische Deutung als „Nullwegegruppe", sowie die Übertragung dieses Begriffes in höhere Dimensionen, bildet den Hauptgegenstand der Arbeit „Die Nullwegegruppe und ihre Verallgemeinerungen" von W. Baum, Compos. Math. 11 (1953), pp. 83—118.]

[16]) K. Reidemeister, Einführung in die kombinatorische Topologie (Braunschweig 1932), 107.

[17]) Es ist $\mathfrak{C} = \mathfrak{C}_{\mathfrak{F}}$, $\mathfrak{C}(\mathfrak{R}) = \mathfrak{C}_{\mathfrak{F}}(\mathfrak{R})$.

$\alpha = (X_1, Y_1, \ldots, X_n, Y_n)$ die Elemente von $\Gamma_{\mathfrak{G}}$; das Kommutatorwort C ist wie in Nr. 2 erklärt. Die zweidimensionalen Zyklen in K^2 nennen wir Z.

Wir definieren: *Z wird von $\alpha = (X_1, \ldots, Y_n)$ „aufgespannt", wenn es solche Repräsentanten $\mathfrak{x}_1, \ldots, \mathfrak{y}_n$ der $X_1, \ldots, Y_n$ gibt, daß der Weg $C(\mathfrak{x}_1, \ldots, \mathfrak{y}_n)$ Homotopie-Rand von Z ist.*

Die Präzisierung des Satzes II lautet nun:

Satz IIa: *Zu jedem Zyklus Z gibt es Elemente α, die ihn aufspannen, und zwar bilden diese α eine der Klassen, welche die Elemente der Gruppe $\mathfrak{G}_1^*$ sind. Jedes Element α aus einer Klasse, die Element von $\mathfrak{G}_1^*$ ist, spannt gewisse Zyklen Z auf, und zwar bilden diese Z eine der Restklassen von $\mathfrak{Z}^2$ modulo $\bar{\mathfrak{S}}^2$; oder, was auf Grund des natürlichen Isomorphismus* (6) *dasselbe ist: die Homologieklassen dieser Z bilden eine der Restklassen von $\mathfrak{B}^2$ modulo $\mathfrak{S}^2$. Die so zwischen Klassen von Elementen α und Klassen von Zyklen Z hergestellte Beziehung vermittelt einen Isomorphismus* (9).

Beweis: F soll im folgenden der natürliche Homomorphismus der Fundamentalgruppe $\mathfrak{F}$ von K^1 auf die Fundamentalgruppe $\mathfrak{G}$ von K sein, den wir schon in Nr. 9 erwähnt haben und der die Eigenschaft hat: wenn der Weg $\mathfrak{x}$ das Element x von $\mathfrak{F}$ repräsentiert, so ist $F(x)$ das durch $\mathfrak{x}$ repräsentierte Element von $\mathfrak{G}$. Die Abbildung q_F hat dieselbe Bedeutung wie in Nr. 5, T dieselbe Bedeutung wie im Satz I. Unter $q_F(\alpha)$ und $T(Z)$ sind also Restklassen der Gruppe $\mathfrak{R} \cap \mathfrak{C}$ modulo $\mathfrak{R}(\mathfrak{C})$ zu verstehen. — Wir behaupten: Dann und nur dann wird Z von α aufgespannt, wenn

$$q_F(\alpha) = T(Z) \tag{10}$$

ist.

Um dies zu beweisen, nehmen wir zuerst an, daß (10) gelte, wobei $\alpha = (X_1, \ldots, Y_n)$ sei; wir wählen die Elemente $x_1, \ldots, y_n$ von $\mathfrak{F}$ so, daß $F(x_i) = X_i$, $F(y_i) = Y_i$ ist; nach Definition von q_F ist $C(x_1, \ldots, y_n) \in q_F(\alpha)$; nach (10) ist also $C(x_1, \ldots, y_n) \in T(Z)$; das bedeutet nach Satz I: sind $\mathfrak{x}_i, \mathfrak{y}_i$ Repräsentanten von x_i, y_i, ist also $C(\mathfrak{x}_1, \ldots, \mathfrak{y}_n)$ Repräsentant von $C(x_1, \ldots, y_n)$, so ist $C(\mathfrak{x}_1, \ldots, \mathfrak{y}_n)$ Homotopie-Rand von Z. Infolge der oben genannten Eigenschaft von F sind dieselben $\mathfrak{x}_i, \mathfrak{y}_i$ Repräsentanten der X_i, Y_i; folglich wird Z von α aufgespannt.

Es werde zweitens Z von $\alpha = (X_1, \ldots, Y_n)$ aufgespannt; dann gibt es also solche Repräsentanten $\mathfrak{x}_i, \mathfrak{y}_i$ von X_i, Y_i, daß $C(\mathfrak{x}_1, \ldots, \mathfrak{y}_n)$ Homotopie-Rand von Z ist; x_i, y_i seien die durch $\mathfrak{x}_i, \mathfrak{y}_i$ repräsentierten Elemente von $\mathfrak{F}$; dann ist nach Satz I $C(x_1, \ldots, y_n) \in T(Z)$. Da $\mathfrak{x}_i, \mathfrak{y}_i$ auch die Elemente $F(x_i), F(y_i)$ repräsentieren, ist $F(x_i) = X_i$, $F(y_i) = Y_i$; nach Definition von q_F ist daher $C(x_1, \ldots, y_n) \in q_F(\alpha)$. Da somit die Klassen $T(Z)$ und $q_F(\alpha)$ ein Element gemeinsam haben, gilt (10).

Somit ist (10) in der Tat gleichbedeutend damit, daß Z von α aufgespannt wird. Hieraus ergeben sich leicht die Behauptungen des Satzes IIa. Erstens: Z sei gegeben; nach Satz I ist $T(Z)$ eine Restklasse von $\mathfrak{R} \cap \mathfrak{C}$ modulo $\mathfrak{C}(\mathfrak{R})$; nach Nr. 5 gibt es daher Elemente α, für die (10) gilt, und diese bilden eine Klasse, die Element von $\mathfrak{G}^*$ ist; nach Nr. 6 ist dies ein Element von $\mathfrak{G}_1^*$. Zweitens: α sei gegeben und in einer Klasse enthalten, die Element von $\mathfrak{G}_1^*$ ist; dann ist $q_F(\alpha)$ nach Nr. 6 eine Restklasse von $\mathfrak{R} \cap \mathfrak{C}$ modulo $\mathfrak{C}(\mathfrak{R})$; nach Satz I gibt es daher Zyklen Z, für die (10) gilt, und diese bilden eine Restklasse von $\mathfrak{Z}^2$ modulo $\overline{\mathfrak{S}}^2$. Daß drittens die so zwischen den Elementen von $\mathfrak{G}_1^*$ und denen von $\mathfrak{Z}^2/\overline{\mathfrak{S}}^2$ hergestellte Beziehung ein Isomorphismus ist, ergibt sich daraus, daß diese Gruppen durch q_F bzw. T isomorph auf

$$(\mathfrak{R} \cap \mathfrak{C})/\mathfrak{C}(\mathfrak{R})$$

abgebildet werden.

11. Die Fundamentalgruppe $\mathfrak{G}$ eines Komplexes K ist gewöhnlich durch erzeugende Elemente $E_1, E_2, \ldots$ und Relationen $R_1(E_1, E_2, \ldots) = 1$, $R_2(E_1, E_2, \ldots) = 1, \ldots$ zwischen den E_i gegeben. Diese Erzeugung läßt sich bekanntlich auch so deuten: Man betrachte gleichzeitig eine freie Gruppe $\mathfrak{F}$ mit freien Erzeugenden $e_1, e_2, \ldots$, die den $E_1, E_2, \ldots$ eineindeutig zugeordnet sind; jedem „Wort" $W(e_1, e_2, \ldots)$ in den Elementen e_i von $\mathfrak{F}$ ordne man das durch dasselbe Wort dargestellte Element $W(E_1, E_2, \ldots)$ von $\mathfrak{G}$ zu; diese Zuordnung ist ein Homomorphismus F von $\mathfrak{F}$ auf $\mathfrak{G}$, und der Kern von F ist der von den Elementen $R_i(e_1, e_2, \ldots)$ erzeugte Normalteiler von $\mathfrak{F}$. Man kann also sagen, daß $\mathfrak{G}$ gewöhnlich durch einen solchen Homomorphismus gegeben ist; dabei ist $\mathfrak{F}$ natürlich im allgemeinen nicht wie bisher die Fundamentalgruppe von K^1. Daher ist, besonders auch für die Behandlung von Beispielen, der folgende Satz wichtig, der sich ohne weiteres aus dem Satz IIa und dem § 1 ergibt:

Satz IIb: *Es sei F ein Homomorphismus einer freien Gruppe $\mathfrak{F}$ auf die Fundamentalgruppe $\mathfrak{G}$ von K; der Kern von F heiße $\mathfrak{R}$. Dann ist*

$$\mathfrak{B}^2/\mathfrak{S}^2 \cong (\mathfrak{R} \cap \mathfrak{C}_{\mathfrak{F}})/\mathfrak{C}_{\mathfrak{F}}(\mathfrak{R}); \tag{11}$$

und zwar entsteht eine isomorphe Abbildung, wenn man erstens $\mathfrak{B}^2/\mathfrak{S}^2$ gemäß Satz IIa auf $\mathfrak{G}_1^*$ abbildet und zweitens die durch q_F vermittelte isomorphe Beziehung zwischen $\mathfrak{G}_1^*$ und $(\mathfrak{R} \cap \mathfrak{C}_{\mathfrak{F}})/\mathfrak{C}_{\mathfrak{F}}(\mathfrak{R})$ herstellt.

§ 3. Folgerungen und Beispiele

12. Wir stellen hier einige Folgerungen aus dem Satz II zusammen.

a) *Die, durch die Fundamentalgruppe $\mathfrak{G}$ bestimmte, Gruppe $\mathfrak{G}_1^*$ ist homomorphes Bild der Bettischen Gruppe $\mathfrak{B}^2$.*

Bei gegebener Fundamentalgruppe $\mathfrak{G}$ kann also $\mathfrak{B}^2$ nicht „zu klein" sein; insbesondere:

Wenn $\mathfrak{G}_1^* \neq 0$ *ist, so ist auch* $\mathfrak{B}^2 \neq 0$, *der Komplex* K *ist dann also nicht „azyklisch" in der zweiten Dimension.*

b) Ein Komplex K heiße „homologie-asphärisch" (in der zweiten Dimension), wenn in ihm jedes Kugelbild homolog 0, also wenn $\mathfrak{S}^2 = 0$ ist. — Aus Satz II folgt:

Ist K *homologie-asphärisch, so ist* $\mathfrak{B}^2 \cong \mathfrak{G}_1^*$.

Ein Korollar ist folgender Satz: *Zwei homologie-asphärische Komplexe mit isomorphen Fundamentalgruppen haben isomorphe zweite Bettische Gruppen.*

Dies steht in Zusammenhang mit einem Satz aus der Homotopie-Theorie von HUREWICZ. Ein Komplex K soll in der r-ten Dimension „homotopie-asphärisch" heißen, wenn jedes stetige Bild einer r-dimensionalen Sphäre in $\bar{K}$ auf einen Punkt zusammenziehbar ist. Ein homotopie-asphärischer Komplex ist a fortiori homologie-asphärisch, denn ein stetiges Sphärenbild, das zusammenziehbar ist, ist auch homolog 0; andererseits ist es leicht, Komplexe anzugeben, die (in der zweiten Dimension) homologie-asphärisch sind, ohne homotopie-asphärisch zu sein[18]). Der betreffende Satz von HUREWICZ lautet[19]): „Zwei in den Dimensionen $r = 2, \ldots, n$ homotopie-asphärische Komplexe mit isomorphen Fundamentalgruppen haben isomorphe n-te Bettische Gruppen." Der Spezialfall dieses Satzes mit $n = 2$ ist in unserem obigen Korollar enthalten, das insofern allgemeiner ist, als in ihm nur der homologie-asphärische Charakter vorausgesetzt wird. Der für beliebige n gültige Satz von HUREWICZ weist auf die Richtung hin, in der man Verallgemeinerungen unserer Theorie auf höhere Dimensionen zu suchen hat. Die Frage, auf welche Weise die Struktur der in dem Satz genannten n-ten Bettischen Gruppe durch die Fundamentalgruppe bestimmt sei, ist für $n = 2$ durch die Angabe der Gruppe $\mathfrak{G}_1^*$ beantwortet.

. . . .

[18]) Beispiel: die „Summe" zweier Exemplare T_1, T_2 des topologischen Produktes von drei Kreisen, die man erhält, wenn man aus T_1 und T_2 je eine Vollkugel ausbohrt und dann die Randflächen zusammenheftet.

[19]) l. c.[7]), (IV), 221 (die dort formulierte Voraussetzung, daß die Räume in *allen* Dimensionen $\geqq 2$ asphärisch seien, ist für den Beweis offenbar unnötig).

Nachtrag zu der Arbeit

Fundamentalgruppe und zweite Bettische Gruppe

(gekürzt)

Commentarii Mathematici Helvetici 15 (1942/43)

Die nachstehenden Bemerkungen setzen die Kenntnis der im Titel genannten Arbeit[1]), die ich kurz als „*F.*" zitieren werde, nicht voraus. Der Untersuchung und Darstellung topologisch-gruppentheoretischer Zusammenhänge, die den Hauptinhalt von *F.* bilden (§ 1; § 2; § 4 ohne Nr. 22; Anhang), habe ich nichts hinzuzufügen; es soll aber zu einem Korollar der dort gewonnen Sätze ein elementarer Zugang gezeigt werden. Dieses Korollar lautet: „*Es seien: K, K_1 zwei Komplexe mit isomorphen Fundamentalgruppen; $\mathfrak{B}^2$, $\mathfrak{B}_1^2$ ihre zweiten Bettischen Gruppen; $\mathfrak{S}^2$, $\mathfrak{S}_1^2$ die Gruppen derjenigen Homologieklassen, welche stetige Bilder der Kugelfläche enthalten. Dann ist $\mathfrak{B}^2/\mathfrak{S}^2 \cong \mathfrak{B}_1^2/\mathfrak{S}_1^2$.*" Von diesem Satz lassen sich zahlreiche Anwendungen machen (*F.*, § 3; Nr. 25); sowohl aus diesem Grunde dürfte der unten angegebene kurze Beweis Interesse verdienen, als auch darum, weil dieser Beweis sogleich einen allgemeineren Satz liefert, der sich nicht nur auf die Dimensionszahl 2 bezieht. Dabei erhält man allerdings weder Aufschluß über die Art der gruppentheoretischen Verwandtschaft zwischen $\mathfrak{B}^2/\mathfrak{S}^2$ und der Fundamentalgruppe $\mathfrak{G}$, noch über die Art der geometrischen Beziehung zwischen zweidimensionalen Zyklen und eindimensionalen Wegen, welche den Zusammenhang zwischen $\mathfrak{B}^2/\mathfrak{S}^2$ und $\mathfrak{G}$ herstellt; die Klärung der beiden damit gestellten Fragen bildet gerade den Inhalt der §§ 1 und 2 von *F.*

Die unten angewandte Methode gehört ganz in den Rahmen der Theorie der Deformationen von Hurewicz, und zwar in deren elementarsten Teil[2]); es wird eigentlich einem der dortigen Beweise nur eine Kleinigkeit — im wesentlichen die Einführung der Gruppe $\mathfrak{S}^2$ — hinzugefügt. Daher wird manches, was nachher zu sagen ist, bekannt sein, und die Darstellung darf an diesen Stellen knapp gefaßt werden. Für neu halte ich den speziellen Satz am Schluß (Nr. 5.5); aber auch er wird durch Betrachtungen gewonnen, die solchen bei Hurewicz ähnlich sind.

---

[1]) Comm. Math. Helv. 14 (1942), S. 257.

[2]) W. Hurewicz, Proc. Akad. Amsterdam 39 (1938), 215—224; besonders 217—218. — Im folgenden als „*H.*" zitiert.

In F. wurde auch gezeigt, daß und wie gewisse multiplikative Eigenschaften in Mannigfaltigkeiten durch die Fundamentalgruppe bestimmt sind. Verzichtet man auf das „wie“ und begnügt man sich mit dem Satz, *daß* diese Eigenschaften nur von der Fundamentalgruppe abhängen, so läßt sich dies — samt einer Verallgemeinerung auf höhere Dimensionszahlen — mit derselben elementaren Methode beweisen; man muß dann — was in F. nur angedeutet wurde (Nr. 24) — von vornherein statt Mannigfaltigkeiten beliebige Komplexe und in diesen in erster Linie das Čech-Whitneysche „cap“-Produkt[3]) betrachten. Ich will aber darauf hier nicht eingehen.

1. K sei ein Komplex beliebiger Dimension, K^n der Komplex seiner höchstens n-dimensionalen Simplexe, $\mathfrak{Z}^n$ die Gruppe seiner n-dimensionalen Zyklen, $\mathfrak{B}^n$ seine n-te Bettische Gruppe (in bezug auf ganzzahlige Koeffizienten). Die Menge derjenigen $z \in \mathfrak{Z}^n$, welche (simpliziale) Bilder einer n-dimensionalen Sphäre S^n sind, nennen wir $\overline{\mathfrak{S}}^n$. Behauptung: $\overline{\mathfrak{S}}^n$ ist eine Gruppe.

Beweis: Es sei $z_1 \in \overline{\mathfrak{S}}^n$, $z_2 \in \overline{\mathfrak{S}}^n$; dann ist $z_1 = f_1(S_1^n)$, $z_2 = f_2(S_2^n)$, wobei S_1^n, S_2^n zwei zueinander fremde Sphären sind. Man verbinde einen Punkt $a_1 \in S_1^n$ durch eine Strecke T mit einem Punkt $a_2 \in S_2^n$ und bilde eine dritte Sphäre S^n so auf $S_1^n + T + S_2^n$ ab, daß S_1^n mit dem Grade $+1$, S_2^n mit dem Grade -1 bedeckt wird; darauf übe man f_1, f_2 auf S_1^n bzw. S_2^n aus und bilde außerdem T auf einen Streckenzug in K ab, der $f_1(a_1)$ mit $f_2(a_2)$ verbindet. So entsteht eine Abbildung f von S^n mit $f(S^n) = z_1 - z_2$; es ist also $z_1 - z_2 \in \overline{\mathfrak{S}}^n$; folglich ist $\overline{\mathfrak{S}}^n$ eine Gruppe.

Wir setzen $\mathfrak{Z}^n / \overline{\mathfrak{S}}^n = \mathfrak{Q}^n$. Diejenigen $z \in \mathfrak{Z}^n$, welche ~ 0 in K sind, sind lineare Verbindungen von Rändern $(n+1)$-dimensionaler Simplexe, also von n-dimensionalen Sphärenbildern, also selbst in $\overline{\mathfrak{S}}^n$ enthalten; daraus folgt: eine n-dimensionale Homologieklasse von K enthält entweder nur Sphärenbilder oder kein Sphärenbild. Die Homologieklassen, die Sphärenbilder enthalten, bilden eine Untergruppe $\mathfrak{S}^n$ von $\mathfrak{B}^n$; ordnet man jedem Zyklus die ihn enthaltende Homologieklasse zu, so entsteht eine homomorphe Abbildung von $\mathfrak{Z}^n$ auf $\mathfrak{B}^n$, bei welcher $\overline{\mathfrak{S}}^n$ das Urbild von $\mathfrak{S}^n$ ist; folglich ist

$$\mathfrak{Q}^n \cong \mathfrak{B}^n / \mathfrak{S}^n. \tag{1}$$

Diese Isomorphie zeigt: Die Struktur von $\mathfrak{B}^n / \mathfrak{S}^n$ ist bereits durch K^n bestimmt (während $\mathfrak{B}^n$ und $\mathfrak{S}^n$ erst durch K^{n+1} bestimmt sind). — Man sieht übrigens leicht, daß $\mathfrak{S}^n$ und daher auch $\mathfrak{B}^n / \mathfrak{S}^n$ topologische Invarianten von K sind.

2. K heißt „asphärisch“ in der Dimension r, wenn in K jedes stetige Bild einer r-dimensionalen Sphäre homotop 0 ist[2]). Wenn ein Komplex

[3]) H. Whitney, Annals of Math. 39 (1938), 397—432.

asphärisch in allen Dimensionen r mit $1<r<n$ ist, so wollen wir sagen, daß er die Eigenschaft A_n hat ($n>1$). Man beachte, daß die Eigenschaft A_2 nichtssagend ist, daß also jeder Komplex die Eigenschaft A_2 hat, und daß daher die nachstehenden Sätze für $n=2$ eine besonders einfache Bedeutung und einen besonders allgemeinen Gültigkeitsbereich haben.

Es ist übrigens klar, daß, falls K asphärisch in der Dimension r ist, $\mathfrak{S}^r=0$ ist (die Umkehrung hiervon gilt nicht).

3. Es seien: K, K_1 zwei Komplexe, jeder von ihnen zusammenhängend; K^n, K_1^n die Komplexe ihrer höchstens n-dimensionalen Simplexe; $\mathfrak{G}$, $\mathfrak{G}_1$ ihre Fundamentalgruppen. $\mathfrak{Z}_1^n, \overline{\mathfrak{S}}_1^n, \mathfrak{Q}_1^n, \mathfrak{B}_1^n, \mathfrak{S}_1^n$ sollen die gleichen Bedeutungen für K_1 haben wie die analog bezeichneten Gruppen für K.

Eine Abbildung f von K^n in K_1^n, $n>1$, bewirkt eine Homomorphismenklasse[2]) von $\mathfrak{G}$ in $\mathfrak{G}_1$, sowie einen Homomorphismus von $\mathfrak{Z}^n$ in $\mathfrak{Z}_1^n$; ferner ist offenbar $f(\overline{\mathfrak{S}}^n)\subset\overline{\mathfrak{S}}_1^n$, und daher bewirkt f auch einen Homomorphismus von $\mathfrak{Q}^n$ in $\mathfrak{Q}_1^n$.

Wir setzen von jetzt an voraus: K_1 hat die Eigenschaft A_n.

Dann gelten die folgenden drei Hilfssätze:

3.1. Zu jeder Homomorphismenklasse H von $\mathfrak{G}$ in $\mathfrak{G}_1$ gibt es eine Abbildung von K^n in K_1^n, welche H bewirkt.

3.2. f, g seien zwei Abbildungen von K^n in K_1^n, welche dieselbe Homomorphismenklasse von $\mathfrak{G}$ in $\mathfrak{G}_1$ bewirken; dann gibt es eine mit f homotope Abbildung f' von K^n in K_1^n, welche auf K^{n-1} mit g identisch ist.

3.3. f, g seien zwei Abbildungen von K^n in K_1^n, welche dieselbe Homomorphismenklasse von $\mathfrak{G}$ in $\mathfrak{G}_1$ bewirken; dann bewirken sie auch denselben Homomorphismus von $\mathfrak{Q}^n$ in $\mathfrak{Q}_1^n$.

Die Beweise von 3.1 und 3.2 dürfen als bekannt gelten[2]). — Beweis von 3.3: Ist f' die in 3.2 genannte Abbildung und ist x ein orientiertes n-dimensionales Simplex von K^n, so ist $f'(x)-g(x)$ ein Sphärenbild in K_1^n, also ein Element von $\overline{\mathfrak{S}}_1^n$; daher ist auch $f'(z)\equiv g(z)$ mod. $\mathfrak{S}_1^n$ für jeden $z\in\mathfrak{Z}^n$, und da f' mit f homotop ist, ist $f'(z)=f(z)$, also auch $f(z)\equiv g(z)$; das ist aber die Behauptung.

Aus 3.1 und 3.3 folgt: Unter der Voraussetzung, daß K_1 die Eigenschaft A_n besitzt, ist jeder Homomorphismenklasse H von $\mathfrak{G}$ in $\mathfrak{G}_1$ ein bestimmter Homomorphismus Q_H von $\mathfrak{Q}^n$ in $\mathfrak{Q}_1^n$ zugeordnet, nämlich der durch diejenigen Abbildungen von K^n in K_1^n bewirkte, welche H bewirken. Folgendes ist klar: falls $K=K_1$ und H die Klasse der identischen Abbildung von $\mathfrak{G}$ auf sich ist, so ist auch Q_H die identische Abbildung von $\mathfrak{Q}^n$ auf sich; falls auch K_2 ein Komplex ist, der die Eigenschaft A_n besitzt, und falls H' eine Homomorphismenklasse von $\mathfrak{G}_1$ in die Fundamentalgruppe von K_2 und $Q_{H'}$ der dadurch bewirkte Homomorphismus von $\mathfrak{Q}_1^n$ ist, so gilt die Produktregel $Q_{H'H} = Q_{H'}\, Q_H$.

4. Wir setzen jetzt voraus, daß sowohl K als auch K_1 die Eigenschaft A_n besitzen und daß die Fundamentalgruppen $\mathfrak{G}$ und $\mathfrak{G}_1$ miteinander isomorph sind. H sei eine Isomorphismenklasse von $\mathfrak{G}$ auf $\mathfrak{G}_1$, H^{-1} die Klasse der inversen Isomorphismen von $\mathfrak{G}_1$ auf $\mathfrak{G}$. Nach den Bemerkungen am Schluß von Nr. 3 ist dann $Q_{H^{-1}}\, Q_H$ der identische Isomorphismus von $\mathfrak{Q}^n$ und $Q_H\, Q_{H^{-1}}$ der identische Isomorphismus von $\mathfrak{Q}_1^n$. Daraus folgt, daß Q_H ein Isomorphismus von $\mathfrak{Q}^n$ auf $\mathfrak{Q}_1^n$ ist; $\mathfrak{Q}^n$ und $\mathfrak{Q}_1^n$ sind also isomorph. Fassen wir dieses Ergebnis mit der Isomorphie (1) in Nr. 1 zusammen, so haben wir den folgenden Satz, der für $n=2$ das eingangs zitierte Korollar aus F. ist:

K, K_1 seien Komplexe beliebiger Dimensionen, jeder von ihnen zusammenhängend und asphärisch in allen Dimensionen r mit $1<r<n$; ihre Fundamentalgruppen seien isomorph; dann ist auch $\mathfrak{B}^n/\mathfrak{S}^n \cong \mathfrak{B}_1^n/\mathfrak{S}_1^n$.

Mit anderen Worten: *Für die zusammenhängenden und in den Dimensionen r mit $1<r<n$ asphärischen Komplexe sind die Strukturen der Gruppen $\mathfrak{B}^n/\mathfrak{S}^n$ durch die Strukturen der Fundamentalgruppen bestimmt.*[4])

Bezeichnen wir die zu einer Fundamentalgruppe $\mathfrak{G}$ gehörige Gruppe $\mathfrak{B}^n/\mathfrak{S}^n$ mit $\mathfrak{G}^n$ — beide Gruppen als abstrakte Gruppen aufgefaßt[5]) —, so erheben sich die folgenden beiden Fragen: 1. Wie ist der gruppentheoretische Zusammenhang zwischen $\mathfrak{G}$ und $\mathfrak{G}^n$? — 2. Da $\mathfrak{G}^n$ durch $\mathfrak{G}$ bestimmt ist, wird durch die Isomorphie $\mathfrak{B}^n/\mathfrak{S}^n \cong \mathfrak{G}^n$ ein Zusammenhang zwischen n-dimensionalen Zyklen und eindimensionalen Wegen in K vermittelt; wie ist die geometrische Bedeutung dieses Zusammenhanges? — Für den Fall $n=2$ werden beide Fragen in den §§ 1 und 2 von F. beantwortet (die Gruppe $\mathfrak{G}^2$ heißt dort $\mathfrak{G}_1^*$); für $n>2$ sind mir die Antworten nicht bekannt.

. . . .

[4]) Cf. *H.*, 221.

[5]) Hier wäre allerdings erst noch festzustellen, ob bei gegebenem n jede Gruppe (mit endlich vielen Erzeugenden und Relationen) als Fundamentalgruppe eines Komplexes auftritt, der die Eigenschaft A_n hat. Im Fall $n=2$, in dem die Bedingung A_n leer ist, ist die Frage bekanntlich zu bejahen.

Über die Bettischen Gruppen, die zu einer beliebigen Gruppe gehören

(gekürzt)

Commentarii Mathematici Helvetici 17 (1944/45)

HUREWICZ hat entdeckt, daß die Bettischen Gruppen eines asphärischen Raumes durch dessen Fundamentalgruppe bestimmt sind[1]). Dabei heißt ein Raum — nach angemessener Präzisierung des Raumbegriffes — asphärisch, wenn in ihm jedes stetige Bild einer n-dimensionalen Sphäre mit $n > 1$ auf einen Punkt zusammengezogen werden kann. Der Beweis wird dadurch geführt, daß man mit Hilfe stetiger Abbildungen zeigt: zwei asphärische Räume, deren Fundamentalgruppen isomorph sind, haben auch isomorphe Bettische Gruppen; diese Methode ist sehr einfach, gibt aber keinen Aufschluß über die algebraischen Gesetze, durch welche die Bettischen Gruppen mit der Fundamentalgruppe verknüpft sind.

Die §§ 1 und 2 der vorliegenden Arbeit können als eine algebraische Analyse des Satzes und Beweises von HUREWICZ gelten, welche ein doppeltes Resultat hat: erstens werden die Strukturen der Bettischen Gruppen eines asphärischen Raumes rein algebraisch aus der Struktur der Fundamentalgruppe definiert, allerdings ohne daß sich eine praktisch brauchbare Methode ergibt, sie wirklich zu bestimmen; zweitens erweist sich der Satz von HUREWICZ als Spezialfall eines Satzes aus der Homologietheorie.

Im § 1 wird jeder abstrakten Gruppe $\mathfrak{G}$ und jedem Ring J mit Einselement in eindeutiger Weise eine unendliche Folge Abelscher Gruppen $\mathfrak{G}^1_J, \mathfrak{G}^2_J, \ldots$ zugeordnet; ist J der Ring der ganzen Zahlen, so sagen wir auch $\mathfrak{G}^n$ statt $\mathfrak{G}^n_J$. Topologische Begriffe — auch solche aus der rein kombinatorischen Topologie — kommen dabei nicht vor; jedoch ist der ganze Prozeß durch die Rolle dieser Gruppen in der Topologie motiviert und darauf zugeschnitten. Diese Rolle wird im § 2 behandelt; dort sind im Abschnitt 8.2 die Hauptergebnisse der Arbeit formuliert (Sätze II und III). Sätze und Beweise gehören in die elementare Homologietheorie der Komplexe. Ein wertvolles Hilfsmittel habe ich aus den Arbeiten von

---

[1]) W. HUREWICZ, Beiträge zur Topologie der Deformationen (IV.), Proc. Akad. Amsterdam 39 (1936), 215—224; speziell 221.

REIDEMEISTER übernommen[2]): den zu einer Gruppe von Decktransformationen gehörigen Gruppenring.

Daß der Satz von HUREWICZ — wenigstens wenn man keine anderen Räume betrachtet als Polyeder — in den Sätzen des § 2 enthalten ist, wird ,unter Benutzung anderer Sätze von HUREWICZ, in dem kurzen § 5 gezeigt: In einem asphärischen Raum mit der Fundamentalgruppe $\mathfrak{G}$ ist $\mathfrak{G}_J^n$ die n-te Bettische Gruppe in bezug auf den Koeffizientenbereich J. Dieser Paragraph ist aus methodischen Gründen an den Schluß der Arbeit gestellt worden, kann aber in unmittelbarem Anschluß an den § 2 gelesen werden.

Im § 4 werden geometrische Anwendungen der Theorie der Gruppen $\mathfrak{G}_J^n$ gemacht; dabei habe ich weniger Wert auf allgemeine Sätze gelegt als auf spezielle Beispiele (13.2; 13.3; 13.4; 14.4; 14.5; 15.4; 15.5). Dem Charakter der ganzen Arbeit entsprechend, bleibe ich auch hier im Bereich der diskreten Komplex-Topologie; wahrscheinlich kann man die Ergebnisse — sie betreffen Automorphismen von Komplexen — auf topologische Selbstabbildung allgemeinerer Räume übertragen[3]).

Die begrifflich einfachste unter den Gruppen $\mathfrak{G}_J^n$ ist $\mathfrak{G}^1$: sie ist wohlbekannte Faktorgruppe von $\mathfrak{G}$ nach der Kommutatorgruppe. Für $n > 1$ scheint es schwierig zu sein, auf algebraischem Wege Eigenschaften der Gruppen $\mathfrak{G}_J^n$ aus den Eigenschaften von $\mathfrak{G}$ abzuleiten; daß dies mit Hilfe der geometrischen Bedeutung der Gruppen $\mathfrak{G}_J^n$, die im § 2 festgestellt wurde, möglich ist, wird im § 3 an einigen Beispielen gezeigt.

Ob andererseits die Theorie der zu $\mathfrak{G}$ gehörigen Abelschen Gruppen $\mathfrak{G}_J^n$ — sei es die algebraische oder die geometrische Seite dieser Theorie — brauchbar für die gruppentheoretische Untersuchung von $\mathfrak{G}$ ist, weiß ich nicht; immerhin möchte ich auf diese Möglichkeit hinweisen.

§ 1. Algebraische Einführung der Gruppen $\mathfrak{G}_J^n$

1. *P*-Moduln (Abelsche Gruppen mit dem Operatorenring P).

1.1. P sei ein Ring; seine Multiplikation braucht nicht kommutativ zu sein; er besitze ein Einselement; wir bezeichnen die Elemente von P mit kleinen griechischen Buchstaben, das Einselement mit ε.

X sei eine Abelsche Gruppe, die wir additiv schreiben und deren Elemente wir mit kleinen lateinischen Buchstaben bezeichnen; X besitze P als Operatorenring oder kurz: X sei ein „P-Modul"; das bedeutet: den Elementenpaaren $\alpha \in P$, $x \in X$ sind in eindeutiger Weise Elemente

[2]) K. REIDEMEISTER, Homotopiegruppen von Komplexen, Abh. Math. Seminar Hamburg 10 (1934), 211—215, sowie zahlreiche andere Arbeiten. — Man vgl. auch: G. DE RHAM, Sur les complexes avec automorphismes, Comment. Math. Helvet. 12 (1940), 191—211.

[3]) Man beachte die in den Fußnoten 21 und 24 zitierten Arbeiten.

$\alpha x \in X$ so zugeordnet, daß die Gesetze

$$\alpha(x+y)=\alpha x+\alpha y,$$

$$(\alpha+\beta)\,x=\alpha x+\beta x, \qquad \alpha(\beta x)=(\alpha\beta)\,x, \qquad \varepsilon x=x$$

gelten.

1.2. Ist X' Untergruppe von X und ist $\alpha x' \in X'$ für alle $\alpha \in P$, $x' \in X'$, so ist X' selbst ein P-Modul; wir nennen dann X' einen „P-Teilmodul" (oder eine „zulässige Untergruppe") von X.

1.3. Eine Abbildung[4]) h von X in einen P-Modul Y heißt ein „P-Homomorphismus", wenn

$$h(x+y)=h(x)+h(y), \qquad h(\alpha x)=\alpha h(x)$$

für alle $\alpha \in P$, x, $y \in X$ gilt; der Kern von h, d.h. die Menge aller $x \in X$ mit $h(x)=0$, ist ein P-Teilmodul von X; das Bild $h(X)$ ist ein P-Teilmodul von Y.

1.4. Eine Teilmenge $E \subset X$ heißt ein „P-Erzeugendensystem", wenn sich jedes Element $x \in X$ auf wenigstens eine Weise als endliche Summe $x=\sum \alpha_i x_i$ mit $x_i \in E$ darstellen läßt; jeder P-Modul X enthält Erzeugendensysteme: die Menge $E=X$ ist ein solches, da $x=\varepsilon x$ für jedes $x \in X$ ist. Ein P-Erzeugendensystem E heißt eine „P-Basis", falls sich jedes x auf nur eine Weise als Summe $x=\sum \alpha_i x_i$ mit $x_i \in E$ darstellen läßt oder, was dasselbe ist: wenn die Elemente von E linear unabhängig sind (in bezug auf den Koeffizientenbereich P); wenn X eine P-Basis besitzt, so nennen wir X einen „freien" P-Modul. Ein solcher ist also nichts anderes als die Gesamtheit der endlichen Linearformen mit Unbestimmten $x_i \in E$ und Koeffizienten $\alpha_i \in P$, wobei die Addition zweier Linearformen und die Multiplikation einer Linearform mit einem Koeffizienten in der üblichen Weise erklärt sind; seine Struktur ist durch P und die Mächtigkeit von E vollständig bestimmt.

1.5. Jeder P-Modul X ist P-homomorphes Bild eines freien P-Moduls X^* (d.h. es existiert ein freier P-Modul X^* und ein P-Homomorphismus h von X^* auf den ganzen Modul X).

Beweis: E sei ein P-Erzeugendensystem von X; man verstehe unter E^* eine mit E gleichmächtige Menge von Symbolen x^*, unter h eine eineindeutige Abbildung von E^* auf E und unter X^* die Menge aller formal gebildeten endlichen Summen $\sum \alpha_i x_i^*$ mit $\alpha_i \in P$, $x_i^* \in E^*$; indem man

[4]) Bei einer Abbildung von X in Y kann die Bildmenge ein echter Teil von Y sein; bei einer Abbildung auf Y ist Y mit der Bildmenge identisch. — Der *Kern* eines Homomorphismus ist das Urbild des Nullelementes (bei multiplikativer Schreibweise des Einselementes). — Die *Identität* oder *identische Abbildung* einer Menge ist diejenige Abbildung, durch die jedes Element sich selbst zugeordnet wird.

in X^* auf die übliche Weise die Addition zweier Linearformen und die Multiplikation einer Linearform mit einem Element $\alpha \in P$ erklärt, wird X^* zu einem freien P-Modul; durch $h(\sum \alpha_i x_i^*) = \sum \alpha_i h(x_i^*)$ ist eine Abbildung h von X^* auf X gegeben, die ein P-Homomorphismus ist.

1.6. P_0 sei ein Links-Ideal — mit anderen Worten: ein P-Teilmodul — von P. Für jede Untergruppe $Z \subset X$ verstehen wir unter Z_0 die Gruppe, die aus allen endlichen Summen $\sum \nu_i z_i$ mit $\nu_i \in P_0$, $z_i \in Z$ besteht; sie ist P-Teilmodul von X. Insbesondere ist der P-Teilmodul X_0 erklärt; es ist $Z_0 \subset X_0$ für jede Untergruppe $Z \subset X$. Wenn Z selbst P-Teilmodul von X ist, so ist $Z_0 \subset Z$; dann ist also $Z_0 \subset X_0 \cap Z$, und es ist daher auch die Restklassengruppe $(X_0 \cap Z)/Z_0$ erklärt.

Falls X ein freier P-Modul mit der Basis E und falls das Ideal P_0 zweiseitig ist, so ist X_0 die Gesamtheit derjenigen endlichen Summen $\sum \alpha_i x_i$ mit $x_i \in E$, für welche die $\alpha_i \in P_0$ sind.

2. Die Gruppen $\Gamma^n(J, P, P_0)$. Satz I.

2.1. J sei ein P-Modul. Unter einer „(J, P)-Folge" verstehen wir eine Folge von Gruppen

$$(1) \qquad \{J = Z^{-1};\quad X^0 \supset Z^0;\quad X^1 \supset Z^1; \ldots;\quad X^n \supset Z^n; \ldots\}$$

mit folgenden Eigenschaften: *Die X^n sind freie P-Moduln, die Z^n P-Teilmoduln der X^n; für jedes $n \geqq 0$ existiert ein P-Homomorphismus r_n von X^n auf Z^{n-1}, und dabei ist Z^n der Kern von r_n*[4]).

Eine (J, P)-Folge kann unendlich sein oder endlich — im zweiten Fall bricht sie mit einem Paar $X^N \subset Z^N$ ab, und die r_n existieren nur für $0 \leqq n \leqq N$.

2.2. Zu gegebenen J und P kann man immer unendliche (J, P)-Folgen konstruieren: nach 1.5 gibt es einen freien P-Modul X^0 und einen P-Homomorphismus r_0 von X^0 auf J; der Kern Z^0 von r_0 ist nach 1.3 ein P-Teilmodul von X^0; ebenso gibt es, wenn X^{n-1} und sein P-Teilmodul Z^{n-1} schon konstruiert sind, einen freien P-Modul X^n und einen P-Homomorphismus r_n von X^n auf Z^{n-1}, und der Kern Z^n ist wieder ein P-Modul.

Dieselbe Konstruktion zeigt, daß man jede endliche (J, P)-Folge zu einer unendlichen (J, P)-Folge erweitern kann; die endlichen (J, P)-Folgen sind also nichts anderes als die Abschnitte unendlicher (J, P)-Folgen.

Bei gegebenen J und P gibt es unendlich viele verschiedene unendliche (J, P)-Folgen; denn immer, wenn Z^{n-1} schon vorliegt, herrscht Willkür bei der Wahl von X^n und von r_n; diese Wahl ist nach 1.5 gleichbedeutend mit der Wahl eines P-Erzeugendensystems E in Z^{n-1}.

2.3. In P sei ein Links-Ideal P_0 ausgezeichnet. Dann sind für jede (J, P)-Folge (1) gemäß 1.6 die Gruppen $(X_0^n \frown Z^n)/Z_0^n$ erklärt ($n=0, 1, \ldots$). Wir behaupten:

Satz I: *Die Gruppen* $(X_0^n \frown Z^n)/Z_0^n$ *sind ihrer Struktur nach unabhängig von der zugrundegelegten* (J, P)*-Folge* (1); *sie sind also, wenn der* P*-Modul* J *und das Ideal* $P_0 \subset P$ *gegeben sind, als abstrakte Gruppen eindeutig bestimmt und dürfen daher mit* $\Gamma^n(J, P, P_0)$ *bezeichnet werden* ($n=0, 1, \ldots$).

Mit anderen Worten:

Ist neben der Folge (1) *noch eine zweite* (J, P)*-Folge*

$$(\bar{1}) \qquad \{J=\bar{Z}^{-1};\ \bar{X}^0 \supset \bar{Z}^0; \ldots ; \bar{X}^n \supset \bar{Z}^n; \ldots\}$$

mit Homomorphismen $\bar{r}_n$ *gegeben, so besteht für jedes* $n \geqq 0$ *die Isomorphie*

$$(X_0^n \frown Z^n)/Z_0^n \cong (\bar{X}_0^n \frown \bar{Z}^n)/\bar{Z}_0^n.$$

Der Satz bezieht sich sowohl auf unendliche als auch auf endliche (J, P)-Folgen; da aber, wie wir in 2.2 gesehen haben, jede endliche (J, P)-Folge Abschnitt einer unendlichen ist, dürfen wir uns beim Beweis auf unendliche Folgen beschränken.

Wir werden den Satz in der zweiten oben angegebenen Form beweisen, also zwei Folgen (1) und $(\bar{1})$ miteinander vergleichen. Dem endgültigen Beweis stellen wir einige Hilfssätze voran.

2.4. Hilfssatz: F sei eine Abbildung, welche jeden Modul X^n aus der Folge (1) P-homomorph in sich, die Gruppe J identisch auf sich abbildet[4]) und die Gleichung

$$F r(x) = r F(x)$$

für alle $x \in X^n$, $n=0, 1, \ldots$, erfüllt (wir schreiben kurz r statt r_n). Dann gibt es für jedes $n \geqq 0$ einen P-Homomorphismus Φ von X^n in sich, der die Bedingungen

$$(2) \qquad \Phi(x) \in Z^n \quad \text{für} \quad x \in X^n,$$

$$(3) \qquad \Phi(z) = F(z) - z \quad \text{für} \quad z \in Z^n$$

erfüllt.

Beweis: Für $x \in X^0$ setzen wir $\Phi(x) = F(x) - x$; dann ist Φ ein P-Homomorphismus von X^0 in sich, der (3) erfüllt; ferner ist $r\Phi(x) = Fr(x) - r(x)$, also, da $r(x) \in J$ und F die identische Abbildung von J ist, $r\Phi(x) = 0$, d.h. $\Phi(x) \in Z^0$; es gilt also auch (2).

Φ sei für X^{n-1} erklärt; wir erklären es für X^n:

In den freien P-Moduln X^{n-1} und X^n sind P-Basen ausgezeichnet; ihre Elemente bezeichnen wir mit x_j^{n-1} bzw. x_i^n; dann gibt es Elemente

$\tau_{ij} \in P$, so daß

$$r(x_i^n) = \sum_j \tau_{ij}\, x_j^{n-1}$$

ist (wobei die Summen auf der rechten Seite endlich sind).

Da $\Phi(x_j^{n-1}) \in Z^{n-1}$ ist, gibt es Elemente $y_j^n \in X^n$ mit $r(y_j^n) = \Phi(x_j^{n-1})$; für jedes x_j^{n-1} verstehen wir unter y_j^n ein fest gewähltes derartiges Element. Dann setzen wir für jedes $x = \sum \alpha_i\, x_i^n \in X^n$:

(4) $$\Phi(x) = F(x) - x - \sum_{i,j} \alpha_i\, \tau_{ij}\, y_j^n .$$

Daß Φ ein P-Homomorphismus von X^n in sich ist, ist klar. Ferner ist

$$\begin{aligned} r\Phi(x) &= Fr(x) - r(x) - \sum \alpha_i\, \tau_{ij}\, \Phi(x_j^{n-1}) \\ &= Fr(x) - r(x) - \Phi r(x), \end{aligned}$$

also, da $r(x) \in Z^{n-1}$ ist, $r\Phi(x) = 0$, d.h. $\Phi(x) \in Z^n$; es gilt also (2). Schließlich sei $z = \sum \alpha_i\, x_i^n \in Z^n$; dann ist $r(z) = 0$, also $\sum_{i,j} \alpha_i\, \tau_{ij}\, x_j^{n-1} = 0$, also $\sum_i \alpha_i\, \tau_{ij} = 0$ für jedes j; mithin folgt aus (4), daß (3) gilt.

2.5. Hilfssatz: F erfülle dieselben Voraussetzungen wie soeben; dann bildet F für jedes $n \geqq 0$ die Gruppe $(X_0^n \cap Z^n)/Z_0^n$ identisch auf sich ab; das heißt: F bildet jede der Restklassen, in welche $X_0^n \cap Z^n$ modulo Z_0^n zerfällt, in sich ab.

Beweis: Φ hat die im Hilfssatz 2.4 formulierte Bedeutung. Es sei $x \in X_0^n \cap Z^n$; da $x \in X_0^n$ ist, ist $x = \sum \nu_i\, x_i^n$ mit $\nu_i \in P_0$, $x_i^n \in X^n$, also $\Phi(x) = \sum \nu_i\, \Phi(x_i^n)$, also, da $\Phi(x_i^n) \in Z^n$ ist, $\Phi(x) \in Z_0^n$; da $x \in Z^n$ ist, ist $\Phi(x) = F(x) - x$; es ist also $F(x) - x \in Z_0^n$, d.h. $F(x) \equiv x \bmod. Z_0^n$.

2.6. Hilfssatz: Zu den gegebenen (J, P)-Folgen (1) und ($\overline{1}$) gibt es Abbildungen f, welche jeden Modul X^n P-homomorph in den Modul $\overline{X}^n$, den Modul J identisch auf sich abbilden[4]) und die Gleichung

(5) $$\overline{r} f(x) = f r(x)$$

für alle $x \in X^n$, $n = 0, 1, \ldots$, erfüllen (wir schreiben r und $\overline{r}$ statt r_n und $\overline{r}_n$).

Beweis: Es sei zunächst $\{x_i^0\}$ eine P-Basis von X^0. Für jedes x_i^0 ist $r(x_i^0) \in J$; es gibt also Elemente $\overline{y}_i^0 \in \overline{X}^0$ mit $\overline{r}(\overline{y}_i^0) = r(x_i^0)$; jedem x_i^0 ordnen wir ein bestimmtes derartiges $\overline{y}_i^0$ zu und setzen $f(x_i^0) = \overline{y}_i^0$ sowie allgemein $f(x) = \sum \alpha_i \overline{y}_i^0$ für jedes $x = \sum \alpha_i\, x_i^0 \in X^0$. Dann ist f ein P-Homomorphismus von X^0 in $\overline{X}^0$, und es ist

$$\overline{r} f(x) = \sum \alpha_i \overline{r}(\overline{y}_i^0) = \sum \alpha_i r(x_i^0) = r(x),$$

also $\overline{r} f(x) = f r(x)$, wenn wir auf der rechten Seite dieser Gleichung unter f die identische Abbildung von J verstehen.

f sei für X^{n-1} erklärt; wir erklären es für X^n:

$\{x_i^n\}$ sei eine P-Basis von X^n; da $r(x_i^n) \in Z^{n-1}$ ist, ist $rr(x_i^n)=0$, also $\bar{r} f r(x_i^n) = f r r(x_i^n) = 0$, d.h. $f r(x_i^n) \in \bar{Z}^{n-1}$; es gibt also Elemente $\bar{y}_i^n \in \bar{X}^n$ mit $\bar{r}(\bar{y}_i^n) = f r(x_i^n)$; jedem x_i^n ordnen wir ein bestimmtes derartiges $\bar{y}_i^n$ zu und setzen $f(x_i^n) = \bar{y}_i^n$, sowie allgemein $f(x) = \sum \alpha_i \bar{y}_i^n$ für jedes $x = \sum \alpha_i x_i^n \in X^n$. Dann ist f ein P-Homomorphismus von X^n in $\bar{X}^n$, und es ist

$$\bar{r} f(x) = \sum \alpha_i \bar{r}(\bar{y}_i^n) = \sum \alpha_i f r(x_i^n) = f r(x).$$

2.7. Beweis des Satzes I: Die Folgen (1) und $(\bar{1})$ sind gegeben. f sei eine Abbildung, wie sie nach Hilfssatz 2.6 existiert. Ist $z \in Z^n$, so ist $r(z)=0$, also nach (5) auch $\bar{r} f(z) = 0$, d.h. $f(z) \in \bar{Z}^n$; es ist also $f(Z^n) \subset \bar{Z}^n$. Da f ein P-Homomorphismus ist, ist ferner $f(X_0^n) \subset \bar{X}_0^n$, also auch $f(X_0^n \cap Z^n) \subset \bar{X}_0^n \cap \bar{Z}^n$; schließlich folgt aus den Tatsachen, daß $f(Z^n) \subset \bar{Z}^n$ und daß f P-Homomorphismus ist, noch $f(Z_0^n) \subset \bar{Z}_0^n$. Aus all diesem ergibt sich: durch f wird die Restklassengruppe $\Gamma^n = (X_0^n \cap Z^n)/Z_0^n$ homomorph in die Restklassengruppe $\bar{\Gamma}^n = (\bar{X}_0^n \cap \bar{Z}^n)/\bar{Z}_0^n$ abgebildet.

Ebenso gibt es eine Abbildung $\bar{f}$, welche die $\bar{X}^n$ P-homomorph in die X^n, den Modul J identisch auf sich abbildet, die Gleichung

$$(\bar{5}) \qquad r \bar{f}(\bar{x}) = \bar{f} \bar{r}(\bar{x})$$

erfüllt und welche infolgedessen $\bar{\Gamma}^n$ homomorph in Γ^n abbildet.

Die zusammengesetzte Abbildung $F(x) = \bar{f} f(x)$ bildet jeden Modul X^n P-homomorph in sich, den Modul J identisch auf sich ab und erfüllt, wie aus (5) und $(\bar{5})$ folgt, die Gleichung $F r(x) = r F(x)$; nach dem Hilfssatz 2.5 bildet dann F die Gruppe $\Gamma^n = (X_0^n \cap Z^n)/Z_0^n$ identisch auf sich ab. Ebenso ergibt sich, daß $\bar{F} = f \bar{f}$ die Gruppe $\bar{\Gamma}^n$ identisch auf sich abbildet. Es sind also f und $\bar{f}$ solche homomorphe Abbildungen von Γ^n in $\bar{\Gamma}^n$ bzw. von $\bar{\Gamma}^n$ in Γ^n, daß $\bar{f} f$ und $f \bar{f}$ die Identitäten von Γ^n bzw. $\bar{\Gamma}^n$ sind; dann aber ist f ein Isomorphismus von Γ^n auf $\bar{\Gamma}^n$ (und $\bar{f}$ seine Umkehrung). Damit ist der Satz I bewiesen.

3. Die Gruppen $\mathfrak{G}_J^n$

Wir werden von den Gruppen $\Gamma^n(J, P, P_0)$, die auf Grund des Satzes I für beliebige J, P, P_0 existieren, nur für denjenigen Fall spezieller J, P, P_0 Gebrauch machen, den wir jetzt betrachten:

3.1. $\mathfrak{G}$ sei eine beliebige Gruppe, die nicht Abelsch zu sein braucht und die wir multiplikativ schreiben; J sei ein beliebiger Ring mit Einselement. Dann sei P der Gruppenring von $\mathfrak{G}$ mit Koeffizienten aus J; er ist in bekannter Weise folgendermaßen definiert: seine Elemente sind formal gebildete Summen $\alpha = \sum t_i A_i$, wobei die $A_i \in \mathfrak{G}$, die $t_i \in J$ und höchstens endlich viele $t_i \neq 0$ sind; die Addition in P ist dadurch erklärt, daß man die Summen α als Linearformen in Unbestimmten A_i mit Koeffizienten t_i behandelt, wobei die Addition der t_i die in J gegebene ist; die Multiplikation ist durch

$$(\sum t_i A_i) \cdot (\sum t'_j A_j) = \sum (t_i t'_j)(A_i A_j)$$

erklärt, wobei $t_i t'_j$ das Produkt in J und $A_i A_j = A_k$ das Produkt in $\mathfrak{G}$ ist; dabei sind die Koeffizienten von Gliedern, die dasselbe A_k enthalten, zu addieren. Man bestätigt leicht, daß durch diese Addition und Multiplikation in der Tat ein Ring entsteht.

(Bemerkung: Man kann denselben Ring P auch derart definieren, daß man seine Elemente nicht als Linearformen $\alpha = \sum t_i A_i$, sondern als Funktionen $\alpha(A_i) = t_i$ auffaßt; die Definition lautet dann so: Die Elemente von P sind diejenigen Funktionen mit Argumenten in $\mathfrak{G}$ und Werten in J, die für höchstens endlich viele $A \in \mathfrak{G}$ nicht den Wert 0 haben; Summe $\sigma = \alpha + \beta$ und Produkt $\pi = \alpha\beta$ zweier Elemente $\alpha, \beta \in P$ werden dadurch erklärt, daß man für alle $A \in \mathfrak{G}$ setzt:

$$\sigma(A) = \alpha(A) + \beta(A), \qquad \pi(A) = \sum \alpha(X)\,\beta(Y),$$

wobei über alle Paare $X, Y \in \mathfrak{G}$ mit $XY = A$ zu summieren ist.)

Der Ring P hat ein Einselement, nämlich eE, wobei e das Einselement von J und E das Einselement von $\mathfrak{G}$ ist.

3.2. Aus den Vorschriften für die Addition und Multiplikation ergibt sich: wenn man für $\alpha = \sum t_i A_i \in P$ unter $S(\alpha)$ das Element $\sum t_i \in J$ versteht, so gelten die Regeln

$$S(\alpha+\beta) = S(\alpha) + S(\beta), \qquad S(\alpha\beta) = S(\alpha) \cdot S(\beta). \tag{6}$$

3.3. Für jedes Paar $\alpha \in P$, $x \in J$ setzen wir $\alpha x = S(\alpha) \cdot x$; man bestätigt unter Benutzung von (6), daß hierdurch J — genauer: die additive Gruppe des Ringes J — ein P-Modul wird.

3.4. Aus (6) folgt ferner: diejenigen $\alpha \in P$, für welche $S(\alpha) = 0$ ist, bilden ein (zweiseitiges) Ideal in P; dieses Ideal nennen wir P_0.

3.5. Bei gegebener Gruppe $\mathfrak{G}$ und gegebenem Ring J ist damit festgesetzt, was unter P und P_0 zu verstehen und in welcher Weise J als P-Modul aufzufassen ist; wir setzen jetzt

$$\Gamma^n(J, P, P_0) = \mathfrak{G}_J^{n+1}, \qquad n = 0, 1, \ldots;$$

es ist also jeder Gruppe $\mathfrak{G}$ und jedem Ring J (mit Einselement) in eindeutiger Weise eine unendliche Folge Abelscher Gruppen

$$\mathfrak{G}_J^1, \mathfrak{G}_J^2, \ldots, \mathfrak{G}_J^n, \ldots$$

zugeordnet. Das sind die „Bettischen Gruppen", die zu $\mathfrak{G}$ gehören (mit J als Koeffizientenbereich).

Wenn J der Ring der ganzen Zahlen ist, so werden wir statt $\mathfrak{G}^n_J$ kurz $\mathfrak{G}^n$ schreiben.

4. Nähere Untersuchung der Gruppen $\mathfrak{G}^1_J$

Für die Gruppen $\mathfrak{G}^1_J$, und besonders für die Gruppe $\mathfrak{G}^1$, werden wir jetzt noch Charakterisierungen angeben, die begrifflich einfacher und praktisch brauchbarer sind als die Definition, die in der vorstehenden Definition der Gruppen $\mathfrak{G}^n_J$ enthalten ist.

4.1. $\mathfrak{G}$ und J seien wie in Nr. 3 gegeben. Der Gruppenring P ist ein freier P-Modul: das Einselement von P bildet eine P-Basis; wir setzen $X^0 = P$ und definieren durch $r(\alpha) = S(\alpha)$ eine Abbildung r von X^0 in J; aus 3.2 folgt, daß r ein P-Homomorphismus von X^0 in J ist; r ist sogar ein P-Homomorphismus auf die ganze Gruppe J, da $r(tA) = t$ für jedes $t \in J$ gilt, wobei A ein beliebiges Element von $\mathfrak{G}$ ist. Der Kern[4]) von r ist das Ideal P_0, das in 3.4 definiert ist; gemäß den Bezeichnungen aus 2.1 ist also $Z^0 = P_0$; auch der in 2.3 erklärte Modul X^0_0 ist gleich P_0 (da P_0 Rechts-Ideal ist); es ist also auch $X^0_0 \frown Z^0 = P_0$. Der Modul Z^0_0 (cf. 1.6) besteht aus den endlichen Summen von Produkten $\alpha\beta$ mit $\alpha \in P_0, \beta \in Z^0$; da $Z^0 = P_0$ ist, ist also Z^0_0 das im Sinne der Idealtheorie gebildete Produkt des Ideals P_0 mit sich selbst, das wir sinngemäß mit P_0^2 bezeichnen. Da nach Definition $\mathfrak{G}^1_J = (X^0_0 \frown Z^0)/Z^0_0$ ist, haben wir somit folgendes gefunden:

Für beliebige $\mathfrak{G}$ und J ist

$$\mathfrak{G}^1_J \cong P_0/P_0^2; \tag{7}$$

dabei ist P der Gruppenring von $\mathfrak{G}$ mit Koeffizienten aus J, P_0 das Ideal in P, das aus denjenigen $\alpha \in P$ besteht, für welche die Koeffizientensumme $S(\alpha) = 0$ ist, und P_0^2 das Quadrat des Ideals P_0.

4.2. Wenn wir immer beliebige Elemente von $\mathfrak{G}$ mit A_i, das Einselement von $\mathfrak{G}$ mit E, beliebige Elemente von J mit t_i oder t_{ij} bezeichnen, so lassen sich die Ideale P_0 und P_0^2 folgendermaßen beschreiben:

Ein Element $\alpha \in P$ ist dann und nur dann in P_0, wenn es sich in der Form $\alpha = \sum t_i(A_i - E)$ schreiben läßt; α ist dann und nur dann in P_0^2, wenn es sich in der Form $\alpha = \sum t_{ij}(A_i - E)(A_j - E)$ schreiben läßt.

Beweis: Da immer $A_i - E \in P_0$ ist, so ist klar, daß die Elemente von den angegebenen Formen in P_0 bzw. in P_0^2 liegen. Umgekehrt: es sei erstens $\alpha = \sum t_i A_i \in P_0$; dann ist $\sum t_i = 0$, also $\alpha = \alpha - (\sum t_i) E = \sum t_i(A_i - E)$; (dabei kann man in der letzten Summe das Glied mit $A_i = E$ weglassen, wodurch die Gleichung $\sum t_i = 0$ im allgemeinen zerstört wird). Es sei zweitens $\alpha \in P_0^2$; dann ist α Summe von Produkten $\alpha' \alpha''$, wobei $\alpha' \in P_0, \alpha'' \in P_0$, nach dem eben Bewiesenen also $\alpha' = \sum t_i' (A_i - E), \alpha'' = \sum t_j'' (A_j - E)$ ist; hieraus folgt, daß α sich in der angegebenen Form schreiben läßt.

4.3. Für das Rechnen modulo P_0^2 sind die nachstehenden Regeln praktisch: Für beliebige $A, B \in \mathfrak{G}$ ist

(8) $$(A - E)(B - E) = (AB - E) - (A - E) - (B - E),$$

also

(8′) $$AB - E \equiv (A - E) + (B - E) \quad \text{mod. } P_0^2;$$

hieraus folgt für $B = A^{-1}$:

(8″) $$A^{-1} - E \equiv -(A - E) \quad \text{mod. } P_0^2.$$

Aus (8′) und (8″) ergibt sich weiter

(9) $$\prod A_i^{t_i} - E \equiv \sum t_i' (A_i - E) \quad \text{mod. } P_0^2,$$

wobei auf der linken Seite die Exponenten t_i beliebige ganze Zahlen sind ,während auf der rechten Seite die Koeffizienten t_i' die Elemente von J sind, die durch $|t_i|$-malige Addition des Einselementes e von J oder des Elementes $-e$ entstehen, je nach dem Vorzeichen von t_i.

4.4. Wir setzen jetzt voraus: *J ist der Ring der ganzen Zahlen.*

Ist $\alpha = \sum t_i A_i \in P_0$, so ist $\sum t_i = 0$, also $\alpha = \sum t_i (A_i - E)$, und aus (9) folgt:

(10) $$\alpha \equiv \prod A_i^{t_i} - E \ \text{mod. } P_0^2 \quad \textit{für jedes} \quad \alpha = \sum t_i A_i \in P_0.$$

Unter $\mathfrak{C}$ verstehen wir die Kommutatorgruppe von $\mathfrak{G}$. Für jedes $A \in \mathfrak{G}$ sei A' die Restklasse von $\mathfrak{G}$ mod. $\mathfrak{C}$, welche A enthält; die A' sind die Elemente der Gruppe $\mathfrak{G}/\mathfrak{C}$.

Jedem $\alpha = \sum t_i A_i \in P_0$ ordnen wir die Klasse $f(\alpha) = (\prod A_i^{t_i})'$ zu; diese Abbildung f ist offenbar ein Homomorphismus der additiven Gruppe von P_0 in die Gruppe $\mathfrak{G}/\mathfrak{C}$; sie ist sogar eine Abbildung von P_0 auf die ganze Gruppe $\mathfrak{G}/\mathfrak{C}$, da $A - E \in P_0$ und $f(A - E) = A'$ für jedes $A \in \mathfrak{G}$ ist. Wir behaupten weiter: Der Kern von f, d.h. die Menge der α mit $f(\alpha) = E' = \mathfrak{C}$, ist P_0^2.

Beweis: Es sei erstens $\alpha \in P_0^2$; nach 4.2 ist dann α lineare Verbindung (mit ganzzahligen Koeffizienten) von Elementen der Form $(A - E)(B - E)$; auf Grund der Identität (8) und der Gleichungen

$$f(AB - E) = (ABE^{-1})' = A'B', \quad f(A - E) = A', \quad f(B - E) = B'$$

ergibt sich, daß $f((A - E)(B - E)) = E'$, also auch $f(\alpha) = E'$ ist. Es sei zweitens $\alpha = \sum t_i A_i \in P_0$ und $f(\alpha) = E'$; die letzte Voraussetzung besagt, daß $\prod A_i^{t_i} \in \mathfrak{C}$, also $\prod A_i^{t_i} = \prod (U_j V_j U_j^{-1} V_j^{-1})$ mit gewissen $U_j, V_j \in \mathfrak{G}$ ist; nach (10) ist daher

$$(11) \qquad \alpha \equiv \prod (U_j V_j U_j^{-1} V_j^{-1}) - E \quad \text{mod. } P_0^2;$$

wendet man andererseits (10) statt auf α auf das Element

$$0 = \sum (U_j + V_j - U_j - V_j)$$

an, so sieht man, daß die rechte Seite der Kongruenz (11) kongruent 0 ist; es ist also $\alpha \equiv 0$ mod. P_0^2, d.h. $\alpha \in P_0^2$.

Damit ist gezeigt: f ist ein Homomorphismus der additiven Gruppe von P_0 auf die Gruppe $\mathfrak{G}/\mathfrak{C}$, und der Kern von f ist P_0^2. Es besteht also die Isomorphie

$$(12) \qquad P_0/P_0^2 \cong \mathfrak{G}/\mathfrak{C}.$$

4.5. Mit den Formeln (7) und (12) ist der folgende Satz bewiesen: *Für jede Gruppe $\mathfrak{G}$ ist*

$$(13) \qquad \mathfrak{G}^1 \cong \mathfrak{G}/\mathfrak{C};$$

dabei ist $\mathfrak{C}$ die Kommutatorgruppe von $\mathfrak{G}$.

$\mathfrak{G}^1$ ist also die „Abelsch gemachte Gruppe $\mathfrak{G}$“.

5. Ob ähnliche Charakterisierungen, wie sie durch (7) und (13) für die Gruppen $\mathfrak{G}_J^1$ bzw. $\mathfrak{G}^1$ gegeben werden, auch für die Gruppen $\mathfrak{G}_J^n$, oder wenigstens für die $\mathfrak{G}^n$, mit $n > 1$ möglich sind, weiß ich nicht. Selbst für recht einfache Gruppen $\mathfrak{G}$ scheint es schwierig zu sein, die Strukturen der Gruppen $\mathfrak{G}^2, \mathfrak{G}^3, \ldots$ wirklich zu ermitteln, während diese Aufgabe für $\mathfrak{G}^1$ durch das Ergebnis von 4.5 als gelöst gelten kann. Auch Fragen nach allgemeinen Sätzen über Beziehungen zwischen den gruppentheoretischen Eigenschaften von $\mathfrak{G}$ und denen der $\mathfrak{G}^n$ liegen nahe und sind unbeantwortet. Einige wenige hierhergehörige Resultate und Beispiele werden wir später (§ 3) behandeln, und zwar auf Grund der geometrischen Bedeutung der Gruppen $\mathfrak{G}_J^n$.

§ 2. Die Rolle der Gruppen $\mathfrak{G}_J^n$ in der Homologietheorie

6. Komplexe mit Automorphismen[2])

6.1. K sei ein Komplex[5]) — simplizial oder auch ein beliebiger Zellenkomplex; er kann endlich oder unendlich sein. J sei ein Ring mit Einselement; wir benutzen ihn als Koeffizientenbereich für die Ketten und Homologien in K; seine Elemente nennen wir t_i.

[5]) Wegen der Begriffe aus der Homologietheorie der Komplexe verweise ich auf ALEXANDROFF-HOPF, Topologie I (1935); ich werde dieses Buch als A.-H. zitieren. Im allgemeinen werde ich die dort benutzte Terminologie verwenden; jedoch werde ich statt „algebraischer Komplex“ immer „Kette“ sagen.

Für jedes $n \geqq 0$ sei X^n die Gruppe der n-dimensionalen Ketten; außerdem setzen wir $X^{-1} = J$. Für $n \geqq 1$, $x \in X^n$ sei $r(x)$ der Rand von x; ist $x \in X^0$, so ist $x = \sum t_i x_i^0$, wobei die x_i^0 einfach gezählte Eckpunkte von K sind; wir setzen dann $r(x) = \sum t_i$. In jedem Fall, $n \geqq 0$, ist r eine homomorphe Abbildung von X^n in X^{n-1}; der Kern dieses Homomorphismus[4]) heiße Z^n, das Bild $r(X^n)$ heiße H^{n-1}. Dann ist Z^n für $n \geqq 1$ die Gruppe der n-dimensionalen Zyklen, für $n = 0$ die Gruppe der berandungsfähigen 0-dimensionalen Zyklen[6]); H^n ist für $n \geqq 0$ die Gruppe der n-dimensionalen Ränder. Bekanntlich ist $H^n \subset Z^n$ für $n \geqq 0$; ferner ist $H^{-1} = X^{-1} = J$, und wir setzen auch noch $Z^{-1} = J$.

Statt $r(x)$ werden wir oft auch $\dot{x}$ schreiben.

Da J ein Einselement besitzt, sind die orientierten Zellen positiver Dimension sowie die Eckpunkte — diese orientieren wir nicht — selbst Ketten. Nachdem man, für jedes $n > 0$, in jeder n-dimensionalen Zelle eine Orientierung ausgezeichnet hat, bilden die so orientierten Zellen x_i^n eine Basis von X^n; ebenso bilden die Eckpunkte x_i^0 eine Basis von X^0. Statt „Basis" werden wir zur Vermeidung von Mißverständnissen auch „J-Basis" sagen. — Die unorientierten Zellen bezeichnen wir mit $|x_i^n|$.

6.2. Unter einem „Automorphismus" von K verstehen wir eine Operation A, welche für jedes n die n-dimensionalen (unorientierten) Zellen permutiert, und zwar so, daß die Seiten einer Zelle $|x_i^n|$ immer in die Seiten der Bildzelle $A|x_i^n|$ übergehen. Wenn K simplizial ist, so ist A eine eineindeutige simpliziale Abbildung von K auf sich.

A ordnet jeder orientierten Zelle x_i^n eine bestimmte orientierte Zelle $A x_i^n$ zu; für jede Kette $x = \sum t_i x_i^n$, $n \geqq 0$, setzen wir $A x = \sum t_i A x_i^n$; dadurch ist für jedes $n \geqq 0$ ein, ebenfalls mit A bezeichneter Automorphismus der Gruppe X^n erklärt; zur Ergänzung setzen wir noch $A t = t$ für $t \in J = X^{-1}$.

Für jede Kette $x \in X^n$, $n \geqq 0$, ist

$$A\, r(x) = r(A x) \tag{1}$$

oder: $A \dot{x} = (A x)^{\cdot}$. Hieraus folgt, daß die Gruppen Z^n und H^n durch A auf sich abgebildet werden.

6.3. Es sei jetzt eine Gruppe $\mathfrak{G}$ von Automorphismen A_j des Komplexes K gegeben. Dann ist der Gruppenring P von $\mathfrak{G}$ mit Koeffizienten aus J gemäß 3.1 erklärt. Für jedes $\alpha = \sum t_j A_j \in P$ und jedes $x \in X^n$ setzen wir $\alpha x = \sum t_j A_j x$; hierdurch wird, wie man leicht bestätigt, X^n ein P-Modul; ferner folgt mit Hilfe von (1), daß r ein P-Homomorphismus ist und daß Z^n und H^n P-Teilmoduln von X^n sind ($n = 0, 1, \ldots$).

[6]) A.-H., 179.

Wir teilen für jedes $n \geqq 0$ die Gesamtheit der Zellen $|x_i^n|$ in Transitivitätsbereiche bezüglich $\mathfrak{G}$ ein: $|x_i^n|$ und $|x_k^n|$ gehören zu demselben Bereich, wenn es ein $A_j \in \mathfrak{G}$ gibt, so daß $|x_i^n| = A_j |x_k^n|$ ist. Aus jedem Transitivitätsbereich wählen wir eine Zelle aus und geben ihr (für $n > 0$) eine bestimmte Orientierung; die so ausgewählten Zellen nennen wir $\bar{x}_k^n (n \geqq 0)$; das System der $\bar{x}_k^n$ heiße E^n. Wenn A_j die Gruppe $\mathfrak{G}$ und $\bar{x}_k^n$ das System E^n durchlaufen, so kommt unter den $A_j \bar{x}_k^n$ jede n-dimensionale Zelle von K mindestens einmal vor (in einer gewissen Orientierung); jede Kette $x \in X^n$ läßt sich daher auf mindestens eine Weise als $x = \sum t_{jk} A_j \bar{x}_k^n$ mit $t_{jk} \in J$, also als $x = \sum \alpha_k \bar{x}_k^n$ mit $\alpha_k \in P$ darstellen; das bedeutet: E^n ist ein P-Erzeugendensystem des P-Moduls X^n (cf. 1.3).

6.4. Der Automorphismus A von K heißt „fixpunktfrei", wenn durch ihn keine Zelle $|x_i^n|$, $n \geqq 0$, auf sich abgebildet wird[7]); wir nennen die Gruppe $\mathfrak{G}$ „fixpunktfrei", wenn jeder von der Identität verschiedene Automorphismus $A_j \in \mathfrak{G}$ fixpunktfrei ist.

Wir setzen voraus: $\mathfrak{G}$ *ist fixpunktfrei*. Dann behaupten wir: Das soeben definierte P-Erzeugendensystem E^n ist eine P-Basis von X^n (cf. 1.3), mit anderen Worten: die $\bar{x}_k^n$ sind linear unabhängig in bezug auf Koeffizienten aus P. — Beweis: Wenn $A_j \bar{x}_k^n = A_h \bar{x}_i^n$ ist, so ist $A_h^{-1} A_j \bar{x}_k^n = \bar{x}_i^n$, also $i = k$ und, da $\mathfrak{G}$ fixpunktfrei ist, $A_h^{-1} A_j$ die Identität, folglich $h = j$; wenn also A_j die Gruppe $\mathfrak{G}$ und $\bar{x}_k^n$ das System E^n durchlaufen, so kommt unter den $A_j \bar{x}_k^n$ jede n-dimensionale Zelle (in einer gewissen Orientierung) nur einmal vor; aus $\sum t_{jk} A_j \bar{x}_k^n = 0$, $t_{jk} \in J$, folgt daher $t_{jk} = 0$, und dies bedeutet: aus $\sum \alpha_k \bar{x}_k^n = 0$, $\alpha_k \in P$, folgt $\alpha_k = 0$.

Hiermit ist gezeigt: X^n ist ein *freier* P-Modul ($n \geqq 0$).

7. Reguläre Überlagerungen[8])

7.1. Es sei auch weiterhin $\mathfrak{G}$ eine fixpunktfreie Gruppe von Automorphismen A_j des Komplexes K. Wir fassen in bekannter Weise $\mathfrak{G}$ als Gruppe von „Decktransformationen" A_j auf, welche einen Komplex $\mathfrak{K}$ erzeugen, der von K überlagert wird: eine Zelle von $\mathfrak{K}$ entsteht immer dadurch, daß man die Zellen eines Transitivitätsbereiches in K miteinander identifiziert (cf. 6.3); die Zellen von $\mathfrak{K}$ entsprechen also eineindeutig den Transitivitätsbereichen der Zellen von K. Der Komplex K st eine „reguläre Überlagerung" des Komplexes $\mathfrak{K}$; umgekehrt: ist $\mathfrak{K}$

[7]) Diese Bezeichnung ist berechtigt; denn wenn man die Zellen als Punktmengen auffaßt, also von dem Komplex K zu dem Polyeder $\overline{K}$ übergeht (cf. A.-H., 128), so besitzt die durch A bewirkte topologische Selbstabbildung von $\overline{K}$ dann und infolge des Fixpunktsatzes für Zellen nur dann keinen Fixpunkt, wenn A im obigen Sinne fixpunktfrei ist.

[8]) Wegen der Begriffe aus der Überlagerungstheorie der Komplexe verweise ich auf Seifert-Threlfall, Lehrbuch der Topologie (Leipzig und Berlin 1934), 8. Kapitel. — Ich zitiere dieses Buch als S.-T.

ein beliebiger Komplex und K ein, in bekannter Weise (mit Hilfe eines Normalteilers $\mathfrak{N}$ der Fundamentalgruppe $\mathfrak{F}$ von $\mathfrak{K}$) konstruierter, regulärer Überlagerungskomplex von $\mathfrak{K}$, so ist K ein Komplex mit einer Gruppe $\mathfrak{G}$ fixpunktfreier Automorphismen, welche in der soeben beschriebenen Weise den Komplex $\mathfrak{K}$ erzeugen (dabei ist $\mathfrak{G} \cong \mathfrak{F}/\mathfrak{N}$).

Jeder Zelle $|x_i^n|$ von K ist diejenige Zelle von $\mathfrak{K}$ zugeordnet, welche dem Transitivitätsbereich entspricht, dem $|x_i^n|$ angehört; diese Zelle von $\mathfrak{K}$ nennen wir $U|x_i^n|$. Dann ist U eine Abbildung von K auf $\mathfrak{K}$ — die „Überlagerungsabbildung"; sie erfüllt für alle Zellen $|x_i^n|$ und alle $A_j \in \mathfrak{G}$ die Gleichung

(2) $$U A_j |x_i^n| = U |x_i^n|.$$

7.2. Die Gruppe der n-dimensionalen Ketten von $\mathfrak{K}$ nennen wir $\mathfrak{X}^n$. Die Abbildung U bewirkt einen Homomorphismus — den wir ebenfalls mit U bezeichnen — von X^n auf $\mathfrak{X}^n$. Bilden, wie in 6.4, die Zellen $\bar{x}_k^n$ eine P-Basis von X^n, so kommt unter den Zellen $\mathfrak{x}_k^n = U\bar{x}_k^n$ jede n-dimensionale Zelle von $\mathfrak{K}$ (in einer gewissen Orientierung) genau einmal vor; die $\mathfrak{x}_k^n$ bilden daher eine J-Basis von $\mathfrak{X}^n$.

Ist $x = \sum \alpha_k \bar{x}_k^n$ irgend eine Kette aus X^n und $\alpha_k = \sum t_{kj} A_j$, so ist

$$U x = \sum_{j,k} t_{kj}\, U A_j \bar{x}_k^n = \sum_{j,k} t_{kj}\, U \bar{x}_k^n = \sum_{j,k} t_{kj}\, \mathfrak{x}_k^n = \sum_k S(\alpha_k)\, \mathfrak{x}_k^n,$$

wobei $S(\alpha)$ die in 3.2 erklärte Bedeutung hat. Hieraus sieht man: $Ux = 0$ ist gleichbedeutend mit $S(\alpha_k) = 0$ für alle k; der Kern des Homomorphismus U von X^n auf $\mathfrak{X}^n$, d.h. die Gesamtheit derjenigen $x \in X^n$, für die $Ux = 0$ ist, ist also der Teilmodul X_0^n von X^n, dessen Definition in 3.4 und 1.6 enthalten ist.

7.3. Den Rand einer Kette $\mathfrak{x}$ nennen wir $\mathfrak{r}(\mathfrak{x})$ oder auch $\dot{\mathfrak{x}}$. Es ist

(3) $$U r(x) = \mathfrak{r}\, U x,$$

also $U\dot{x} = (Ux)^{\cdot}$, für jedes $x \in X^n$ (dies gilt auch noch für $n = 0$, wenn wir den Homomorphismus $\mathfrak{r}$ von $\mathfrak{X}^0$ auf J ebenso definieren wie in 6.1 den Homomorphismus r von X^0 und wenn wir $Ut = t$ für alle $t \in J$ setzen).

Die Zyklengruppen $\mathfrak{Z}^n$, $n > 0$, sind als die Gruppen derjenigen $\mathfrak{x} \in \mathfrak{X}^n$ erklärt, für die $\dot{x} = 0$ ist. Aus (3) folgt, daß $U(Z^n) \subset \mathfrak{Z}^n$ ist.

Wir behaupten, daß die folgende Isomorphie besteht:

(4) $$\mathfrak{Z}^n / U(Z^n) \cong (X_0^{n-1} \cap H^{n-1}) / H_0^{n-1}; \quad n = 1, 2, \ldots;$$

dabei ist H_0^{n-1} gemäß den Definitionen in 1.6 und 3.4 der Teilmodul von X^{n-1}, der aus denjenigen Ketten besteht, die sich als Summen $\sum \alpha_i x_i$ mit $\alpha_i \in P_0$, $x_i \in H^{n-1}$ schreiben lassen.

Beweis von (4): Es sei $x \in X_0^{n-1} \cap H^{n-1}$; daß $x \in H^{n-1}$ ist, bedeutet: $x = \dot{y}$, $y \in X^n$; daß $x \in X_0^{n-1}$ ist, bedeutet (cf. 7.2): $Ux = 0$; es ist also

$U\dot{y}=0$, nach (3) also $(Uy)^{\cdot}=0$, d.h. $Uy\in\mathfrak{Z}^n$. Nimmt man statt y eine andere Kette y_1 mit $\dot{y}_1=x$, so ist $y_1=y+z$, $z\in Z^n$, also $Uy_1=Uy+Uz$, also $Uy_1\equiv Uy$ mod. $U(Z^n)$. Unter den Restklassen, in welche die Gruppe $\mathfrak{Z}^n$ nach ihrer Untergruppe $U(Z^n)$ zerfällt, ist also diejenige, die Uy enthält, durch x eindeutig bestimmt; wir nennen diese Restklasse $g(x)$. Die so erklärte eindeutige Abbildung g der Gruppe $X_0^{n-1}\cap H^{n-1}$ in die Gruppe $\mathfrak{R}=\mathfrak{Z}^n/U(Z^n)$ ist offenbar ein Homomorphismus; sie ist sogar eine Abbildung auf die ganze Gruppe $\mathfrak{R}$; denn zu jedem $\mathfrak{z}\in\mathfrak{Z}^n$ gibt es, da $\mathfrak{X}^n=U(X^n)$ ist, ein $y\in X^n$ mit $Uy=\mathfrak{z}$, und es ist $\mathfrak{z}=g(\dot{y})$.

Wir haben, um (4) zu beweisen, noch zu zeigen: der Kern[4]) von g ist H_0^{n-1}. Es sei erstens $x\in H_0^{n-1}$; dann ist $x=\sum\alpha_i\dot{y}_i$ mit $S(\alpha_i)=0$, $y_i\in X^n$; setzen wir $\sum\alpha_i y_i=y$, so ist $x=\dot{y}$ und $y\in X_0^n$, also $Uy=0$; mithin ist $g(x)$ das Nullelement von $\mathfrak{R}$, d.h.: x gehört zu dem Kern von g. Es sei zweitens $x\in X_0^{n-1}\cap H^{n-1}$ und $g(x)$ das Nullelement von $\mathfrak{R}$; dann gibt es ein y mit $x=\dot{y}$, $Uy\in U(Z^n)$, also $Uy=Uz$ mit $z\in Z^n$; dann ist $U(y-z)=0$, also $y-z\in X_0^n$, also $y=z+\sum\alpha_i y_i$ mit $S(\alpha_i)=0$, $y_i\in X^n$, und da $x=\dot{y}=\sum\alpha_i\dot{y}_i$ ist, ist $x\in H_0^{n-1}$.

(Bemerkung: Für $n=0$ ist (4) trivial, da dann beide Seiten 0 sind.)

7.4. Die Gruppen der n-dimensionalen Ränder in $\mathfrak{K}$, also die Gruppen $\mathfrak{r}(\mathfrak{X}^{n+1})$, nennen wir $\mathfrak{H}^n$. Aus (3) und aus $U(X^{n+1})=\mathfrak{X}^{n+1}$ folgt:

$$U(H^n)=Ur(X^{n+1})=\mathfrak{r}U(X^{n+1})=\mathfrak{r}(\mathfrak{X}^{n+1})=\mathfrak{H}^n.$$

Die Faktorgruppen $Z^n/H^n=B^n$ und $\mathfrak{Z}^n/\mathfrak{H}^n=\mathfrak{B}^n$ sind für $n\geqq 1$ die Bettischen Gruppen von K bzw. $\mathfrak{K}$ (für $n=0$ sind sie Untergruppen der in der üblichen Weise erklärten Bettischen Gruppen).

Da $U(Z^n)\subset\mathfrak{Z}^n$ und $U(H^n)\subset\mathfrak{H}^n$ ist, bewirkt U eine homomorphe Abbildung von B^n in $\mathfrak{B}^n$, die wir ebenfalls U nennen. Die Elemente der Bildgruppe $U(B^n)$ sind diejenigen Homologieklassen in $\mathfrak{K}$, welche Zyklen aus $U(Z^n)$ enthalten; da aber $\mathfrak{H}^n=U(H^n)\subset U(Z^n)$ ist, gehört eine solche Homologieklasse vollständig zu $U(Z^n)$; die Homologieklassen, welche die Elemente der Gruppe $U(B^n)$ sind, sind also zugleich die Restklassen, in welche die Gruppe $U(Z^n)$ mod. $\mathfrak{H}^n$ zerfällt; folglich ist $U(B^n)=U(Z^n)/\mathfrak{H}^n$. Da andererseits $\mathfrak{B}^n=\mathfrak{Z}^n/\mathfrak{H}^n$ ist, ist

$$\mathfrak{B}^n/U(B^n)\cong\mathfrak{Z}^n/U(Z^n),\qquad n=1,2,\ldots. \tag{5}$$

Aus (4) und (5) folgt

$$\mathfrak{B}^n/U(B^n)\cong(X_0^{n-1}\cap H^{n-1})/H_0^{n-1},\qquad n=1,2,\ldots. \tag{6}$$

8. Azyklische reguläre Überlagerungen. Sätze II, III, IV

Ein Komplex K heißt „azyklisch" in der Dimension n, wenn jeder n-dimensionale (berandungsfähige) Zyklus in K berandet, d.h. wenn $Z^n=H^n$ ist (für $n=0$ bedeutet dies: K ist zusammenhängend).

8.1. Wir betrachten einen Komplex K mit denselben Eigenschaften wie in Nr. 7 und setzen überdies voraus: *K ist azyklisch in den Dimensionen $n=0, 1, \ldots, N-1$; d.h.:*

(7) $$Z^{n-1}=H^{n-1} \quad \textit{für} \quad n=0, 1, \ldots, N;$$

(für $n=0$ gilt dies laut unserer Festsetzung in 6.1).

Die Folge der Gruppen

$$\{J=Z^{-1};\quad X^0\supset Z^0;\quad X^1\supset Z^1;\ldots;\quad X^{N-1}\supset Z^{N-1};\quad X^N\supset Z^N\}$$

hat folgende Eigenschaften: Die X^n sind freie P-Moduln (cf. 6.4); die Z^n sind P-Teilmoduln der X^n (cf. 6.3); die Rand-Operation r ist ein P-Homomorphismus (cf. 6.3), der X^n auf H^{n-1}, also nach (7) auf Z^{n-1} abbildet und Z^n als Kern besitzt (und zwar gilt dies auf Grund der in 6.1 getroffenen Festsetzung auch für $n=0$). Somit ist diese Folge von Gruppen eine (endliche) „(J, P)-Folge" im Sinne von 2.1. Nach 2.3 und 3.5 ist daher

(8) $$(X_0^n\cap Z^n)/Z_0^n\cong\mathfrak{G}_J^{n+1} \quad \textit{für} \quad n=0, 1, \ldots, N.$$

8.2. Aus (7) und (8) folgt

(9) $$(X_0^{n-1}\cap H^{n-1})/H_0^{n-1}\cong\mathfrak{G}_J^n \quad \textit{für} \quad n=1, 2, \ldots, N.$$

Statt (7) können wir auch schreiben:

(7′) $$B^n=0 \quad \textit{für} \quad n=1, 2, \ldots, N-1.$$

Aus (6), (7′) und (9) folgt

(10) $$\mathfrak{B}^n\cong\mathfrak{G}_J^n \quad \textit{für} \quad n=1, 2, \ldots, N-1,$$

und außerdem folgt aus (6) und (9)

(11) $$\mathfrak{B}^N/U(B^N)\cong\mathfrak{G}_J^N.$$

Mit den Isomorphien (10) und (11) ist unser Hauptziel erreicht. Wir formulieren diese Ergebnisse noch einmal ausführlich in den nachstehenden beiden Sätzen:

Satz II: *Es seien: J ein Ring mit Einselement; K ein (endlicher oder unendlicher) Komplex, der in bezug auf den Koeffizientenbereich J azyklisch in den Dimensionen* 0, 1, ..., $N-1$ *ist; $\mathfrak{G}$ eine fixpunktfreie Automorphismengruppe von K* (cf. 6.4); *$\mathfrak{K}$ der von $\mathfrak{G}$ erzeugte, von K überlagerte Komplex* (cf. 7.1); *$\mathfrak{B}_J^n$ die n-te Bettische Gruppe von $\mathfrak{K}$ in bezug auf J.*

Dann sind die Gruppen $\mathfrak{B}_J^n$ für $n=1, 2, \ldots, N-1$ isomorph mit den Gruppen $\mathfrak{G}_J^n$; ihre Strukturen sind also durch die Strukturen von $\mathfrak{G}$ und J vollständig bestimmt, unabhängig von K und von der speziellen Darstellung der Gruppe $\mathfrak{G}$ durch Automorphismen.

Satz III: *Die Voraussetzungen des Satzes II seien erfüllt; es sei ferner U die Überlagerungsabbildung von K auf $\mathfrak{K}$* (cf. 7.1) *und B_J^n die n-te Bettische Gruppe von K.*

Dann gilt noch die weitere Isomorphie $\mathfrak{B}_J^N/U(B_J^N) \cong \mathfrak{G}_J^N$; also ist auch die Struktur der Gruppe $\mathfrak{B}_J^N/U(B_J^N)$ durch die Strukturen von $\mathfrak{G}$ und J bestimmt.

Übrigens ist der Satz II ein Korollar des Satzes III.

8.3. Der in der Formel (8) zugelassene Fall $n=N$ ist bei der Herleitung der Formeln (10) und (11), also beim Beweis der Sätze II und III, nicht benutzt worden. Wir wollen auch diesen Teil von (8) als Satz formulieren. Dafür erinnern wir an die Bedeutung der auf der linken Seite von (8) auftretenden Gruppen: nach 7.2 besteht $X_0^n \frown Z^n$ aus denjenigen n-dimensionalen Zyklen z von K, für die $Uz=0$ ist; Z_0^n ist gemäß 1.6 die Gruppe aller endlichen Summen $\sum \alpha_i z_i$ mit $z_i \in Z^n$, $\alpha_i \in P_0$, wobei P_0 in 3.4 erklärt ist; nach 4.2 ist dann und nur dann $\alpha \in P_0$, wenn $\alpha = \sum t_j (A_j - E)$ ist, wobei E das Einselement von $\mathfrak{G}$ ist. Somit ergibt sich:

Satz IV: *Unter den Voraussetzungen des Satzes II gilt auch noch die Isomorphie $(X_0^N \frown Z^N)/Z_0^N \cong \mathfrak{G}_J^{N+1}$; dabei ist $X_0^N \frown Z^N$ die Gruppe derjenigen N-dimensionalen Zyklen von K, die durch die Überlagerungsabbildung U auf die Null abgebildet werden, und Z_0^N die Gruppe aller linearen Verbindungen (mit Koeffizienten aus J) der Zyklen $Az-z$, wobei A eine beliebige Decktransformation aus $\mathfrak{G}$ und z einen beliebigen N-dimensionalen Zyklus von K bezeichnet („Zyklus" immer in bezug auf J).*

Beim Beweis der Formel (8), also beim Beweis des Satzes IV, sind übrigens die Abschnitte 7.3, 7.4 und 8.2 nicht benutzt worden.

9. Spezialfälle der Sätze II, III, IV. — Bemerkungen

9.1. Der universelle Überlagerungskomplex K eines beliebigen zusammenhängenden Komplexes $\mathfrak{K}$ ist eine reguläre Überlagerung von $\mathfrak{K}$, und die zugehörige Gruppe $\mathfrak{G}$ der Decktransformationen ist mit der Fundamentalgruppe von $\mathfrak{K}$ isomorph. Daher sind in den Sätzen II, III, IV die folgenden Tatsachen enthalten:

$\mathfrak{K}$ sei ein zusammenhängender Komplex mit der Fundamentalgruppe $\mathfrak{G}$; der universelle Überlagerungskomplex K sei in bezug auf den Koeffizientenring J azyklisch in den Dimensionen n mit $n<N$. Dann gelten die Isomorphien

$$\text{(II)} \quad \mathfrak{B}_J^n \cong \mathfrak{G}_J^n \quad \textit{für} \quad 0<n<N,$$

welche insbesondere zeigen, daß die Strukturen dieser Bettischen Gruppen vollständig durch die Fundamentalgruppe $\mathfrak{G}$ und den Koeffizientenring J

bestimmt sind, sowie die Isomorphien

$$\text{(III)}\quad \mathfrak{B}_J^N/U(B_J^N)\cong\mathfrak{G}_J^N, \qquad \text{(IV)}\quad (X_0^N\cap Z^N/Z_0^N\cong\mathfrak{G}_J^{N+1},$$

deren Bedeutung in den Sätzen III und IV erklärt ist.[9])

9.2. Der universelle Überlagerungskomplex K eines Komplexes $\mathfrak{K}$ ist nicht nur zusammenhängend, sondern auch einfach zusammenhängend, d.h. jeder geschlossene Weg ist homotop 0; daraus folgt bekanntlich, daß K azyklisch nicht nur in der Dimension 0, sondern auch in der Dimension 1 ist, und zwar in bezug auf jeden Koeffizientenbereich; die Voraussetzungen der Sätze II, III, IV sind also erfüllt, wenn man $N=2$ setzt. Hieraus folgt:

Für jeden zusammenhängenden Komplex $\mathfrak{K}$ gelten die Isomorphien.

$$(\text{II}_2)\ \mathfrak{B}_J^1\cong\mathfrak{G}_J^1, \qquad (\text{III}_2)\ \mathfrak{B}_J^2/U(B_J^2)\cong\mathfrak{G}_J^2, \qquad (\text{IV}_2)\ (X_0^2\cap Z^2)/Z_0^2\cong\mathfrak{G}_J^3,$$

wobei $\mathfrak{G}$ die Fundamentalgruppe von $\mathfrak{K}$ und der den Formeln (III_2) *und* (IV_2) *zugrundeliegende Komplex K der universelle Überlagerungskomplex von $\mathfrak{K}$ ist.*

Die Formel (II_2) zeigt die bekannte Tatsache, daß die erste Bettische Gruppe eines Komplexes durch dessen Fundamentalgruppe bestimmt ist; wir kommen darauf sogleich noch zurück (9.4). Die Formel (III_2) zeigt: die zweite Bettische Gruppe $\mathfrak{B}_J^2$ besitzt die durch die Fundamentalgruppe bestimmte Gruppe $\mathfrak{G}_J^2$ als homomorphes Bild; bei gegebener Fundamentalgruppe $\mathfrak{G}$ kann also $\mathfrak{B}_J^2$ „nicht zu klein" sein; dies hatte ich, für den ganzzahligen Koeffizientenbereich, früher durch eine Relation bewiesen, die ähnlich wie (III_2) lautet, in der aber statt $U(B^2)$ und $\mathfrak{G}^2$ Gruppen auftreten, die anders definiert sind[10]); daß die frühere Formel mit (III_2) übereinstimmt, wird noch gezeigt werden (16.7).

9.3. Wenn $\mathfrak{K}$ zusammenhängend und wenn K ein regulärer Überlagerungskomplex von $\mathfrak{K}$ ist, den man in bekannter Weise[8]) mit Hilfe eines Normalteilers der Fundamentalgruppe von $\mathfrak{K}$ konstruiert hat, so ist auch K zusammenhängend, also azyklisch in der Dimension 0; daher sind die Sätze II, III, IV anwendbar, wenn man $N=1$ setzt; der Satz II wird dann inhaltslos, aber die Sätze III und IV liefern noch folgende Aussagen:

K sei ein (zusammenhängender) regulärer Überlagerungskomplex des zusammenhängenden Komplexes $\mathfrak{K}$; die zugehörige Gruppe von Decktransformationen sei $\mathfrak{G}$. Dann ist

$$(\text{III}_1)\quad \mathfrak{B}_J^1/U(B_J^1)\cong\mathfrak{G}_J^1, \qquad (\text{IV}_1)\quad (X_0^1\cap Z^1)/Z_0^1\cong\mathfrak{G}_J^2.$$

---

[9]) Hier kann man, um den am Anfang der Arbeit zitierten Satz von HUREWICZ zu erhalten, den § 5 anschließen.

[10]) H. HOPF, Fundamentalgruppe und zweite Bettische Gruppe, Comment. Math. Helvet. 14 (1942), 257—309.

9.4. Wenn man in (II_2) und (III_1) für $\mathfrak{G}^1_J$ die durch 4.1 (7) und 4.5 (13) gegebenen Ausdrücke einsetzt, so erhält man vier Formeln, die Interesse verdienen. Die einfachste von ihnen lautet:

$$\mathfrak{B}^1 \cong \mathfrak{G}/\mathfrak{C}; \tag{12}$$

in ihr ist $\mathfrak{B}^1$ die ganzzahlige erste Bettische Gruppe eines beliebigen (zusammenhängenden) Komplexes, $\mathfrak{G}$ dessen Fundamentalgruppe und $\mathfrak{C}$ die Kommutatorgruppe von $\mathfrak{G}$.

Die Relation (12) ist wohlbekannt; der übliche Beweis[11]) benutzt die Formel 4.5 (13) nicht. Nimmt man (12) als bekannt an, so erhält man umgekehrt mit Hilfe der Formel (II_2) einen einfachen Beweis der Relation 4.5 (13), allerdings nur unter der Voraussetzung, daß $\mathfrak{G}$ abzählbar[12]) ist: In diesem Fall läßt sich $\mathfrak{G}$ durch abzählbar viele Erzeugende mit abzählbar vielen Relationen charakterisieren; daher gibt es einen Komplex $\mathfrak{K}$, dessen Fundamentalgruppe $\mathfrak{G}$ ist[13]); für $\mathfrak{K}$ gilt (12); aus (12) und aus (II_2) — in dem Spezialfall, daß J der Ring der ganzen Zahlen ist — folgt 4.5 (13).

9.5. Zu den vorstehenden Sätzen machen wir noch folgende Bemerkungen. K sei regulärer Überlagerungskomplex von $\mathfrak{K}$; die Fundamentalgruppen F von K und $\mathfrak{F}$ von $\mathfrak{K}$ deuten wir in bekannter Weise als Gruppen geschlossener Wege, wobei wir deren Anfangs- und Endpunkt a in K und $\mathfrak{a}$ in $\mathfrak{K}$ so wählen, daß $Ua = \mathfrak{a}$ ist; dann liegt bekanntlich folgende Situation vor[8]): F wird durch U isomorph auf einen Normalteiler $\mathfrak{N}$ von $\mathfrak{F}$ abgebildet, und die Faktorgruppe $\mathfrak{F}/\mathfrak{N}$ ist mit der zu K und $\mathfrak{K}$ gehörigen Gruppe $\mathfrak{G}$ von Decktransformationen isomorph. Es ist also

$$\mathfrak{F}/U(F) \cong \mathfrak{G}. \tag{*}$$

Dies ist ein Gegenstück zu der im Satz III ausgesprochenen Isomorphie und insbesondere zu der Formel (III_1); die letztere, für den ganzzahligen Koeffizientenbereich, entsteht aus (*), wenn man die Gruppe $\mathfrak{F}, F, \mathfrak{G}$ „Abelsch macht", d.h. durch die Faktorgruppen nach ihren Kommutatorgruppen ersetzt.

Man kann die Struktur der Gruppe $\mathfrak{G}$, ohne von Decktransformationen zu reden, geradezu durch (*) definieren. Dann lassen sich die Sätze II und III folgendermaßen aussprechen:

K sei ein regulärer Überlagerungskomplex von $\mathfrak{K}$; er sei azyklisch für $n<N$; die Fundamentalgruppen von K und $\mathfrak{K}$ seien F bzw. $\mathfrak{F}$. Dann ist

$$\mathfrak{B}^n_J/U(B^n_J) \cong (\mathfrak{F}/U(F))^n_J \quad \textit{für} \quad 0<n\leqq N,$$

[11]) S.-T., 173.

[12]) Unter „abzählbar" verstehe ich „endlich" oder „abzählbar-unendlich".

[13]) Einen solchen Komplex kann man nach dem Verfahren konstruieren, das in S.-T., 180, Aufgabe 3, für den Fall von endlich vielen Erzeugenden und Relationen angedeutet ist.

also

$$\mathfrak{B}^n_J \cong (\mathfrak{F}/U(F))^n_J \quad \textit{für} \quad 0<n<N.$$

Ist K der universelle Überlagerungskomplex von $\mathfrak{K}$, so ist F die Nullgruppe, $\mathfrak{F} \cong \mathfrak{G}$, und man erhält die Isomorphien 9.1 (II) und 9.1 (III).

§ 3. Geometrische Herleitung einiger algebraischer Eigenschaften der Gruppen $\mathfrak{G}^n_J$

. . . .

12. Die Gruppe $\mathfrak{G}^2$

In ähnlicher Weise, wie wir am Schluß von 9.4 bei Beschränkung auf abzählbare[11]) Gruppen $\mathfrak{G}$ einen Beweis der Formel 4.5 (13) für die Gruppe $\mathfrak{G}^1$ geführt haben, wollen wir jetzt eine Formel für die Gruppe $\mathfrak{G}^2$ herleiten.

12.1. Zunächst zwei gruppentheoretische Vorbemerkungen. Erstens: Jede Gruppe $\mathfrak{G}$ ist homomorphes Bild freier Gruppen $\mathfrak{F}$; man erhält einen solchen Homomorphismus, wenn man die Elemente eines beliebigen Erzeugendensystems von $\mathfrak{G}$ — das endlich oder unendlich, z.B. mit $\mathfrak{G}$ identisch sein kann — zugleich als freie Erzeugende einer freien Gruppe $\mathfrak{F}$ auffaßt; dann ist $\mathfrak{G} \cong \mathfrak{F}/\mathfrak{R}$, wobei $\mathfrak{R}$ ein Normalteiler von $\mathfrak{F}$ ist. Eine solche Darstellung von $\mathfrak{G}$ in der Form $\mathfrak{F}/\mathfrak{R}$ liegt also insbesondere immer dann vor, wenn $\mathfrak{G}$ durch Erzeugende $e_1, e_2, \ldots$ und Relationen $R_i(e_1, e_2, \ldots) = 1$ gegeben ist; $\mathfrak{R}$ ist dann der von den Elementen $R_i(e_1, e_2, \ldots)$ der freien Gruppe $\mathfrak{F}$ erzeugte Normalteiler. Wenn $\mathfrak{G}$ abzählbar ist, so ist auch $\mathfrak{F}$ abzählbar.

Zweitens: Ist $\mathfrak{F}$ irgend eine Gruppe, $\mathfrak{R}$ eine Untergruppe von $\mathfrak{F}$, so verstehen wir unter $\mathfrak{C}_{\mathfrak{F}}(\mathfrak{R})$ die Untergruppe von $\mathfrak{F}$, die von allen Elementen $x r x^{-1} r^{-1}$ mit $x \in \mathfrak{F}$, $r \in \mathfrak{R}$, erzeugt wird. Ist $\mathfrak{R}$ Normalteiler von $\mathfrak{F}$, so ist $\mathfrak{C}_{\mathfrak{F}}(\mathfrak{R}) \subset \mathfrak{R}$. Die Gruppe $\mathfrak{C}_{\mathfrak{F}}(\mathfrak{F})$ ist die Kommutatorgruppe von $\mathfrak{F}$; wir nennen sie kurz $\mathfrak{C}_{\mathfrak{F}}$. Es ist immer $\mathfrak{C}_{\mathfrak{F}}(\mathfrak{R}) \subset \mathfrak{C}_{\mathfrak{F}}$.

12.2. Unsere Behauptung lautet:

Es sei $\mathfrak{G} \cong \mathfrak{F}/\mathfrak{R}$, wobei $\mathfrak{F}$ eine abzählbare freie Gruppe und $\mathfrak{R}$ ein Normalteiler von $\mathfrak{F}$ ist; dann ist

$$\mathfrak{G}^2 \cong (\mathfrak{C}_{\mathfrak{F}} \cap \mathfrak{R})/\mathfrak{C}_{\mathfrak{F}}(\mathfrak{R}). \tag{4}$$

Diese Formel ist unter Umständen, wenn $\mathfrak{G}$ in besonders einfacher Weise durch Erzeugende und Relationen gegeben ist, geeignet, die Struktur von $\mathfrak{G}^2$ auf algebraischem Wege wirklich zu bestimmen[18]). Es ist

[18]) Cf. l.c. [10]), Nr. 14; die dort $\mathfrak{G}^*_1$ genannte Gruppe ist unsere Gruppe $\mathfrak{G}^2$.

übrigens anzunehmen, daß sie sich auch für nicht-abzählbare Gruppen $\mathfrak{G}$ beweisen läßt.

12.3. Für den Beweis von (4) betrachten wir einen Streckenkomplex $\mathfrak{K}$, dessen Fundamentalgruppe $\mathfrak{F}$ ist, und konstruieren den zu dem Normalteiler $\mathfrak{N}$ gehörigen regulären Überlagerungskomplex K von $\mathfrak{K}$; die Fundamentalgruppe F von K ist isomorph mit $\mathfrak{N}$, und zwar wird der Isomorphismus folgendermaßen vermittelt: wir deuten F und $\mathfrak{F}$ in bekannter Weise als Gruppen geschlossener Wege in K bzw. $\mathfrak{K}$; dann wird F durch die Überlagerungsabbildung U isomorph auf $\mathfrak{N}$ abgebildet. Die zu K und $\mathfrak{K}$ gehörige Gruppe von Decktransformationen ist $\mathfrak{G}$.[8])

Auf Grund der Isomorphie 9.3 (IV_1) für den ganzzahligen Koeffizientenring J ist unsere Behauptung (4) äquivalent mit der folgenden:

(4′) $$(\mathfrak{C}_{\mathfrak{F}} \cap \mathfrak{N})/\mathfrak{C}_{\mathfrak{F}}(\mathfrak{N}) \cong (X_0^1 \cap Z^1)/Z_0^1.$$

12.4. Da F durch U isomorph auf $\mathfrak{N}$ abgebildet wird, existiert der Isomorphismus U^{-1} von $\mathfrak{N}$ auf F. Jeder geschlossene Weg $w \in F$ bestimmt einen Zyklus $z = P(w) \in Z^1$; dabei ist P bekanntlich ein Homomorphismus von F auf Z^1, dessen Kern[4]) die Kommutatorgruppe C_F von F ist[19]). $Q = PU^{-1}$ ist ein Homomorphismus von $\mathfrak{N}$ auf Z^1. Die Behauptung (4′) ist in den folgenden beiden Behauptungen über die Abbildung Q enthalten:

a) Das Urbild von $X_0^1 \cap Z^1$ ist $\mathfrak{C}_{\mathfrak{F}} \cap \mathfrak{N}$.

b) Das Urbild von Z_0^1 ist $\mathfrak{C}_{\mathfrak{F}}(\mathfrak{N})$.

Beweis von (a): Für ein $\mathfrak{r} \in \mathfrak{N}$ ist dann und nur dann $Q(\mathfrak{r}) \in X_0^1 \cap Z^1$, wenn $Q(\mathfrak{r}) \in X_0^1$ ist; dies ist nach 7.2 gleichbedeutend mit: $UQ(\mathfrak{r}) = 0$, also mit $UPU^{-1}(\mathfrak{r}) = 0$; nun ist aber $UPU^{-1} = \mathfrak{P}$ der zu P analoge Homomorphismus der Wegegruppe $\mathfrak{F}$ auf die Zyklengruppe $\mathfrak{Z}^1$ von $\mathfrak{K}$; der Kern von $\mathfrak{P}$ ist also $\mathfrak{C}_{\mathfrak{F}}$; daher ist $UPU^{-1}(\mathfrak{r}) = 0$ gleichbedeutend mit: $\mathfrak{r} \in \mathfrak{C}_{\mathfrak{F}}$, also mit $\mathfrak{r} \in \mathfrak{C}_{\mathfrak{F}} \cap \mathfrak{N}$.

Beweis von (b): Wir bemerken zunächst: der Kern von Q ist die Kommutatorgruppe $\mathfrak{C}_{\mathfrak{N}}$ von $\mathfrak{N}$; denn für ein $\mathfrak{r} \in \mathfrak{N}$ ist dann und nur dann $Q(\mathfrak{r}) = 0$, wenn $U^{-1}(\mathfrak{r})$ zu dem Kern von P, also zu C_F, wenn also $\mathfrak{r}$ zu $U(C_F) = \mathfrak{C}_{\mathfrak{N}}$ gehört. — Da $\mathfrak{C}_{\mathfrak{N}} \subset \mathfrak{C}_{\mathfrak{F}}(\mathfrak{N})$ ist, gehört somit der Kern von Q zu $\mathfrak{C}_{\mathfrak{F}}(\mathfrak{N})$; infolgedessen ist die Behauptung (b) gleichbedeutend mit (b′): $Q\big(\mathfrak{C}_{\mathfrak{F}}(\mathfrak{N})\big) = Z_0^1$.

Die Gruppe $\mathfrak{C}_{\mathfrak{F}}(\mathfrak{N})$ besteht aus allen Produkten aller Elemente $\mathfrak{r}_0 = \mathfrak{w}\mathfrak{r}\mathfrak{w}^{-1}\mathfrak{r}^{-1}$ mit $\mathfrak{w} \in \mathfrak{F}$, $\mathfrak{r} \in \mathfrak{N}$; die Gruppe Z_0^1 besteht aus allen linearen Verbindungen (mit ganzzahligen Koeffizienten) aller Elemente $Az - z$ mit $A \in \mathfrak{G}$, $z \in Z^1$ (cf. 8.3). Für den Beweis von (b′) genügt es daher zu

[19]) S.-T., § 48.

zeigen, daß jeder derartige Weg $\mathfrak{r}_0$ auf einen Zyklus $Az - z$ und daß auf jeden Zyklus $Az - z$ ein derartiger Weg $\mathfrak{r}_0$ abgebildet wird.

Nun besteht zwischen den Wegen aus $\mathfrak{F}$ und den Decktransformationen aus $\mathfrak{G}$ folgender Zusammenhang: jedem Weg $\mathfrak{w} \in \mathfrak{F}$ ist eine Transformation $A_{\mathfrak{w}} \in \mathfrak{G}$ so zugeordnet, daß für jeden Weg $\mathfrak{r} \in \mathfrak{R}$ die Beziehung

$$Q(\mathfrak{w}\mathfrak{r}\mathfrak{w}^{-1}) = A_{\mathfrak{w}} Q(\mathfrak{r})$$

gilt, und umgekehrt ist jede Transformation $A \in \mathfrak{G}$ in dieser Weise als $A_{\mathfrak{w}}$ gewissen Wegen $\mathfrak{w} \in \mathfrak{F}$ zugeordnet.

Hieraus folgt:

$$Q(\mathfrak{r}_0) = Q(\mathfrak{w}\mathfrak{r}\mathfrak{w}^{-1}\mathfrak{r}^{-1}) = Q(\mathfrak{w}\mathfrak{r}\mathfrak{w}^{-1}) - Q(\mathfrak{r}) = A_{\mathfrak{w}} z - z,$$

wenn wir $Q(\mathfrak{r}) = z$ setzen; und umgekehrt läßt sich so jeder Zyklus $Az - z$ als Bild $Q(\mathfrak{r}_0)$ darstellen.

. . . .

§ 5. Beziehungen zur Homotopietheorie

16.1. Ein Raum R heißt „asphärisch" in der Dimension n, wenn jede stetige Abbildung der Sphäre S^n in den Raum R homotop 0 ist, d.h. stetig in eine Abbildung auf einen einzigen Punkt von R übergeführt werden kann. Wir werden einen Komplex $\mathfrak{K}$ oder K asphärisch nennen, wenn das zugehörige Polyeder $\overline{\mathfrak{K}}$ oder $\overline{K}$ in diesem Sinne asphärisch ist.

Ein Satz von HUREWICZ[31]) — richtiger: ein fast trivialer Spezialfall dieses Satzes — besagt: Wenn $n > 1$ und wenn $\mathfrak{K}$ asphärisch in der Dimension n ist, so ist auch jeder Überlagerungskomplex K von $\mathfrak{K}$ asphärisch in dieser Dimension. Ein zweiter Satz von HUREWICZ lautet[32]): Wenn der Komplex K asphärisch in den Dimensionen $1, 2, \ldots, N-1$ ist, so ist er in diesen Dimensionen auch azyklisch (in bezug auf ganzzahlige, also in bezug auf beliebige Koeffizienten).

Da nun der universelle Überlagerungskomplex K eines Komplexes $\mathfrak{K}$ immer einfach zusammenhängend, d.h. asphärisch in der Dimension 1 ist, so folgt aus den beiden Sätzen: Wenn $\mathfrak{K}$ asphärisch in den Dimensionen $2, \ldots, N-1$ ist, so ist der universelle Überlagerungskomplex K azyklisch in den Dimensionen $1, 2, \ldots, N-1$.

16.2. Hiermit ist festgestellt, daß die Komplexe $\mathfrak{K}$, die asphärisch in den Dimensionen $2, \ldots, N-1$ sind, zu denjenigen Komplexen gehören, welche die Voraussetzungen des in 9.1 behandelten Spezialfalles unseres Satzes II erfüllen. Mithin gilt folgender Satz, der gegenüber den Sätzen

[31]) W. HUREWICZ, Beiträge zur Topologie der Deformationen (I.), Proc. Akad. Amsterdam 38 (1935), 112—119, Satz IV.

[32]) Titel wie l.c.[31]), (II.), ibidem 521—528, Satz II.

des § 2 den Vorteil hat, daß in ihm nur von $\mathfrak{K}$ selbst, aber von keinem Überlagerungskomplex die Rede ist:

Der Komplex $\mathfrak{K}$ habe die Fundamentalgruppe $\mathfrak{G}$ und sei asphärisch in den Dimensionen n mit $1<n<N$. Dann sind für $1\leqq n<N$ seine Bettischen Gruppen $\mathfrak{B}^n_J$ isomorph mit den Gruppen $\mathfrak{G}^n_J$.

16.3. Korollar: Ist $\mathfrak{K}$ asphärisch für alle n mit $1<n<N$, so sind die Bettischen Gruppen dieser Dimensionszahlen (sowie natürlich die erste) durch die Fundamentalgruppe bestimmt.

Das ist im wesentlichen — bei Beschränkung auf Komplexe, die aber auch unendlich sein dürfen — der am Anfang der Arbeit zitierte Satz, den HUREWICZ entdeckt und durch ein einfaches Abbildungsverfahren bewiesen hat.

16.4. Wir wollen jetzt auch den Satz III in ähnlicher Weise mit den Begriffen der Homotopietheorie in Verbindung bringen.

Eine stetige Abbildung der Sphäre S^n in das Polyeder $\overline{\mathfrak{K}}$ bestimmt einen stetigen Zyklus[33]) in $\overline{\mathfrak{K}}$, und dieser gehört einer gewissen (ganzzahligen) Homologieklasse an; diejenigen Homologieklassen, welche solche stetigen Sphärenbilder enthalten, bilden, wie man leicht sieht[34]), eine Untergruppe der Bettischen Gruppe $\mathfrak{B}^n$; diese Untergruppe heiße $\mathfrak{S}^n$.

K sei ein Überlagerungskomplex von $\mathfrak{K}$. Die zu $\mathfrak{S}^n$ analoge Untergruppe der Bettischen Gruppe B^n von K heiße Σ^n. Durch die Überlagerungsabbildung U wird Σ^n offenbar in $\mathfrak{S}^n$ abgebildet. Wenn $n\geqq 2$ ist, wird aber Σ^n sogar auf die ganze Gruppe $\mathfrak{S}^n$ abgebildet; denn ist f eine stetige Abbildung der Sphäre S^n in $\overline{\mathfrak{K}}$, so folgt aus dem Umstand, daß S^n einfach zusammenhängend ist, mit Hilfe einer Monodromie-Betrachtung leicht: es gibt eine solche stetige Abbildung g von S^n in $\overline{K}$, daß $Ug=f$ ist. Folglich ist $U(\Sigma^n)=\mathfrak{S}^n$ (für $n\geqq 2$)[35]).

16.5. *$\mathfrak{K}$ habe die Fundamentalgruppe $\mathfrak{G}$ und sei asphärisch in den Dimensionen n mit $1<n<N$; dann ist $\mathfrak{B}^N/\mathfrak{S}^N\cong\mathfrak{G}^N$.*

Beweis: Nach 16.1 ist der universelle Überlagerungskomplex K von $\mathfrak{K}$ azyklisch in den Dimensionen $1, 2, \ldots, N-1$; folglich ist 9.1 (III) anwendbar; wir haben daher nur zu zeigen, daß $\mathfrak{S}^N=U(B^N)$, und nach 16.4 nur, daß $B^N=\Sigma^N$ ist. Dies aber ist richtig auf Grund des folgenden Satzes von HUREWICZ[36]): Wenn K asphärisch in den Dimen-

---

33) A.-H., 332ff.

34) Cf. l.c.[27]), Nr. 1.

35) Für $n=1$ gilt dies nicht; denn es ist $\Sigma^1=\mathfrak{B}^1$, $\mathfrak{S}^1=B^1$, also $\mathfrak{S}^1/U(\Sigma^1)$ durch die Formel (III_1) in 9.3 gegeben.

36) l.c.[32]), p. 526 unten, Behauptung 2).

sionen $1, 2, \ldots, N-1$ ist, so ist jeder N-dimensionale (ganzzahlige) Zyklus von K einem Sphärenbild (im Sinne von 16.4) homolog.

16.6. Korollar: Ist $\mathfrak{K}$ asphärisch für alle n mit $1<n<N$, so ist die Gruppe $\mathfrak{B}^N/\mathfrak{S}^N$ durch die Fundamentalgruppe $\mathfrak{G}$ bestimmt.

Daß man dieses Korollar sehr einfach mit derselben Methode von HUREWICZ beweisen kann wie das Korollar 16.3, habe ich früher gezeigt[37]). Daß die Gruppen, die ich dabei $\mathfrak{G}^n$ genannt habe, mit unserem $\mathfrak{G}^n$ übereinstimmen, haben wir soeben bewiesen.

16.7. Setzt man $N=2$, so wird die Voraussetzung des Satzes 16.5 nichtssagend; für jeden (zusammenhängenden) Komplex $\mathfrak{K}$ ist also $\mathfrak{B}^2/\mathfrak{S}^2 \cong \mathfrak{G}^2$, und daher auf Grund von 12.2

$$\mathfrak{B}^2/\mathfrak{S}^2 \cong (\mathfrak{C}_{\mathfrak{F}} \cap \mathfrak{R})/\mathfrak{C}_{\mathfrak{F}}(\mathfrak{R}),$$

wenn die Fundamentalgruppe $\mathfrak{G}$ als homomorphes Bild $\mathfrak{F}/\mathfrak{R}$ einer freien Gruppe $\mathfrak{F}$ dargestellt ist.

Diese Isomorphie habe ich früher mit einer anderen Methode bewiesen und ihre geometrische Bedeutung ausführlich untersucht[10]) (die Gruppe $\mathfrak{G}^2$ hieß damals $\mathfrak{G}_1^*$).

16.8. Ähnlich wie die Sätze 9.1 (II) und 9.1 (III) hat auch der Satz 9.1 (IV) Beziehungen zur Homotopietheorie — allerdings etwas weniger einfache: es spielen dabei die Automorphismen eine Rolle, die durch die Fundamentalgruppe in den Homotopiegruppen induziert werden[38]). Dies will ich in einer weiteren Arbeit behandeln.

---

[37]) l.c.[27]), Nr. 4.

[38]) S. EILENBERG, On the relation between the fundamental group of a space and the higher homotopy groups, Fund. Math. 32 (1939), 167—175.

Beiträge zur Homotopietheorie

(gekürzt)

Commentarii Mathematici Helvetici 17 (1944/45)

Diese Beiträge setzen die Untersuchung der Zusammenhänge fort, die zwischen den Homotopiegruppen von HUREWICZ, derFundamentalgruppe und den Homologiegruppen bestehen; derartige Untersuchungen sind bereits in den grundlegenden Arbeiten von HUREWICZ [**1**], in einer Arbeit von EILENBERG [**2**] und in zwei Arbeiten von mir [**3**, **4**] angestellt worden[1]); Begriffe ,Methoden und Sätze aus diesen Arbeiten werden im folgenden benutzt.

1. Definition der Gruppen Π_0^n, Γ^n, Δ^n

1.1. $\mathfrak{K}$ sei ein beliebiger zusammenhängender, simplizialer Komplex, endlich oder unendlich, und $\overline{\mathfrak{K}}$ das durch $\mathfrak{K}$ bestimmte Polyeder[2]). Die Homotopiegruppen von $\overline{\mathfrak{K}}$ nennen wir auch die Homotopiegruppen des Komplexes $\mathfrak{K}$ und bezeichnen sie mit $\Pi^n(\mathfrak{K})$ oder, wenn kein Mißverständnis möglich ist, kurz mit Π^n; $(n=1, 2, \ldots)$.

Die Definition dieser Gruppen ist bekannt ([**1**], (I)). Es sei hier nur an folgendes erinnert: Die Elemente von Π^n sind die Äquivalenzklassen derjenigen Abbildungen[3]) einer Sphäre S^n in das Polyeder $\overline{\mathfrak{K}}$, welche einen festen Punkt $a \in S^n$, den „Pol", auf einen festen Eckpunkt o von $\mathfrak{K}$, den „Nullpunkt" abbilden; dabei gelten zwei Abbildungen f, g als äquivalent, wenn man sie unter Festhaltung des Bildes von a stetig ineinander deformieren kann.

1.2. Ein „stetiger Zyklus" $[f(z)]$ in $\overline{\mathfrak{K}}$ ist durch eine Abbildung f eines Polyeders $\bar{z}$ in das Polyeder $\overline{\mathfrak{K}}$ bestimmt, wobei z ein Zyklus ist ([**5**], p. 332ff.). Ist speziell $z = S^n$ der Grundzyklus einer orientierten n-dimensionalen Sphäre, so nennen wir $[f(S^n)]$ eine „stetige (n-dimensionale) Sphäre". Die Elemente der oben betrachteten Äquivalenzklassen sind also stetige Sphären.

---

[1]) Literaturverzeichnis am Schluß der Arbeit.

[2]) Terminologie immer wie in [5]. — Nur statt „algebraischer Komplex" sage ich jetzt „Kette".

[3]) Alle Abbildungen von Sphären und anderen Polyedern sollen stetig, alle Abbildungen von Komplexen simplizial sein.

Die stetigen Sphären $[f(S^n)]$, $[g(S^n)]$ heißen „homotop" zueinander, wenn die Abbildungen f, g homotop sind, d.h. wenn sie sich stetig ineinander deformieren lassen, wobei im Gegensatz zu oben kein Pol a ausgezeichnet ist. Je zwei stetige Sphären aus einer Äquivalenzklasse sind homotop; daraus folgt: wenn eine stetige Sphäre aus der Äquivalenzklasse α zu einer stetigen Sphäre aus der Äquivalenzklasse α' homotop ist, so ist jede stetige Sphäre aus α zu jeder stetigen Sphäre aus α' homotop; in diesem Falle nennen wir die Elemente α, α' zueinander homotop. Die Gruppe Π^n zerfällt so in Homotopieklassen.

Es kann vorkommen, daß jede Homotopieklasse von Π^n nur ein einziges Element enthält, daß also zwei verschiedene Elemente von Π^n niemals zueinander homotop sind. In diesem Falle heißt $\mathfrak{K}$ „einfach" in der Dimension n. Dies ist speziell dann der Fall, und zwar für alle n, wenn $\mathfrak{K}$ einfach zusammenhängend, d.h. wenn die Fundamentalgruppe $\Pi^1 = 0$ ist [**2**].

1.3. Unter Π^n_0 verstehen wir die Untergruppe von Π^n, die von allen Differenzen $\alpha - \alpha'$ erzeugt wird, wobei α, α' beliebige zueinander homotope Elemente von Π^n sind; sie besteht aus allen Summen $\sum(\alpha_i - \alpha'_i)$, wobei immer α_i und α'_i homotop sind.

Wenn $\mathfrak{K}$ in der Dimension n einfach, also insbesondere wenn $\mathfrak{K}$ einfach zusammenhängend ist, ist $\Pi^n_0 = 0$.

1.4. Jeder stetige Zyklus in $\overline{\mathfrak{K}}$ gehört zu einer bestimmten Homologieklasse von $\mathfrak{K}$ ([**5**], p. 334). Homotope stetige Zyklen gehören zu derselben Homologieklasse; hieraus folgt erstens, daß jedem Element $\alpha \in \Pi^n$ eine bestimmte Homologieklasse $h\alpha$ zugeordnet ist, und zweitens: sind α, α' homotope Elemente von Π^n, so ist $h\alpha = h\alpha'$.

Aus den Definitionen der Addition in Π^n und in der Bettischen Gruppe $\mathfrak{B}^n$ von $\mathfrak{K}$ ergibt sich, daß h eine homomorphe Abbildung von Π^n in $\mathfrak{B}^n$ ist. Der Kern dieses Homomorphismus, also das Urbild des Nullelementes von $\mathfrak{B}^n$, ist eine Untergruppe von Π^n, die wir Γ^n nennen; sie besteht also aus denjenigen Elementen von Π^n, die die Eigenschaft haben, daß die in ihnen enthaltenen stetigen Sphären homolog 0 sind. (Wenn $\mathfrak{K}$ n-dimensional ist, so darf man hierbei statt „homolog 0" auch „gleich 0", im Sinne der Addition von Ketten, sagen.) Wir werden die in Γ^n enthaltenen Elemente von Π^n selbst „homolog 0" nennen.

1.5. Wenn α, α' zueinander homotop sind, so ist, wie in 1.4 festgestellt wurde, $h\alpha = h\alpha'$, also $h(\alpha - \alpha') = 0$, d.h. $\alpha - \alpha'$ homolog 0, und folglich sind alle Elemente der Gruppe Π^n_0 homolog 0; man kann sagen, daß das diejenigen Elemente von Π^n sind, welche bereits auf Grund ihrer Homotopieeigenschaften „trivialerweise" homolog 0 sind.

Es ist also $\Pi^n_0 \subset \Gamma^n$, und mithin ist die Faktorgruppe $\Delta^n = \Gamma^n / \Pi^n_0$ erklärt. Diese Gruppen Δ^n werden den Hauptgegenstand unserer Untersuchung bilden; in ihrer Struktur äußern sich die Existenz und Eigenschaften solcher Elemente von Π^n, welche homolog 0 sind, für welche dies aber nicht „trivial" — in dem soeben besprochenen Sinne — ist.

Wenn $\mathfrak{K}$ in der Dimension n einfach, also insbesondere wenn $\mathfrak{K}$ einfach zusammenhängend ist, ist $\Delta^n = \Gamma^n$.

1.6. Die Gruppe Π^1 ist die Fundamentalgruppe von $\mathfrak{K}$. Sie ist, im Gegensatz zu $\Pi^n, n > 1$, im allgemeinen nicht kommutativ, und man schreibt sie, im Gegensatz zu $\Pi^n, n > 1$, nicht additiv, sondern multiplikativ. Zwei Elemente $\alpha, \alpha' \in \Pi^1$ sind dann und nur dann homotop, wenn sie ähnlich sind, d.h. wenn ein $\beta \in \Pi^1$ existiert, so daß $\alpha' = \beta\alpha\beta^{-1}$ ist ([**6**], p. 176); an die Stelle der oben betrachteten Differenzen $\alpha - \alpha'$ treten also die Kommutatoren $\alpha\beta\alpha^{-1}\beta^{-1}$, und Π_0^1 ist die Kommutatorgruppe von Π^1. Andererseits sind die Elemente der Kommutatorgruppe von Π^1 dadurch charakterisiert, daß die sie repräsentierenden geschlossenen Wege, als stetige Zyklen aufgefaßt, homolog 0 sind ([**6**], p. 173); folglich ist auch Γ^1 die Kommutatorgruppe von Π^1. Es ist also $\Pi_0^1 = \Gamma^1$ und damit $\Delta^1 = 0$. — Die Gruppen Δ^n verdienen also nur für $n > 1$ Interesse.

1.7. Schließlich sei noch darauf hingewiesen, daß die Homotopie zwischen zwei Elementen $\alpha, \alpha' \in \Pi^n$ nach EILENBERG [**2**] auch folgendermaßen charakterisiert werden kann (diese Charakterisierung wird nur einmal, in 2.6, explizit eine Rolle spielen): Den Elementen x der Fundamentalgruppe Π^1 sind in natürlicher Weise Automorphismen A_x der Gruppe Π^n zugeordnet; Π^n ist also als „Gruppe mit Operatoren" aufzufassen, wobei Π^1 der Operatorenbereich ist. Es gilt der Satz: „Die Elemente $\alpha, \alpha' \in \Pi^n$ sind dann und nur dann homotop, wenn es ein $x \in \Pi^1$ gibt, so daß $\alpha' = A_x \alpha$ ist" ([**2**], §§ 9, 11). — (Für $n = 1$ sind die A_x die inneren Automorphismen von Π^1.)

Hieraus folgt, daß durch die Struktur von Π^n als Gruppe mit Operatoren in dem soeben erklärten Sinne die Gruppe Π_0^n vollständig bestimmt ist.

2. Der Zusammenhang zwischen den Gruppen Δ^n ($\mathfrak{K}^n$) und der Fundamentalgruppe

2.1. $\mathfrak{K}$ heißt „asphärisch" in der Dimension n, wenn $\Pi^n(\mathfrak{K}) = 0$ ist, d.h. wenn jede stetige n-dimensionale Sphäre in $\overline{\mathfrak{K}}$ auf einen Punkt zusammengezogen werden kann ([**1**], (IV)).

Wir betrachten N-dimensionale Komplexe $\mathfrak{K} = \mathfrak{K}^N$ und werden zeigen:

Es sei $N \geqq 2$, und $\mathfrak{K}^N$ sei asphärisch in den Dimensionen n mit $1 < n < N$. Dann ist die Struktur der Gruppe $\Delta^N(\mathfrak{K}^N)$ durch die Struktur der Fundamentalgruppe $\Pi^1(\mathfrak{K}^N)$ bestimmt.

Die Voraussetzung über $\mathfrak{K}^N$ ist inhaltlos, wenn $N=2$ ist; daher enthält dieser Satz den folgenden:

Für jeden zweidimensionalen Komplex $\mathfrak{K}^2$ ist die Struktur der Gruppe $\Delta^2(\mathfrak{K}^2)$ durch die Struktur der Fundamentalgruppe $\Pi^1(\mathfrak{K}^2)$ bestimmt.

2.2. Diese Sätze lassen sich noch präzisieren. Jeder abstrakten Gruppe $\mathfrak{G}$ sind durch einen algebraischen Prozeß, den ich früher dargestellt habe, Abelsche Gruppen $\mathfrak{G}^1, \mathfrak{G}^2, \ldots$ zugeordnet, die „zu $\mathfrak{G}$ gehörenden Bettischen Gruppen" ([**4**], § 1)[4]. Welche Eigenschaften dieser Gruppen wir hier brauchen, wird unten in 2.4 gesagt werden. Es gilt

Satz I: *Es sei $N \geqq 2$, und $\mathfrak{K}^N$ sei ein N-dimensionaler Komplex, der die Fundamentalgruppe $\mathfrak{G}$ besitzt und asphärisch in den Dimensionen n mit $1<n<N$ ist. Dann ist $\Delta^N(\mathfrak{K}^N) \cong \mathfrak{G}^{N+1}$.* [5]

Speziell gilt also, analog wie in 2.1.

Satz I': *Für jeden zweidimensionalen Komplex $\mathfrak{K}^2$ mit der Fundamentalgruppe $\mathfrak{G}$ ist $\Delta^2(\mathfrak{K}^2) \cong \mathfrak{G}^3$.*

2.3. Beweis von Satz I: K sei der universelle Überlagerungskomplex von $\mathfrak{K}=\mathfrak{K}^N$. Die Abbildung, die jedem Punkt $\bar{p} \in \bar{K}$ den von ihm überlagerten Punkt $p \in \bar{\mathfrak{K}}$ zuordnet, heiße U. Der Homomorphismus $\bar{h}$ sei für K ebenso erklärt, wie in 1.4 der Homomorphismus h für $\mathfrak{K}$.

Die nachstehenden Tatsachen a), b), c) sind aus der Theorie von Hurewicz bekannt:

a) U bildet für $n>1$ die Gruppe $\Pi^n(K)$ isomorph auf die Gruppe $\Pi^n(\mathfrak{K})$ ab ([**1**], (I), Satz IV).

Hieraus folgt, daß auch K in den Dimensionen n mit $1<n<N$ asphärisch ist; K ist aber einfach zusammenhängend, d.h. auch asphärisch in der Dimension 1. Daher gelten b) und c):

b) K ist in den Dimensionen n mit $1 \leqq n < N$ azyklisch, d.h. die Bettischen Gruppen dieser Dimensionen sind Null ([**1**], (II), Satz II);

c) $\bar{h}$ bildet die Gruppe $\Pi^N(K)$ isomorph auf die Bettische Gruppe $B^N(K)$, also, da K N-dimensional ist, auf die Gruppe Z^N der N-dimensionalen Zyklen von K ab ([**1**], (II), Satz I).

2.4. Die Decktransformationen von K, welche $\mathfrak{K}$ erzeugen, bilden eine mit $\mathfrak{G}$ isomorphe Gruppe. Sie bewirken Automorphismen der Gruppen Z^N und $\Pi^N(K)$ (cf. [**2**]).

Unter Z_0^N verstehen wir die Untergruppe von Z^N, die von allen Differenzen $z - Az$ erzeugt wird, wobei z alle Elemente von Z^N und A alle Decktransformationen durchläuft.

---

[4]) Der Koeffizientenbereich ist immer der Ring der ganzen Zahlen.

[5]) Durch diesen Satz wird die am Schluß von [**4**] angekündigte Beziehung hergestellt.

X_0^N sei die Gruppe derjenigen N-dimensionalen Ketten von K, welche durch U auf die Null abgebildet werden. Da $UAz = Uz$ für jede Decktransformation A und jede Kette z ist, ist $Z_0^N \subset X_0^N$.

Mithin ist die Faktorgruppe $(X_0^N \cap Z^N)/Z_0^N$ erklärt. Sie ist, da 2.3 b) gilt, nach einem früher bewiesenen Satz ([**4**], Satz IV) isomorph mit $\mathfrak{G}^{N+1}$.

2.5. Jede Abbildung eines Komplexes auf sich oder auf einen anderen Komplex ordnet der, gemäß 1.4 erklärten Homologieklasse eines Elementes einer Homotopiegruppe die Homologieklasse des Bildelementes zu. Angewandt auf die Abbildung U und auf die Decktransformationen A liefert diese Bemerkung die Regeln

$$U\bar{h} = hU, \quad A\bar{h} = \bar{h}A.$$

2.6. Infolge 2.3 a) und c) ist $\bar{h}U^{-1} = H$ ein Isomorphismus von $\Pi^N(\mathfrak{K})$ auf Z^N.

Aus 2.5 folgt $h\alpha = UH\alpha$ für jedes $\alpha \in \Pi^N(\mathfrak{K})$. Da die Elemente α von $\Gamma^N(\mathfrak{K})$ durch $h\alpha = 0$ charakterisiert sind, sind also ihre Bilder $z = H\alpha$ durch $Uz = 0$, also durch $z \in X_0^N \cap Z^N$ charakterisiert. Es ist daher $H\Gamma^N(\mathfrak{K}) = X_0^N \cap Z^N$.

Nach einem Satz von Eilenberg ([**2**], §§ 9, 11) sind die Elemente $\alpha, \alpha' \in \Pi^N(\mathfrak{K})$ dann und nur dann homotop, wenn es eine Decktransformation A gibt, so daß $U^{-1}\alpha' = AU^{-1}\alpha$ ist (cf. 1.7); diese Bedingung ist nach 2.3 c) gleichbedeutend mit $\bar{h}U^{-1}\alpha' = \bar{h}AU^{-1}\alpha$, also nach 2.5 mit $H\alpha' = AH\alpha$; die Differenzen $\alpha - \alpha'$, wobei α, α' homotop sind, gehen also bei H über in die Differenzen $z - Az$. Das bedeutet: $H\Pi_0^N(\mathfrak{K}) = Z_0^N$.

Mithin wird die Faktorgruppe $\Delta^N(\mathfrak{K}) = \Gamma^N/\Pi_0^N$ durch H auf die Faktorgruppe $(X_0^N \cap Z^N)/Z_0^N$ abgebildet. Hieraus und aus 2.4 ergibt sich Satz I.

2.7. Bemerkungen zum Satz I': Zu jeder abzählbaren Gruppe $\mathfrak{G}$ kann man bekanntlich zweidimensionale Komplexe $\mathfrak{K}^2$ konstruieren, deren Fundamentalgruppe $\mathfrak{G}$ ist[6]). Man wird versuchen, einen solchen Komplex $\mathfrak{K}^2$ zu finden, der möglichst einfach ist, in dem Sinne, daß er möglichst wenig geschlossene zweidimensionale Gebilde enthält, wobei wir unter „geschlossenen Gebilden" sowohl Elemente der Bettischen Gruppe, also der Zyklengruppe, als auch Elemente der Homotopiegruppe verstehen werden. Nun wird aber im allgemeinen die Existenz solcher Gebilde in nicht zu geringer Anzahl durch die Struktur von $\mathfrak{G}$ unvermeidlich gemacht; und zwar ist uns hierüber jetzt folgendes bekannt:

[6]) Nach der in [**6**], p. 180, Aufgabe 3, angedeuteten Methode kann man zunächst einen (i. a. unendlichen) Komplex mit der Fundamentalgruppe $\mathfrak{G}$ konstruieren; der Komplex $\mathfrak{K}^2$ seiner höchstens zweidimensionalen Simplexe hat dann auch die Fundamentalgruppe $\mathfrak{G}$.

Erstens ist nach einem früheren Satz[7]: $\mathfrak{B}^2/\mathfrak{S}^2 \cong \mathfrak{G}^2$, wobei $\mathfrak{B}^2$ die Bettische, also die Zyklengruppe und $\mathfrak{S}^2$ die Gruppe derjenigen Zyklen ist, welche simpliziale Bilder einer Kugelfläche sind (cf. 3.2); wenn $\mathfrak{G}^2 \neq 0$ ist, ist also das Auftreten von Zyklen, die nicht homolog 0 sind, unvermeidlich. Zweitens ist nach unserem Satz I': $\Gamma^2/\Pi_0^2 \cong \mathfrak{G}^3$; wenn $\mathfrak{G}^3 \neq 0$ ist, so ist also auch das Auftreten von Kugelbildern unvermeidlich, welche nicht homotop 0, aber homolog 0 sind, sich also in der Gruppe $\mathfrak{B}^2$ nicht bemerkbar machen (die schwächere Tatsache, daß $\Pi^2 \neq 0$ sein muß, falls $\mathfrak{G}^3 \neq 0$ ist, ist in einem schon früher bewiesenen Satz ([**4**], 16.2) enthalten).

Ist z. B. $\mathfrak{G}$ die freie Abelsche Gruppe vom Range r, so ist $\mathfrak{G}^n$ die freie Abelsche Gruppe vom Range $\binom{r}{n}$, ([**4**], 10.2); folglich existieren dann in $\mathfrak{K}^2$ wenigstens $\binom{r}{2}$ Zyklen, die linear unabhängig (im Sinne der Addition von Ketten) sind, und zwar solche Zyklen, welche nicht Bilder von Kugeln sind; sowie wenigstens $\binom{r}{3}$ Kugelbilder, welche linear unabhängig im Sinne der Addition in der Homotopiegruppe Π^2 sind, und dies sogar, wenn man modulo Π_0^2 rechnet, und zwar solche Kugelbilder, welche homolog 0, aber nicht „trivialerweise" homolog 0 (im Sinne von 1.5) sind.*)

3. Homotopieränder; die Gruppen $\mathfrak{S}^n$

Die Theorie der N-dimensionalen Homotopieränder ist für den Fall $N=1$ in [**3**], § 2, entwickelt worden. Die Beweise lassen sich ohne Mühe auf die Fälle $N>1$ übertragen[8]; ich verzichte daher hier auf ihre Darstellung. Die Grundbegriffe werden in 3.1, 3.2, 3.3 erklärt; in 3.4 werden die früher bewiesenen Tatsachen formuliert.

$\mathfrak{K}$ ist wie bisher eine beliebiger Komplex, $\mathfrak{K}^N$ der Komplex seiner höchstens N-dimensionalen Simplexe, $N \geqq 1$.

3.1. E^{N+1} sei ein orientiertes, simplizial untergeteiltes, $(N+1)$-dimensionales Element (d. h. topologisches Bild eines Simplexes), S^N seine Randsphäre, auf der ein Pol a ausgezeichnet sei. f sei eine simpliziale Abbildung von E^{N+1} in $\mathfrak{K}$, bei welcher $f(a)=o$ der Nullpunkt der Gruppe $\Pi^N(\mathfrak{K}^N)$ ist. Hierdurch ist erstens die $(N+1)$-dimensionale Kette $C=f(E^{N+1})$ in $\mathfrak{K}$ gegeben und zweitens das durch die stetige

*) [Weitere Aussagen über die Gruppen Δ^N findet man in dem (hier nicht abgedruckten) § 5 der vorliegenden Arbeit sowie in der (bereits auf S. 203 der Selecta zitierten) Arbeit von W. Baum.]

[7]) [**3**]; sowie [**4**], 9.2; die Gruppe $\mathfrak{G}^2$ hieß in [**3**] $\mathfrak{G}_1^*$; wegen der Gleichheit $\mathfrak{G}^2 = \mathfrak{G}_1^*$ vgl. man [**4**], Nr. 12.

[8]) Für $N>1$ tritt sogar gegenüber $N=1$ eine Vereinfachung ein, da die in [**3**], Nr. 8, g), betrachtete Gruppe Φ jetzt Abelsch wird.

Sphäre $[f(S^N)]$ bestimmte Element $\alpha \in \Pi^N(\mathfrak{K}^N)$. Wir nennen α „einen Homotopierand" von C.

(Daß wir nicht die stetige Sphäre $[f(S^N)]$, sondern das Element α als Homotopierand von C bezeichnen, ist durch die folgende leicht beweisbare Tatsache gerechtfertigt: wenn $[g(S^N)]$ eine in $\overline{\mathfrak{K}}^N$ mit $[f(S^N)]$ homotope stetige Sphäre ist, so läßt sich die Abbildung g von S^N zu einer solchen Abbildung von E^{N+1} erweitern, daß auch $g(E^{N+1}) = C$ ist; cf. [**3**], Nr. 8, b).

3.2. Ein $(N+1)$-dimensionaler Zyklus in $\mathfrak{K}$ heißt ein „sphärischer" Zyklus — früher „Kugelbild" genannt —, wenn er simpliziales Bild einer $(N+1)$-dimensionalen, orientierten Sphäre (genauer: des Grundzyklus einer solchen Sphäre) ist.

Man sieht leicht (cf. [**3**], Nachtrag, Nr. 1): Die sphärischen Zyklen bilden eine Gruppe; diese Gruppe heiße $\overline{\mathfrak{S}}^{N+1}$. Bezeichnen wir die Gruppe aller Zyklen mit $\mathfrak{Z}^{N+1}$, die Gruppe derjenigen Zyklen, welche in $\mathfrak{K}$ homolog 0 sind, mit $\mathfrak{H}^{N+1}$, so ist $\mathfrak{Z}^{N+1} \supset \overline{\mathfrak{S}}^{N+1} \supset \mathfrak{H}^{N+1}$. Aus $\overline{\mathfrak{S}}^{N+1} \supset \mathfrak{H}^{N+1}$ folgt, daß eine Homologieklasse entweder keinen sphärischen Zyklus oder nur sphärische Zyklen enthält; diejenigen Homologieklassen, deren Zyklen sphärisch sind, bilden die Untergruppe $\mathfrak{S}^{N+1} = \overline{\mathfrak{S}}^{N+1}/\mathfrak{H}^{N+1}$ der Bettischen Gruppe $\mathfrak{B}^{N+1}$. Es ist $\mathfrak{B}^{N+1}/\mathfrak{S}^{N+1} \cong \mathfrak{Z}^{N+1}/\overline{\mathfrak{S}}^{N+1}$.

Übrigens kann man die Gruppe $\mathfrak{S}^{N+1}$ auch folgendermaßen definieren: h habe dieselbe Bedeutung wie in 1.4; dann ist $\mathfrak{S}^{N+1} = h\Pi^{N+1}(\mathfrak{K})$.

3.3. Diejenigen Elemente von $\Pi^N(\mathfrak{K}^N)$, welche in $\overline{\mathfrak{K}}$ homotop 0 sind, bilden eine Gruppe $\mathfrak{R}$. Unter $\mathfrak{R}_0$ verstehen wir die Untergruppe von $\mathfrak{R}$, die von allen Differenzen $\varrho - \varrho'$ erzeugt wird, wobei ϱ, ϱ' Elemente von $\mathfrak{R}$ sind, die zueinander homotop sind (in $\overline{\mathfrak{K}}^N$). Es ist $\mathfrak{R}_0 \subset \Pi_0^N(\mathfrak{K}^N)$, also auch $\mathfrak{R}_0 \subset \Gamma^N(\mathfrak{K}^N)$ und $\mathfrak{R}_0 \subset \mathfrak{R} \cap \Gamma^N(\mathfrak{K}^N)$.

Bei unserer früheren Behandlung des Falles $N=1$ hatte $\mathfrak{R}$ dieselbe Bedeutung wie jetzt; die Gruppe $\Pi^1(\mathfrak{K}^1)$ hieß $\mathfrak{F}$, $\Pi_0^1(\mathfrak{K}^1) = \Gamma^1(\mathfrak{K}^1)$ hieß $\mathfrak{C}$, und $\mathfrak{R}_0$ hieß $\mathfrak{C}(\mathfrak{R})$.

3.4. Es gelten die folgenden Sätze ([**3**], § 2):

Jeder Homotopierand ist Element von $\mathfrak{R}$; jedes Element von $\mathfrak{R}$ ist Homotopierand. Jede Kette C besitzt Homotopieränder (d. h. C läßt sich wie in 3.1 als Bild $f(E^{N+1})$ darstellen); die Homotopieränder von C bilden eine der Restklassen, in welche $\mathfrak{R}$ modulo $\mathfrak{R}_0$ zerfällt. Nennen wir diese Restklasse $T(C)$, so ist demnach T eine Abbildung der Gruppe $\mathfrak{L}^{N+1}$ aller $(N+1)$-dimensionalen Ketten von $\mathfrak{K}$ auf die Gruppe $\mathfrak{R}/\mathfrak{R}_0$. Diese Abbildung T ist ein Homomorphismus. Die Zyklen sind dadurch charakterisiert, daß ihre Homotopieränder in $\Gamma^N(\mathfrak{K}^N)$, und die sphärischen Zyklen dadurch, daß ihre Homotopieränder in $\mathfrak{R}_0$ enthalten sind; $\overline{\mathfrak{S}}^{N+1}$ ist also der Kern des Homomorphismus T, und $\mathfrak{Z}^{N+1}$ ist bei T das Urbild der Gruppe $\mathfrak{R} \frown \Gamma^N(\mathfrak{K}^N) / \mathfrak{R}_0$; folglich ist

$$\mathfrak{Z}^{N+1} / \mathfrak{S}^{N+1} \cong \mathfrak{R} \frown \Gamma^N(\mathfrak{K}^N) / \mathfrak{R}_0$$

und daher (cf. 3.2) auch

$$\mathfrak{B}^{N+1} / \mathfrak{S}^{N+1} \cong \mathfrak{R} \frown \Gamma^N(\mathfrak{K}^N) / \mathfrak{R}_0. \tag{1}$$

3.5. Soweit die früher für $N=1$ ausführlich dargestellten Tatsachen. — Wir ziehen zunächst eine Folgerung aus (1), die mit folgendem Satz von HUREWICZ zusammenhängt ([**1**], (II), Satz I): „Wenn ein Komplex asphärisch in den Dimensionen $1, 2, \ldots, n-1$ ist, so hat der Homomorphismus h (cf. 1.4) in der Dimension n die folgenden beiden Eigenschaften: a) er ist ein Isomorphismus, d.h. es ist $\Gamma^n = 0$; b) er ist eine Abbildung von Π^n *auf* $\mathfrak{B}^n$, d.h. jeder n-dimensionale Zyklus ist sphärisch (cf. 3.2).

Wir behaupten nun, daß die Aussage b) gültig bleibt, wenn man den Komplex nur in den Dimensionen $1, \ldots, n-2$ als asphärisch voraussetzt, mit anderen Worten, wobei wir $n-1$ durch N ersetzen:

$\mathfrak{K}$ sei asphärisch in den Dimensionen $1, 2, \ldots, N-1$; dann ist jeder $(N+1)$-dimensionale Zyklus sphärisch ($N \geqq 2$).

Beweis: Da für $n<N$ immer $\Pi^n(\mathfrak{K}) = \Pi^n(\mathfrak{K}^N)$ ist, ist auch $\mathfrak{K}^N$ in den genannten Dimensionen asphärisch, und nach Teil a) des soeben zitierten Satzes von HUREWICZ ist daher $\Gamma^N(\mathfrak{K}^N) = 0$; aus (1) folgt daher $\mathfrak{B}^{N+1} = \mathfrak{S}^{N+1}$, w.z.b.w.

Demnach sind z.B. in einem einfach zusammenhängenden — d.h. in der Dimension 1 asphärischen — Komplex nicht nur (wie in jedem Komplex) alle eindimensionalen, und nicht nur (nach dem Satz von HUREWICZ) alle zweidimensionalen, sondern auch alle dreidimensionalen Zyklen sphärisch[9]); dagegen ist z.B. der vierdimensionale Grundzyklus der einfach zusammenhängenden Produktmannigfaltigkeit $S^2 \times S^2$ nicht sphärisch, da sich die S^4 nicht mit dem Grade 1 auf $S^2 \times S^2$ abbilden läßt ([**7**], Satz IIIa).

3.6. Durch die in 3.4 skizzierte Betrachtung wurde in [**3**] die Isomorphie

$$\mathfrak{B}^2 / \mathfrak{S}^2 \cong \mathfrak{G}^2$$

bewiesen, wobei $\mathfrak{G}$ die Fundamentalgruppe von $\mathfrak{K}$ ist[7]). Für $N>1$ kann man folgendermaßen weiter schließen: Wenn $\mathfrak{K}$ asphärisch in der Dimension N ist, so ist $\mathfrak{R} = \Pi^N(\mathfrak{K}^N)$, und (1) geht über in

$$\mathfrak{B}^{N+1} / \mathfrak{S}^{N+1} \cong \Delta^N(\mathfrak{K}^N). \tag{2}$$

---

[9]) Man beachte immer: daß der Zyklus $z \subset \mathfrak{K}$ sphärisch ist, bedeutet, daß es eine Abbildung f einer Sphäre S in den Komplex $\mathfrak{K}$ — aber nicht notwendig nur auf den Komplex $|z|$! — mit $f(S) = z$ gibt.

Wenn $\mathfrak{K}$ außerdem asphärisch in den Dimensionen n mit $1 < n < N$ ist, so ist auch $\mathfrak{K}^N$ für diese n asphärisch, da für $n < N$ immer $\Pi^n(\mathfrak{K}) = \Pi^n(\mathfrak{K}^N)$ ist; folglich ist der Satz I anwendbar, und aus (2) folgt

$$\mathfrak{B}^{N+1}/\mathfrak{S}^{N+1} \cong \mathfrak{G}^{N+1}. \tag{3}$$

Und wenn schließlich $\mathfrak{K}$ auch noch asphärisch in der Dimension $N+1$ ist, so ist $\mathfrak{S}^{N+1} = h\Pi^{N+1}(\mathfrak{K}) = 0$, also geht (3) über in

$$\mathfrak{B}^{N+1} \cong \mathfrak{G}^{N+1}. \tag{4}$$

Die Sätze (3) und (4) waren bereits in der Arbeit [**4**], § 5, mit einer etwas anderen Methode — übrigens gemeinsam für $N=1$ und $N>1$ — bewiesen worden[10]).

. . . .

Literatur

[1] W. Hurewicz, Beiträge zur Topologie der Deformationen, Proc. Akad. Amsterdam: (I) vol. 38 (1935), 112—119; (II) vol. 38 (1935), 521—528; (III) vol. 39 (1936), 117—126; (IV) vol. 39 (1936), 215—224.

[2] S. Eilenberg, On the relation between the fundamental group of a space and the higher homotopy groups, Fund. Math. 32 (1939), 167—175.

[3] H. Hopf, Fundamentalgruppe und zweite Bettische Gruppe, Comment. Math. Helvet. 14 (1942), 257—309. — Nachtrag hierzu, ibidem 15 (1942), 27—32.

[4] H. Hopf, Über die Bettischen Gruppen, die zu einer beliebigen Gruppe gehören, Comment. Math. Helvet. 17 (1944), 39—79.

[5] P. Alexandroff und H. Hopf, Topologie I (Berlin 1935).

[6] H. Seifert und W. Threlfall, Lehrbuch der Topologie (Leipzig und Berlin 1934).

[7] H. Hopf, Zur Algebra der Abbildungen von Mannigfaltigkeiten, Journ. f. d. r. u. a. Math. (Crelle) 163 (1930), 71—88.

[10]) Der Unterschied der gegenwärtigen von der früheren Methode besteht darin, daß wir jetzt aus [**4**] nur den Satz IV benutzt haben, für dessen Beweis die Homologiebetrachtungen in [**4**], 7.3, 7.4, 8.2, nicht benötigt wurden; an ihre Stelle ist jetzt die Betrachtung der Homotopieränder getreten.

Enden offener Räume und unendliche diskontinuierliche Gruppen

Commentarii Mathematici Helvetici 16 (1943/44)

Herrn C. Carathéodory zum 70. Geburtstag

Die topologische Untersuchung geschlossener Mannigfaltigkeiten oder allgemeiner kompakter Räume führt in bekannter Weise zur Betrachtung von diskontinuierlichen, kompakte Fundamentalbereiche besitzenden Transformationsgruppen offener — d. h. nicht-kompakter — Räume: der universelle Überlagerungsraum R eines kompakten Raumes R_0 ist im allgemeinen offen, und die Gruppe der Decktransformationen, welche R_0 erzeugen, hat die genannten Eigenschaften; das Analoge gilt, wenn man statt der universellen irgend eine reguläre Überlagerung nimmt[1]). Umgekehrt entsteht, wenn ein offener Raum R vorgelegt ist, die Frage, ob er eine derartige Gruppe gestattet. Es zeigt sich nun, daß hierfür nur sehr spezielle offene Räume in Frage kommen, und zwar selbst dann, wenn man von den Transformationen nicht verlangt, daß sie, wie Decktransformationen, fixpunktfrei seien, und selbst dann, wenn man überdies darauf verzichtet, daß die Transformationen eine Gruppe bilden; es soll also nur gefordert werden, daß es eine Menge $\mathfrak{G}$ topologischer Selbstabbildungen von R gibt, welche diskontinuierlich ist und einen kompakten Fundamentalbereich besitzt — wobei die Begriffe „diskontinuierlich" und „Fundamentalbereich" noch in einer Weise präzisiert werden sollen, die von dem Üblichen kaum abweicht (Nr. 7, Nr. 9); ein solcher offener Raum R soll kurz ein „$\mathfrak{G}$-Raum" heißen.

Die im folgenden betrachtete Bedingung, welche ein $\mathfrak{G}$-Raum erfüllen muß, bezieht sich auf den anschaulichen Begriff der „unendlich fernen Enden" eines offenen Raumes, und besonders auf die Anzahl dieser Enden; über diesen Begriff sei im Augenblick zur Orientierung nur soviel gesagt: man nehme aus einem kompakten Raum[2]) k Punkte oder Kontinuen $E_1, \dots, E_k$ heraus, die zueinander fremd sind und die Eigenschaft haben, daß keine Umgebung von E_i durch E_i zerlegt wird (ist der Raum eine Mannigfaltigkeit und seine Dimension $\geqq 2$, so dürfen die

[1]) Wegen der Theorie der Überlagerungen vgl. man Seifert-Threlfall, Lehrbuch der Topologie (Leipzig-Berlin 1934), 8. Kap.; ferner: H. Weyl, Die Idee der Riemannschen Fläche (Leipzig-Berlin 1913), § 9; H. Hopf, Zur Topologie der Abbildungen von Mannigfaltigkeiten, 2. Teil, Math. Annalen 102 (1929), 562—623, § 1.

[2]) Der Raumbegriff wird in Nr. 1 präzisiert werden.

E_i demnach beliebige Punkte sein); dann entsteht ein offener Raum, der k unendlich ferne Enden hat; so besitzen die Ebene und die mehrdimensionalen euklidischen Räume ein Ende, die Gerade und der unendliche Kreiszylinder zwei Enden.

Eine allgemeine und befriedigende Theorie der Enden offener topologischer Räume — und zwar der Räume einer Klasse, welche jedenfalls die Mannigfaltigkeiten und die Polyeder umfaßt — ist von FREUDENTHAL entwickelt worden[3]); sie ist nahe verwandt mit CARATHÉODORYs Theorie der Primenden. Die für uns wichtigen Hauptpunkte der Freudenthalschen Theorie werden im § 1 formuliert werden.

Unser Hauptsatz lautet nun:

Ein 𝔊-Raum hat entweder genau ein Ende oder zwei Enden oder eine Endenmenge von der Mächtigkeit des Kontinuums[4]).

Der Beweis wird im § 2 geführt werden; er lehnt sich an den Beweis eines ähnlichen Satzes von FREUDENTHAL an, in dem es sich nicht um diskontinuierliche, sondern um kontinuierliche Scharen von Transformationen handelt[5]).

Auf Grund unseres Satzes lassen sich die 𝔊-Räume in drei Klassen einteilen, je nach der Anzahl 1, 2 oder ∞ der Enden. Beispiele, und zwar von universellen Überlagerungen geschlossener Mannigfaltigkeiten, aus den drei Klassen sind die folgenden: die universelle Überlagerung des Torus, also die Ebene, hat ein Ende; die universelle Überlagerung des Kreises, also die Gerade, hat zwei Enden; die universelle Überlagerung der 3-dimensionalen geschlossenen Mannigfaltigkeit, welche die Summe[6]) zweier Exemplare des topologischen Produktes von Kreis und Kugel ist, hat unendlich viele Enden (cf. Nr. 20); verzichtet man auf die Mannigfaltigkeits-Eigenschaft, so wird das einfachste Beispiel für den Fall unendlicher vieler Enden wohl durch den unendlichen Baumkomplex geliefert, der regulär vom Grade 4 ist[7]) und die universelle Überlagerung einer Lemniskate darstellt[8]).

Dagegen gibt es nach unserem Satz für kein endliches $k > 2$ eine geschlossene n-dimensionale Mannigfaltigkeit, die von der k-mal punk-

---

[3]) H. FREUDENTHAL, Über die Enden topologischer Räume und Gruppen, Math. Zeitschrift 33 (1931), 692—713.

[4]) In dem letzten Fall bilden die Enden, in einem noch zu präzisierenden Sinne, eine diskontinuierliche perfekte Menge (Nr. 11).

[5]) l.c., Satz 15.

[6]) SEIFERT-THRELFALL, l.c., 218.

[7]) Ein Streckenkomplex heißt ein Baum, wenn er keinen geschlossenen Streckenzug enthält; er heißt regulär vom Grade n, wenn von jedem Eckpunkt genau n-Strecken ausgehen.

[8]) Ein Beispiel einer offenen Fläche mit unendlich vielen Enden, die reguläre Überlagerung einer geschlossenen Fläche ist, findet man bei v. KERÉKJÁRTÓ, Vorlesungen über Topologie (Berlin 1923), 181—182.

tierten Sphäre S^n überlagert würde — im Gegensatz zu $k=1$ (die einmal punktierte S^n überlagert den n-dimensionalen Torus) und zu $k=2$ (die zweimal punktierte S^n überlagert das Produkt $S^1 \times S^{n-1}$); damit ist eine Frage beantwortet, die von Herrn THRELFALL im Zusammenhang mit dem Problem der Klassifikation der geschlossenen 3-dimensionalen Mannigfaltigkeiten formuliert worden war und die mich zu den hier entwickelten Überlegungen angeregt hat. Übrigens ist unsere Einteilung der geschlossenen Mannigfaltigkeiten in vier Klassen — jenachdem die universelle Überlagerungsmannigfaltigkeit geschlossen ist oder ein Ende oder zwei Enden oder unendlich viele Enden hat — vielleicht auch sonst nützlich für die weitere Behandlung des genannten Klassifikations-Problems.

Obwohl der Hauptsatz allgemeinere Gültigkeit hat, so ist der interessanteste Fall doch der, in dem $\mathfrak{G}$ eine *Gruppe* ist. Hier entsteht die Frage nach Zusammenhängen zwischen der algebraischen Struktur von $\mathfrak{G}$ und der Endenzahl des $\mathfrak{G}$-Raumes; sie wird im § 3 behandelt, allerdings hauptsächlich nur für den Spezialfall, in dem $\mathfrak{G}$ die Decktransformationen-Gruppe einer regulären Überlagerung R eines endlichen Polyeders (beliebiger Dimension) ist. Dann wird gezeigt, daß *die Endenzahl des Raumes R durch die Struktur der Gruppe* $\mathfrak{G}$ *bestimmt* ist; mit anderen Worten: zwei derartige $\mathfrak{G}$-Polyeder mit isomorphen Gruppen $\mathfrak{G}$ haben die gleiche Endenzahl. Nun läßt sich aber jede abstrakte Gruppe $\mathfrak{G}$, die von endlich vielen Elementen erzeugt wird, als eine solche Decktransformationen-Gruppe — und zwar sogar eines Polygons, d.h. eines eindimensionalen Polyeders — darstellen; somit darf man von der *Endenzahl einer abstrakten Gruppe* sprechen, und es ergibt sich eine Einteilung der Gesamtheit aller unendlichen, von endlich vielen Elementen erzeugten Gruppen in drei Klassen; und nicht nur die Anzahl der Enden, sondern auch die Enden selbst erweisen sich als Eigenschaften der abstrakten Gruppen: sie können durch gewisse unendliche Folgen von Gruppen-Elementen charakterisiert werden. Aber eine rein algebraische Theorie dieser Gruppen-Enden, ohne Bezugnahme auf spezielle Darstellungen der Gruppen durch Überlagerungs-Räume, ist mir nicht bekannt, und das Problem, die Endenzahl 1, 2 oder ∞ aus der bekannten Struktur einer Gruppe — oder aus Erzeugenden und definierenden Relationen — zu bestimmen, bleibt ungelöst[9]); das Wenige, was ich hierüber weiß, wird im § 3 gesagt.

§ 1. Allgemeines über Räume und ihre Enden

1. Unter einem „Raum" soll immer ein Hausdorffscher Raum mit abzählbarer Basis verstanden werden, der lokal kompakt, lokal zusammenhängend und zusammenhängend ist. Alle zusammenhängenden

[9]) Man beachte jedoch Fußnote 17.

Polyeder, endlich oder unendlich, also speziell alle Mannigfaltigkeiten, geschlossen oder offen, sind derartige Räume. Wie es bei Mannigfaltigkeiten üblich ist, nennen wir einen nicht-kompakten Raum „offen“; (dagegen soll unter einer offenen Punktmenge eines Raumes immer eine solche verstanden werden, deren Komplementärmenge abgeschlossen ist).

2. R sei ein offener Raum. Nach FREUDENTHAL[10]) sind seine „Endpunkte“ oder kurz „Enden“[11]) folgendermaßen definiert: jede absteigende Folge $G_1 \supset G_2 \supset \cdots$ von nicht-leeren Punktmengen G_i, welche offen sind, kompakte Begrenzungen besitzen und für welche der Durchschnitt ihrer abgeschlossenen Hüllen leer ist, bestimmt ein Ende; zwei solche Folgen $\{G_i\}$, $\{G'_j\}$ bestimmen dasselbe Ende, wenn es zu jedem i ein j mit $G'_j \subset G_i$ gibt; (es gibt dann von selbst zu jedem j ein k mit $G_k \subset G'_j$).

FREUDENTHAL zeigt nun: Indem man zu der Menge aller Punkte von R die Enden von R als neue „ideale“ Punkte hinzufügt und in dieser Vereinigungsmenge einen geeigneten Umgebungsbegriff einführt, der den in R gegebenen Umgebungsbegriff nicht ändert, wird R zu einem kompakten Raum $\overline{R}$ erweitert, in welchem die Endenmenge $\mathfrak{E} = \overline{R} - R$ abgeschlossen und nirgends dicht ist und die folgende Eigenschaft hat (durch welche diese Abschließung von R vor allen anderen ausgezeichnet ist): jeder Punkt $E \in \mathfrak{E}$ besitzt beliebig kleine Umgebungen H_i derart, daß nicht nur H_i, sondern auch der Durchschnitt H'_i von H_i und R zusammenhängend ist, und daß die Begrenzung von H_i kompakt ist und in R liegt; (daß es „beliebig kleine“ H_i gibt, bedeutet: in jeder beliebigen Umgebung von E gibt es ein H_i). Die topologische Struktur von $\overline{R}$ und von $\mathfrak{E}$ ist durch R vollständig bestimmt; (dies wird sich unten in Nr. 5 noch einmal ergeben).

3. Man kann die Enden statt durch Mengenfolgen $\{G_i\}$ auch durch Punktfolgen, die gegen ein Ende streben, charakterisieren.

Eine Punktfolge $x_1, x_2, \ldots$ in R heißt divergent, wenn sie keinen Häufungspunkt hat, oder, was dasselbe ist: wenn in jeder kompakten Teilmenge von R höchstens endlich viele x_n liegen. Allgemeiner soll eine Folge von Punktmengen $M_1, M_2, \ldots$ divergent heißen, wenn jede kompakte Menge mit höchstens endlich vielen M_n Punkte gemeinsam hat.

Es gilt nun folgendes:

Ist $x_1, x_2, \ldots$ eine in R divergente Punktfolge, so konvergiert sie in $\overline{R}$ dann und nur dann gegen einen Punkt $E \in \mathfrak{E}$, wenn es für jedes n ein solches, x_n mit x_{n+1} verbindendes Kontinuum (z.B. einen Weg) W_n in R gibt, daß die Folge der W_n in R divergiert. Sind $x_1, x_2, \ldots$ und $y_1, y_2, \ldots$ zwei Punktfolgen, welche die soeben ausgesprochene Bedingung erfüllen,

[10]) l.c., §§ 1, 2.

[11]) Indem ich nicht zwischen „Endpunkt“ und „Ende“ unterscheide, weiche ich etwas von FREUDENTHALS Terminologie ab.

so streben sie dann und nur dann gegen denselben Punkt E, wenn es für jedes n ein solches, x_n mit y_n verbindendes Kontinuum W_n in R gibt, daß die Folge der W_n in R divergiert.

Diese Tatsachen charakterisieren die Enden von R mit Hilfe von Punktfolgen in R.

Der Beweis ergibt sich leicht mit Hilfe der Umgebungen H_i, die in Nr. 2 besprochen wurden. Es sei erstens $\{x_n\}$ eine Punktfolge in R, die in $\overline{R}$ gegen E strebt; dann nehme man eine absteigende Folge von Umgebungen H_i, deren Durchschnitt der Punkt E ist; für jedes (hinreichend große) n sei i_n das größte i, für das x_n und x_{n+1} in H_i liegen; dann strebt i_n mit n gegen unendlich; W_n sei ein Kontinuum, das x_n und x_{n+1} in H'_{i_n} (cf. Nr. 2) verbindet; dann divergieren die W_n in R. — Es sei zweitens $\{x_n\}$ eine in R divergente Folge, die nicht gegen einen Endpunkt E strebt; dann enthält sie zwei Teilfolgen, die gegen zwei verschiedene Endpunkte E und E' streben; man nehme eine Umgebung H von E, die E' nicht enthält, und deren Rand K eine kompakte Menge in R ist; für endlich viele n liegt x_n, aber nicht x_{n+1} in H, und jedes Kontinuum, das x_n und x_{n+1} verbindet, trifft K; eine Folge von solchen W_n kann nicht divergieren. — Drittens: die Folgen $\{x_n\}$ und $\{y_n\}$ mögen beide gegen E streben; dann strebt auch die Folge $x_1, y_1, x_2, y_2, \ldots$ gegen E, und auf Grund der bereits bewiesenen ersten Behauptung kann man x_n mit y_n durch ein Kontinuum W_n so verbinden, daß die Folge dieser W_n divergiert. — Viertens: wenn $\{x_n\}$ und $\{y_n\}$ gegen verschiedene Endpunkte E und E' streben, so habe K dieselbe Bedeutung wie beim Beweis der zweiten Behauptung; wie dort sieht man, daß es keine divergente Folge von Kontinuen W_n geben kann, welche x_n und y_n verbinden.

4. Es seien jetzt R und R' zwei Räume. Eine stetige Abbildung f von R in R' heiße „kompakt", wenn jede in R divergente Punktfolge auf eine in R' divergente Folge abgebildet wird. Wenn f kompakt und $\{M_n\}$ eine divergente Mengenfolge in R ist, so divergiert auch die Folge der Bildmengen $f(M_n)$ in R'; denn andernfalls gäbe es eine kompakte Teilmenge K' von R', mit welcher unendlich viele Mengen $f(M_n)$ Punkte gemeinsam hätten; für jedes n gäbe es also ein $x_n \in M_n$ mit $f(x_n) \in K'$; die Folge der x_n wäre divergent, die der $f(x_n)$ aber nicht — im Widerspruch zu der Kompaktheit von f.

Wir erweitern R und R' durch ihre Endenmengen $\mathfrak{E}$, $\mathfrak{E}'$ zu den Räumen $\overline{R}, \overline{R}'$ und behaupten:

Eine kompakte stetige Abbildung f von R in R' läßt sich immer durch Erklärung einer Abbildung von $\mathfrak{E}$ in $\mathfrak{E}'$ zu einer stetigen Abbildung $\overline{f}$ von $\overline{R}$ in $\overline{R}'$ erweitern.

Beweis: E sei ein Punkt von $\mathfrak{E}$. Es gibt eine gegen E strebende Punktfolge $\{x_n\}$ in R; da $\overline{R}'$ kompakt und f kompakt ist, haben die Punkte

$f(x_n)$ wenigstens einen Häufungspunkt $E' \in \mathfrak{E}'$; indem wir allenfalls zu einer Teilfolge übergehen ,dürfen wir annehmen, daß die $f(x_n)$ gegen E' streben. Wir behaupten zunächst: Ist $\{y_n\}$ irgend eine gegen E strebende Folge in R, so streben die $f(y_n)$ gegen denselben E'. In der Tat: in R existieren Kontinuen W_n, die immer x_n mit y_n verbinden, so daß ihre Folge divergiert; dann divergiert wegen der Kompaktheit von f auch die Bildfolge $f(W_n)$, und hieraus folgt, daß keine Teilfolge der $f(y_n)$ gegen einen von E' verschiedenen Punkt von $\mathfrak{E}'$ streben kann (Nr. 3); daher muß $f(y_n) \to E'$ gelten. Demnach können wir für jeden Punkt $E \in \mathfrak{E}$ das Bild $\bar{f}(E) \in \mathfrak{E}'$ so erklären, daß folgendes gilt: aus $x_n \to E$, $x_n \in R$ folgt $f(x_n) \to \bar{f}(E)$; für $x \in R$ setzen wir $\bar{f}(x) = f(x)$. Um die Stetigkeit dieser Abbildung $\bar{f}$ von $\bar{R}$ in $\bar{R}'$ zu beweisen, bleibt noch zu zeigen: aus $E_n \to E$, $E_n \in \mathfrak{E}$ folgt $\bar{f}(E_n) \to \bar{f}(E)$; mit anderen Worten: es gelte $E_n \to E$, $E_n \in \mathfrak{E}$, und es sei E' ein Häufungspunkt der Folge $\{\bar{f}(E_n)\}$; dann ist $E' = \bar{f}(E)$. Um dies zu zeigen, nehmen wir zunächst beliebige Umgebungen U, U' von E bzw. E'; für ein gewisses n ist dann $E_n \in U$, $\bar{f}(E_n) \in U'$; nach Definition von $\bar{f}$ gibt es in R eine Folge $x_n^1, x_n^2, \ldots$, die gegen E_n strebt, so daß die $f(x_n^i)$ gegen $\bar{f}(E_n)$ streben; es gibt daher einen Index i_n, so daß $x_n^{i_n} \in U$, $f(x_n^{i_n}) \in U'$ ist; auf diese Weise kann man, da U, U' beliebige Umgebungen von E bzw. E' waren, in R eine Folge $\{x_n = x_n^{i_n}\}$ so finden, daß $x_n \to E$, $f(x_n) \to E'$ gilt; das bedeutet aber: $E' = \bar{f}(E)$.

5. Jede topologische Abbildung f eines Raumes R auf einen Raum R' ist kompakt; denn gäbe es eine divergente Folge $\{x_n\}$ in R, deren Bildfolge $\{f(x_n)\}$ einen Häufungspunkt x' hätte, so würde die Betrachtung der Abbildung f^{-1} in der Umgebung von x' zu einem Widerspruch führen. Daher läßt sich nach Nr. 4 die topologische Abbildung f von R auf R' durch Erklärung einer Abbildung von $\mathfrak{E}$ in $\mathfrak{E}'$ zu einer eindeutigen und stetigen Abbildung $\bar{f}$ von $\bar{R}$ in $\bar{R}'$ erweitern; analog existiert eine Abbildung $\bar{g}$ von $\bar{R}'$ in $\bar{R}$, welche eine Erweiterung der Umkehrungsabbildung $g = f^{-1}$ ist. Dann ist die Zusammensetzung $\bar{g}\bar{f}$ eine stetige Abbildung von $\bar{R}$ in sich, welche eine Erweiterung der identischen Abbildung von R auf sich ist; da R überall dicht in $\bar{R}$ ist, folgt hieraus, daß $\bar{g}\bar{f}$ die identische Abbildung von $\bar{R}$ auf sich ist; insbesondere ist $\bar{g}\bar{f}(E) = E$ für jeden $E \in \mathfrak{E}$. Ebenso ergibt sich $\bar{f}\bar{g}(E') = E'$ für jeden $E' \in \mathfrak{E}'$. Aus $\bar{g}\bar{f}(E) = E$ folgt, daß die Abbildung $\bar{f}$ von $\mathfrak{E}$ eineindeutig ist; aus $\bar{f}\bar{g}(E') = E'$ folgt, daß $\bar{f}$ die Menge $\mathfrak{E}$ auf die ganze Menge $\mathfrak{E}'$ abbildet; durch $\bar{f}$ wird also $\mathfrak{E}$ topologisch auf $\mathfrak{E}'$, und daher auch $\bar{R}$ topologisch auf $\bar{R}'$ abgebildet. Es gilt also folgendes:

Jede topologische Abbildung f von R auf R' läßt sich durch eine topologische Abbildung von $\mathfrak{E}$ auf $\mathfrak{E}'$ zu einer topologischen Abbildung $\bar{f}$ von $\bar{R}$ auf $\bar{R}'$ erweitern.

Hierin ist noch einmal der Satz (cf. Nr. 2) enthalten, daß $\mathfrak{E}$ und $\bar{R}$ in topologisch invarianter Weise mit R verknüpft sind.

6. In dem Raume R sei R_1 eine Punktmenge, die nicht kompakt, aber abgeschlossen ist. Da R_1 nicht kompakt ist, gibt es in R_1 divergente Punktfolgen; da R_1 abgeschlossen ist, divergiert jede dieser Folgen auch in R; ebenso divergiert jede in R_1 divergente Mengenfolge auch in R. Hieraus ist auf Grund der in Nr. 3 gegebenen Charakterisierung der Enden ersichtlich, daß jedem Ende von R_1 ein bestimmtes Ende von R entspricht (man kann dasselbe auch so ausdrücken: die Abbildung, die jeden Punkt von R_1 sich selbst zuordnet, ist infolge der Abgeschlossenheit von R_1 eine kompakte Abbildung von R_1 in R, und nach Nr. 4 gehört daher zu ihr eine Abbildung der Endenmenge von R_1 in die Endenmenge von R). Es braucht aber nicht jedes Ende von R einem Ende von R_1 zu entsprechen, und ein Ende von R kann mehreren Enden von R_1 entsprechen.

Wir betrachten jetzt den Spezialfall, in dem R triangulierbar, also ein unendliches Polyeder[12]) und R_1 das Polygon ist, das aus den Kanten einer festen Simplizialzerlegung von R besteht; dann ist R_1 nicht kompakt, aber abgeschlossen. Wir behaupten, daß dann jedes Ende E von R einem und nur einem Ende von R_1 entspricht.

Beweis: Es sei $\{x_n\}$ eine gegen E strebende Punktfolge in R, und für jedes n sei W_n ein Simplex der betrachteten Zerlegung von R, das x_n enthält; aus der Divergenz der x_n folgt, da eine kompakte Menge immer nur mit endlich vielen Simplexen Punkte gemeinsam hat, die Divergenz der Mengenfolge $\{W_n\}$; hieraus folgt, wenn y_n einen Eckpunkt von W_n bezeichnet, daß auch die y_n gegen E streben; das bedeutet: E entspricht dem durch die Folge $\{y_n\}$ repräsentierten Ende von R_1. Es seien ferner E_1, E_1' zwei Enden von R_1, denen E entspricht; dann gibt es Punktfolgen $\{z_n\}$, $\{z_n'\}$ in R_1, die gegen E_1 bzw. E_1' streben, und die, als Punktfolgen in R, beide gegen E streben; letzteres bedeutet: es gibt für jedes n in R ein Kontinuum W_n, das z_n mit z_n' verbindet, so daß die W_n divergieren. Nun sei K_n das Teilpolyeder von R, das aus allen Simplexen besteht, die Punkte von W_n enthalten, und k_n das Polygon, das von allen Kanten dieser Simplexe gebildet wird; mit den W_n divergieren auch die K_n und mit diesen auch die k_n; da aber die k_n Kontinuen in R_1 sind, welche immer z_n und z_n' verbinden, ist $E_1 = E_1'$. Das heißt: E entspricht nur einem Ende von R_1.

Damit ist gezeigt: Ist R ein Polyeder und R_1 das von allen Kanten einer Simplizialzerlegung von R gebildete Polygon, so ist die Enden-

[12]) Ein „Polyeder" ist ein Raum, der homöomorph mit einem „Euklidischen Polyeder" im Sinne von ALEXANDROFF-HOPF, Topologie I (Berlin 1935), 129, ist; dies auf Grund des „Einbettungssatzes", l. c., 158—159, gleichbedeutend damit, daß der Raum eine Simplizialzerlegung gestattet, die ein „absoluter Komplex" (l. c., 156) ist. Für die unendlichen Polyeder ist die Eigenschaft der „lokalen Endlichkeit" (l. c., 129) wichtig; sie wird im folgenden benutzt.

menge $\mathfrak{E}$ von R identisch mit der Endenmenge $\mathfrak{E}_1$ von R_1; bei der Untersuchung der Enden von R kann man sich also (im Sinne von Nr. 3) auf die Betrachtung von Punkt- und Mengenfolgen in R_1 beschränken.

§ 2. Enden und diskontinuierliche Abbildungsmengen

7. Wir betrachten stetige Abbildungen eines Raumes R in einen Raum R'. Eine Menge $\mathfrak{G}$ solcher Abbildungen f heiße „*stark diskontinuierlich*", wenn folgende Bedingung erfüllt ist:

($\underline{A}$) Je zwei Punkte $x \in R$, $x' \in R'$ besitzen solche Umgebungen U bzw. U', daß für höchstens endlich viele f aus $\mathfrak{G}$ die Bilder $f(U)$ Punkte mit U' gemeinsam haben.

Diese Bedingung ist mit der folgenden äquivalent:

($\underline{A}'$) Sind K, K' kompakte Mengen in R bzw. R', so haben für höchstens endlich viele f aus $\mathfrak{G}$ die Bilder $f(K)$ Punkte mit K' gemeinsam.

Daß (A) aus (A') folgt, ergibt sich daraus, daß unsere Räume lokal kompakt sind, daß also die Punkte x, x' Umgebungen besitzen, deren abgeschlossenen Hüllen kompakt sind. Um zu sehen, daß (A') aus (A) folgt, nehmen wir an, es gelte (A), aber nicht (A'); dann gäbe es kompakte Mengen K, K' und unendliche Folgen von Punkten $x_n \in K$, $x'_n \in K'$ und von Abbildungen $f_n \in \mathfrak{G}$ mit $f_n(x_n) = x'_n$; die Mengen $\{x_n\}$, $\{x'_n\}$ hätten Häufungspunkte x bzw. x', und diese besäßen Umgebungen U, U', welche einerseits (A) erfüllten, während andererseits für unendlich viele n die x_n in U, die x'_n in U' lägen; dies ist ein Widerspruch.

Der wichtigste Fall ist der, in dem $R = R'$ und $\mathfrak{G}$ eine Gruppe topologischer Abbildungen ist; die dann übliche Bedingung der „eigentlichen" Diskontinuität[13]) ist etwas schwächer als unsere Bedingung der „starken" Diskontinuität.

Wir bleiben aber vorläufig noch bei dem allgemeinen Fall, in dem $R \neq R'$ und $\mathfrak{G}$ eine Menge beliebiger stetiger Abbildungen sein darf.

8. Die Bedeutung der Aussage, daß für eine Abbildungsfolge $\{f_n\}$ und einen Punkt $y \in R$ die Bildfolge $\{f_n(y)\}$ gegen ein Ende E' von R' konvergiert, ist klar: es handelt sich um den gewöhnlichen Konvergenzbegriff in dem Raume $\overline{R}'$; ebenso natürlich ist die Erklärung der Aussage, daß die Folge $\{f_n\}$ auf einer Punktmenge M von R *gleichmäßig* gegen den Endpunkt E' von R' konvergiert: zu jeder Umgebung U von E' in $\overline{R}'$ gibt es ein solches n_0, daß für alle $n \geqq n_0$ die Bilder $f_n(M)$ in U liegen.

Hilfssatz 1. $\mathfrak{G}$ sei eine stark diskontinuierliche Menge von Abbildungen des Raumes R in den Raum R'; es gebe in R eine gegen einen Punkt x konvergierende Punktfolge $\{x_n\}$ und in $\mathfrak{G}$ eine Abbildungsfolge

---

[13]) Man vgl. z. B. van der Waerden, Gruppen von linearen Transformationen (Berlin 1935), 35.

$\{f_n\}$, so daß die Punktfolge $\{f_n(x_n)\}$ gegen einen Endpunkt E' von R' konvergiert. Dann konvergiert für jeden Punkt $y \in R$ die Folge $\{f_n(y)\}$ gegen E', und diese Konvergenz ist gleichmäßig auf jeder kompakten Teilmenge K von R.[14])

Beweis: Es seien x, x_n, f_n, E', K so gegeben, daß die genannten Voraussetzungen erfüllt sind; U sei eine Umgebung von E'; zu zeigen ist: fast alle Mengen $f_n(K)$ — d.h. alle bis auf höchstens endlich viele Ausnahmen — liegen in U.

Aus den in Nr. 1 formulierten Eigenschaften des Raumes R ergibt sich, daß die folgende Konstruktion möglich ist: man nehme eine Umgebung V_0 von x und Umgebungen $V_1, \dots, V_r$ von endlich vielen Punkten von K derart, daß jedes V_i zusammenhängend und daß jede abgeschlossene Hülle $\overline{V}_i$ kompakt ist $(i=0, 1, \dots, r)$; dann ist $\sum \overline{V}_i$ eine kompakte Menge, die aus endlich vielen Komponenten besteht und die man daher durch Hinzufügung von endlich vielen Kontinuen selbst zu einem kompakten Kontinuum Q ergänzen kann; Q enthält K und V_0, also auch fast alle x_n.

In U gibt es (cf. Nr. 2) eine Umgebung H von E', deren Begrenzung K' eine kompakte Menge in R' ist. Da die Punkte $f_n(x_n)$ gegen E' streben, hat H mit fast allen Mengen $f_n(Q)$ Punkte gemeinsam; da $\mathfrak{G}$ stark diskontinuierlich ist, ist auf Grund von (A') die Menge K' zu fast allen Mengen $f_n(Q)$ fremd; da diese Mengen zusammenhängend sind, liegen sie daher fast alle in H, also in U; da $K \subset Q$ ist, ist damit die Behauptung bewiesen.

Bemerkung: Für Anwendungen wichtig ist der Fall, in dem die Folge $\{x_n\}$ mit x zusammenfällt, in dem also für einen festen Punkt x die Konvergenz $f_n(x) \to E'$ vorausgesetzt wird.

9. Es sei wieder $\mathfrak{G}$ eine Menge stetiger Abbildungen des Raumes R in den Raum R'. Eine Punktmenge $F \subset R$ heiße eine „*Fundamentalmenge*" von $\mathfrak{G}$, wenn sie folgende Bedingung erfüllt: Zu jedem Punkt $x' \in R'$ gibt es wenigstens einen Punkt $x \in F$ und wenigstens eine Abbildung $f \in \mathfrak{G}$ mit $f(x) = x'$.

Die in der üblichen Weise erklärten Fundamentalbereiche von Gruppen topologischer Selbstabbildungen[13]) sind also spezielle Fundamentalmengen.

Wir werden Abbildungsmengen $\mathfrak{G}$ betrachten, welche *kompakte* Fundamentalmengen besitzen.

Hilfssatz 2: $\mathfrak{G}$ besitze eine kompakte Fundamentalmenge F; dann gibt es zu jedem Ende E' von R' eine Punktfolge $\{x_n\}$ in R, die gegen

---

[14]) Dieser Hilfssatz, wie auch der übrige Inhalt unseres § 2, hängt eng zusammen mit den Sätzen des 2. Kapitels in der Arbeit [3]) von Freudenthal.

einen Punkt x konvergiert, und eine Abbildungsfolge $\{f_n\}$ in $\mathfrak{G}$, so daß die Folge $\{f_n(x_n)\}$ gegen E' konvergiert.

Beweis: Es sei $\{x'_n\}$ eine gegen E' strebende Punktfolge in R'; zu jedem n gibt es einen Punkt $x_n \in F$ und eine Abbildung $f_n \in \mathfrak{G}$ mit $f_n(x_n) = x'_n$; wegen der Kompaktheit von F dürfen wir, indem wir allenfalls zu einer Teilfolge übergehen, annehmen, daß die x_n gegen einen Punkt x konvergieren.

10. Aus den Hilfssätzen 1 und 2 ergibt sich unmittelbar

Hilfssatz 3: Die Abbildungsmenge $\mathfrak{G}$ sei stark diskontinuierlich und besitze eine kompakte Fundamentalmenge. Dann gibt es zu jedem Ende E' von R' eine Folge $\{f_n\}$ in $\mathfrak{G}$, welche die Behauptung des Hilfssatzes 1 erfüllt.

Hierin ist enthalten:

Hilfssatz 3': $\mathfrak{G}$ sei stark diskontinuierlich und besitze eine kompakte Fundamentalmenge; U sei eine vorgegebene Umgebung eines Endes E' von R', und K sei eine vorgegebene kompakte Punktmenge in R. Dann gibt es in $\mathfrak{G}$ eine Abbildung f mit $f(K) \subset U$.

11. Wir kommen zu unserem Hauptsatz:

Satz I: *Der Raum R sei offen; es gebe eine Menge $\mathfrak{G}$ topologischer Abbildungen von R auf sich, welche stark diskontinuierlich ist und eine kompakte Fundamentalmenge besitzt. Dann hat R entweder genau ein Ende oder zwei Enden oder eine Endenmenge von der Mächtigkeit des Kontinuums.*

Die Behauptung läßt sich noch folgendermaßen präzisieren:

Zusatz: *Der Raum R erfülle die Voraussetzungen des Satzes I und besitze wenigstens drei Enden. Dann ist die Menge $\mathfrak{E}$ seiner Endpunkte in $\overline{R}$ eine perfekte diskontinuierliche Menge.*

Da der Raum $\overline{R}$ kompakt ist und, ebenso wie R, eine überall dichte abzählbare Punktmenge enthält, hat jede perfekte Teilmenge von $\overline{R}$ die Mächtigkeit des Kontinuums und ist, wenn sie diskontinuierlich ist, ein topologisches Bild des Cantorschen Diskontinuums[15]). Der „Zusatz" enthält also den Satz I.

Für jeden offenen Raum R ist $\mathfrak{E}$ abgeschlossen und diskontinuierlich. Für den Beweis des Zusatzes genügt es daher, zu beweisen, daß $\mathfrak{E}$ in sich dicht ist; diese Behauptung läßt sich so formulieren:

---

[15]) Man vgl. z. B. Hausdorff, Grundzüge der Mengenlehre (Leipzig 1914), 320; Alexandroff-Hopf, l. c., 121.

Der Raum R erfülle die Voraussetzungen des Satzes I und besitze wenigstens drei Enden; E sei ein beliebiges Ende von R und U eine beliebige Umgebung von E in $\bar{R}$. Dann enthält U wenigstens zwei voneinander verschiedene Enden von R.

Zum Zweck des Beweises konstruieren wir zunächst — falls die Komplementärmenge $\bar{R}-U=Q$ von U nicht selbst zusammenhängend ist — eine in U enthaltene Umgebung U' von E, deren Komplementärmenge $\bar{R}-U'=Q'$ zusammenhängend ist: Man überdecke die kompakte Menge Q mit solchen Umgebungen $V_1, \ldots, V_n$ von endlich vielen ihrer Punkte, daß keine V_i den Punkt E enthält, daß jede V_i zusammenhängend ist, und daß die abgeschlossenen Hüllen $\bar{V}_i$ kompakt sind; die Vereinigungsmenge $\sum \bar{V}_i$ besteht dann aus endlich vielen Komponenten; da $\mathfrak{E}=\bar{R}-R$ nirgends dicht in $\bar{R}$ ist, enthält jede V_i, also auch jede der genannten Komponenten, Punkte von R; je zwei Punkte von R lassen sich in R durch ein Kontinuum verbinden; daher kann man die Menge $\sum \bar{V}_i$ durch Hinzufügung von endlich vielen Kontinuen, welche in R liegen, also den Punkt E nicht enthalten, zu einer zusammenhängenden abgeschlossenen Menge Q' ergänzen, welche E nicht enthält; es ist also, wenn wir $\bar{R}-Q'=U'$ setzen, U' eine Umgebung von E; da $Q\subset\sum \bar{V}_i\subset Q'$ ist, ist $U'\subset U$. Daß die hiermit beschriebene Konstruktion möglich ist, ergibt sich aus den in Nr. 1 formulierten Eigenschaften von R. Falls bereits Q zusammenhängend ist, kann man natürlich einfach $U'=U$ setzen.

Nun seien E_1, E_2, E_3 drei voneinander verschiedene Enden von R, und H_1, H_2, H_3 solche Umgebungen von ihnen, daß jede nur einen der Punkte E_i enthält, und daß die Begrenzungen K_i der H_i in R gelegene kompakte Mengen sind (cf. Nr. 2) (einer der E_i darf mit E zusammenfallen). Nach dem Hilfssatz 3' gibt es in $\mathfrak{G}$ eine solche Abbildung f, daß $f(K_1+K_2+K_3)\subset U'$ ist. Nach Nr. 5 läßt sich f zu einer topologischen Abbildung $\bar{f}$ von $\bar{R}$ auf sich erweitern, welche $\mathfrak{E}$ auf sich abbildet. Falls alle drei Punkte $\bar{f}(E_1), \bar{f}(E_2), \bar{f}(E_3)$ in U' liegen, ist unsere Behauptung gewiß richtig; es liege etwa $\bar{f}(E_1)$ nicht in U', sondern in Q'. Daraus, daß Q' zusammenhängend ist, den in $\bar{f}(H_1)$ gelegenen Punkt $\bar{f}(E_1)$ enthält und zu der in U' gelegenen Begrenzung $\bar{f}(K_1)$ von $\bar{f}(H_1)$ fremd ist, folgt, daß Q' in $\bar{f}(H_1)$ liegt. Andererseits liegen, da E_2, E_3 nicht in H_1 liegen, die Bilder $\bar{f}(E_2), \bar{f}(E_3)$ nicht in $\bar{f}(H_1)$. Folglich liegen $\bar{f}(E_2), \bar{f}(E_3)$ nicht in Q', sondern in $\bar{R}-Q'=U'$, also in U.

12. Die übliche Theorie der (unverzweigten) Überlagerungen[1]) besitzt Gültigkeit nicht nur für Mannigfaltigkeiten und Polyeder, sondern für alle Räume, welche außer den in Nr. 1 formulierten Eigenschaften noch die des „lokalen einfachen Zusammenhanges" besitzen; das soll bedeuten: jeder Punkt besitzt beliebig kleine Umgebungen, die einfach zusammenhängend sind, d.h. in denen sich jeder geschlossene Weg auf einen Punkt zusammenziehen läßt. Diese Umgebungen spielen folgende Rolle: wird bei der Überlagerung des Raumes R_0 durch den Raum R der Punkt $x_0 \in R_0$ von dem Punkt $x \in R$ überlagert, und ist U_0 eine einfach zusammenhängende Umgebung von x_0, so gibt es eine Umgebung U von x, welche U_0 eineindeutig überlagert.

Der Raum R sei eine reguläre Überlagerung des Raumes R_0; es gebe also eine Gruppe $\mathfrak{G}$ von topologischen Abbildungen von R auf sich, den Decktransformationen, welche in bekannter Weise R_0 erzeugen. Dann ist $\mathfrak{G}$ stark diskontinuierlich; sind nämlich x, x' Punkte von R und x_0, x_0' die entsprechenden Punkte von R_0, so betrachte man, falls $x_0 \neq x_0'$ ist, zwei zueinander fremde, einfach zusammenhängende Umgebungen U_0, U_0' von x_0, x_0' und, falls $x_0 = x_0'$ ist, eine einfach zusammenhängende Umgebung U_0 dieses Punktes; in jedem Falle seien U, U' die entsprechenden Umgebungen von x, x'; dann gibt es im Falle $x_0 \neq x_0'$ überhaupt keine Abbildung $f \in \mathfrak{G}$, für die $f(U)$ und U' gemeinsame Punkte haben, und im Falle $x_0 = x_0'$ gibt es genau eine solche Abbildung f, nämlich diejenige mit $f(x) = x'$.

Wir setzen weiter voraus, daß R_0 kompakt ist. Dann besitzt $\mathfrak{G}$ eine kompakte Fundamentalmenge F. Um eine solche zu konstruieren, überdecke man R_0 mit endlich vielen Umgebungen $U_0^1, \ldots, U_0^n$, die einfach zusammenhängend und deren abgeschlossene Hüllen kompakt sind; sind dann U^i die den U_0^i entsprechenden Umgebungen in R, so ist die Vereinigungsmenge der abgeschlossenen Hüllen $\overline{U}^i$ eine kompakte Fundamentalmenge von $\mathfrak{G}$.

Aus diesen Tatsachen und dem Satz I ergibt sich der folgende Satz, in welchem von dem Raum R vorausgesetzt wird, daß er lokal einfach zusammenhängend sei, was gewiß der Fall ist, wenn er ein Polyeder oder eine Mannigfaltigkeit ist:

Satz II: *Ein offener Raum R, der eine reguläre Überlagerung — z.B. die universelle Überlagerung — eines kompakten Raumes ist, hat entweder genau ein Ende oder zwei Enden oder eine Endenmenge von der Mächtigkeit des Kontinuums.*

Beispiele für alle drei Fälle sind in der Einleitung angegeben worden. Daß dieselbe Behauptung für nicht-reguläre Überlagerungen im allgemeinen nicht richtig ist, zeigt folgendes Beispiel: man nehme vier Strahlen, die von einem Punkt a ausgehen, und auf jedem von ihnen eine divergente Folge von Punkten $(\neq a)$; in jedem dieser Punkte zeichne man einen den betreffenden Strahl berührenden Kreis, so daß diese Kreise zueinander fremd sind; die so entstandene Figur R hat vier Enden und ist eine Überlagerung der Figur R_0, die aus zwei sich berührenden Kreisen besteht.

§ 3. Die Enden abstrakter Gruppen

13. Wenn der Raum R reguläre Überlagerung des Raumes R_0 und wenn die zugehörige Decktransformationen-Gruppe mit der abstrakten Gruppe $\mathfrak{G}$ isomorph ist, so wollen wir sagen, daß $\mathfrak{G}$ durch diese Überlagerung „dargestellt" wird. Jede abstrakte Gruppe $\mathfrak{G}$, welche durch endlich viele ihrer Elemente erzeugt wird, läßt sich in dieser Weise darstellen, und zwar so, daß R_0 ein endliches Polyeder, und sogar so, daß R_0 ein endliches Polygon ist; denn die Erzeugbarkeit von $\mathfrak{G}$ durch n Elemente bedeutet, daß $\mathfrak{G}$ mit der Faktorgruppe der von n freien Erzeugenden erzeugten freien Gruppe $\mathfrak{F}_n$ nach einem Normalteiler $\mathfrak{N}$ von $\mathfrak{F}_n$ isomorph ist; $\mathfrak{F}_n$ ist die Fundamentalgruppe endlicher Polygone R_0, z.B. des Polygons, das von n Dreiecken gebildet wird, die einen Eckpunkt gemeinsam haben; die zu der Untergruppe $\mathfrak{N}$ gehörige Überlagerung R von R_0 stellt $\mathfrak{G}$ in der behaupteten Weise dar[16]).

Eine Gruppe $\mathfrak{G}$ kann aber durch Überlagerungen sehr verschiedener endlicher Polyeder dargestellt werden. Eigenschaften, welche allen diesen verschiedenen Darstellungen gemeinsam sind, sind Eigenschaften der Gruppe $\mathfrak{G}$ selbst. Es wird sich zeigen, daß die Enden der Polyeder R und daher auch die Anzahl dieser Enden solche Eigenschaften sind.

14. Es handelt sich also darum, Beziehungen zwischen verschiedenen Darstellungen einer Gruppe herzustellen; hierzu dient

Hilfssatz 4: Die unendlichen Polygone R, R' seien reguläre Überlagerungen der endlichen Polygone R_0, R'_0; die zugehörigen Decktransformationen-Gruppen seien derselben Gruppe $\mathfrak{G}$ isomorph; die beiden Decktransformationen, die einem Element $g \in \mathfrak{G}$ entsprechen, seien mit T_g bzw. T'_g bezeichnet. Dann gibt es eine stetige Abbildung f von R in R', welche kompakt ist (cf. Nr. 4) und für jedes $g \in \mathfrak{G}$ die Funktionalgleichung $f T_g = T'_g f$ erfüllt.

Beweis: Für jeden Eckpunkt p von R_0 zeichnen wir einen ihn überlagernden Eckpunkt von R aus und nennen diesen p^*; für jeden dieser endlich vielen p^* verstehen wir unter $f(p^*)$ einen beliebigen Eckpunkt von R'; für jeden Eckpunkt q von R gibt es, da q einen Eckpunkt von R_0 überlagert, genau einen Punkt p^* und genau ein Element $g \in \mathfrak{G}$ mit $q = T_g(p^*)$; dann ist $f(q) = f T_g(p^*) = T'_g f(p^*)$ ein wohlbestimmter Eckpunkt von R'. Jetzt zeichnen wir für jede Kante s von R_0 eine sie überlagernde Kante von R aus und nennen diese s^*; für jede dieser endlich vielen Kanten s^* verstehen wir unter $f(s^*)$ einen beliebigen Streckenzug in R', der die bereits erklärten Bilder der Endpunkte von s^* verbindet;

[16]) Wenn man jedes der oben genannten n Dreiecke nur als eine einzige „Strecke" mit zusammenfallenden Endpunkten deutet, so sind die unendlichen Polygone oder Streckenkomplexe R die „Dehnschen Gruppenbilder" von $\mathfrak{G}$; zu jeder Erzeugung von $\mathfrak{G}$ durch endlich viele Elemente gehört ein solches Gruppenbild.

für jede Kante t von R gibt es genau eine Kante s^* und genau ein Element $g \in \mathfrak{G}$ mit $t = T_g(s^*)$; dann ist $f(t) = f T_g(s^*) = T'_g f(s^*)$ ein wohlbestimmter Streckenzug in R'. Hiermit ist die Abbildung f von R in R' erklärt; sie ist kompakt, da jeder Endpunkt von R' Bild von höchstens endlich vielen Eckpunkten von R ist und da jede Kante von R' durch die Bilder von höchstens endlich vielen Kanten von R bedeckt wird; daß f die Funktionalgleichung $f T_g = T'_g f$ erfüllt, ergibt sich unmittelbar aus der Definition.

15. Wir präzisieren jetzt die am Schluß von Nr. 13 angedeutete Rolle der Enden. Die Überlagerung R des endlichen Polyeders R_0 sei eine Darstellung von $\mathfrak{G}$; die einem Element $g \in \mathfrak{G}$ entsprechende Decktransformation nennen wir wieder T_g; die Gruppe $\mathfrak{G}$ sei unendlich, der Raum R also offen. In Nr. 12 wurde gezeigt, daß die Menge der Decktransformationen stark diskontinuierlich ist und eine kompakte Fundamentalmenge besitzt; aus den Hilfssätzen 3 und 1 folgt daher: zu jedem Ende E von R gibt es in $\mathfrak{G}$ Folgen von Elementen $\{g_n\}$, so daß für einen Punkt $x \in R$ die Folgen $\{T_{g_n}(x)\}$ gegen E streben; und zwar besteht diese Konvergenz, falls sie für *einen* Punkt x besteht, für *jeden* Punkt x (man beachte hierfür die Bemerkung am Schluß von Nr. 8). Von einer solchen Folge $\{g_n\}$ sagen wir, daß sie „zu dem Ende E von R gehört". Es gilt nun

Satz III: *Die unendliche, von endlich vielen Elementen erzeugte Gruppe $\mathfrak{G}$ werde durch die Überlagerungen R bzw. R' der endlichen Polyeder R_0 bzw. R'_0 dargestellt; $\{g_n\}$ sei eine Folge von Elementen aus $\mathfrak{G}$, welche zu einem Ende E von R gehört. Dann gehört dieselbe Folge auch zu einem Ende von R'.*

Beweis: Wir nehmen zunächst an, daß R_0 und R'_0 Polygone sind; dann existiert eine Abbildung f mit den im Hilfssatz 4 genannten Eigenschaften. Da die Folge $\{g_n\}$ zu E gehört, strebt für einen Punkt $x \in R$ die Folge der Punkte $x_n = T_{g_n}(x)$ gegen E; wegen der Kompaktheit von f strebt nach Nr. 4 dann die Folge der Punkte $f(x_n)$ gegen ein Ende E' von R'; wegen der Funktionalgleichung für f ist, wenn wir $f(x) = x$, setzen, $f(x_n) = T'_{g_n}(x')$; daß die Folge dieser Punkte gegen E' strebt, bedeutet aber: die Folge $\{g_n\}$ gehört zu dem Ende E' von R'.

Der Fall beliebiger Polyeder R_0, R'_0 läßt sich auf den somit erledigten polygonalen Fall zurückführen: die Polygone, die aus allen Kanten von R bzw. R' (in festen Simplizialzerlegungen) bestehen, überlagern die aus den Kanten von R_0 bzw. R'_0 bestehenden Polygone, und auch diese Überlagerungen stellen $\mathfrak{G}$ dar; andererseits darf man sich nach Nr. 6 bei der Untersuchung der Enden auf die Kantenpolygone von R und R' beschränken; damit ist der Satz III bewiesen.

Zusatz zu dem Satz III: *Wenn die Folgen $\{g_n\}$ und $\{h_n\}$ aus $\mathfrak{G}$ zu demselben Ende von R gehören, so gehören sie auch zu demselben Ende von R'.*

Denn wenn $\{g_n\}$ und $\{h_n\}$ zu demselben Ende von R gehören, dann gehört auch die Folge $\{g_1, h_1, g_2, h_2, \ldots\}$ zu diesem Ende ,also gehört diese Folge nach dem Satz III zu einem Ende von R', und dies bedeutet: die Folgen $\{g_n\}$ und $\{h_n\}$ gehören zu demselben Ende von R'.

16. 𝔊 bezeichne wie bisher eine abstrakte unendliche Gruppe mit endlich vielen erzeugenden Elementen. Wir definieren: Eine Folge $\{g_n\}$ von Elementen aus 𝔊 „gehört zu einem Ende von 𝔊", wenn sie bei einer Darstellung von 𝔊 durch die Überlagerung R eines endlichen Polyeders R_0 zu einem Ende von R gehört; zwei Folgen $\{g_n\}$ und $\{h_n\}$ aus 𝔊 gehören zu „demselben" Ende von 𝔊, wenn sie bei einer Darstellung der genannten Art zu demselben Ende von R gehören. Aus dem Satz III und dem Zusatz zu ihm ergibt sich, daß diese Definitionen unabhängig sind von der als Hilfsmittel herangezogenen speziellen Darstellung. Damit ist der Begriff der „*Enden einer abstrakten Gruppe*" erklärt.

Insbesondere gehört zu jeder Gruppe 𝔊 eine bestimmte *Anzahl ihrer Enden*; nach dem Satz I ist diese Anzahl 1 *oder* 2 *oder die Mächtigkeit des Kontinuums*; hierdurch ist also eine Einteilung der Gesamtheit der Gruppen 𝔊 in drei Klassen gegeben.

Die Tatsache, daß die Anzahl der Enden einerseits eine Eigenschaft der abstrakten Gruppe 𝔊, andererseits gleich der Anzahl der Enden eines die Gruppe 𝔊 darstellenden Überlagerungs-Polyeders R ist, läßt sich folgendermaßen als *Zusatz zu dem Satz II* (Nr. 12) formulieren:

Sind die unendlichen Polyeder R, R' reguläre Überlagerungen endlicher Polyeder R_0, R_0' und sind die zugehörigen Decktransformationen-Gruppen einander isomorph, so haben R und R' die gleiche Anzahl von Enden. Insbesondere ist die Endenzahl des universellen Überlagerungsraumes R eines endlichen Polyeders R_0 durch die Struktur der Fundamentalgruppe 𝔊 von R_0 bestimmt.

17. Es liegen jetzt die Aufgaben nahe, die Enden einer Gruppe rein algebraisch zu untersuchen oder wenigstens für die Anzahl der Enden ein algebraisches Kriterium anzugeben[17]). Wir werden hier nur die zweite dieser Aufgaben etwas weiter verfolgen, aber auch dabei nur zu einem Teilergebnis gelangen.

Fast selbstverständlich ist folgender Satz:

Satz IV: *Wenn 𝔘 eine Untergruppe von endlichem Index in 𝔊 ist, so hat 𝔘 dieselbe Endenzahl wie 𝔊.*

[17]) In einem gewissen Sinne sind diese Aufgaben natürlich dadurch zu lösen, daß man ein Gruppenbild[16]) R von 𝔊 betrachtet und die Beschreibung der Enden von R aus der Sprache unserer Nr. 3 ins Algebraische übersetzt, was keine prinzipielle Schwierigkeit bietet. Das Gruppenbild hängt aber noch von der speziellen Wahl der Erzeugenden von 𝔊 ab, und erwünscht wäre es, ohne Bezugnahme auf ein spezielles System von Erzeugenden ein Kriterium dafür zu kennen, wann eine Folge $f_1, f_2, \ldots$ von Gruppenelementen zu einem Ende gehört.

Wenn nämlich die Überlagerung R des endlichen Polyeders R_0 eine Darstellung von $\mathfrak{G}$ ist, so gibt es bekanntlich zu der Untergruppe $\mathfrak{U}$ einen Raum R_0', der R_0 so überlagert und von R regulär so überlagert wird, daß folgendes gilt: seine Blätterzahl über R_0 ist gleich dem Index von $\mathfrak{U}$ in $\mathfrak{G}$, und die Decktransformationen-Gruppe, die zu einer regulären Überlagerung R gehört, ist $\mathfrak{U}$. Derselbe Raum R tritt also bei Darstellungen von $\mathfrak{G}$ und von $\mathfrak{U}$ als Überlagerung endlicher Polyeder auf; daraus ist die Gleichheit der Endenzahlen von $\mathfrak{G}$ und $\mathfrak{U}$ ersichtlich. —

Der nächste Satz enthält unser vorhin erwähntes Teilergebnis im Zusammenhang mit der Aufgabe, algebraische Kriterien für die Endenzahl einer Gruppe zu finden:

Satz V: *Die Gruppe $\mathfrak{G}$ hat dann und nur dann genau zwei Enden, wenn sie eine Untergruppe $\mathfrak{U}$ enthält, die unendlich zyklisch ist und einen endlichen Index in $\mathfrak{G}$ hat.*

Der eine Teil des Satzes folgt leicht aus dem Satz IV: wenn $\mathfrak{G}$ eine Untergruppe der genannten Art enthält, so hat $\mathfrak{G}$ dieselbe Endenzahl wie die unendliche zyklische Gruppe; deren Endenzahl aber ist 2, da sie die Fundamentalgruppe der Kreislinie ist, und da der universelle Überlagerungsraum der Kreislinie, also die Gerade, zwei Enden besitzt. Der andere Teil des Satzes V ist in dem folgenden allgemeineren Satz enthalten:

Satz Va: *Der Raum R habe genau zwei Enden; $\mathfrak{G}$ sei eine Gruppe topologischer Selbstabbildungen von R; sie sei stark diskontinuierlich und besitze eine kompakte Fundamentalmenge F. Dann enthält $\mathfrak{G}$ eine Untergruppe $\mathfrak{U}$, die unendlich zyklisch ist und in $\mathfrak{G}$ endlichen Index hat.*

Hierbei braucht also R kein Polyeder, und insbesondere brauchen die Transformationen aus $\mathfrak{G}$ keine Decktransformationen, sie brauchen also nicht fixpunktfrei zu sein; der Satz gehört daher in den Rahmen unseres § 2; dies wird sich auch in der Beweismethode äußern.

18. Dem Beweis schicken wir einen Hilfssatz voraus:

Hilfssatz 5: Es sei R ein beliebiger offener Raum, $\mathfrak{G}$ eine stark diskontinuierliche Gruppe topologischer Selbstabbildungen von R und $\mathfrak{U}$ eine Untergruppe von $\mathfrak{G}$, die eine kompakte Fundamentalmenge F besitzt. Dann ist die Gruppe $\mathfrak{U}$ unendlich, und sie besitzt in $\mathfrak{G}$ endlichen Index.

Beweis: Da F Fundamentalmenge von $\mathfrak{U}$ ist, ist die über alle Transformationen u aus $\mathfrak{U}$ erstreckte Summe $\sum u(F)$ der ganze Raum R; da F kompakt und R offen ist, folgt hieraus die Unendlichkeit von $\mathfrak{U}$.

Da $\mathfrak{G}$ stark diskontinuierlich und F kompakt ist, gibt es infolge der in Nr. 7 ausgesprochenen Bedingung (A') nur endlich viele Elemente $g \in \mathfrak{G}$, für welche $g(F)$ und F Punkte gemeinsam haben; dies seien die

Elemente $g_1, \ldots, g_n$. Es sei nun g ein beliebiges Element aus $\mathfrak{G}$; man nehme einen Punkt $p \in F$; da F Fundamentalmenge von $\mathfrak{U}$ ist, gibt es einen Punkt $p' \in F$ und ein Element $u \in \mathfrak{U}$ mit $u(p') = g(p)$; dann ist $u^{-1} g(p) = p'$, also ist $u^{-1} g = g_i$, $g = u g_i$, wobei g_i eines der obigen Elemente $g_1, \ldots, g_n$ ist; damit ist die Endlichkeit des Index von $\mathfrak{U}$ bewiesen.

19. Beweis des Satzes Va: Die Enden von R seien E_1, E_2. Nach Nr. 5 läßt sich jede der Abbildungen $g \in \mathfrak{G}$ zu einer topologischen Abbildung $\bar{g}$ des Raumes $\bar{R} = R + E_1 + E_2$ erweitern; durch $\bar{g}$ wird entweder jeder der beiden Endpunkte festgehalten, oder die beiden Enden werden vertauscht; diejenigen $\bar{g}$, welche die Enden festhalten, bestimmen eine Untergruppe $\mathfrak{G}_1$ von $\mathfrak{G}$, die entweder mit $\mathfrak{G}$ identisch ist oder in $\mathfrak{G}$ den Index 2 hat. Im letzteren Falle sei g' ein nicht in $\mathfrak{G}_1$ enthaltenes Element von $\mathfrak{G}$; dann ist die Menge $F + g'(F)$ eine kompakte Fundamentalmenge von $\mathfrak{G}_1$; außerdem ist $\mathfrak{G}_1$ als Untergruppe von $\mathfrak{G}$ selbst stark diskontinuierlich.

H sei eine Umgebung von E_1, die zusammenhängend ist, deren Begrenzung K kompakt ist und in R liegt, und deren abgeschlossene Hülle $\bar{H}$ den Endpunkt E_2 nicht enthält (cf. Nr. 2). Nach dem Hilfssatz 3' (Nr. 10), angewandt auf $\mathfrak{G}_1$, gibt es eine Abbildung $u \in \mathfrak{G}_1$, für welche $u(K) \subset \bar{R} - \bar{H}$ ist. $\mathfrak{U}$ sei die von u erzeugte Gruppe; wir behaupten:

$\mathfrak{U}$ *besitzt eine kompakte Fundamentalmenge.*

Wenn diese Behauptung bewiesen ist, so folgt nach dem Hilfssatz 5, daß die Gruppe $\mathfrak{U}$, die ja nach ihrer Definition zyklisch ist, die Behauptung des Satzes Va erfüllt.

Wir betrachten die Potenzen u^n, also die Elemente von $\mathfrak{U}$, und setzen $\bar{u}^n(H) = H_n$, $u^n(K) = K_n$. Da $K_1 \subset \bar{R} - \bar{H}$ ist, ist H fremd zu der Begrenzung K_1 von H_1; da $u \in \mathfrak{G}_1$, also $\bar{u}(E_1) = E_1$ ist, haben H und H_1 den Punkt E_1 gemeinsam; ferner ist H zusammenhängend; aus diesen Tatsachen folgt: $H \subset H_1$, und folglich: $H_{n-1} \subset H_n$ für alle n, und folglich: $H \subset H_n$ für alle $n > 0$. Hätte K_n für ein $n > 0$ einen Punkt mit H gemeinsam, so nach dem eben Bewiesenen auch mit H_n, was nicht der Fall ist, da die H_n offene Mengen sind; mithin sind die K_n für $n > 0$ fremd zu H. Es sei nun x ein Punkt von K; die Folge der Punkte $u^n(x)$ mit $n = 1, 2, \ldots$ kann wegen der starken Diskontinuität von $\mathfrak{G}$ keinen Häufungspunkt in R besitzen*); auch E_1 ist nicht Häufungspunkt der Folge, da, wie soeben gezeigt wurde, kein Punkt der Folge in H liegt; folglich strebt die Folge gegen E_2. Nach dem Hilfssatz 1 strebt daher sowohl für jeden Punkt $y \in R$ die Folge der Punkte $u^n(y)$, als auch die Folge der Mengen K_n mit $n \to +\infty$ gleichmäßig gegen E_2 (man beachte die Bemerkung am Schluß von Nr. 8); es gibt also insbesondere zu jeder Umgebung U von E_2 ein solches positives n, daß $K_n \subset U$ ist.

*) [Daß u unendliche Ordnung hat, folgt daraus, daß $K_1 \cdot \bar{H} = 0$, also $\bar{H}$ *echter* Teil von $\bar{u}(\bar{H}) = H_1 + K_1$ ist.]

Es sei jetzt y ein beliebiger Punkt von R. Die soeben genannte Umgebung U von E_2 wählen wir so, daß sie weder y noch E_1 enthält, und daß ihre Komplementärmenge $\overline{R}-U=Q$ zusammenhängend ist (daß man diese letzte Bedingung erfüllen kann, ist in Nr. 11 gezeigt worden). In U gibt es ein K_n; da die zusammenhängende Menge Q somit fremd zu der Begrenzung K_n von H_n ist, mit H_n aber den Punkt E_1 gemeinsam hat, ist $Q \subset H_n$ und daher auch $y \in H_n$.

Andererseits kann y in höchstens endlich vielen Mengen H_{-n} mit $n > 0$ enthalten sein; denn andernfalls lägen für unendlich viele positive n die Punkte $u^n(y)$ in H, entgegen der oben bewiesenen Tatsache, daß diese Punkte gegen E_2 streben.

Da also die Menge der Indizes n, für welche $y \in H_n$ ist, einerseits nicht leer ist, andererseits höchstens endlich viele negative Zahlen enthält, enthält sie eine kleinste Zahl; diese heiße $m+1$; dann ist $y \in H_{m+1}-H_m$ und folglich $u^{-m}(y) \in H_1 - H$ und erst recht $u^{-m}(y) \in \overline{H}_1 - H$. Das bedeutet, daß die Menge $\overline{H}_1 - H$ eine Fundamentalmenge von $\mathfrak{U}$ ist; da sie kompakt ist und in R liegt, ist damit die Behauptung bewiesen.

20. Dank dem Satz V reduziert sich die Aufgabe, algebraische Kriterien für die Endenzahl einer Gruppe zu finden, auf die Frage nach einem algebraischen Unterscheidungsmerkmal zwischen den Gruppen mit einem Ende und denen mit unendlich vielen Enden. Ich kenne kein solches Merkmal und muß mich auf die Angabe der einfachsten Beispiele beschränken.

Das direkte Produkt $\mathfrak{G}$ zweier unendlicher Gruppen hat stets genau ein Ende; denn in diesem Falle besitzt $\mathfrak{G}$ eine Darstellung durch eine Überlagerung R eines offenen Polyeders, wobei R das topologische Produkt zweier offener Räume ist, und ein solches Produkt hat nach einem Satz von FREUDENTHAL[18]) immer nur ein Ende.

Zu diesen Gruppen gehören *die Abelschen Gruppen, deren Rang >1 ist.* Andere Gruppen mit einem Ende sind *die Fundamentalgruppen der geschlossenen Flächen positiven Geschlechts*; denn die universelle Überlagerung dieser Flächen, die Ebene, hat ein Ende.

Die freien Gruppen $\mathfrak{F}_n$ mit n freien Erzeugenden und $n>1$ haben unendlich viele Enden; denn $\mathfrak{F}_n$ ist die Fundamentalgruppe eines Polygons R_0, das von n Dreiecken mit einem gemeinsamen Eckpunkt gebildet wird, und die universelle Überlagerung von R_0 ist mit einem Baumkomplex homöomorph, der regulär vom Grade $2n$ ist[7]); daß dieser Baum für $n>1$ unendlich viele Enden hat, sieht man sofort z. B. mit Hilfe des Kriteriums aus Nr. 3.

Daraus, daß $\mathfrak{F}_2$ unendlich viele Enden hat, folgt übrigens mit Hilfe des in Nr. 16 formulierten Zusatzes zu Satz II die in der Einleitung

---

[18]) l. c., § 3.

erwähnte Tatsache, daß die universelle Überlagerung der 3-dimensionalen Mannigfaltigkeit, welche die topologische Summe[6]) zweier Exemplare des topologischen Produktes von Kreis und Kugel ist, unendlich viele Enden besitzt.

Ohne Beweis[19]) sei noch auf folgende Gruppen mit unendlich vielen Enden hingewiesen: das freie Produkt[20]) zweier Gruppen, von denen keine die Identität ist, hat unendlich viele Enden — mit einer einzigen Ausnahme: das freie Produkt zweier Gruppen der Ordnung 2 hat zwei Enden (diese Gruppe enthält eine unendlich zyklische Untergruppe vom Index 2). Hieraus folgt: sind M_1, M_2, zwei geschlossene Mannigfaltigkeiten, mindestens 3-dimensional und keine von ihnen einfach zusammenhängend, so hat die universelle Überlagerung M ihrer topologischen Summe unendlich viele Enden — abgesehen von dem Fall, in dem die Fundamentalgruppen von M_1 und von M_2 die Ordnung 2 haben; dann hat M zwei Enden; in der Tat wird die Summe zweier projektiver Räume von dem topologischen Produkt von Gerade und Kugel überlagert.

[Zusatz 1964. — Ich möchte hier auf drei interessante Arbeiten hinweisen, zu denen die vorstehende Arbeit den Anstoß gegeben hat: (1) H. FREUDENTHAL, Über die Enden diskreter Räume und Gruppen. Comm. Math. Helv. 17 (1944/45). — (2) E. SPECKER, Die erste Cohomologiegruppe von Überlagerungen und Homotopieeigenschaften dreidimensionaler Mannigfaltigkeiten. Comm. Math. Helv. 23 (1949). — (3) E. SPECKER, Endenverbände von Räumen und Gruppen. Math. Annalen 122 (1950).]

---

[19]) Der Beweis ist mit Hilfe von Gruppenbildern zu führen.

[20]) SEIFERT-THRELFALL, l.c., 300.

Über Flächen mit einer Relation zwischen den Hauptkrümmungen

Mathematische Nachrichten 4 (1950)

Meinem Lehrer ERHARD SCHMIDT
in Verehrung und Freundschaft zum 75. Geburtstag gewidmet

Einleitung: Fragestellungen und Ergebnisse

1. Diese Arbeit ist ein Beitrag zur elementaren Flächentheorie: wir betrachten Flächen im 3-dimensionalen euklidischen Raum, die mehrmals differenzierbar oder auch analytisch sind, und auf ihnen die bekannten Krümmungsgrößen, nämlich die Hauptkrümmungen k_1, k_2, die Gaußsche Krümmung $K = k_1 k_2$ und die mittlere Krümmung $H = \frac{1}{2}(k_1 + k_2)$, sowie die Krümmungslinien und Nabelpunkte. Es wird sich teils um lokale Fragen handeln, besonders um die Untersuchung von Nabelpunkten, teils um globale Fragen, die sich auf geschlossene Flächen ohne Singularitäten beziehen.

Unser Ausgangspunkt ist die Frage, ob es außer den Kugeln noch andere geschlossene Flächen mit konstanter mittlerer Krümmung gibt. Die Antwort ist, soweit ich sehe, bisher nur bei Beschränkung auf Eiflächen bekannt; dann lehrt ein Satz von LIEBMANN, daß die Kugeln die einzigen derartigen Flächen sind[1]). Auch in der vorliegenden Arbeit wird die Antwort auf die genannte Frage nur in schwachem Ausmaße verbessert werden; wir werden beweisen:

Satz A: *Unter allen geschlossenen Flächen vom Geschlecht* 0, *also vom topologischen Typus der Kugel, sind die Kugeln die einzigen mit konstanter mittlerer Krümmung.*

Es werden also, im Gegensatz zu dem Satz von LIEBMANN, auch nicht-konvexe Flächen vom Geschlecht 0 zur Konkurrenz zugelassen. Dagegen bleibt die Frage offen, ob es geschlossene Flächen von höherem Geschlecht mit konstantem H gibt.*)

Aber die Methode, mit der wir den Satz A beweisen, läßt sich auch auf eine größere Klasse von Flächen als nur auf diejenigen mit konstantem H anwenden und wird dabei zu Sätzen führen, die mir neuartig zu sein scheinen.

---

*) [Man beachte den „Zusatz 1964" am Ende der Arbeit.]

[1]) H. LIEBMANN, Über die Verbiegung der geschlossenen Flächen positiver Krümmung. Math. Ann. 53 (1900), 91—112.

2. Ein wesentlicher Bestandteil dieser Methode ist die Anwendung des folgenden klassischen Satzes von POINCARÉ[2]): Auf einer geschlossenen orientierbaren Fläche sei, etwa durch eine gewöhnliche Differentialgleichung 1. Ordnung, eine stetig differenzierbare Kurvenschar gegeben, die in höchstens endlich vielen Punkten singulär wird; durch jeden regulären Punkt geht genau eine Kurve. Ein singulärer Punkt o besitzt eine Umgebung U, in der er die einzige Singularität ist; man überdecke U mit einem System gerichteter Parameterlinien; dann führe man einen Pfeil, der immer an eine Scharkurve tangential sein soll, einmal im positiven Sinne um o herum und beobachte die Änderung des Winkels zwischen der Parameterrichtung und der Pfeilrichtung: die Gesamtänderung ist ein ganzzahliges Vielfaches $j\pi$ von π, das, wie man leicht sieht, von der Wahl der Parameterlinien unabhängig ist; die ganze Zahl j heißt der „Index" der Singularität o. (Beispiele: Für das Zentrum einer Schar konzentrischer Kreise ist $j=2$; die Singularität der Niveaulinien einer Funktion in einem gewöhnlichen Sattelpunkt hat den Index $j=-2$; ein Nabelpunkt des gewöhnlichen (nicht rotationssymmetrischen) Ellipsoids hat in bezug auf jede der beiden Scharen von Krümmungslinien den Index $j=1$.) — Der Satz von POINCARÉ besagt, daß die Summe aller Indizes nicht von der speziellen Kurvenschar abhängt, sondern nur von dem Geschlecht g der Fläche; es gilt nämlich die Formel

$$\sum j=4(1-g).$$

Die wichtigsten Folgerungen aus dieser Formel lauten: (1) Auf einer Fläche von einem Geschlecht $g\neq 1$ besitzt jede Kurvenschar wenigstens eine Singularität. (2) Besitzt eine Kurvenschar auf einer Fläche vom Geschlecht $g=0$ nur endlich viele Singularitäten, so ist unter diesen wenigstens eine mit positivem Index. (3) Besitzt eine Kurvenschar auf einer Fläche von einem Geschlecht $g\geqq 2$ nur endlich viele Singularitäten, so ist unter diesen wenigstens eine mit negativem Index.

Wenn eine Kurvenschar unendlich viele Singularitäten besitzt, so kann man im allgemeinen keine Aussagen der Art (2) oder (3) machen; daher ist es für spezielle Anwendungen oft wichtig, zuerst nachzuweisen, daß höchstens endlich viele Singularitäten vorliegen oder, was dasselbe ist, daß jede einzelne Singularität isoliert ist.

3. Wir werden den Poincaréschen Satz auf die Krümmungslinien einer Fläche anwenden*). Die Singularitäten der Krümmungslinien

*) [Eine Anwendung des Poincaréschen Satzes auf ein Problem der Differentialgeometrie im Großen ist bereits von S. COHN-VOSSEN beim ersten Beweis des Satzes gemacht worden, daß jede Isometrie zwischen zwei Eiflächen eine Kongruenz ist („Zwei Sätze über die Starrheit der Eiflächen". Nachr. Ges. Wiss. Göttingen, Math.-Phys. Kl. 1927.)]

[2]) H. POINCARÉ, Sur les courbes définies par les équations différentielles, 3. Partie. J. Math. pur. appl., Paris, Sér. IV 1 (1885), 167—244, Chap. XIII.

sind die Nabelpunkte, also die Punkte, in denen $k_1 = k_2$ ist; wir wollen die Flachpunkte, also die Punkte mit $k_1 = k_2 = 0$, mit zu den Nabelpunkten rechnen und werden nur gelegentlich die Punkte mit $k_1 = k_2 \neq 0$ als die „eigentlichen" Nabelpunkte bezeichnen. In jedem Punkt, der nicht Nabelpunkt ist, ist die eine der beiden Hauptkrümmungen, etwa k_1, größer als die andere; betrachten wir die Schar derjenigen Krümmungslinien, in deren Richtungen die Normalschnitte die Krümmung k_1 haben, so haben wir eine einfache Kurvenschar, deren Singularitäten gerade die Nabelpunkte sind.

Aus der Folgerung (2) des Poincaréschen Satzes geht hervor, daß unser „globaler" Satz A ein Korollar des folgenden „lokalen" Satzes ist:

Satz I: *F sei ein Flächenstück mit konstanter mittlerer Krümmung H; es sei nicht Stück einer Kugel oder Ebene; o sei ein Nabelpunkt auf F. Dann ist o isolierter Nabelpunkt (d.h. in seiner Nähe gibt es keinen weiteren Nabelpunkt), und sein Index ist negativ.*

4. Beim Beweis des Satzes I werden wir isotherme Parameter verwenden; dies ist dadurch nahegelegt, daß zu den Flächen mit konstantem H speziell die Minimalflächen gehören und daß die Zweckmäßigkeit isothermer Parameter für die Minimalflächen wohlbekannt ist. Die Existenz isothermer Parameter ist bekanntlich gesichert, wenn die Fläche wenigstens dreimal stetig differenzierbar ist, und dies soll also für den Satz I und den Satz A vorausgesetzt werden (besonders einfach ist der Existenzbeweis bekanntlich für analytische Flächen).

In § 1 werden elementare flächentheoretische Formeln in isothermen Parametern so ausgesprochen, wie wir sie für den Beweis des Satzes I und für spätere Zwecke brauchen. In § 2 wird der Beweis des Satzes I geführt; er ist sehr kurz und besteht eigentlich nur aus der Feststellung, daß gewisse Schlüsse, die in der Theorie der Minimalflächen wohlbekannt sind, ihre Gültigkeit für alle Flächen mit konstantem H behalten.

5. Neben dem zitierten Liebmannschen Satz, der besagt, daß die Kugeln die einzigen Eiflächen mit konstantem H sind, und den wir kurz den „H-Satz" nennen wollen, gibt es einen noch bekannteren Satz von Liebmann, der als „K-Satz" bezeichnet werden möge: Die Kugeln sind die einzigen geschlossenen Flächen mit konstanter Gaußscher Krümmung K. Dieser Satz unterscheidet sich prinzipiell von dem H-Satz; denn man braucht sich in ihm nicht auf Eiflächen zu beschränken; der Grund für diesen Unterschied liegt auf der Hand: da es auf jeder geschlossenen Fläche Punkte gibt, in denen $K > 0$ ist — etwa die Punkte, in denen die Fläche eine Kugel von innen berührt —, folgt aus der Konstanz von K, daß K überall positiv, daß die Fläche also eine Eifläche ist. Hieraus sieht man zugleich, daß man den Beweis des K-Satzes nur für

Eiflächen zu führen braucht; dann aber kann man beide Sätze, den H-Satz und den K-Satz, als Spezialfälle eines allgemeinen Satzes gleichzeitig beweisen. Der Beweis, der dies leistet, ist im wesentlichen derjenige, den HILBERT für den LIEBMANNschen K-Satz angegeben hat[3]), und zwar in der Form, wie er in dem bekannten Buch von BLASCHKE dargestellt ist[4]): in diesem Beweis wird die Voraussetzung, daß das Produkt $k_1 \cdot k_2$ eine positive Konstante ist, nicht voll ausgenutzt, sondern nur ihr Korollar, daß in demselben Punkt die eine Hauptkrümmung ihr Maximum und die andere ihr Minimum erreicht. Derselbe Beweis behält daher seine Gültigkeit, wenn die Summe $k_1 + k_2$ konstant ist, und allgemein für den folgenden Satz: Auf einer Eifläche, welche keine Kugel ist, kann nicht die eine Hauptkrümmung eine monoton abnehmende Funktion der anderen sein. Auf diesen Satz, den wir den „verallgemeinerten HK-Satz" nennen wollen, scheint in der Literatur zuerst S. S. CHERN hingewiesen zu haben[5]). Zugleich machte CHERN übrigens darauf aufmerksam, daß der analoge Satz für monoton wachsende Funktionen nicht gilt; zum Beispiel besteht auf dem Rotationsellipsoid zwischen den Hauptkrümmungen die Relation $k_2 = c k_1^3$ mit einer positiven Konstanten c.

Nachdem wir den H-Satz zu dem Satz A verallgemeinert haben, liegt nun die Frage nahe, ob man nicht auch den verallgemeinerten HK-Satz von den Eiflächen auf beliebige Flächen vom Geschlecht 0 übertragen kann. Dies wird in der Tat in einem gewissen Sinne geschehen; dabei wollen wir aber eine größere Klasse von Flächen in Betracht ziehen als diejenigen, auf denen die eine Hauptkrümmung eine monoton abnehmende Funktion der anderen ist.

6. Diese größere Flächenklasse ist die der Weingartenschen Flächen oder kurz „*W-Flächen*"; es sind das die Flächen, zwischen deren Hauptkrümmungen eine Relation

$$W(k_1, k_2) = 0 \qquad \text{(W)}$$

besteht[6]). Diese Bedingung läßt sich folgendermaßen interpretieren: man betrachte neben einem Flächenstück F eine Ebene, in der k_1, k_2 rechtwinklige Koordinaten sind, und man ordne jedem Punkt p von F den

[3]) D. HILBERT, Über Flächen von konstanter Gaußscher Krümmung. Trans. Amer. math. Soc. 2 (1901), 87—99; abgedruckt in: Grundlagen der Geometrie. 7. Aufl., Leipzig-Berlin 1930, Anhang V.

[4]) W. BLASCHKE, Vorlesungen über Differentialgeometrie I. 4. Aufl., Berlin 1945, S. 195—196 (der Abschnitt von S. 196, 4. Zeile von unten, bis S. 197, 5. Zeile, ist überflüssig).

[5]) S. S. CHERN, Some new characterizations of the Euclidean sphere. Duke math. J. 12 (1945), 270—290.

[6]) Literatur: G. DARBOUX, Leçons sur la théorie générale des surfaces, 3. Partie. Paris 1894, Livre VII, Chap. VIIff. — G. SCHEFFERS, Anwendung der Differential- und Integral-Rechnung auf Geometrie, 2. Bd. Leipzig 1913, S. 443ff.

Punkt der Ebene zu, dessen Koordinaten mit den Hauptkrümmungen im Punkte p übereinstimmen. Im allgemeinen, nämlich wenn das Funktionenpaar (k_1, k_2) auf F den Rang 2 hat, ist dieses Bild von F zweidimensional; wenn dieser Rang aber 1, das Bild also eine Kurve ist, ist F eine W-Fläche; die Bildkurve, die etwa die Gleichung (W) habe, heiße das „W-Diagramm" der Fläche. Den Fall des Ranges 0, d.h. den Fall, in dem beide Hauptkrümmungen konstant sind, das Diagramm also in einen Punkt ausartet, wollen wir nicht mitberücksichtigen; in diesem Fall ist übrigens, wie man leicht beweist, F ein Stück einer Kugel oder einer Ebene oder eines geraden Kreiszylinders[7]); diese drei Flächen wollen wir also ausdrücklich *nicht* mit zu den W-Flächen rechnen.

Wir waren in Nr. 1 von der Frage nach den geschlossenen Flächen, auf denen H konstant ist, ausgegangen, also nach speziellen geschlossenen W-Flächen; jetzt erhebt sich die allgemeine Frage: *Was für geschlossene W-Flächen gibt es?*

Mir sind nur die folgenden geschlossenen W-Flächen bekannt: Erstens die geschlossenen Rotationsflächen; denn jede Rotationsfläche ist eine W-Fläche, da k_1 und k_2 auf jedem Rotationskreis konstant sind, folglich das Bild der Flächen in der (k_1, k_2)-Ebene mit dem Bild eines Meridians zusammenfällt, also eine Kurve ist (die Kugeln schalten wir, wie verabredet, aus). Zweitens die geschlossenen Röhrenflächen, d.h. die Flächen, die entstehen, wenn man von einer geschlossenen Raumkurve ausgeht und von jedem ihrer Punkte aus auf jeder Normalen dieses Punktes dieselbe feste (nicht zu große) Strecke abträgt; auf diesen Röhrenflächen ist die eine Hauptkrümmung konstant, ihr W-Diagramm liegt also auf einer Parallelen zu einer der beiden Achsen in der (k_1, k_2)-Ebene[7]). Andere geschlossene W-Flächen kenne ich nicht; die geschlossenen Rotationsflächen haben das Geschlecht 0 oder 1, die geschlossenen Röhrenflächen das Geschlecht 1; ich sehe aber keinen Grund zu der Annahme, daß es nicht auch geschlossene W-Flächen höheren Geschlechts gibt.*)

Unser Satz A sagt, daß es keine geschlossene W-Fläche vom Geschlecht 0 gibt, deren Diagramm eine Strecke ist, die von links nach rechts in einem Winkel von 45° abfällt (bei Beachtung der in der analytischen Geometrie üblichen Richtungskonventionen); der verallgemeinerte HK-Satz sagt, daß keine W-Eifläche existiert, deren Diagramm irgendeine von links nach rechts abfallende Kurve ist, und wir

---

*) [Es sind immer analytische Flächen gemeint. Verzichtet man auf die Analytizität, so kann man aus Stücken von Rotations- und Röhrenflächen viele andere (beliebig oft differenzierbare) geschlossene W-Flächen zusammensetzen, auch solche beliebigen Geschlechts (hierauf hat mich Herr O. NEUGEBAUER aufmerksam gemacht).]

[7]) SCHEFFERS, [6]), S. 448.

waren am Schluß von Nr. 5 zu der Aufgabe geführt worden, diesen Satz von W-Eiflächen auf beliebige W-Flächen vom Geschlecht 0 zu übertragen; andererseits zeigt das Beispiel des Rotationsellipsoids, daß eine kubische Parabel, also eine von links nach rechts ansteigende Kurve, als W-Diagramm mit Flächen vom Geschlecht 0, sogar mit Eiflächen, verträglich ist; die Röhrenflächen, also gewisse W-Flächen vom Geschlecht 1, haben als Diagramme horizontale oder vertikale Geraden. Alle diese Feststellungen rechtfertigen es, wenn wir die oben gestellte Frage nach allen geschlossenen W-Flächen derart modifizieren, daß wir nach Zusammenhängen fragen, welche zwischen den geometrischen Eigenschaften geschlossener W-Flächen, insbesondere ihrem Geschlecht, einerseits und den Eigenschaften ihrer W-Diagramme, insbesondere dem Ansteigen oder Abfallen dieser Kurve, andererseits bestehen. Dies ist die Fragestellung, die uns weiterhin leitet.

7. Da der Beweis des Satzes A dadurch gelungen ist, daß wir zunächst im Satz I Aussagen über die Nabelpunkte der Flächen mit konstantem H gemacht haben, liegt es nahe, daß wir auch jetzt, im Fall beliebiger W-Flächen, zunächst eine lokale Untersuchung der Nabelpunkte vornehmen. Einem Nabelpunkt entspricht in der (k_1, k_2)-Ebene ein Punkt der „Diagonale", d.h. der Geraden mit der Gleichung $k_1 = k_2$; wir betrachten also eine Diagrammkurve, die in einen solchen Punkt mündet. Dabei hat es sich im Interesse der weiteren Untersuchung als notwendig erwiesen, zwei Annahmen zu machen:

Erstens soll die Diagrammkurve stetig differenzierbar sein. Den Wert des Differentialquotienten $\frac{dk_2}{dk_1}$ in dem Endpunkt mit $k_1 = k_2$ werden wir immer $\varkappa$ nennen.

Zweitens setzen wir voraus, daß unsere W-Fläche in der Umgebung des Nabelpunktes *analytisch* ist — eine Annahme, die allerdings recht einschneidend ist, die ich aber nicht vermeiden konnte.

Unter diesen Voraussetzungen werden wir die beiden folgenden Sätze beweisen:

Satz II': *Es sei o ein Nabelpunkt auf einer analytischen W-Fläche; der Wert $\varkappa$ des Krümmungs-Differentialquotienten in o sei von* 0 *und* ∞ *verschieden, so daß er also ein festes Vorzeichen hat. Dann ist o isolierter Nabelpunkt, und das Vorzeichen seines Index j ist dasselbe wie das Vorzeichen von $\varkappa$.*

Satz II'': *Für den Wert $\varkappa$ des Krümmungs-Differentialquotienten in einem Nabelpunkt einer analytischen W-Fläche gibt es keine anderen Möglichkeiten als die folgenden:*

$$0, \infty; \quad -1; \quad 3^{\pm 1}, 5^{\pm 1}, \ldots, (2m+1)^{\pm 1}, \ldots.$$

Im Laufe der Beweise werden sich noch zwei Zusätze zu diesen Sätzen ergeben:

1. Zusatz: *Wenn* $\varkappa > 0$ *ist, so ist* $j = 2$.

Dies ist eine Verschärfung eines Teiles des Satzes II'; jedoch ist die Verschärfung nicht so stark, wie sie auf den ersten Blick scheinen kann; denn ein bekannter — allerdings bis heute schwer beweisbarer — Satz besagt, daß der Index eines Nabelpunktes auf einer beliebigen analytischen Fläche nicht größer als 2 sein kann[8]; die einzigen positiven Werte, die für j in Frage kommen, sind also von vornherein nur 1 und 2, und der Zusatz geht nur insofern über den auf den Fall $\varkappa > 0$ bezüglichen Teil des Satzes II' hinaus, als er aussagt: der Index $j = 1$ tritt nicht auf. Es sind damit, unter den Voraussetzungen des Satzes II', Nabelpunkte von dem Typus ausgeschlossen, wie ihn die vier Nabelpunkte auf dem gewöhnlichen Ellipsoid haben.

Der zweite Zusatz bezieht sich auf die „Ordnung“ n, von welcher die Differenz $k_1 - k_2$ in dem Nabelpunkt o verschwindet; sie ist dadurch charakterisiert, daß $(k_1 - k_2)\, r^{-n}$ bei Annäherung an o einen endlichen, von 0 verschiedenen Grenzwert besitzt, wobei r die Entfernung von o bezeichnet.

2. Zusatz: *Ist* $\varkappa < 0$, *also* $\varkappa = -1$ *und* $j < 0$, *so ist* $n = -j$; *ist* $\varkappa > 0$, *also* $\varkappa = (2m+1)^{\pm 1}$ *und* $j = 2$, *so ist* $n = 2m$.

Die beiden Fälle $\varkappa < 0$ und $\varkappa > 0$ sind also sehr verschiedenartig: das eine Mal hat die Ordnung n keinen Einfluß auf $\varkappa$, wohl aber auf j; das andere Mal hat n Einfluß auf $\varkappa$, aber nicht auf j.

Der Beweis der Sätze II' und II'' samt den Zusätzen wird in § 3 geführt; er folgt dem Vorbild des Beweises des Satzes I und bedient sich also der dort bewährten isothermen Parameter; er ist aber subtiler als der frühere Beweis, insofern jetzt die Taylorschen Entwicklungen der zweiten Fundamentalgrößen der Fläche diskutiert werden, womit man die Analytizität der Fläche ausnützt; bei dieser Diskussion spielt ein Lemma über homogene algebraische Formen eine ausschlaggebende Rolle, das wir zunächst benutzen und nachträglich in § 4 beweisen.

8. Ganz analog, wie aus dem Satz I der Satz A folgte, ergeben sich mit Hilfe des Poincaréschen Satzes und seiner drei Folgerungen (Nr. 2) jetzt aus den Sätzen II' und II'' unmittelbar die folgenden beiden Sätze:

Satz B': *In der* (k_1, k_2)*-Ebene sei eine Kurve C gegeben, die in ihren Treffpunkten mit der Geraden* $k_1 = k_2$ *stetig differenzierbar sei; die Werte der Differentialquotienten* $\frac{dk_2}{dk_1}$ *in diesen Punkten seien mit* $\varkappa$ *bezeichnet.*

[8]) H. Hamburger, Beweis einer Carathéodoryschen Vermutung. I; II; III. Ann. Math., Princeton, II. S., 41 (1940), 63—86; Acta math., Uppsala 73 (1941), 175—228; 229—332. — G. Bol, Über Nabelpunkte auf einer Eifläche. Math. Z., Berlin 49 (1944), 389—410.

Wenn alle diese Zahlen $\varkappa$ negativ sind, so kann C nicht das Diagramm einer geschlossenen analytischen W-Fläche vom Geschlecht 0 *sein; wenn alle $\varkappa$ positiv sind, so kann C nicht das Diagramm einer geschlossenen analytischen W-Fläche von einem Geschlecht $g \geqq 2$ sein.*

Satz B'': *Die Kurve C und die Zahlen $\varkappa$ seien ebenso wie im Satz* B' *erklärt. Wenn eine der Zahlen $\varkappa$ nicht einen der im Satz* II'' *genannten Werte hat, so kann C nicht das Diagramm einer geschlossenen analytischen W-Fläche von einem Geschlecht $g \neq 1$ sein.*

Der erste Teil ($\varkappa < 0$) des Satzes B' enthält die Übertragung des verallgemeinerten *HK*-Satzes (Nr. 5) von Eiflächen auf beliebige Flächen vom Geschlecht 0 — analog zu dem Übergang von dem *H*-Satz zu unserem Satz A; allerdings haben wir andererseits die Voraussetzungen des *HK*-Satzes insofern verschärft, als jetzt die Flächen analytisch sein und die Funktionen $k_2 = f(k_1)$ an den Stellen mit $k_1 = k_2$ stetige negative Ableitungen besitzen sollen. — Jedoch enthält dieser erste Teil des Satzes B' erheblich mehr, da sich die Voraussetzung $\varkappa < 0$ ja nur auf die Punkte mit $k_1 = k_2$ bezieht; zum Beispiel folgt aus ihm der folgende Satz, der ebenfalls den *H*-Satz und den *K*-Satz umfaßt:

Satz C: *Die stetig differenzierbare Funktion $W(k_1, k_2)$ der Variablen k_1, k_2 sei symmetrisch in k_1 und k_2 und habe die Eigenschaft, daß die Funktion $f(k) = W(k, k)$ keine reelle mehrfache Nullstelle besitzt. Dann kann zwischen den Hauptkrümmungen einer analytischen geschlossenen Fläche vom Geschlecht* 0, *welche nicht eine Kugel ist, nicht die Relation $W(k_1, k_2) = 0$ bestehen.*

Beweis: An einer Stelle der (k_1, k_2)-Ebene mit $k_1 = k_2 = k$ haben beide Komponenten des Gradienten von W den Wert $\frac{1}{2} f'(k)$; wenn diese Stelle auf der Kurve $W(k_1, k_2) = 0$ liegt, so ist dort $f(k) = 0$, also nach Voraussetzung $f'(k) \neq 0$; folglich ist an dieser Stelle $\varkappa$ wohldefiniert und gleich -1. Nach dem Satz B' ist mithin die Kurve nicht das *W*-Diagramm einer geschlossenen analytischen *W*-Fläche vom Geschlecht 0.

Daß man im Satz C nicht auf die Voraussetzung über $f(k)$ verzichten kann, zeigt das Beispiel des Rotationsellipsoids: auf ihm ist $k_2 = c k_1^3$, und folglich besteht zwischen k_1 und k_2 die symmetrische Relation $(k_2 - c k_1^3)(k_1 - c k_2^3) = 0$. —

Der zweite Teil des Satzes B' zeigt unter anderem, daß Relationen $k_2 = f(k_1)$ mit monoton wachsender Funktion f — genauer: wobei f' stetig und positiv ist —, also z.B. die Relation $k_2 = c k_1^3$, die auf dem Rotationsellipsoid gilt, auf geschlossenen analytischen Flächen von einem Geschlecht $g \geqq 2$ unmöglich sind. —

Zur Illustration des Satzes B'' sei nur auf folgendes Korollar hingewiesen: Wenn c eine von den im Satz II'' aufgezählten $\varkappa$-Werten verschiedene Zahl ist, so kann eine lineare Identität

$$\text{(L)} \qquad k_2 = c k_1 + d$$

(mit konstanten c und d) außer auf der Kugel auf keiner geschlossenen analytischen Fläche gelten, deren Geschlecht nicht 1 ist.

9. Bleiben wir noch bei der Frage nach geschlossenen Flächen, auf denen eine lineare Relation (L) gilt, wobei wir über den Wert von c vorläufig nichts voraussetzen.

Außer den Röhrenflächen, also den Flächen, auf denen eine Relation (L) mit $c=0$ gilt, kenne ich keine geschlossenen Flächen vom Geschlecht 1 mit einer Relation (L).

Falls es eine analytische Fläche von einem Geschlecht $g \geqq 2$ mit einer Relation (L) gibt, so muß auf Grund der Sätze B′ und B″ die Konstante $c=-1$ sein, die Fläche also konstante mittlere Krümmung H besitzen[9]; wie schon in Nr. 1 gesagt wurde, ist es nicht bekannt, ob solche Flächen existieren.

Die Existenz einer analytischen Fläche vom Geschlecht 0, welche keine Kugel ist, auf welcher aber eine Relation (L) besteht, ist nach den Sätzen B′ und B″ höchstens dann möglich, wenn $c=(2m+1)^{\pm 1}$ mit ganzem positivem m ist[9]; hier können wir nun aber etwas Neues hinzufügen: in § 5 werden zu jeder natürlichen Zahl m analytische Rotations-Eiflächen konstruiert werden, auf denen eine Relation

$$k_2 = (2m+1)\, k_1 + d$$

mit konstantem d besteht (die Existenz dieser Flächen widerlegt übrigens das Theorem 3 in der unter [5]) zitierten Arbeit).

Dabei darf die Konstante d auch 0 sein; es gibt also auch Flächen der soeben genannten Art, auf denen eine homogene lineare Relation

$$(\mathrm{L}_0) \qquad k_2 = c k_1$$

gilt. Dies ist darum bemerkenswert, weil wir jetzt die Frage nach allen geschlossenen analytischen Flächen, auf denen eine Relation (L_0) gilt, in einer ziemlich befriedigenden Weise beantworten können: Aus (L_0) folgt zunächst: $K=k_1 k_2 = c k_1^2$; da es auf jeder geschlossenen Fläche Punkte mit $K>0$ gibt (vgl. Nr. 5), ist $c>0$ und k_1 nicht identisch 0; daraus folgt weiter, daß das über die ganze Fläche erstreckte Integral von K positiv ist; da dieses Integral bekanntlich gleich $4\pi(1-g)$ ist, muß $g=0$ sein. Die Fläche sei keine Kugel; dann folgt aus den Sätzen B′ und B″, daß $c=(2m+1)^{\pm 1}$ mit $m \geqq 1$, und aus dem 1. Zusatz zu dem Satz II′ (Nr. 7), daß der Index jedes Nabelpunktes gleich 2 ist; infolge

[9]) Ist $c=0$, so ist die Fläche eine Röhrenfläche (vgl. SCHEFFERS, [7])), also, wie man leicht zeigt, vom Geschlecht 1.

der Poincaréschen Formel (Nr. 2) gibt es daher genau zwei Nabelpunkte; da $c \neq 1$ ist, müssen sie infolge der Relation (L_0) Flachpunkte sein. — Wir fassen zusammen:

Satz D: *Eine geschlossene analytische Fläche, zwischen deren Hauptkrümmungen eine Relation* (L_0) *besteht, ist vom Geschlecht* 0 *und entweder eine Kugel* ($c=1$), *oder sie hat folgende Eigenschaften: sie hat genau zwei Flachpunkte und keinen weiteren Nabelpunkt; abgesehen von den Flachpunkten ist überall* $K>0$; *die in* (L_0) *auftretende Konstante c ist eine der Zahlen* $(2m+1)^{\pm 1}$ *mit positivem ganzem m. Zu jedem solchen m existieren in der Tat Flächen der beschriebenen Art.*

10. Die soeben besprochenen Rotationsflächen, auf denen Relationen (L) oder (L_0) mit beliebigem $c=(2m+1)^{\pm 1}$ gelten, werden, wie schon erwähnt, in § 5 explizit konstruiert. Die Nabelpunkte auf diesen Flächen zeigen, daß die im Satz II′ genannten Werte $\varkappa=(2m+1)^{\pm 1}$ wirklich vorkommen; ebenfalls in § 5 werden auch Beispiele von Nabelpunkten auf W-Flächen mit $\varkappa=0$ und $\varkappa=-1$ angegeben. Bei den Beispielen mit $\varkappa=-1$ handelt es sich um Flächenstücke mit konstantem H oder mit konstantem K; diese Beispiele zeigen zugleich, als Ergänzung zu den Sätzen I und II′, daß wirklich alle negativen ganzen Zahlen $j=-n$ als Indizes auftreten.

Am Schluß wird an Hand einfacher Beispiele folgende Feststellung gemacht: Die Voraussetzung, daß die Flächen analytisch sind, ist für die Gültigkeit einiger unserer Sätze wesentlich; zum mindesten die Sätze II″ und B″ verlieren ihre Gültigkeit, wenn man statt der Analytizität nur h-malige Differenzierbarkeit (mit beliebig großem h) postuliert; z.B. wären dann im Satz D alle Konstanten c möglich, die $>h-1$ sind. Ob die Sätze II′ und B′ unter allgemeineren Voraussetzungen ihre Gültigkeit behalten, weiß ich nicht.

§ 1. Isotherme Parameter

Außer den in der Einleitung benutzten Bezeichnungen k_1, k_2, K, H sollen auch E, F, G, L, M, N die in der Flächentheorie übliche Bedeutung haben.

Es seien u, v isotherme Parameter und also $E=G, F=0$. Dann ist

$$2EH=L+N, \tag{1}$$

$$E^2K=LN-M^2. \tag{2}$$

Die Gleichung der Krümmungslinien ist

$$M(du^2-dv^2)-(L-N)\,du\,dv=0. \tag{3}$$

Die Codazzischen Gleichungen, die ursprünglich

$$2E(L_v - M_u) = E_v(L + N),$$
$$2E(M_v - N_u) = -E_u(L + N)$$

lauten, erhalten mit Hilfe von (1) die Gestalt

$$\text{(4)} \qquad \begin{cases} (L-N)_u + 2M_v = 2EH_u, \\ (L-N)_v - 2M_u = -2EH_v, \end{cases}$$

und die Gaußsche Gleichung des theorema egregium heißt

$$\text{(5)} \qquad E\Delta \log E = -2(LN - M^2).$$

Wir setzen $u + iv = w$, benutzen $w, \overline{w}$ als Parameter und führen die komplexe Funktion

$$\text{(6)} \qquad \Phi = \tfrac{1}{2}(L - N) - iM$$

ein. Nach (1) und (2) ist

$$\text{(7)} \qquad |\Phi|^2 = E^2(H^2 - K),$$

also

$$\text{(8)} \qquad 2|\Phi| = E|k_1 - k_2|;$$

hieraus ersieht man: die Nullstellen von Φ sind die Nabelpunkte. Die Gleichung (3) der Krümmungslinien ist gleichbedeutend mit

$$\mathfrak{J}\{\Phi dw^2\} = 0,$$

wobei $\mathfrak{J}$ den Imaginärteil bezeichnet, also mit

$$\text{(9)} \qquad \arg \Phi + 2 \arg dw = k\pi,$$

wobei k eine ganze Zahl ist. Ist o ein isolierter Nabelpunkt mit dem Index j und deuten wir eine Winkeländerung bei einmaliger Umlaufung von o durch das Symbol δ an, sodaß also

$$\delta(\arg dw) = j\pi$$

ist, so folgt aus (9)

$$\text{(10)} \qquad j = -\frac{1}{2\pi}\,\delta(\arg \Phi).$$

Die Codazzischen Gleichungen (4) lassen sich zusammenfassen in

$$\text{(11)} \qquad \Phi_{\overline{w}} = EH_w,$$

und die Gaußsche Gleichung (5) erhält die Gestalt

$$\text{(12)} \qquad \Delta \log E = 2(E^{-1}|\Phi|^2 - EH^2).$$

§ 2. Beweis des Satzes I

Die in Nr. 3 formulierten Voraussetzungen seien erfüllt. Wir benutzen isotherme Parameter wie in § 1. Da H konstant ist, ist $H_w = 0$, also nach (11) $\Phi_{\overline{w}} = 0$; dies bedeutet: Φ ist eine analytische Funktion von w. Ihre Nullstellen sind die Nabelpunkte; da nach Voraussetzung die Fläche keine Kugel oder Ebene ist, also nicht alle Punkte Nabelpunkte sind und somit Φ nicht identisch 0 ist, sind die Nabelpunkte isoliert. Die Nullstelle von Φ in dem Nabelpunkt o sei von der Ordnung n; dann ist, wenn δ dieselbe Bedeutung hat wie in § 1, $\delta(\arg \Phi) = n \cdot 2\pi$, also nach (10)

$$j = -n < 0.$$

§ 3. Beweis der Sätze II′ und II″

3.1. Wir betrachten ein analytisches Flächenstück, das nicht einer Kugel oder Ebene angehört, also nicht nur aus Nabelpunkten besteht, das aber einen Nabelpunkt o enthält. Wir führen isotherme Parameter mit o als Anfangspunkt ein, knüpfen an § 1 an und interessieren uns jetzt für die Taylorschen Entwicklungen

$$\Phi = \sum \Phi^{(i)}, \qquad H = \sum H^{(i)}, \tag{13}$$

wobei die $\Phi^{(i)}$ und $H^{(i)}$ homogene Formen des Grades i in den Parametern $w, \overline{w}$ sind. Da nicht alle Punkte Nabelpunkte sind, ist Φ nicht identisch 0; da o Nabelpunkt ist, ist $\Phi^{(0)} = 0$; die Entwicklung von Φ beginnt also mit einer von 0 verschiedenen Form $\Phi^{(n)}$, $n \geqq 1$. Dann folgt aus (11), daß die Entwicklung der Funktion $E H_w$ kein von 0 verschiedenes Glied eines Grades enthält, der $< n-1$ ist; da E in o nicht 0 ist, folgt hieraus weiter: $H_w^{(i)} = 0$ für $0 \leqq i < n$, und da die $H^{(i)}$ reell sind, bedeutet dies: $H^{(i)} = 0$ für $0 < i < n$. Wir können also die Entwicklung (13) vorläufig folgendermaßen präzisieren:

$$\left\{\begin{array}{l} \Phi = \Phi^{(n)} + \cdots, \qquad \Phi^{(n)} \neq 0, \qquad n \geqq 1, \\ H = H^{(0)} + H^{(n)} + \cdots, \end{array}\right. \tag{14}$$

wobei die Konstante $H^{(0)}$ und die Form $H^{(n)}$ von 0 verschieden oder gleich 0 sein können.

Den Wert von E in o nennen wir $E^{(0)}$; dann folgt aus (11) und (14)

$$\Phi_{\overline{w}}^{(n)} = E^{(0)} H_w^{(n)}. \tag{15}$$

3.2. Unsere Fläche sei eine W-Fläche wie in Nr. 6 und Nr. 7 der Einleitung, und der Krümmungs-Differentialquotient $\varkappa$ im Punkte o sei wie dort erklärt; da k_1 und k_2 in dem Nabelpunkt o den gemeinsamen Wert $H^{(0)}$ haben, ist

$$\varkappa = \lim_{w \to 0} \frac{k_2 - H^{(0)}}{k_1 - H^{(0)}},$$

also

$$\frac{\varkappa+1}{\varkappa-1}=\lim\frac{2\,(H-H^{(0)})}{k_2-k_1},$$

also nach (8) und (14)

$$\left|\frac{\varkappa+1}{\varkappa-1}\right|=\lim\frac{E\,|H-H^{(0)}|}{|\Phi|}=E^{(0)}\lim\left|\frac{H^{(n)}+\cdots}{\Phi^{(n)}+\cdots}\right|.$$

Der Bruch

$$\left|\frac{H^{(n)}+\cdots}{\Phi^{(n)}+\cdots}\right|$$

besitzt also bei allen Grenzübergängen $w\to 0$ denselben festen Grenzwert; dies ist, wie man leicht sieht, nur möglich, wenn der Quotient $|H^{(n)}/\Phi^{(n)}|$ für alle Werte der Parameter $w, \overline{w}$ gleich diesem Grenzwert ist. Somit ist

$$E^{(0)}|H^{(n)}|=\lambda|\Phi^{(n)}|, \tag{16}$$

wobei wir

$$\left|\frac{\varkappa+1}{\varkappa-1}\right|=\lambda \tag{17}$$

gesetzt haben, was gleichbedeutend ist mit

$$\varkappa=\left(\frac{\lambda+1}{\lambda-1}\right)^{\pm 1}. \tag{17'}$$

3.3. Die Formen $\Phi^{(n)}$ und $H^{(n)}$ sind durch die Relationen (15) und (16) miteinander verknüpft, und die Vermutung liegt nahe, daß nur sehr spezielle Formenpaare mit diesen Relationen verträglich sind; diese Vermutung wird mit Hilfe des nachstehenden Lemmas bestätigt werden.

Lemma. *$F(w,\overline{w})$ und $G(w,\overline{w})$ seien homogene Formen n-ten Grades, $n\geqq 1$, in den konjugiert komplexen Variablen $w,\overline{w}$; es sei G nicht identisch 0, und F sei reell $\left(d.h.\ F(w,\overline{w})=\overline{F(w,\overline{w})}\right)$; sie seien durch die folgenden beiden Relationen verknüpft:*

$$F_w=G_{\overline{w}}, \tag{I}$$

$$|F|=\lambda|G| \quad \textit{mit konstantem } \lambda. \tag{II}$$

Dann liegt einer der folgenden Fälle vor:

(α) $F=0,\qquad G=cu^n,\qquad \lambda=0;$

(β) $F=c\,(e^{i\alpha}w+e^{-i\alpha}\overline{w})^n,\qquad G=e^{2i\alpha}F,\qquad \lambda=1;$

(γ) $F=\lambda c w^m\overline{w}^m,\qquad G=c\,w^{m-1}\,\overline{w}^{m+1},\qquad \lambda=\dfrac{m+1}{m}$ mit $m=1,2,\ldots;$

dabei ist c immer eine Konstante.

Um unsere gegenwärtigen flächentheoretischen Überlegungen nicht durch den rein algebraischen Beweis des Lemmas zu unterbrechen, verschieben wir diesen Beweis in den nächsten Paragraphen und wenden das Lemma sofort an, und zwar auf die Formen

$$F=E^{(0)}H^{(n)},\qquad G=\Phi^{(n)},$$

die nach (15) und (16) die Voraussetzungen (I) und (II) erfüllen. Die drei Fälle (α), (β), (γ) liefern für die Anfangsglieder $\Phi^{(n)}$ in der Entwicklung von Φ und für die zugehörigen Werte von $\varkappa$, die wir nach (17′) aus den λ berechnen, die folgenden drei Möglichkeiten:

(A) $\Phi = c w^n + \cdots,$ $\varkappa = -1;$

(B) $\Phi = c u^n + \cdots,$ $\varkappa = 0$ oder $\infty;$

(C) $\Phi = c(w\bar{w})^{m-1}\bar{w}^2 + \cdots,$ $\varkappa = (2m+1)^{\pm 1}.$ mit $m = 1, 2, \ldots.$

Dabei haben wir im Falle (B) eine Drehung des isothermen Parametersystems vorgenommen, also $e^{i\alpha}\, w$ durch $w = u + iv$ ersetzt.

3.4. Durch die hiermit erfolgte Aufzählung der möglichen Werte von $\varkappa$ ist der Satz II″ bewiesen. Für den Beweis des Satzes II′ dürfen und müssen wir den Fall (B) ausschalten. In den Fällen (A) und (C) hat — im Gegensatz zu dem Fall (B)! — die Anfangsform $\Phi^{(n)}$ keine andere Nullstelle als den Punkt o; folglich besitzt in einer hinreichend kleinen Umgebung von o auch Φ selbst keine andere Nullstelle; das heißt: o ist isolierter Nabelpunkt. Bei Umlaufung des Punktes o auf einem hinreichend kleinen Wege ist nach dem ROUCHÉschen Prinzip $\delta(\arg \Phi) = \delta(\arg \Phi^{(n)})$; im Falle (A) ist $\delta(\arg \Phi^{(n)}) = n \cdot 2\pi$, im Falle (C) ist $\delta(\arg \Phi^{(n)}) = -2 \cdot 2\pi$; hieraus und aus (10) folgt $j = -n$ im Falle (A) und $j = +2$ im Falle (C).

Damit ist auch der Satz II′ bewiesen sowie sein 1. Zusatz (Nr. 7 der Einleitung). Auch die Richtigkeit des dort formulierten 2. Zusatzes ist aus den obigen Formeln abzulesen, wobei im Falle (C) die Ordnung $n = 2m$ ist.

§ 4. Nachträglicher Beweis eines Lemmas

Das Lemma ist in 3.3 formuliert worden. Wir benutzen die dortigen Bezeichnungen.

4.1. Wenn $\lambda = 0$ ist, so ist nach (II) $F = 0$, also nach (I) $G_{\bar{w}} = 0$, folglich $G = c w^n$. Es liegt also der Fall (α) vor.

Von jetzt an sei $\lambda > 0$ und somit, da $G \neq 0$ ist, auch $F \neq 0$.

4.2. Wir zerlegen G in einen reellen Faktor R und einen Faktor U, der keinen reellen Teiler besitzt: $G = RU$. Dann ist U zu $\bar{U}$ teilerfremd; denn ist L ein Linearfaktor von U, so ist L nicht reell, also $L \neq \bar{L}$, und U nicht durch die reelle quadratische Form $L\bar{L}$, also auch nicht durch $\bar{L}$, und folglich $\bar{U}$ nicht durch L teilbar. Aus (II) folgt

$$F^2 = \lambda^2 R^2 U \bar{U};$$

hiernach ist, da $\lambda R \neq 0$ ist, $U\bar{U}$ ein Quadrat und, da U und $\bar{U}$ teilerfremd sind, auch U selbst ein Quadrat: $U = P^2$. Es folgt

$$F = \pm \lambda R P \bar{P}, \qquad G = R P^2; \tag{18}$$

da U und $\bar{U}$ teilerfremd sind, sind auch P und $\bar{P}$ teilerfremd.

Wir unterscheiden zwei Fälle, je nachdem P konstant ist oder nicht.

4.3. P sei konstant. Dann ist auch $\pm P\bar{P} = c$ konstant, und nach (18) ist

$$F = \lambda c R, \qquad G = \varepsilon c R, \tag{18'}$$

wobei ε eine Zahl vom Betrage 1 ist. Es ist also $\lambda G = \varepsilon F$, und (I) lautet jetzt:

$$\lambda F_w = \varepsilon F_{\bar{w}}. \tag{I'}$$

Wir setzen

$$\varepsilon = e^{2i\alpha}, \qquad e^{i\alpha} w = z, \qquad e^{-i\alpha} \bar{w} = \bar{z};$$

dann geht (I') in

$$\lambda F_z = F_{\bar{z}}$$

über; dies bedeutet, mit $z = x + iy$:

$$\lambda F_x = F_x, \qquad -\lambda F_y = F_y,$$

also, da $\lambda > 0$ ist: $F_y = 0$ und (da $n \geqq 1$ und $F \neq 0$, also F nicht konstant ist): $F_x \neq 0$, $\lambda = 1$. Somit hängt F nur von x ab, ist also bis auf einen konstanten Faktor eine Potenz von $z + \bar{z}$:

$$F = c\,(e^{i\alpha} w + e^{-i\alpha} \bar{w})^n.$$

Hieraus und aus (18') ist ersichtlich, daß der Fall (β) vorliegt.

4.4. P sei nicht konstant. Dann enthält P einen Linearfaktor $L = aw + b\bar{w}$, und zwar sei $P = L^k Q$ und Q nicht durch L teilbar, $k \geqq 1$; ferner sei $R = L^r S$ und S nicht durch L teilbar, $r \geqq 0$. Dann ist nach (18)

$$F = L^{r+k} A, \qquad G = L^{r+2k} B,$$

und hierbei ist L nicht Teiler von B und — da $\bar{P}$ zu P teilerfremd, also $\bar{P}$ nicht durch L teilbar ist — L auch nicht Teiler von A. Jetzt lautet die Gleichung (I), wenn man noch beide Seiten durch L^{r+k-1} dividiert hat:

$$L A_w + (r+k)\, a A = L^{k+1} B_{\bar{w}} + (r+2k)\, b L^k B. \tag{19}$$

Man sieht, daß der zweite Summand auf der linken Seite durch L teilbar sein muß; da A nicht durch L teilbar und da $r + k > 0$ ist, muß also $a = 0$ sein; somit ist $L = b\bar{w}$, und (19) lautet nach Division durch L:

$$A_w = L^k B_{\bar{w}} + (r+2k)\, b L^{k-1} B. \tag{19'}$$

A_w ist nicht durch $\overline{w}$ teilbar; denn sonst wäre infolge der Identität

$$sA = wA_w + \overline{w}A_{\overline{w}},$$

wobei s der Grad der Form A ist, entweder A durch $L = b\overline{w}$ teilbar, was nicht der Fall ist, oder es wäre $s = 0$, also A eine Konstante und daher $A_w = 0$; dann würde aber aus (19′) folgen, daß B durch $L = b\overline{w}$ teilbar ist, was auch nicht der Fall ist. Da somit A_w nicht durch $L = b\overline{w}$ teilbar ist, ist auch die rechte Seite von (19′) nicht durch L teilbar; folglich ist $k = 1$. Damit ist bewiesen:

(20) $$P = b\overline{w}.$$

Wir schreiben R als $R = w^{m-1}\overline{w}^{m-1}T$, wobei $m \geqq 1$ und T eine reelle Form ist, die nicht durch w oder $\overline{w}$ teilbar ist. Hiermit und mit (20) erhält (18) die Gestalt

$$F = \pm \lambda b\overline{b}w^m\overline{w}^m T, \qquad G = b^2 w^{m-1}\overline{w}^{m+1} T$$

oder, wenn wir die Konstanten $\pm b\overline{b}$ mit der rellen Form T vereinigen,

(21) $$F = \lambda w^m \overline{w}^m T, \qquad G = \varepsilon w^{m-1}\overline{w}^{m+1} T,$$

wobei ε eine Zahl vom Betrage 1 ist. Setzen wir dies in (I) ein und dividieren dann durch $w^{m-1}\overline{w}^m$, so erhalten wir nach einer einfachen Umordnung

(22) $$\big(\varepsilon(m+1) - \lambda m\big)\, T = \lambda w T_w - \varepsilon \overline{w} T_{\overline{w}}.$$

Es ist

$$tT = wT_w + \overline{w}T_{\overline{w}},$$

wobei t der Grad von T ist. Man multipliziere diese Gleichung mit ε und addiere sie dann zu (22); man erhält:

(23) $$\big(\varepsilon(m+1+t) - \lambda m\big)\, T = (\lambda + \varepsilon)\, wT_w.$$

Da T nicht durch w teilbar ist, folgt hieraus

(24) $$\varepsilon(m+1+t) - \lambda m = 0.$$

Hieraus schließt man zunächst, daß ε reell und positiv, also $\varepsilon = 1$ ist; weiter erhält (23) jetzt die Gestalt

$$0 = (\lambda + 1)\, wT_w;$$

es ist also $T_w = 0$; das bedeutet, da T reell ist: $T = c$ (konstant), $t = 0$. Da somit

$$\varepsilon = 1, \qquad t = 0, \qquad T = c$$

ist, zeigen (24) und (21), daß der Fall (γ) vorliegt.

§ 5. Ergänzungen und Beispiele

5.1. Zunächst soll als Ergänzung zu dem Satz I, dem Satz II' und seinem 1. Zusatz (Einleitung, Nr. 7) gezeigt werden, daß jede negative ganze Zahl $-n$ als Index eines isolierten Nabelpunktes auf einer Fläche mit beliebiger konstanter mittlerer Krümmung H sowie auf einer Fläche mit positiver konstanter Gaußscher Krümmung K auftritt; für den Spezialfall der Minimalflächen , also den Fall $H=0$, in dem die Nabelpunkte Flachpunkte sind, ist dies wohlbekannt.

Wir knüpfen an § 1 an. Man nehme eine in der Umgebung von $u=v=0$ reguläre Lösung $f(u, v)$ der partiellen Differentialgleichung

$$\Delta f=2\left(e^{-f}(u^2+v^2)^n-e^f H^2\right),$$

wobei n eine vorgegebene positive ganze Zahl und H eine vorgegebene reelle Zahl ist. Dann setze man $e^f=E$, $(u+iv)^n=w^n=\Phi$ und bestimme L, M, N aus (1) und (6). Die quadratische Form $E(du^2+dv^2)$ ist positiv definit und mit der quadratischen Form $L\,du^2+2M\,du\,dv+N\,dv^2$ durch die Gleichungen von CODAZZI und GAUSS verknüpft; denn diese Gleichungen sind äquivalent mit den Gleichungen (11) und (12), und diese gelten auf Grund unserer Definition von Φ, H, E. Folglich gibt es eine Fläche, auf der die beiden genannten quadratischen Formen die Fundamentalformen sind; diese Fläche hat die konstante mittlere Krümmung H, und die Funktion $\Phi=w^n$ spielt für sie die in § 1 betrachtete Rolle. Daher ist der Punkt $w=0$ ein isolierter Nabelpunkt, und nach § 2 ist sein Index gleich $-n$.

Die Existenz einer Fläche mit konstanter Gaußscher Krümmung K und einem Nabelpunkt mit dem vorgeschriebenen Index $-n$ ergibt sich nun leicht aus dem bekannten Satz von BONNET[10]): Die Parallelfläche im Abstand $r=(2H)^{-1}$ zu einer Fläche F mit der konstanten mittleren Krümmung H hat die konstante Gaußsche Krümmung $K=4H^2$. Wir bestimmen also bei gegebenem positivem K die Zahl H aus $4H^2=K$, konstruieren nach der oben besprochenen Vorschrift eine Fläche F mit diesem konstanten H und einem Nabelpunkt o vom Index $-n$ und betrachten die Parallelfläche $\overline{F}$ zu F im Abstand $(2H)^{-1}$; da bei der Abbildung, die durch die gemeinsamen Normalen zwischen Parallelflächen vermittelt wird, die Krümmungslinien der beiden Flächen einander entsprechen, ist auch der dem Punkt o entsprechende Punkt $\overline{o}$ auf $\overline{F}$ ein isolierter Nabelpunkt vom Index $-n$.

5.2. Wir wollen jetzt zeigen, daß alle im Satz II'' genannten möglichen Werte von $\varkappa$ tatsächlich als Differentialquotienten $\frac{dk_2}{dk_1}$ in Nabelpunkten analytischer W-Flächen auftreten. Dabei wollen wir aber nicht

[10]) BLASCHKE, [4]), S. 198.

zwischen k_1 und k_2, also auch nicht zwischen $\varkappa$ und $\varkappa^{-1}$, z.B. nicht zwischen 0 und ∞, unterscheiden.

Daß der Wert $\varkappa = -1$ auftritt, ergibt sich aus 5.1.

Ein einfaches Beispiel für $\varkappa = 0$ ist das folgende: Man nehme den geraden Zylinder über einer ebenen Kurve, welche in einem Punkt o die Krümmung 0 hat; die eine Hauptkrümmung des Zylinders, etwa k_2, ist konstant, nämlich 0; also ist $\frac{d k_2}{d k_1} \equiv 0$; die Punkte, die auf derselben Erzeugenden des Zylinders liegen wie o, sind Flachpunkte, also Nabelpunkte. — Man kann auch ein ähnliches, etwas komplizierteres Beispiel konstruieren, nämlich ein Stück einer Röhrenfläche, auf welcher k_2 eine von 0 verschiedene Konstante ist und auf welcher ein gewisser Kreisbogen ganz aus eigentlichen Nabelpunkten (nicht Flachpunkten) besteht; ich will darauf aber hier nicht eingehen. In beiden Beispielen tritt eine ganze Kurve von Nabelpunkten auf, und diese Kurve fügt sich in das Netz der Krümmungslinien ein, so daß in diesem Netz keine Singularität entsteht. Es wäre zu untersuchen, ob im Falle $\varkappa = 0$ immer diese Situation vorliegt.

Die W-Flächen, die wir als Beispiele für das Auftreten der Werte $\varkappa = 2m + 1$ betrachten werden, sind Rotationsflächen. Dabei sei immer die z-Achse des (x, y, z)-Raumes die Rotationsachse, es sei $x^2 + y^2 = r^2$, und die Meridiankurve habe die Gleichung $z = f(r)$ mit $f(0) = f'(0) = 0$; der Nabelpunkt, für den wir uns interessieren, ist der durch $z = r = 0$ gegebene Scheitelpunkt o. Die Fläche ist dann und nur dann analytisch, wenn $f(r)$ eine gerade analytische Funktion von r ist. Die Hauptkrümmungen der Fläche sind, wie man leicht nachrechnet,

$$k_1 = f' r^{-1} (1 + f'^2)^{-\frac{1}{2}}, \qquad k_2 = f'' (1 + f'^2)^{-\frac{3}{2}}. \tag{25}$$

Für die Paraboloide mit dem Meridian

$$z = f(r) = r^{\mu}, \qquad \mu > 2, \tag{26}$$

ist im Nullpunkt $k_1 = k_2 = 0$, also

$$\varkappa = \frac{d k_2}{d k_1} = \lim \frac{k_2}{k_1},$$

und nach (25) und (26) folgt hieraus

$$\varkappa = \mu - 1. \tag{27}$$

Ist μ ganz und gerade, so ist die Fläche analytisch, und für $\mu = 4, 6, \ldots$ erhält man nach (27) die Werte $\varkappa = 3, 5, \ldots$.

Für $\mu = 2$ muß man etwas anders vorgehen, da dann im Nullpunkt $k_1 = k_2 = 2 \neq 0$ ist; in diesem Fall lautet aber (25)

$$k_1 = 2 (1 + f'^2)^{-\frac{1}{2}}, \qquad k_2 = 2 (1 + f'^2)^{-\frac{3}{2}},$$

es ist also $k_3^1 = 4 k_2$, $\frac{d k_2}{d k_1} = \frac{3}{4} k_1^2$, also im Nullpunkt $\varkappa = 3$. —

5.3. Unter den soeben betrachteten Flächen haben wir für $\varkappa=3$ sowohl ein Beispiel eines Flachpunktes gefunden (auf der Fläche mit $z=r^4$) als auch ein Beispiel eines eigentlichen Nabelpunktes (auf der Fläche mit $z=r^2$), für $\varkappa\geqq 5$ aber nur Beispiele von Flachpunkten. Aus den Beispielen, die wir jetzt behandeln wollen, wird hervorgehoben, daß es auch für $\varkappa\geqq 5$ eigentliche Nabelpunkte gibt; auch in anderer Hinsicht werden die neuen Beispiele etwas Neues lehren.

Auch diese neuen Beispiele sind Rotationsflächen. Aus der ersten Gleichung (25) folgt

$$f'(r)=r k_1 (1-r^2 k_1^2)^{-\frac{1}{2}}, \tag{28}$$

also

$$z=f(r)=\int_0^r t k_1(t)\left(1-t^2 k_1^2(t)\right)^{-\frac{1}{2}} dt; \tag{29}$$

ferner ergibt sich aus (25)

$$k_2=(r k_1)'. \tag{30}$$ [5]

Bei willkürlich gegebener Funktion $k_1(r)$ hat somit die Rotationsfläche, deren Meridian durch (29) bestimmt ist, als Hauptkrümmung die Funktion k_1 und die durch (30) bestimmte Funktion k_2. Dabei muß k_1 für ein Intervall $0\leqq r<r_1$ gegeben sein; die Fläche ist dann und nur dann analytisch, wenn k_1 eine analytische gerade Funktion von r ist.

Wir nehmen die Funktion

$$k_1(r)=a+b r^\nu, \quad \nu>0, \tag{31}$$

mit konstanten a und b, $b\neq 0$; nach (30) ist dann

$$k_2(r)=a+(\nu+1)\, b r^\nu, \tag{32}$$

so daß also

$$k_2=(\nu+1)\, k_1-\nu a, \tag{33}$$

$$\varkappa=\nu+1 \tag{34}$$

ist. Der Nullpunkt ist für $a\neq 0$ eigentlicher Nabelpunkt, für $a=0$ Flachpunkt. Für ganzes gerades $\nu=2m$ ist die Fläche analytisch. Damit haben wir analytische W-Flächen mit eigentlichen Nabelpunkten und beliebigem ungeradem $\varkappa\geqq 3$ gefunden.

Diese Flächen haben gegenüber den Rotationsflächen in 5.2 auch noch den Vorteil, daß wir die zwischen k_1 und k_2 bestehende Relation explizit angegeben haben und daß diese Relation (33) linear ist.

5.4. Bisher haben wir die Flächen nur in der Umgebung des Nabelpunktes betrachtet; jetzt wollen wir sie im Großen untersuchen. Wir bleiben bei unseren letzten Beispielen und wollen uns darauf beschränken, daß in (31) $b=1$ ist; dagegen wollen wir den Parameter a beibehalten, um sowohl $a\neq 0$ als auch $a=0$ zuzulassen; wir dürfen aber annehmen, daß $a\geqq 0$ ist.

Für kleine r, nämlich solange der in (28) und (29) auftretende Radikand

$$R(r)=1-r^2(a+r^\nu)^2$$

positiv ist, zeigen diese Formeln, daß f und f' mit wachsendem r monoton wachsen. Die Funktion $R(r)$ ist für große r negativ, sie besitzt also positive reelle Nullstellen; Ausrechnen der Ableitung R' zeigt, daß die Nullstellen einfach sind; r_1 sei die kleinste positive Nullstelle; dann ist

$$f'(r)=F(r)\,(r-r_1)^{-\frac{1}{2}}, \tag{35}$$

wobei die Funktion $F(r)$ in der Umgebung von $r=r_1$ regulär und $\neq 0$ ist. Hieraus ist ersichtlich, daß für $r\to r_1$ die Funktion f gegen einen endlichen Grenzwert z_1 und die Ableitung f' gegen ∞ strebt. In dem Intervall $0\leqq r\leqq r_1$ ist somit die Meridiankurve unserer Fläche ein konvexer Bogen M_1, dessen Tangente im Anfangspunkt ($r=0$, $z=0$) horizontal, im Endpunkt ($r=r_1$, $z=z_1$) vertikal ist.

Wir behaupten, daß das Spiegelbild M_2 des Bogens M_1 an der Geraden $z=z_1$ den Bogen M_1 analytisch fortsetzt. In der Tat: setzen wir $r-r_1=s^2$, so folgt aus (35), daß

$$dz=2F(r_1+s^2)\,ds,$$

und hieraus, daß $z-z_1$ eine ungerade analytische Funktion $U(s)$ von s ist; da $F(r_1)\neq 0$ ist, ist auch $U'(0)\neq 0$, und daher ist $s=V(z-z_1)$ in der Nähe von $z=z_1$ eine analytische Funktion von $z-z_1$, die infolge der Ungeradheit von U selbst ungerade ist; hieraus folgt schließlich, daß $s^2=r-r_1$ eine gerade analytische Funktion von $z-z_1$ ist. Dies bedeutet aber, daß M_2 die analytische Fortsetzung von M_1 darstellt.

Der Bogen M_1+M_2 bildet nun zusammen mit seinem Spiegelbild an der z-Achse eine geschlossene konvexe Kurve M, die — bei beliebigem positivem ν — jedenfalls in den nicht auf der z-Achse gelegenen Punkten analytisch ist; sie ist auch in den beiden Punkten auf der z-Achse ($z=0$ und $z=2z_1$) noch analytisch, falls $\nu=2m$ mit ganzem positivem m, falls also $f(r)$ eine gerade analytische Funktion von r ist.

Die Flächen, die durch Rotation dieser Kurven M um die z-Achse entstehen, sind die Flächen, von denen in der Einleitung, Nr. 9, die Rede war; insbesondere ist durch die Konstruktion der Flächen mit $a=0$ der Beweis des dort formulierten Satzes D zu Ende geführt worden.

Es sei noch bemerkt, daß die Flächen, die man erhält, wenn man $\nu=0$ nimmt, Kugeln sind.

5.5. In den letzten Abschnitten haben wir gelegentlich von der Voraussetzung, daß unsere Flächen analytisch sein sollen, abgesehen, indem wir von den Exponenten μ in 5.2 und ν in 5.3 und 5.4 nicht ausschließlich verlangt haben, daß sie gerade ganze Zahlen seien. Dies geschah besonders darum, um den Hinweis darauf zu erleichtern, daß einige unserer Sätze — nämlich die Sätze II'', B'' und ein Teil von D — ihre Gültigkeit verlieren, wenn man die Voraussetzung der Analytizität durch diejenige mehrmaliger Differenzierbarkeit ersetzt.

Das durch (26) für ein beliebiges reelles $\mu > 2$ definierte Rotationsparaboloid ist in dem Scheitelpunkt h-mal differenzierbar, wenn $h < \mu$ ist; gemäß (27) treten somit für h-mal differenzierbare Flächen alle diejenigen reellen Zahlen in der Rolle unserer $\varkappa$ auf, welche größer als $h-1$ sind. Die Flächen in 5.3 und 5.4, die auf Grund von (31) konstruiert sind, sind h-mal differenzierbar, wenn $h < \nu + 2$ ist; daher sind auch hier, gemäß (34), für die h-mal differenzierbaren Flächen alle reellen $\varkappa$ möglich, die $> h-1$ sind. Insbesondere existieren nach unserer Konstruktion in 5.4 h-mal differenzierbare geschlossene Flächen, auf denen die Relation (33) mit beliebigem $\varkappa = \nu + 1 > h - 1$ gilt; diese Flächen sind sogar überall mit Ausnahme der beiden Rotationsscheitel analytisch; in den beiden Scheitelpunkten aber sind sie dann und nur dann analytisch, wenn ν eine gerade ganze Zahl ist.

[Zusatz 1964. — In dem Problemkreis dieser Arbeit sind inzwischen die folgenden beiden wichtigen Fortschritte erzielt worden:

A. D. Alexandrov hat (neben allgemeineren Sätzen) bewiesen: *Die einzigen (zweimal stetig differenzierbaren) geschlossenen Flächen ohne Selbstdurchdringungen, auf denen eine (stetig differenzierbare) Relation* $W(k_1, k_2) = 0$ *mit positiven Ableitungen* W_{k_1}, W_{k_2} *besteht* — also z.B. die Relation $H =$ konst. —, *sind die Kugeln.* („Einzigkeitssätze für Flächen im Großen. V", Vestnik Leningrad Univ. 13 (1958) (russisch); englische Übersetzung: Amer. Math. Soc. Translations, Ser. 2, vol. 21 (1962), 412—416.) — Die Beweismethode beruht auf einer Kombination einfacher geometrischer Betrachtungen mit Aussagen über die Lösungen elliptischer Differentialgleichungen. Die Frage, ob man auf die Voraussetzung, daß die Fläche keine Selbstdurchdringungen habe, verzichten kann, ist offen; (die Sätze und Beweise in meiner obigen Arbeit gelten ohne diese Voraussetzung).

K. Voss hat bewiesen: *Die einzigen analytischen geschlossenen W-Flächen vom Geschlecht* 0 *sind die Rotationsflächen.* („Über geschlossene Weingartensche Flächen." Math. Annalen 138 (1959), 42—54.) Die Methode beruht auf Verfeinerungen der Methode in meiner obigen Arbeit. Selbstdurchdringungen der Flächen sind nicht verboten.]

Schlichte Abbildungen und lokale Modifikationen 4-dimensionaler komplexer Mannigfaltigkeiten

Commentarii Mathematici Helvetici 29 (1955)

Meinem verehrten Kollegen und Freund M. PLANCHEREL zum siebzigsten Geburtstag gewidmet

§ 1. Einleitung

1. Diese Arbeit betrifft eine der zahlreichen Erscheinungen in der Theorie der analytischen Funktionen von zwei oder mehr komplexen Variablen, welche in der Theorie für eine einzige Variable kein Analogon haben: für $m \geqq 2$ gibt es analytische Abbildungen durch m Funktionen von m Variablen, bei welchen zwar für fast alle Bildpunkte die Urbilder nur aus endlich vielen Punkten bestehen, auf einige Ausnahmebildpunkte aber ganze analytische Flächen — die *Ausnahmemengen* — abgebildet werden. Das einfachste Beispiel ist die Abbildung des komplexen (x_1, x_2)-Zahlenraumes X in den (y_1, y_2)-Zahlenraum Y, die durch

$$(1) \qquad y_1 = x_1, \qquad y_2 = x_1 x_2$$

gegeben ist: die Ebene $x_1 = 0$ ist Ausnahmemenge, der Punkt $y_1 = y_2 = 0$ der zugehörige Ausnahmebildpunkt, im übrigen ist die Abbildung eineindeutig. Ähnliche Fälle liegen in der komplexen algebraischen Geometrie vor, wenn Flächen X durch rationale Transformationen so auf Flächen Y abgebildet sind, daß einzelne Kurven C von X in Punkte übergehen; dabei haben wir X und Y als komplexe Mannigfaltigkeiten von 4 reellen Dimensionen, die C als analytische Flächen von 2 reellen Dimensionen aufzufassen[1]).

Unsere nachstehende Untersuchung wird sich nur auf den folgenden, besonders einfachen Fall beziehen: *erstens wird die Abbildung „schlicht“* — in einem sogleich noch zu präzisierenden Sinne — *und zweitens wird $m = 2$ sein*[2]). Ferner werden wir uns weniger für die mögliche Verteilung der Ausnahmebildpunkte interessieren als für das Verhalten der Abbildung f in einem einzelnen solchen Punkt a und seiner Umgebung; daher dürfen wir (wenigstens vorläufig) annehmen, daß der Bildraum

[1]) Unsere „Abbildungen“ sollen immer eindeutig sein. Bei der Heranziehung von Beispielen aus der algebraischen Geometrie ist Vorsicht am Platze, da man dort das Wort „Abbildung“ auch für Korrespondenzen gebraucht, die in keiner der beiden Richtungen eindeutig sind.

[2]) Die Voraussetzung $m = 2$ wird erst im § 3 wesentlich gebraucht werden.

die Umgebung eines Punktes a im (y_1, y_2)-Zahlenraum ist. Dagegen wollen wir die Ausnahmemenge $A = f^{-1}(a)$ und ihre Umgebung nicht nur lokal, sondern im Großen studieren, und daher werden wir für die Räume X, die abgebildet werden, von vornherein beliebige komplexe Mannigfaltigkeiten zulassen, nicht nur Teilgebiete des Zahlenraumes[3]). Die Situation, die wir betrachten, ist also die folgende:

Die 4-dimensionale komplexe Mannigfaltigkeit X ist durch die analytische Abbildung f in den komplexen (y_1, y_2)-Zahlenraum abgebildet; f ist nicht konstant, das heißt, die Bildmenge $f(X)$ besteht nicht nur aus einem einzigen Punkt. a ist ein fester Punkt aus $f(X)$ und $A = f^{-1}(a)$ sein Urbild in X; die Menge $X - A$ wird durch f eineindeutig abgebildet.

Dann sagen wir: *f ist schlicht* — oder auch, um deutlicher zu sein: *f ist „schlicht bis auf a"*. Wenn A nur aus einem Punkt besteht, so ist f „ausnahmslos schlicht"; wenn A wenigstens zwei Punkte enthält, so ist A „Ausnahmemenge", und a ist „Ausnahmebildpunkt" von f.

2. Wir werden später die Ausnahmemengen A eingehend untersuchen; die einfachsten Eigenschaften wollen wir aber schon jetzt, zur vorläufigen Orientierung, feststellen.

Daß A abgeschlossen ist, folgt bereits aus der Stetigkeit von f. Die Menge A ist durch die beiden analytischen Gleichungen $y_1(x) = a_1$, $y_2(x) = a_2$ definiert, wobei a_1, a_2 die Koordinaten von a im (y_1, y_2)-Raum sind und x den variablen Punkt in X bezeichnet; folglich ist A eine „analytische Menge", das heißt: A besteht aus endlich oder abzählbar unendlich vielen analytischen irreduziblen Flächen, die sich nirgends häufen (in X), und vielleicht noch aus isolierten Punkten. Wir zeigen aber sogleich: isolierte Punkte treten nicht auf; mit anderen Worten: Wenn A einen isolierten Punkt p enthält, so ist $A = p$, die Abbildung f also ausnahmslos schlicht.

Beweis: Der Punkt p besitzt eine Umgebung U, in welcher er der einzige Urbildpunkt von a und in welcher f daher eineindeutig und folg-

[3]) Wie üblich verstehen wir unter einer n-dimensionalen (topologischen) Mannigfaltigkeit M^n einen zusammenhängenden Hausdorffschen Raum mit abzählbarer Umgebungsbasis, in dem die Punkte Umgebungen besitzen, welche mit dem Innengebiet der n-dimensionalen euklidischen Vollkugel homöomorph sind. M^{2m} heißt „komplex" — genauer: „ist mit einer komplex-analytischen Struktur versehen" —, wenn in den euklidischen Umgebungen der Punkte komplexe Parametersysteme $(z_1, \ldots, z_m)$, $(w_1, \ldots, w_m)$, ... so eingeführt sind, daß die beim Übereinandergreifen solcher Systeme entstehenden Parametertransformationen analytisch sind. Der Begriff der Analytizität von Abbildungen einer komplexen M^{2m} in eine andere — also auch der Begriff der analytischen Funktion auf einer M^{2m} — ist in bezug auf spezielle lokale komplexe Parametersysteme erklärt, aber infolge der Analytizität der Parametertransformationen von den speziell benutzten Systemen unabhängig. — Jedes Teilgebiet einer komplexen M^{2m} ist selbst eine komplexe M^{2m}. — Die komplexen M^2 sind die Riemannschen Flächen. — Literatur zur Einführung: z. B. [1].

lich gebietstreu ist; mithin enthält das Bild $f(U)$ eine volle Umgebung von a, und folglich besitzt jeder Punkt $p' \in A$ eine Umgebung U' mit $f(U') \subset f(U)$; folglich gibt es zu jedem Punkt $x' \in U'$ einen Punkt $x \in U$ mit $f(x) = f(x')$; da f nicht konstant ist, dürfen wir $x' \in X - A$ und damit auch $x \in X - A$ annehmen; aus der Eineindeutigkeit von f in $X - A$ folgt $x' = x$. Da dies für beliebig kleine Umgebungen U, U' von p, p' gilt, ist $x' = x$ unverträglich mit $p' \neq p$; es ist also $p' = p$, das heißt $A = p$.

Damit ist gezeigt: *Die Menge $A = f^{-1}(a)$ besteht entweder aus einem einzigen Punkt, oder sie ist eine 2-dimensionale analytische Menge ohne isolierte Punkte.*

3. Unsere Abbildungen f lassen sich in zwei Klassen einteilen: wir nennen f „*vollständig*" oder „*unvollständig*", je nachdem a innerer Punkt oder Randpunkt der Bildmenge $f(X)$ ist. Während nämlich jeder von a verschiedene Bildpunkt $y = f(x)$ innerer Punkt von $f(X)$ ist, weil f in der Umgebung von x eineindeutig, also gebietstreu ist, sind für a selbst beide Fälle möglich: die durch (1) gegebene Abbildung ist unvollständig, da der Punkt $y_1 = y_2 = 0$ auf der Ebene $y_1 = 0$ der einzige Punkt ist, der zu $f(X)$ gehört; dagegen wird in § 2, Nr. 1, ein Beispiel einer vollständigen Abbildung angegeben werden (auch die erwähnten Transformationen in der algebraischen Geometrie sind vollständig). Übrigens ist natürlich jede ausnahmslos schlichte Abbildung vollständig, da sie auch in der Umgebung des Punktes $f^{-1}(a)$ eineindeutig, also gebietstreu ist; diese Tatsache ist ein Spezialfall eines allgemeineren Satzes, dessen (rein topologischer) Beweis so einfach ist, daß wir ihn sogleich hier angeben wollen: *Wenn A kompakt ist, so ist f vollständig.*

Beweis: Die kompakte Menge A in der Mannigfaltigkeit X besitzt eine offene Umgebung U, deren abgeschlossene Hülle $\overline{U}$ ebenfalls kompakt ist; dann ist auch die Begrenzung $U^{\cdot} = \overline{U} - U$ kompakt und folglich die Bildmenge $f(U^{\cdot})$ abgeschlossen; da der Punkt a nicht zu dieser Menge gehört, besitzt er eine Umgebung V, die fremd zu $f(U^{\cdot})$ ist; dann ist der Durchschnitt $V \cap f(\overline{U})$ gleich dem Durchschnitt $V \cap f(U)$ und ebenso

$$(V - a) \cap f(\overline{U}) = (V - a) \cap f(U - A).$$

Diese Menge, die wir W nennen, ist, da $f(\overline{U})$ infolge der Kompaktheit von $\overline{U}$ abgeschlossen ist, abgeschlossen in $V - a$; $U - A$ offen und f in $U - A$ eineindeutig ist, ist $f(U - A)$ offen, also auch W offen (in $V - a$ und sogar im ganzen y-Raum). Da wir $V - a$ als zusammenhängend annehmen dürfen und da W offenbar nicht leer ist, folgt aus der Abgeschlossenheit und Offenheit von W in $V - a$, daß $W = V - a$ ist. Es ist also $V - a \subset f(U - A) \subset f(X)$ und mithin a innerer Punkt von $f(X)$.

4. Wir werden uns besonders für die *vollständigen* schlichten Abbildungen interessieren. Ein wesentlicher Grund hierfür ist der, daß diese Abbildungen eng mit *Modifikationen* komplexer Mannigfaltigkeiten im Sinne von H. BEHNKE und K. STEIN zusammenhängen [2]. Der Übergang von einer komplexen Mannigfaltigkeit Y zu einer komplexen Mannigfaltigkeit X durch eine „Modifikation" bedeutet, zunächst grob gesprochen, folgenden Prozeß: Man nimmt aus Y eine Teilmenge B heraus und setzt in das dadurch entstandene Loch eine Punktmenge A so ein, daß, ohne Änderung der analytischen Struktur von $Y-B$, die Mannigfaltigkeit X entsteht; genau: X und Y sind komplexe Mannigfaltigkeiten, A und B sind abgeschlossene Teilmengen von X bzw. Y; es existiert eine eineindeutige analytische Abbildung f von $X-A$ auf $Y-B$, derart, daß folgende Bedingung erfüllt ist: wenn ein Punkt $x \in X-A$ gegen A strebt, so strebt $f(x)$ gegen B (diese Bedingung besagt, daß man A wirklich in dasjenige Loch eingesetzt hat, welches durch Tilgung von B aus Y entstanden ist).

Wir werden es nur mit dem einfachsten Spezialfall zu tun haben, nämlich, mit den *„lokalen"* Modifikationen: das sind diejenigen, bei denen B nur aus einem einzigen Punkt a besteht. Dann bedeutet die soeben formulierte Annäherungsbedingung einfach folgendes: Wenn wir für die Punkte $x \in A$ die Abbildung f durch $f(x)=a$ definieren, dann ist die nunmehr in ganz X erklärte, in $X-A$ analytische und eineindeutige Abbildung f überall in X *stetig*.

Nun gilt aber folgender Satz von RADÓ-BEHNKE-STEIN-CARTAN[4]): „Ist y eine in der komplexen Mannigfaltigkeit X (beliebiger Dimension) stetige Funktion, welche überall dort, wo sie nicht verschwindet, analytisch ist, dann ist y überall in X analytisch." Wenden wir diesen Satz auf die beiden Funktionen y_1, y_2 an, welche für jeden Punkt $x \in X$ die Koordinaten des Bildpunktes $f(x)$ angeben (wobei a die Koordinaten 0, 0 habe), so ergibt sich: unsere Abbildung f von X auf Y ist überall in X *analytisch*. Daß f schlicht (bis auf a) und vollständig ist, ist unmittelbar aus der Definition von f zu ersehen. — Umgekehrt ist von vornherein folgendes klar: wenn eine vollständige, bis auf a schlichte Abbildung von X in Y vorliegt, so ist X eine Mannigfaltigkeit, welche durch eine lokale Modifikation von Y im Punkte a entsteht, nämlich durch diejenige, welche a durch die Menge $A=f^{-1}(a)$ ersetzt. Wir dürfen also sagen:

---

[4]) Der Satz ist (in anderer Formulierung) von T. RADÓ [3] für eine Variable, also für 2 Dimensionen, aufgestellt und dann von H. BEHNKE und K. STEIN [2] auf Mannigfaltigkeiten beliebiger Dimension übertragen worden. Die oben benutzte elegante Formulierung stammt von H. CARTAN, der auch einen ganz neuen Beweis angegeben hat [4]. — [Ein besonders einfacher Beweis stammt von E. HEINZ: Math. Ann. 191 (1956).]

Die lokalen Modifikationen von Y im Punkte a sind identisch mit den Umkehrungen der vollständigen, bis auf a schlichten Abbildungen von Mannigfaltigkeiten X in die Mannigfaltigkeit Y. In diesem Sinne ist jede Untersuchung der vollständigen schlichten Abbildungen gleichbedeutend mit einer Untersuchung der lokalen Modifikationen.

Eine solche Untersuchung — immer für den Fall von 4 Dimensionen — bildet den Gegenstand der vorliegenden Arbeit.

5. Unser Hauptergebnis besteht in der Feststellung, daß eine gewisse spezielle lokale Modifikation, die wir den „*σ-Prozeß*" nennen, in folgendem Sinne die *einzige* lokale Modifikation (4-dimensionaler Mannigfaltigkeiten) ist: *Es gibt außer dem σ-Prozeß keine anderen lokalen Modifikationen mit kompakten Mengen $A = f^{-1}(a)$ als diejenigen, welche durch mehrmalige Wiederholung des σ-Prozesses entstehen*; und auch bei nichtkompakten A werden die Modifikationen weitgehend durch die Iterationen des σ-Prozesses beherrscht. Gleichzeitig werden wir auch für unvollständige schlichte Abbildungen zu einigen Aussagen gelangen, die nicht trivial sind.

Der σ-Prozeß spielt übrigens in der algebraischen Geometrie eine wichtige Rolle; er liegt vor, wenn eine Fläche birational so transformiert wird, daß ein Punkt a in eine Kurve A übergeht, die Transformation aber sonst in der Umgebung von a eineindeutig ist. Auch in der Funktionentheorie mit zwei komplexen Variablen ist er neuerdings mit Erfolg verwendet worden [5]. Wir werden ihn im § 2 ausführlich darstellen. Im § 3 werden wir dann mit Hilfe lokaler funktionentheoretischer Betrachtungen leicht zu unseren Resultaten gelangen.

Ich habe den obigen Satz von der Einzigkeit des σ-Prozesses, also unseren Hauptsatz, schon früher ohne Beweis veröffentlicht [1], und F. Hirzebruch hat den Satz bereits gelegentlich benutzt [5]. Daß der σ-Prozeß in der algebraischen Geometrie eine alte und bewährte Operation ist, war uns von vornherein bekannt; aber erst später hat mich Herr Zariski darauf aufmerksam gemacht, daß auch der Einzigkeitssatz nicht neu ist: er deckt sich mit dem „Lemma" im Abschnitt 24 der berühmten Arbeit [6]; dort handelt es sich zwar um algebraische Mannigfaltigkeiten und birationale Transformationen, aber da die Betrachtungen gerade in dem betreffenden Abschnitt lokalen Charakter haben, behalten sie ihre Gültigkeit auch für die funktionentheoretische Situation, die wir hier vor uns haben. Ein Teil des nachstehenden Textes kann also als eine funktionentheoretische Darstellung und Beleuchtung des Zariskischen Lemmas aufgefaßt werden.

Gerade in diesen Tagen (Juli 1954) habe ich die große Abhandlung „Über meromorphe Modifikationen" von W. Stoll erhalten [7], die, wie Herr Stoll darin schreibt, durch mündliche Mitteilungen von mir, welche den Inhalt meiner vorliegenden Arbeit betrafen, angeregt worden ist; sie enthält sehr starke Verallgemeinerungen unserer Resultate und unserer Methode (ebenfalls bei Beschränkung auf 4 Dimensionen). Es freut mich, daß meine hier vorliegende Arbeit bereits vor ihrem Erscheinen auf so interessante Weise fortgesetzt worden ist und daß ihre Lektüre als Einführung in das Studium der viel schwierigeren Untersuchungen von STOLL dienen kann.

§ 2. Der σ-Prozeß und seine Iterationen

1. V sei ein Gebiet des komplexen (y_1, y_2)-Zahlenraumes, welches den Punkt $a=(0, 0)$ enthält. S sei eine komplexe projektive Gerade (also äquivalent der Riemannschen Zahlkugel) mit Koordinaten $s_1:s_2$. Das cartesische Produkt $P=V\times S$ besitzt eine komplexe Struktur, die in natürlicher Weise durch die Strukturen von V und von S induziert ist; P ist Summe der durch $s_1\neq 0$ bzw. $s_2\neq 0$ bestimmten Teilgebiete P_1 bzw. P_2, in denen

$$y_1, y_2, s=s_2 s_1^{-1} \quad \text{bzw.} \quad y_1, y_2, s'=s_1 s_2^{-1}$$

analytische Parameter sind.

Das Gebilde V^*, das in P durch die Gleichung

$$y_1 s_2 - y_2 s_1 = 0 \tag{2}$$

bestimmt ist, ist eine 4-dimensionale komplexe Mannigfaltigkeit: in dem Teil $V_1^*=V^*\cap P_1$ sind y_1, s, in dem Teil $V_2^*=V^*\cap P_2$ sind y_2, s' analytische Parameter; in V_1^* ist $y_2=y_1 s$, in V_2^* ist $y_1=y_2 s'$, in $V_1^*\cap V_2^*$ ist $s'=s^{-1}$.

Die natürliche, durch $(y_1, y_2, s_1:s_2)\to(y_1, y_2)$ gegebene Projektion von P auf V bewirkt eine analytische Abbildung φ von V^* auf V; bei ihr ist, wie aus (2) ersichtlich, das Urbild eines von $a=(0, 0)$ verschiedenen Punktes $y=(y_1, y_2)$ der Punkt $(y_1, y_2, y_1:y_2)$ von V^* das Urbild des Punktes $a=(0, 0)$ aber die aus den Punkten $(0, 0, s_1:s_2)$ mit beliebigen $(s_1:s_2)\in S$ bestehende Sphäre (= komplexe Zahlkugel) σ.

φ ist also — in der Terminologie aus § 1 — eine vollständige, bis auf den Punkt a schlichte Abbildung von $X=V^*$ auf $Y=V$ mit der Ausnahmemenge $A=\sigma=\varphi^{-1}(a)$. Die Umkehrung φ^{-1} ist eine lokale Modifikation von V, welche den Punkt a durch die Sphäre σ ersetzt; diese Modifikation nennen wir den σ-Prozeß.

2. Wir wollen die Beziehungen zwischen V und V^* näher betrachten. Zunächst bemerken wir noch: in jedem der Teile V_i^*, $i=1$ oder $i=2$, ist die Fläche $y_i=0$ die Sphäre σ ohne den Punkt $s_i=0$.

Es sei C eine analytische Fläche (= „komplexe Kurve") in V, die den Punkt a enthält und dort „regulär" ist; das heißt: C ist durch $f(y_1, y_2)=0$ gegeben, wobei f regulär analytisch, $f(0, 0)=0$ und $\left(\frac{\partial f}{\partial y_1}, \frac{\partial f}{\partial y_2}\right) \neq (0, 0)$ in a ist. Sei etwa $\frac{\partial f}{\partial y_2} \neq 0$; dann wird C durch eine Gleichung

$$y_2 = a_1 y_1 + a_2 y_1^2 + \cdots \tag{3}$$

dargestellt; die in V_1^* durch

$$s = a_1 + a_2 y_1 + \cdots \tag{3*}$$

dargestellte Fläche C^* wird, da $y_1 s = y_2$ ist, durch φ auf C abgebildet; es ist natürlich, C^* als „Urbild" $\varphi^{-1}(C)$ zu bezeichnen — indem wir dies tun, ergänzen wir das von vornherein wohldefinierte Urbild $\varphi^{-1}(C-a)$ durch Hinzunahme des auf σ gelegenen Punktes mit $s=a_1$.

Aus der Darstellung (3*) von C^* und daraus, daß σ durch $y_1=0$ dargestellt wird, ist ersichtlich: Ist C eine reguläre, a enthaltende Fläche in V, so wird σ durch $\varphi^{-1}(C)$ geschnitten, nicht berührt.

Daraus, daß die Koordinate s des Schnittpunktes gleich dem Werte a_1 des Differentialquotienten $dy_2 : dy_1$ von C in a ist, ist weiter ersichtlich: Wenn sich die regulären Flächen C_1, C_2 in a schneiden, aber nicht berühren, so schneiden ihre Urbilder $\varphi^{-1}(C_1)$ und $\varphi^{-1}(C_2)$ die Sphäre σ in verschiedenen Punkten und treffen sich daher gegenseitig nicht. Durch den σ-Prozeß werden also die Schnittpunkte in a beseitigt.

Wenn sich dagegen C_1 und C_2 in a berühren, so haben sie in ihren Entwicklungen (3) denselben Anfangskoeffizienten a_1, und ihre Urbilder schneiden daher σ im gleichen Punkt. Indem wir jedem analytischen Flächenelement in a den Schnittpunkt von σ mit den Urbildern derjenigen C zuordnen, an welche dieses Flächenelement tangential ist, entsteht, wie aus dem Vorstehenden ersichtlich ist, eine eineindeutige Abbildung des Büschels der analytischen Flächenelemente in a auf die Sphäre σ. (Indem man unsere analytischen Flächen als „komplexe Kurven" auffaßt, sagt man übrigens statt „analytisches Flächenelement" häufig auch „komplexes Linienelement".)

Dieser Zusammenhang mit den Flächenelementen legt es nahe, das Produkt $P = V \times S$, das wir in Nr. 1 herangezogen haben, als den Raum aller analytischen Flächenelemente in V zu deuten: man identifiziere den Punkt $(y_1, y_2, s_1 : s_2)$ von P mit dem Flächenelement, das im Punkte (y_1, y_2) von V durch $dy_1 : dy_2 = s_1 : s_2$ bestimmt ist. Statt (2) hat man dann als definierende Gleichung von V^*:

$$y_1\, dy_2 - y_2\, dy_1 = 0; \tag{2'}$$

hieraus liest man ab: V^* besteht aus den Tangentialelementen der Flächen, deren Gleichungen $c_1 y_1 - c_2 y_2 = 0$ lauten (c_1, c_2 konstant, nicht beide 0); in der Sprache der affinen Geometrie der komplexen (y_1, y_2)-Ebene sind diese Flächen die Geraden des Büschels mit dem Zentrum a; in jedem von a verschiedenen Punkt gehört genau ein Flächenelement, in a selbst gehören alle (analytischen) Flächenelemente zu V^*; das Büschel dieser Flächenelemente in a stellt jetzt die Sphäre σ dar.

3. Da es für Anwendungen wichtig ist, die y_1, y_2 nicht nur als Koordinaten in einem festen Zahlenraum, sondern als lokale Parameter auf einer 4-dimensionalen komplexen Mannigfaltigkeit aufzufassen, ist es gut, sich davon zu überzeugen, daß der σ-Prozeß invariant gegenüber einer regulären Parametertransformation ist. Es sei also durch $z_1=z_1(y_1, y_2), z_2=z_2(y_1, y_2)$ eine solche Transformation in der Umgebung von a gegeben; wir dürfen annehmen, daß in a auch $z_1=z_2=0$ ist. Der Raum P der Flächenelemente ändert sich nicht; aber in P hat man statt der durch (2′) gegebenen Mannigfaltigkeit V^* jetzt die durch

$$z_1\,dz_2 - z_2\,dz_1 = 0 \tag{2''}$$

gegebene Mannigfaltigkeit W^* zu betrachten. Sie enthält, ebenso wie V^*, das Büschel σ der analytischen Flächenelemente in a. Nun existiert aber eine kanonische eineindeutige Abbildung h von V^* auf W^*: auf σ ist h die Identität, und für ein Element y^* von V^* in einem von a verschiedenen Punkt ist $h(y^*)=z^*$ das Element von W^* in demselben Punkt. Man zeigt leicht — ich übergehe den Beweis —, daß h analytisch ist. V^* und W^* haben also die gleiche analytische Struktur; und noch mehr: bezeichnen wir die bis auf a schlichte Abbildung von W^* auf V, die der alten Abbildung φ von V^* auf V analog ist, mit ψ, so ist, wie unmittelbar aus der Definition folgt, $\varphi=\psi h$.

In diesem Sinne sind also die Mannigfaltigkeit V^*, die Abbildung φ und damit auch die Modifikation φ^{-1} — also der σ-Prozeß — invariant gegenüber Parametertransformationen. Zugleich sieht man, daß die folgende Aussage einen invarianten, vom Parametersystem unabhängigen Sinn hat: *Der σ-Prozeß besteht darin, daß man den Punkt a durch das Büschel seiner analytischen Flächenelemente ersetzt.*

4. Wir wollen jetzt die topologische und die analytische Struktur von V^* untersuchen; dabei sei V durch

$$y_1\bar{y}_1 + y_2\bar{y}_2 < c, \qquad 0 < c \leqq \infty \tag{4}$$

gegeben; wie in Nr. 1 beschreiben wir V^* durch die Parameter $y_1, y_2, s_1:s_2$, zwischen denen die Relation (2) besteht.

Wir ziehen eine komplexe projektive Ebene T mit Koordinaten $t_1:t_2:t_3$ heran und bilden V^* durch

$$t_1:t_2:t_3 = s_1:s_2:\bar{y}_1\,s_1 + \bar{y}_2\,s_2 \tag{5}$$

in T ab; da $s_1:s_2 \neq 0:0$ ist, ist dies in der Tat eine Abbildung; wir nennen sie Q. Die Gleichungen (5) lassen sich mit Hilfe von (2) nach $y_1, y_2, s_1:s_2$ auflösen:

$$(5') \quad y_1 = t_1 \bar{t}_3 (t_1 \bar{t}_1 + t_2 \bar{t}_2)^{-1}, \qquad y_2 = t_2 \bar{t}_3 (t_1 \bar{t}_1 + t_2 \bar{t}_2)^{-1}, \qquad s_1:s_2 = t_1:t_2;$$

folglich ist Q eineindeutig. Man liest aus (5) oder (5′) ab: der durch $y_1 = y_2 = 0$ charakterisierten Sphäre σ entspricht im Raum T die durch $t_3 = 0$ gegebene Gerade τ; ferner, auf Grund von (4): das Bildgebiet $Q(V^*) = T'$ in T ist durch

$$(4') \qquad t_1 \bar{t}_1 + t_2 \bar{t}_2 > c^{-1} t_3 \bar{t}_3$$

gegeben. Somit sieht man: V^* ist topologisch homöomorph einer Umgebung T' einer Geraden τ in der komplexen projektiven Ebene T, wobei τ der Sphäre σ entspricht.

Jede komplexe Mannigfaltigkeit besitzt eine natürliche, durch die komplexe Struktur ausgezeichnete Orientierung (cf. [1]). Wir behaupten: die Orientierung von V^* ist der Orientierung von T entgegengesetzt; mit anderen Worten: bei Benutzung der ausgezeichneten Orientierungen von V^* und von T hat die Abbildung Q den Grad -1. Wir betrachten, um dies zu zeigen, nur die Abbildung Q von $V^* - \sigma$ auf $T' - \tau$; in $V^* - \sigma$ können wir y_1, y_2 als Parameter benutzen, und in $T' - \tau$ ist $t_3 \neq 0$, so daß wir $t_3 = 1$ setzen können; dann wird Q^{-1} durch die beiden ersten Gleichungen in (5′) mit $t_3 = 1$ beschrieben, und das sind die Formeln für eine Inversion (Abbildung durch reziproke Radien), welche bekanntlich die Orientierung umkehrt (man kann auch die reelle Funktionaldeterminante ausrechnen und findet, daß sie negativ ist).

Die Gerade τ in T besitzt die Selbstschnittzahl $+1$; da Q die Orientierung umkehrt und σ in τ überführt, folgt: die Sphäre σ besitzt in V^* die Selbstschnittzahl -1.[5])

Der Unterschied zwischen den analytischen Strukturen der Mannigfaltigkeit V^* und des mit V^* homöomorphen Teilgebietes $Q(V^*) = T'$ der projektiven Ebene T äußert sich aber nicht nur in der Verschiedenheit der Orientierungen, sondern noch deutlicher: in T' gibt es unendlich viele 2-dimensionale geschlossene analytische Flächen — „analytisch“ im Sinne der komplex-analytischen Struktur von T' —, nämlich die in T' gelegenen projektiven Geraden; in V^* aber ist σ die einzige geschlossene analytische Fläche. Beweis: sei ζ eine geschlossene analytische Fläche in V^*; da y_1 und y_2 reguläre analytische Funktionen sind und da ζ geschlossen ist, sind y_1 und y_2 auf ζ konstant (nach dem Maximum-

[5]) Die Selbstschnittzahl eines (m-dimensionalen) Zyklus ζ in einer ($2m$-dimensionalen) Mannigfaltigkeit ist die Schnittzahl zweier Zyklen ζ_1, ζ_2, die mit ζ homolog (also z.B. durch kleine Deformationen aus ζ entstanden) und zueinander in allgemeiner Lage sind.

prinzip). Folglich wird ζ durch φ auf einen Punkt $y \in V$ abgebildet. Da φ in $V^* - \sigma$ eineindeutig ist, muß ζ daher auf σ liegen und folglich mit σ identisch sein.

Es sei noch bemerkt: Den von τ verschiedenen komplexen projektiven Geraden in T' entsprechen in V^* geschlossene, mit Kugeln homöomorphe Flächen, welche zwar reell-analytisch sind, aber nicht analytisch im Sinne der komplexen Struktur von V^*, das heißt, nicht lokal durch Gleichungen $u_2 = f(u_1)$ darstellbar, wobei u_1, u_2 komplex-analytische lokale Parameter in V^* sind.

5. Nachdem der σ-Prozeß in einem Punkt eines Gebietes V des (y_1, y_2)-Zahlenraumes definiert ist, macht die Definition des σ-Prozesses in einem Punkt a einer beliebigen komplexen Mannigfaltigkeit Y keine Schwierigkeit: man nimmt eine Umgebung V von a, in der Parameter y_1, y_2 gültig sind, interpretiert sie als Teilgebiet des (y_1, y_2)-Zahlenraumes und geht wie früher durch den σ-Prozeß in a zu der Mannigfaltigkeit V^* über, die wie früher durch φ analytisch so auf V abgebildet ist, daß $V^* - \sigma$ und $V - a$ sich eineindeutig entsprechen und die Sphäre σ das Urbild des Punktes a ist; dann entfernt man a aus Y und identifiziert jeden Punkt y^* von $V^* - \sigma$ mit seinem Bild $\varphi(y^*)$; so entsteht eine komplexe Mannigfaltigkeit Y^* — von ihr sagen wir, daß sie durch den σ-Prozeß in a aus Y entstanden ist.

Es ist oft zweckmäßig, ein zweites Exemplar Y_0 von Y heranzuziehen — also eine komplexe Mannigfaltigkeit, auf welche Y durch einen fest gegebenen analytischen Homöomorphismus h abgebildet ist; dann liegt die folgende analytische Abbildung φ_1 von Y^* auf Y_0 vor: in $Y^* - \sigma$ ist φ_1 mit h identisch, und es ist $\varphi_1(\sigma) = h(a) = a_0$.

Die Abbildung φ_1^{-1}, welche somit $Y_0 - a_0$ eineindeutig auf $Y^* - \sigma$ abbildet, läßt sich, analog wie in Nr. 2, für reguläre Flächen C in Y_0, die den Punkt a_0 enthalten, auch im Punkte a_0 selbst erklären. Das Urbild $\varphi_1^{-1}(C)$ einer regulären Fläche C, gleichgültig, ob sie a_0 enthält oder nicht, ist dann eine ebenfalls reguläre und mit C homöomorphe Fläche in Y^*. Wenn a_0 auf C liegt, so schneidet $\varphi_1^{-1}(C)$ die Sphäre σ (ohne Berührung). Wenn C_1 und C_2 sich in a_0 schneiden (nicht berühren), so treffen sich $\varphi_1^{-1}(C_1)$ und $\varphi_1^{-1}(C_2)$ in der Nähe von σ nicht.[6])

6. Wir werden jetzt neue lokale Modifikationen von Y_0 in a_0 vornehmen, indem wir den σ-Prozeß iterieren. Wir ändern die soeben benutzte Bezeichnung, indem wir Y_1 statt Y^* und σ_1 statt σ sagen; φ_1 ist also eine Abbildung von Y_1 auf Y_0. Es sei a_1 ein Punkt von σ_1; indem wir in ihm den σ-Prozeß ausüben, gehen wir von Y_1 zu einer Mannigfaltigkeit Y_2 über. In Y_2 ist σ_2 die Sphäre, welche a_1 ersetzt; φ_2 ist die Abbildung von Y_2 auf Y_1, welche $Y_2 - \sigma_2$ eineindeutig auf $Y_1 - a_1$ und σ_2

[6]) Definition der „regulären" Fläche: § 2, Nr. 2.

auf a_1 abbildet. Da σ_1 eine reguläre Fläche in Y_1 ist und a_1 enthält ist, $\varphi_2^{-1}(\sigma_1)=\sigma_1^2$ eine reguläre Sphäre in Y_2, welche die Sphäre σ_2 in einem Punkte schneidet (nicht berührt) und mit ihr nur diesen einen Punkt gemeinsam hat. Die Vereinigung von σ_1^2 und $\sigma_2=\sigma_2^2$ nennen wir Σ_2; sie ist bei der Abbildung $\Phi_2=\varphi_1\,\varphi_2$ von Y_2 auf Y_0 das Urbild des Punktes a_0, während $Y_2-\Sigma_2$ eineindeutig auf Y_0-a_0 abgebildet wird. Es liegt also eine lokale Modifikation von Y_0 vor, welche a_0 durch Σ_2 ersetzt.

Jetzt sei a_2 ein Punkt von Σ_2; wir üben in ihm den σ-Prozeß aus und erhalten eine Mannigfaltigkeit Y_3, in welcher eine Sphäre σ_3 den Punkt a_2 ersetzt. Die zugehörige Abbildung von Y_3 auf Y_2 heiße φ_3; um die Wirkung von φ_3^{-1} auf Σ_2 zu erkennen, haben wir zwei Fälle zu unterscheiden, je nachdem a_2 nur auf einer der beiden Sphären σ_1^2 und σ_2^2 liegt oder der Schnittpunkt der beiden Sphären ist: im ersten Fall wird Σ_2 durch φ_3^{-1} homöomorph abgebildet, und σ_3 wird von einer der beiden Sphären $\sigma_1^3=\varphi_3^{-1}(\sigma_1^2)$ und $\sigma_2^3=\varphi_3^{-1}(\sigma_2^2)$ in einem Punkt geschnitten und ist zu der anderen fremd; im zweiten Fall sind die beiden Sphären σ_1^3 und σ_2^3 zueinander fremd, aber jede von ihnen schneidet σ_3 in genau einem Punkt; in jedem Fall sind $\sigma_1^3, \sigma_2^3, \sigma_3=\sigma_3^3$ drei reguläre Sphären, deren Vereinigung wir Σ_3 nennen. $\Phi_3=\varphi_1\,\varphi_2\,\varphi_3$ ist eine Abbildung von Y_3 auf Y_0, welche bis auf a_0 schlicht ist; die Ausnahmemenge ist Σ_3; die Mannigfaltigkeit Y_3 ist durch Modifikation von Y_0 in a_0 entstanden.

So fahren wir fort: $Y_{n-1}, \Sigma_{n-1}, \Phi_{n-1}$ seien schon konstruiert; dabei ist Σ_{n-1} die Vereinigung der Sphären $\sigma_1^{n-1}, \ldots, \sigma_{n-2}^{n-1}, \sigma_{n-1}^{n-1}$; wir vollziehen in einem Punkt a_{n-1} von Σ_{n-1} den σ-Prozeß; es entsteht Y_n; das Urbild $\Sigma_n=\varphi_n^{-1}(\Sigma_{n-1})$ besteht aus den $n-1$ Sphären $\sigma_i^n=\varphi_n^{-1}(\sigma_i^{n-1})$, $i=1, 2, \ldots, n-1$, und der Sphäre $\sigma_n=\sigma_n^n$. Die Abbildung $\Phi_n=\Phi_{n-1}\varphi_n$ von Y_n auf Y_0 ist bis auf den Punkt a_0 schlicht, die Ausnahmemenge ist Σ_n; Y_n ist durch Modifikation in a_0 aus Y_0 entstanden. Diese lokale Modifikation möge ein „*n-facher σ-Prozeß*" heißen.

Man bestätigt, durch Induktion nach n, leicht die folgenden Eigenschaften der Σ_n: je zwei der Sphären σ_i^n, $i=1, 2, \ldots, n$, deren Summe Σ_n ist, haben entweder keinen oder genau einen Punkt gemeinsam; ein gemeinsamer Punkt ist Schnittpunkt (nicht Berührungspunkt); ein Schnittpunkt gehört nur zwei Sphären an (wenn im Schnittpunkt von σ_i^{n-1} und σ_j^{n-1} der σ-Prozeß ausgeübt wird, so haben σ_i^n und σ_j^n keinen gemeinsamen Punkt). Die Zusammenhangsverhältnisse von Σ_n beschreiben wir am bequemsten, indem wir den „Nerven" von Σ_n konstruieren: nämlich den Streckenkomplex $N(\Sigma_n)$ mit n Eckpunkten $e_1, \ldots, e_n$, in dem e_i mit e_j dann und nur dann durch eine Strecke verbunden ist, wenn σ_i^n und σ_j^n sich schneiden; wir behaupten: der Nerv ist ein „Baum", das heißt, er ist zusammenhängend und enthält keinen zyklischen Streckenzug. In der Tat: für $n=1$ und $n=2$ ist dies trivial; es sei für $n-1$ bewiesen; liegt beim Übergang von Y_{n-1} zu Y_n der Punkt a_{n-1} auf nur einer Sphäre σ_i^{n-1}, so hat man dem Komplex $N(\Sigma_{n-1})$ einen Eckpunkt e_n hinzuzufügen und diesen durch eine Strecke mit e_i zu verbinden; ist a_{n-1} der Schnittpunkt zweier Sphären σ_i^{n-1} und σ_j^{n-1}, so hat man die Verbindung von e_i und e_j in $N(\Sigma_{n-1})$ zu tilgen, aber den neuen Punkt e_n mit e_i und mit e_j zu verbinden (oder, was dasselbe ist: man hat e_n auf die Verbindungsstrecke von e_i und e_j zu setzen); in jedem Fall bleibt der Komplex zusammenhängend, und es entsteht kein Zyklus.

Auf Grund dieser speziellen Eigenschaften wollen wir die Gebilde Σ_n „*Sphärenbäume*" nennen.

Was die Art der Einbettung von Σ_n in Y_n betrifft, so sei nur auf folgende Eigenschaft hingewiesen: die Sphäre σ_n^n, also die zuletzt eingesetzte der Sphären σ_i^n, hat die Selbstschnittzahl -1; dies ergibt sich ohne weiteres aus Nr. 4. Übrigens ist es nicht schwer, zu zeigen, daß der topologische Typus von Y_n vollständig durch den topologischen Typus von Y_0 und die Zahl n bestimmt ist; die analytische Struktur von Y_n dagegen hängt von der Wahl der Punkte a_i ab.

7. Die n-fachen σ-Prozesse sind Beispiele lokaler Modifikationen und die Sphärenbäume Beispiele von Ausnahmemengen A bei schlichten Abbildungen im Sinne des § 1. Daß es, wenn man sich auf kompakte Mengen A beschränkt, keine anderen analogen Beispiele gibt, wird im § 3 bewiesen werden. Wir wollen jetzt aber noch Beispiele angeben, bei denen die Mengen A nicht kompakt sind; dabei werden wir einiges nur skizzieren.

(a) Man konstruiere zunächst Y_n durch einen n-fachen σ-Prozeß und tilge dann eine abgeschlossene echte Teilmenge F aus Σ_n; die Mannigfaltigkeit $Y^* = Y_n - F$ ist durch Modifikation von Y_0 in a_0 entstanden; die zugehörige Ausnahmemenge $A = \Sigma_n - F$ ist nicht kompakt. Zum Beispiel kann man F so wählen, daß die Sphären $\sigma_1^n, \ldots, \sigma_{n-1}^n$ zu F gehören und A also nur aus einem Teil von σ_n^n besteht.

Auch in allen diesen Mannigfaltigkeiten Y^* gibt es 2-dimensionale Zyklen (geschlossene Flächen), die allerdings im allgemeinen nicht komplex-analytisch sind, mit der Selbstschnittzahl -1. In der Tat: wir dürfen annehmen, daß A einen nicht leeren Teil von σ_n^n enthält (also F nicht σ_n^n umfaßt; denn andernfalls brauchten wir statt Y_n nur ein Y_k mit $k<n$ zu betrachten); nach Nr. 4 ist die Umgebung von σ_n^n in Y_n homöomorph mit der Umgebung T' einer projektiven Geraden τ in der komplexen projektiven Ebene, wobei sich σ_n^n und τ entsprechen; daher enthält Y^* ein Gebiet G, das homöomorph ist mit einem Gebiet T'', welches aus T' durch Tilgung eines abgeschlossenen echten Teiles von τ entsteht; in T'' gibt es noch ganze projektive Geraden (die den stehengebliebenen Rest von τ schneiden); diese Geraden sind geschlossene Flächen, deren Selbstschnittzahl, wie aus Nr. 4 hervorgeht, -1 ist.

(b) Der Begriff des n-fachen σ-Prozesses läßt sich leicht zu dem Begriff des unendlich-fachen σ-Prozesses erweitern: wir definieren für jedes n wie in Nr. 6 die Mannigfaltigkeiten Y_n mit den Sphärenbäumen Σ_n und den Abbildungen φ_n von Y_n auf Y_{n-1}; zur Vermeidung von Komplikationen setzen wir aber fest, daß der Punkt a_n, den wir auf Σ_n zu wählen haben, immer auf der Sphäre σ_n^n und auf keiner anderen der Sphären σ_i^n liegen soll (die Nerven $N(\Sigma_n)$ sind dann einfache Streckenzüge). Die Folge der Mannigfaltigkeiten Y_n mit den Abbildungen φ_n definiert einen Limesraum, den „R_n-adischen Limes" im Sinne von H. FREUDENTHAL [8]; die Punkte dieses Limesraumes L sind die Folgen

$$\{p\}=(p_0, p_1, \ldots, p_{n-1}, p_n, \ldots),$$

wobei immer $p_n \in Y_n$ und $p_{n-1}=\varphi_n(p_n)$ ist; die Topologie in L ist in naheliegender Weise erklärt; durch $\Phi\{p\}=p_0$ ist eine stetige Abbildung von L auf Y_0 gegeben. In unserem Falle ist $L-\{a\}=Y_\infty$ eine 4-dimensionale Mannigfaltigkeit mit einer, in natürlicher Weise induzierten analytischen Struktur und Φ eine analytische Abbildung, die bis auf den Punkt a_0 schlicht ist; die zugehörige Ausnahmemenge A ist ein „unendlicher Sphärenbaum" $\Sigma_\infty = \lim \Sigma_n - \{a\}$. Die Mannigfaltigkeit Y_∞ ist durch lokale Modifikation von Y_0 entstanden, wobei der Punkt a_0 durch die nicht-kompakte Menge Σ_∞ ersetzt worden ist.

(c) Wenn man bereits eine lokale Modifikation von Y mit einer nicht-kompakten Ausnahmemenge A in der modifizierten Mannigfaltigkeit Y^* hat, so kann man folgendermaßen zu einer neuen Modifikation von Y^* und damit von Y übergehen: man nimmt auf A eine divergente (das heißt keinen Häufungspunkt besitzende) Punktfolge $p_1, p_2, \ldots$ und übt in jedem Punkt p_i den σ-Prozeß aus.

Diese Ausübung des σ-Prozesses in allen Punkten einer divergenten Folge läßt sich folgendermaßen verallgemeinern: Es sei M eine beliebige abgeschlossene Punktmenge in der 4-dimensionalen komplexen Mannigfaltigkeit Z; für jeden Punkt p von M definieren wir den „σ-Prozeß relativ zu M" so: man übt erst den gewöhnlichen σ-Prozeß in p aus und entfernt dann aus der Sphäre σ alle etwa auf ihr liegenden Häufungspunkte der Menge $\varphi^{-1}(M-p)$. Der Begriff der gleichzeitigen Ausübung dieser relativen σ-Prozesse in allen Punkten von M hat einen naheliegenden Sinn; dabei entsteht, wie man sich leicht überlegt, ein zusammenhängender Hausdorffscher Raum mit 4-dimensional euklidischen Umgebungen und einer komplex-analytischen Struktur; dieser Raum ist also eine 4-dimensionale komplexe Mannigfaltigkeit im üblichen Sinne[3]), falls er eine abzählbare Umgebungsbasis besitzt; dies ist aber, wie man ebenfalls leicht sieht, gesichert, falls die Menge M abzählbar ist. Für abzählbare abgeschlossene Mengen M führt also der soeben skizzierte „σ-Prozeß in der Menge M'' von der Mannigfaltigkeit Z wieder zu einer komplexen Mannigfaltigkeit Z^*.[7])

Neue lokale Modifikationen von Y erhält man nun dadurch, daß man erstens von Y durch irgendeine lokale Modifikation, zum Beispiel den gewöhnlichen σ-Prozeß, zu einer Mannigfaltigkeit Z übergeht und dann in einer abzählbaren abgeschlossenen Teilmenge M der Ausnahmemenge A, gleichgültig ob A kompakt ist oder nicht, den σ-Prozeß ausübt.

Durch Kombination der unter (a), (b), (c) skizzierten Methoden erhält man sehr viele und mannigfache lokale Modifikationen mit nicht-kompakten Mengen A; aber alle diese Beispiele beruhen auf dem σ-Prozeß; daß dies im Wesen der Sache liegt, wird sich im nächsten Paragraphen herausstellen.

§ 3. Die Rolle des σ-Prozesses für beliebige lokale Modifikationen und schlichte Abbildungen

1. Die Umgebung U des Punktes $o=(0,0)$ im komplexen (x_1, x_2)-Zahlenraum sei durch die analytische Abbildung f:

$$y_1=f_1(x_1, x_2), \qquad y_2=f_2(x_1, x_2)$$

in den (y_1, y_2)-Zahlenraum abgebildet, und es sei $f(o)=a=(0,0)$. *Die Abbildung sei eineindeutig in $U-H$, wobei H eine den Punkt o enthaltende, analytische Menge ist,* die entweder nur aus o besteht oder aus endlich vielen analytischen Flächen H_i, von denen jede durch eine irreduzible Gleichung $h_i(x_1, x_2)=0$ (mit $h_i(0,0)=0$) gegeben ist.[8]) Die Urbildmenge $f^{-1}(a)=A$ besteht entweder nur aus dem Punkt o oder aus endlich vielen irreduziblen Flächen C_j; da auf ihnen f konstant ist, sind sie unter den H_i enthalten. Die Funktionaldeterminante von y_1, y_2 nach x_1, x_2 heiße D; die meromorphe Funktion $f_1 f_2^{-1}$ heiße q. Ferner soll unter U' eine hinreichend kleine, in U enthaltene Umgebung von o verstanden werden.

Lemma. *Unter den genannten Voraussetzungen ist f eineindeutig in $U'-A$, also in U' „schlicht bis auf a"; und es gilt weiter: wenn f ausnahmslos schlicht in U', wenn also $A=o$ ist, so ist $D(0,0)\neq 0$, und o*

[7]) Durch Ausübung des σ-Prozesses in nicht-abzählbaren abgeschlossenen Mengen M können komplexe „Mannigfaltigkeiten" ohne abzählbare Basis entstehen; man vergleiche hierzu die Arbeit [9].

[8]) Die algebraischen Begriffe „irreduzibel", „Primfaktor", „größter gemeinsamer Teiler", die hier und im folgenden auftreten, beziehen sich auf den Ring R der Funktionen $f(x_1, x_2)$, die in hinreichend kleinen Umgebungen von o regulär sind. Die Einheiten in R sind die Funktionen, die in o nicht verschwinden; jedes Element von R ist Produkt irreduzibler Elemente, und diese Produktdarstellung ist eindeutig bis auf Faktoren, die Einheiten sind; je zwei Elemente f_1, f_2 haben einen größten gemeinsamen Teiler t, der bis auf Einheitsfaktoren bestimmt ist; ist t selbst Einheit, so darf man $t=1$ setzen, und f_1, f_2 sind „teilerfremd".

ist Unbestimmtheitsstelle der Funktion q; wenn A Ausnahmemenge ist, also aus einer oder einigen der Flächen H_i besteht, so ist $D(0, 0)=0$, und o ist nicht Unbestimmtheitsstelle von q (cf. [10], p. 60—61).

Bemerkungen: (a) Das Lemma enthält den bekannten Satz ([10], p. 19): wenn f in der Umgebung von o ausnahmslos schlicht ist, so ist $D \neq 0$. — (b) Aus dem Lemma ist ersichtlich: Die Eigenschaften, durch die wir im § 1 die „bis auf a schlichten" Abbildungen definiert haben, können durch die schwächeren Voraussetzungen des Lemmas ersetzt werden (also ohne daß die Konstanz von f auf der Ausnahmemenge gefordert wird).

Beweis des Lemmas: Es sei $t(x_1, x_2)$ der größte gemeinsame Teiler von f_1, f_2, also

$$(6) \quad f_1(x_1, x_2)=t(x_1, x_2)\cdot g_1(x_1, x_2), \qquad f_2(x_1, x_2)=t(x_1, x_2)\cdot g_2(x_1, x_2)$$

mit teilerfremden g_1, g_2. Wir unterscheiden zwei Fälle:

Fall I: $g_1(0, 0)=g_2(0, 0)=0$;

Fall II: $g_i(0, 0)\neq 0$ für wenigstens einen der Indizes $i=1, 2$.

Es liege zunächst der Fall I vor: Sind ϱ, ϱ' verschiedene Zahlen, so sind ϱg_1+g_2, $\varrho' g_1+g_2$ teilerfremd; daraus folgt: zu jeder der oben genannten irreduziblen Funktionen h_i gibt es höchstens eine Zahl ϱ_i, so daß h_i Teiler von $\varrho_i g_1+g_2$ ist; wir können daher ϱ so wählen, daß ϱg_1+g_2 zu allen h_i teilerfremd ist. Es sei $p(x_1, x_2)$ ein Primfaktor von ϱg_1+g_2; dann fällt die durch $p=0$ bestimmte irreduzible Fläche P mit keiner der Flächen H_i zusammen, und folglich wird P durch f schlicht abgebildet, und zwar, da auf P die Gleichung $\varrho g_1+g_2=0$ gilt, auf ein Gebiet der Ebene $y_2=-\varrho y_1$; in dieser Ebene ist y_1 ein regulärer Parameter. Andererseits besitzt P eine Parameterdarstellung $x_1=u(z)$, $x_2=v(z)$, wobei u, v eindeutige analytische Funktionen in der Ebene des lokal uniformisierenden Parameters z sind und eine Umgebung des Punktes $z=0$ eineindeutig auf eine Umgebung von o auf der Fläche P bezogen wird. Durch Vermittlung der Fläche P und der Abbildung f wird somit y_1 eine schlichte Funktion von z; es ist dies die Funktion

$$(7) \qquad y_1(z)=t\big((u(z), v(z)\big)\cdot g_1\big((u(z), v(z)\big);$$

infolge ihrer Schlichtheit ist

$$(8) \qquad y_1'(0)\neq 0.$$

Da wir uns im Fall I befinden, haben die Taylorschen Reihen von g_1 und g_2 keine konstanten Glieder, sie beginnen also mit

$$(9) \quad g_1(x_1, x_2)=a x_1+b x_2+\cdots, \qquad g_2(x_1, x_2)=c x_1+d x_2+\cdots.$$

Berechnet man $y_1'(0)$ aus (7) und der ersten Gleichung (9), so erhält man

$$(10) \qquad y_1'(0) = t(0,0) \cdot \left(a u'(0) + b v'(0)\right).$$

Hieraus und aus (8) folgt erstens: $t(0,0) \neq 0$; wir dürfen also $t \equiv 1$, $f_1 = g_1$, $f_2 = g_2$ setzen; f_1, f_2 sind somit teilerfremd, und daher ist der Punkt o eine Unbestimmtheitsstelle der Funktion $q = f_1 f_2^{-1}$.

Zweitens folgt aus (10) und (8): Es ist $(a, b) \neq (0, 0)$, das heißt, es verschwinden nicht beide linearen Glieder in der Entwicklung (9) von g_1. Nun ist aber die Funktion g_1 nicht bevorzugt vor irgendeiner linearen Verbindung $g^* = \lambda g_1 + \mu g_2$, wobei λ, μ beliebige Zahlen, nicht beide gleich 0, sind; denn Voraussetzungen und Behauptungen unseres Lemmas bleiben ungeändert, wenn man mit y_1, y_2 eine reguläre homogene affine Transformation vornimmt. Folglich verschwinden auch in der Reihe für g^* nicht beide linearen Glieder; diese Reihe beginnt nach (9) mit

$$g^*(x_1, x_2) = (\lambda a + \mu c)\, x_1 + (\lambda b + \mu d)\, x_2 + \cdots.$$

Diese linearen Glieder könnte man aber durch geeignete Wahl von $(\lambda, \mu) \neq (0, 0)$ zum Verschwinden bringen, wenn die Determinante $ad - bc = 0$ wäre; es ist also $ad - bc \neq 0$. Da aber $g_1 = f_1$, $g_2 = f_2$ ist, ist $ad - bc = D(0, 0)$.

Aus $D(0,0) \neq 0$ folgt nun weiter, daß f in einer Umgebung U' von o ausnahmslos schlicht ist.

Es ist also bewiesen: *Im Fall I ist f ausnahmslos schlicht in U', $D(0,0) \neq 0$ und o Unbestimmtheitsstelle von q.*

Jetzt liege der Fall II vor: Dann liest man aus (6) ab: o ist nicht Unbestimmtheitsstelle von q, sowie: $t(0, 0) = 0$; da die Menge A durch $t = 0$ charakterisiert ist, besteht sie nicht nur aus o, sondern ist eine Ausnahmemenge; da sie auf a abgebildet wird, ist $D(0, 0) = 0$.

Wir haben noch zu zeigen: f ist eineindeutig in $U - A$. Dies ist trivial, falls $H = A$ ist; H enthalte also einen irreduziblen Bestandteil H_1, der nicht zu A gehört; o_1 sei ein von o verschiedener Punkt auf U_1, und U_1 eine Umgebung von o_1, deren Durchschnitt mit H zu H_1 gehört. Die Abbildung f ist in $U_1 - H_1$ eineindeutig, und wir können unsere bisherigen Betrachtungen statt auf o, U und H analog auf o_1, U_1 und H_1 beziehen. Dann aber — also indem wir o durch o_1 ersetzen — befinden wir uns nicht im Falle II; denn sonst wäre, wie wir soeben gesehen haben, die Menge A' der Punkte $x \in U_1$ mit $f(x) = f(o_1)$ — also die Menge, die analog zu A ist — eine Ausnahmemenge und enthielte also eine analytische, o_1 enthaltende Fläche A''; infolge der Schlichtheit von f in $U_1 - H_1$ müßte A'' auf U_1 liegen, und f wäre somit in einem Teilgebiet von H_1 konstant; dann wäre f auf ganz H_1 konstant, also $H_1 \subset A$, was nicht der Fall ist. Es liegt also in o_1 der Fall I vor, und daher ist, wie wir oben gezeigt haben, $D \neq 0$ in o_1. Daher hat o_1 und somit hat jeder Punkt von $U-A$ eine Umgebung, in der f eineindeutig und daher topologisch und gebietstreu ist; f ist aber in $U-A$ überhaupt eineindeutig. Denn wäre $f(p_1)=f(p_2)=y$ für zwei verschiedene Punkte p_1 und p_2 aus $U-A$, so betrachte man eine gegen y konvergierende Folge von Punkten $y^{(n)}$, die nicht zu $f(H)$ gehören: infolge der Gebietstreue von f in Umgebungen von p_1 und p_2 gäbe es Punktfolgen $p_1^{(n)} \to p_1$, $p_2^{(n)} \to p_2$ mit $f(p_1^{(n)})=f(p_2^{(n)})=y^{(n)}$, $p_1^{(n)} \in U-H$, $p_2^{(n)} \in U-H$ — entgegen der Eineindeutigkeit von f in $U-H$.

Wir haben damit bewiesen: *Im Fall II hat die Funktion q keine Unbestimmtheitsstelle, A ist Ausnahmemenge, es ist $D(0,0)=0$, und f ist eineindeutig in $U-A$.*

Die Zusammenfassung der Ergebnisse für den Fall I und für den Fall II liefert den Beweis des Lemmas.

2. Wir betrachten jetzt eine analytische Abbildung f einer Mannigfaltigkeit X in eine Mannigfaltigkeit Y, die schlicht bis auf einen Punkt $a \in f(X)$ ist, und es sei wieder $f^{-1}(a)=A$. Wie in § 2 sei Y_1 die Mannigfaltigkeit, die durch den σ-Prozeß im Punkte $a=a_0$ aus $Y=Y_0$ entsteht, und die zugehörige Abbildung von Y_1 auf Y_0 heiße wieder φ_1. — Behauptung: *Entweder ist f ausnahmslos schlicht (also A einpunktig), oder f läßt sich zusammensetzen aus einer Abbildung f^1 von X in Y^1 und der Abbildung φ_1, so daß also $f=\varphi_1 f^1$ ist.*

Beweis: Wir nehmen an, daß f nicht ausnahmslos schlicht ist. y_1, y_2 seien Parameter in einer Umgebung V von $a=(0,0)$; W sei eine Umgebung von A mit $f(W) \subset V$; dann wird f für $x \in W$ durch zwei analytische Funktionen $f_1(x)=y_1$, $f_2(x)=y_2$ beschrieben; damit ist auch die meromorphe Funktion $q=f_1 f_2^{-1}$ in W definiert. Wir behaupten: q besitzt keine Unbestimmtheitsstelle. In der Tat: in $W-A$ ist dies klar, da dort eine der Funktionen $f_i \neq 0$ ist; es sei also o ein beliebiger Punkt von A. Da f nicht ausnahmslos schlicht ist, ist o nach § 1, Nr. 2, nicht isolierter Punkt von A; dann folgt aus dem Lemma in Nr. 1 — indem wir in der Umgebung von o Parameter x_1, x_2 einführen und übrigens $H=A$ setzen —, daß o nicht Unbestimmtheitspunkt ist.

In dem Teil $V_1=\varphi_1^{-1}(V)$ der Mannigfaltigkeit Y_1 sind gemäß § 2 die Parameter $y_1, y_2, s_1:s_2$, die durch die Relation (2) verknüpft sind, erklärt. Wir definieren die Abbildung f^1 von W in V_1 durch

$$y_1=f_1(x), \quad y_2=f_2(x), \quad s_1:s_2=q(x). \tag{11}$$

Für diese Abbildung von W gilt $\varphi_1 f^1=f$; sie kann daher in $W-A$ auch durch

$$f^1(x)=\varphi_1^{-1} f(x) \tag{11'}$$

erklärt werden. Wenn wir nun für alle $x \in X - A$ die Abbildung f^1 durch (11') definieren, so ist f^1 in ganz X erklärt, und es ist überall $f = \varphi_1 f^1$.

In dem soeben geführten Beweis haben wir die Voraussetzung, daß f in ganz X schlicht bis auf a, also in ganz $X - A$ eineindeutig sei, nicht ausgenutzt, sondern nur folgende schwächere Voraussetzung: *f ist in ganz X gegeben, und die Menge $A = f^{-1}(a)$ besitzt eine Umgebung U, so daß f in U schlicht bis auf a ist.* Denn die Anwendung des Lemmas aus Nr. 1 spielt in der Umgebung von A, und die Definition von f durch (11') in $X - A$ ist von der Eineindeutigkeit ganz unabhängig. Wir werden diese Bemerkung nachher anwenden.

3. Es sei auch weiterhin A Ausnahmemenge, f eineindeutig in $U - A$, f^1 also erklärt; ferner sei o ein Punkt von A, $f^1(o) = a_1$, $(f^1)^{-1}(a_1) = A_1$. Aus der Eineindeutigkeit von $f = \varphi_1 f^1$ in $U - A$ folgt, daß dort auch f^1 eineindeutig ist; wir beschränken uns zunächst auf eine Umgebung $U(o)$ von o und können dort das Lemma aus Nr. 1 anwenden, indem wir die dortigen f, H, A jetzt durch f^1, A, A_1 ersetzen; dann besagt das Lemma (unter anderem), daß f^1 eineindeutig in $U'(o) - A_1$ ist. Die Vereinigung aller $U'(o)$, während o die Menge A_1 durchläuft, ist eine Umgebung $U(A_1)$. Wir behaupten: f^1 ist eineindeutig in $U(A_1) - A_1$. Dies folgt aus der soeben bewiesenen lokalen Eineindeutigkeit, also Gebietstreue von f^1 in $U(A_1) - A_1$ und der globalen Eineindeutigkeit in $U - A$: wären nämlich p_1, p_2 verschiedene Punkte in $U(A_1) - A_1$ mit $f^1(p_1) = f^1(p_2)$, so kämen wir auf gleiche Weise zu einem Widerspruch wie am Schluß des Beweises in Nr. 1, wobei wir die dortigen f, H, A wieder durch f^1, A, A_1 zu ersetzen haben. Da somit f^1 in einer Umgebung von A_1 schlicht bis auf a_1 ist, können wir auf Grund der Feststellung am Schluß von Nr. 2 das Ergebnis von Nr. 2 auf f^1 anwenden.

Demnach besteht die — durch den Punkt o bestimmte — Menge A_1 entweder (a) nur aus dem Punkt o (dann ist f^1 in der Umgebung von o eineindeutig), oder (b) es ist $f^1 = \varphi_2 f^2$, wobei f^2 eine Abbildung von X in die Mannigfaltigkeit Y_2 ist, welche durch den σ-Prozeß im Punkte $a_1 = f^1(o)$ aus Y_1 entsteht, und wobei φ_2 die zugehörige Abbildung von Y_2 auf Y_1 bezeichnet. Der Punkt a_1 liegt auf der Sphäre σ_1^1 (in der Bezeichnungsweise aus § 2, Nr. 6), da $\varphi_1(a_1) = \varphi_1 f^1(o) = f(o) = a_0$ ist.

So fahren wir fort: $f^2(o) = a_2$ ist ein Punkt der Sphäre σ_2^2 in Y_2; es sei $(f^2)^{-1}(a_2) = A_2$. Es bestehen zwei Möglichkeiten: (a) $A_2 = o$, also f^2 in der Umgebung von o eineindeutig; (b) $f^2 = \varphi_3 f^3$, wobei f^3 eine Abbildung von X in die Mannigfaltigkeit Y_3 ist, die durch den σ-Prozeß in a_2 aus Y_2 entsteht. Nehmen wir an, daß bei k-maliger Wiederholung immer der Fall (b) vorliegt; dann haben wir:

(12) $$f = \varphi_1 f^1 = \varphi_1 \varphi_2 f^2 = \cdots = \varphi_1 \varphi_2 \cdots \varphi_k f^k = \Phi_k f^k,$$

wobei f^k eine Abbildung von X in Y_k und Φ_k die natürliche Abbildung von Y_k auf Y ist. Diese Zerlegung von f hängt von dem gewählten Punkt o ab.

Es wäre nun zunächst denkbar, daß für einen gewissen Punkt o immer der Fall (b) vorläge, es also beliebig lange Zerlegungen (12) gäbe. Behauptung: Das ist unmöglich. Beweis[9]): Es gelte (12), und es seien, bei Benutzung beliebiger lokaler Parameter, $D(f)$, $D(f^k)$ die Funktionaldeterminanten von f und f^k in der Umgebung von o und $D(\varphi_i)$ die Funktionaldeterminante von φ_i in der Umgebung von a_i; dann ist

$$D(f) = D(\varphi_1) \cdot \cdots \cdot D(\varphi_k) \cdot D(f^k);$$

alle diese Determinanten sind Funktionen der in der Umgebung von o gültigen Parameter x_1, x_2. Nun ist aber $D(\varphi_i) = 0$ im Punkte a_i, da dieser auf der Sphäre σ_i^i liegt, die durch φ_i ganz auf den Punkt a_{i-1} abgebildet wird; die Funktion $D(\varphi_i)$ von x_1, x_2 verschwindet also in o. Folglich ist die Funktion $D(f)$ ein Produkt von k nicht-trivialen, das heißt in o verschwindenden Funktionen, und daher ist k nicht größer als die Anzahl der Faktoren bei der Zerlegung von $D(f)$ in Primfaktoren.

Es gibt also zu jedem Punkt o von A eine Zahl k, so daß beim k-ten Schritt unseres Vorgehens der Fall (a) eintritt. *Für dieses $k = k(o)$ gilt* (12); *dabei ist f^k eine Abbildung von X in eine Mannigfaltigkeit Y_k, welche durch einen k-fachen σ-Prozeß im Punkte $a = a_0$ aus Y entstanden ist; diese Abbildung f^k ist in einer Umgebung von o eineindeutig; Φ_k ist die natürliche Abbildung von Y_k auf Y.*

4. Da die Bedingung $f(x) = a_0$ auf Grund der Zerlegung $f = \Phi_k f^k$ identisch ist mit $f^k(x) \in \Sigma_k$, wobei Σ_k wie in § 2 den Sphärenbaum in Y_k bezeichnet, wird A durch f^k auf einen Teil von Σ_k abgebildet. In einer Umgebung von o ist f_k eineindeutig; folglich ist das dort gelegene Stück von A analytisch homöomorph einem Stück eines Sphärenbaums in der Umgebung eines seiner Punkte; aus Eigenschaften der Sphärenbäume, die wir in § 2, Nr. 6, festgestellt haben, folgt daher:

Satz I: *Eine Ausnahmemenge A einer schlichten Abbildung besteht in der Umgebung eines beliebigen ihrer Punkte entweder aus einem einzigen regulären analytischen Flächenstück oder aus zwei solchen Flächenstücken, die sich schneiden (ohne Berührung).*[6])

Auch wenn man keine anderen Mannigfaltigkeiten X betrachtet als die Gebiete des Zahlenraumes, verdient diese Tatsache Interesse[10]). Das Beispiel (1) in § 1 zeigt den Fall einer einzigen Ausnahmefläche; Bei-

[9]) Diesen Beweis verdanke ich Herrn H. BÜHRER [Diplomarbeit, E. T. H. Zürich 1950]; mein ursprünglicher Beweis war umständlicher.

[10]) In diesem Zusammenhang hat mich zuerst Herr BÜHRER auf den Satz I aufmerksam gemacht.

spiele mit zwei Ausnahmeflächen durch einen Punkt werden durch

(13) $y_1 = x_1^a x_2^b, \quad y_2 = x_1^c x_2^d; \quad a, b, c, d > 0, \quad ad - bc = 1$

gegeben.

5. Wir knüpfen an das Ende von Nr. 3 an und wollen zunächst angeben, wie groß man die Umgebung U von o wählen darf, damit f^k in U eineindeutig sei. Die Menge A besteht aus endlich oder abzählbar unendlich vielen irreduziblen analytischen Flächen C_j, von denen eine oder zwei durch o laufen. Behauptung: f^k ist in U eineindeutig, falls keine andere C_j in U eintritt als die durch o laufenden. In der Tat: wenn diese Bedingung erfüllt ist, so tritt, da f^k auf den durch o laufenden C_j (infolge der Eineindeutigkeit von f^k in der Nähe von o) nicht konstant ist, keine Ausnahmemenge von f^k in U ein; folglich besitzt jeder Punkt von U eine Umgebung, in der f^k eineindeutig ist; ferner ist f^k eineindeutig in $U - A$ (da $f = \Phi_k f^k$ dort eineindeutig ist). Wie früher (zum Beispiel gegen Schluß von Nr. 1) folgt aus der lokalen Eineindeutigkeit in U und der globalen Eineindeutigkeit in $U - A$ leicht die Eineindeutigkeit in U.

Jeder Punkt von A besitzt eine solche „ausgezeichnete“ Umgebung. Es sei nun ein kompakter Teil K von A gegeben. Wir können ihn mit endlich vielen ausgezeichneten Umgebungen $U(o_1), U(o_2), \ldots, U(o_m)$ überdecken. Wir bestimmen erstens die Abbildung $f_1^{k_1}$ von X in eine Mannigfaltigkeit $Y_{k_1}^1$, so daß $f_1^{k_1}$ in $U(o_1)$ eineindeutig ist und für welche $f = \Phi^{k_1} f_1^{k_1}$ gilt. Die Umgebung $U(o_2)$, welche in bezug auf die Abbildung f von X in Y „ausgezeichnet“ war, ist dies auch in bezug auf die Abbildung $f_1^{k_1}$ von X in $Y_{k_1}^1$; denn die Ausnahmemenge B von $f_1^{k_1}$ geht aus A hervor, indem aus A gewisse C_j fortfallen (aber keine neuen Ausnahmepunkte hinzutreten). Es gibt daher eine Mannigfaltigkeit $Y_{k_2}^2$, welche aus $Y_{k_1}^1$ durch einen mehrfachen σ-Prozeß im Punkte $f_1^{k_1}(o_2)$ hervorgeht, und eine Abbildung $f_2^{k_2}$ von X in $Y_{k_2}^2$, die in $U(o_2)$ eineindeutig ist und für die $f_1^{k_1} = \Psi_{k_2} f_2^{k_2}$, also $f = \Phi_{k_1} \Psi_{k_2} f_2^{k_2}$ gilt; die Eineindeutigkeit von $f_1^{k_1}$ in $U(o_1)$ bleibt beim Übergang zu $f_2^{k_2}$ erhalten, wie aus der angegebenen Zerlegung von f^{k_1} ersichtlich ist. So fährt man fort und erhält schließlich eine Mannigfaltigkeit $\widetilde{Y}$, die durch einen mehrfachen σ-Prozeß in a aus Y entstanden ist, und eine Abbildung F von X in $\widetilde{Y}$, die in allen $U(o_i)$ eineindeutig ist und für welche $f = \Omega F$ gilt, wobei Ω die natürliche Abbildung von $\widetilde{Y}$ auf Y bezeichnet. Die gegebene Menge $K \subset A$ ist in der Summe U der $U(o_i)$ enthalten; aus der Eineindeutigkeit von F in jedem $U(o_i)$ und in $X - A$ folgt die Eineindeutigkeit in U nach demselben Schema wie früher: wäre $F(p_1) = F(p_2)$ für verschiedene p_1, p_2 aus U, so käme man ebenso zum Widerspruch, wie gegen Schluß von Nr. 1. — Wir fassen zusammen:

Satz II: *K sei ein kompakter Teil der Ausnahmemenge A bei der bis auf a schlichten Abbildung f von X in Y; dann gibt es eine Mannigfaltigkeit $\tilde{Y}$, die durch einen mehrfachen σ-Prozeß in a aus Y entsteht, und eine Abbildung F von X in $\tilde{Y}$, so daß F in einer Umgebung von K eineindeutig ist und daß $f=\Omega F$ gilt, wobei Ω die natürliche Abbildung von $\tilde{Y}$ auf Y bezeichnet. K selbst wird durch F analytisch homöomorph auf einen Teil des Sphärenbaumes $\tilde{\Sigma}$ in $\tilde{Y}$ abgebildet.*

Dieser Satz enthält das Ergebnis von Nr. 3 als Spezialfall: dort ist K der Punkt o.

6. Jetzt sei A kompakt; dann dürfen wir $K=A$ setzen. Da F sowohl in einer Umgebung $U(A)$ als auch von vornherein in $X-A$ eineindeutig ist, ist F eine homöomorphe Abbildung von X auf einen Teil X' von Y. Das in $\tilde{\Sigma}$ gelegene Bild $F(A)$ ist mit $\tilde{\Sigma}$ identisch; denn es ist einerseits kompakt, also abgeschlossen, andererseits, infolge der Eineindeutigkeit von F, offen in $\tilde{\Sigma}$; da $\tilde{\Sigma}$ zusammenhängend ist, ist $F(A)=\tilde{\Sigma}$. Bereits in § 1, Nr. 3, haben wir gezeigt, daß die Abbildung f vollständig ist; in unserer jetzigen Sprache bedeutet das einfach, daß jede Umgebung von $\tilde{\Sigma}$ durch Ω auf eine volle Umgebung von a abgebildet wird. — Hiermit ist unser *Hauptsatz* bewiesen:

Satz III: *Ist die Ausnahmemenge $A=f^{-1}(a)$ der bis auf den Punkt a schlichten Abbildung f von X in Y kompakt, so läßt sich f zusammensetzen aus einer analytisch homöomorphen Abbildung F von X auf einen Teil X' einer Mannigfaltigkeit $\tilde{Y}$, die durch einen mehrfachen σ-Prozeß in a aus Y entstanden ist, und der natürlichen Projektion Ω von $\tilde{Y}$ auf Y. Durch F geht A in den Sphärenbaum $\tilde{\Sigma}$ von $\tilde{Y}$ über. A ist also mit $\tilde{\Sigma}$ homöomorph. Das Bild $f(X)$ enthält eine volle Umgebung von a.*

Übersetzen wir dies gemäß § 1, Nr. 4, in die Sprache der Modifikationen, so haben wir noch zu beachten, daß dann f eine Abbildung von X auf die ganze Mannigfaltigkeit Y, daß also $X'=\tilde{Y}$ ist; indem wir X vermöge F mit X' identifizieren, dürfen wir dann sagen:

Satz III': *Es gibt keine anderen lokalen Modifikationen von Y mit kompakten A als die n-fachen σ-Prozesse, $n \geqq 1$.*

7. Auch über die Struktur nicht-kompakter A gibt der Satz II weitgehend Aufschluß:

Satz IV: *Die irreduziblen analytischen Flächen $C_1, C_2, \ldots$, aus denen die Ausnahmemenge A einer bis auf einen Punkt schlichten Abbildung besteht, haben folgende Eigenschaften: (a) jede C_i ist in jedem ihrer Punkte* *regulär*[6]); (*b*) *jede* C_i *ist einem Gebiet der Zahlkugel* σ *analytisch homöomorph (sie ist also eine „schlichtartige" Riemannsche Fläche);* (*c*) *je zwei* C_i *haben höchstens einen Punkt gemeinsam; ein solcher ist Schnitt-, nicht Berührungspunkt;* (*d*) *durch keinen Punkt gehen mehr als zwei Flächen* C_i; (*e*) *es gibt keinen „Zyklus"* $C_1, C_2, \ldots, C_n, C_{n+1}=C_1, n>2$, *derart, daß immer* C_i *und* C_{i+1} *sich schneiden.*

Man bestätigt jede dieser Behauptungen leicht mit Hilfe des Satzes II: Wäre eine der Behauptungen falsch, so gäbe es einen kompakten Teil von A, der nicht mit einem Teil eines Sphärenbaumes analytisch homöomorph wäre.

In der Sprache der Modifikationen lautet der Satz:

Satz IV': *Eine Menge* A, *welche bei einer lokalen Modifikation einer Mannigfaltigkeit* Y *einen Punkt* a *ersetzen kann, hat — wenn sie nicht selbst nur ein Punkt ist — notwendigerweise die im Satz IV genannten Eigenschaften.*

8. Der Satz IV gilt unabhängig davon, ob die Abbildung f vollständig ist oder nicht (er enthält nicht nur Aussagen über Modifikationen). Für vollständige Abbildungen können wir, wenn auch nicht über die Struktur von A, so doch über die Struktur des Raumes X noch folgende Aussage hinzufügen:

Satz V: *Die Mannigfaltigkeit* X *gestatte eine Abbildung* f, *welche bis auf einen Punkt* a *schlicht ist, eine nicht-triviale (das heißt mehrpunktige) Ausnahmemenge* $A=f^{-1}(a)$ *besitzt und welche vollständig ist; mit anderen Worten:* X *sei durch eine lokale Modifikation, die nicht trivial ist (das heißt, die* a *durch eine mehrpunktige Menge* A *ersetzt), aus einer Mannigfaltigkeit* Y *entstanden. Dann enthält* X *eine 2-dimensionale geschlossene Fläche, deren Selbstschnittzahl gleich* -1 *ist.*[5])

Beweis: C sei ein (beliebig kleines) Flächenstück aus A. Wir können (in der Ausdrucksweise von Satz II) $\tilde{Y}, F$ und eine Umgebung $U(C)$ so wählen, daß $W=(X-A)\cup U(C)$ durch F eineindeutig (also topologisch) in $\tilde{Y}$ abgebildet wird, und wir brauchen uns daher von der Existenz einer geschlossenen Fläche mit der Selbstschnittzahl -1 nur in dem Gebiet $F(W)$ zu überzeugen. Da f vollständig ist, enthält $f(X)=\Omega F(X)$ eine Umgebung V von a; folglich enthält $F(X-A)$ die Menge $\Omega^{-1}(V-a)$ und $F(W)$ die Menge $\Omega^{-1}(V-a)\cap F\,U(C)$; diese Mannigfaltigkeit aber kann man so erzeugen: man übt erst auf V den mehrfachen σ-Prozeß Ω^{-1} in a aus und entfernt dann einen abgeschlossenen echten Teil des Sphärenbaumes $\tilde{\Sigma}$. Daß es in einer solchen Mannigfaltigkeit geschlossene Flächen mit der Selbstschnittzahl -1 gibt, haben wir in § 2, Nr. 7 (a), gesehen.

Im (x_1, x_2)-Zahlenraum hat jeder 2-dimensionale Zyklus die Selbstschnittzahl 0 (da er homolog 0 ist); daher ist aus dem Satz V unter anderem ersichtlich: eine Abbildung eines Gebietes des Zahlenraumes, welche bis auf einen Punkt schlicht ist, ist entweder ausnahmslos schlicht oder unvollständig. Es ist also kein Zufall, sondern eine Notwendigkeit, daß bei den Abbildungen, die durch (1) und durch (13) gegeben sind, das Bild des (x_1, x_2)-Raumes keine volle Umgebung des Punktes $y_1 = y_2 = 0$ enthält.

Bibliographie

[1] H. Hopf, Über komplex-analytische Mannigfaltigkeiten. Rend. Mat., Ser. V, Vol. X, Roma 1951.

[2] H. Behnke und K. Stein, Modifikation komplexer Mannigfaltigkeiten und Riemannscher Gebiete. Math. Ann. 124 (1951).

[3] T. Radó, Über eine nicht fortsetzbare Riemannsche Mannigfaltigkeit. Math. Z. 20 (1924).

[4] H. Cartan, Sur une extension d'un théorème de Radó. Math. Ann. 125 (1952).

[5] F. Hirzebruch, Über vierdimensionale Riemannsche Flächen mehrdeutiger analytischer Funktionen von zwei komplexen Veränderlichen. Math. Ann. 126 (1953).

[6] O. Zariski, Reduction of the singularities of algebraic three-dimensional varieties. Ann. Math. 45 (1944).

[7] W. Stoll, Über meromorphe Modifikationen. Habilitationsschrift, Universität Tübingen, 1954. [5 Teile, Math. Z. 61, 62 und Math. Ann. 130 (1954/55).]

[8] H. Freudenthal, Entwicklungen von Räumen und ihren Gruppen. Compositio Math. 4 (1937).

[9] E. Calabi and M. Rosenlicht, Complex analytic manifolds without countable base. Proc. Amer. Math. Soc. 4 (1953).

[10] H. Behnke und P. Thullen, Theorie der Funktionen mehrerer komplexer Veränderlichen. Berlin 1934.

Verzeichnis der Publikationen von Heinz Hopf

Buch

PAUL ALEXANDROFF und HEINZ HOPF: Topologie I. Grundlehren der Math. Wissenschaften, Bd. 45, Julius Springer, Berlin, 1935.

Abhandlungen

1. Zum Clifford-Kleinschen Raumproblem. Math. Ann. 95 (1925), 313—339.*
2. Über die Curvatura integra geschlossener Hyperflächen. Math. Ann. 95 (1925), 340—367.*)
3. Abbildungen geschlossener Mannigfaltigkeiten auf Kugeln in n-Dimensionen. Jahresbericht der DMV 34 (1926), 130—133.
4. Die Curvatura integra Clifford-Kleinscher Raumformen. Nachr. Ges. der Wissenschaften zu Göttingen, Math.-phys. Klasse (1925), 131—141.
5. Abbildungsklassen n-dimensionaler Mannigfaltigkeiten. Math. Ann. 96 (1926), 209—224.
6. Vektorfelder in n-dimensionalen Mannigfaltigkeiten. Math. Ann. 96 (1926), 225—250.
7. Über die Irreduzibilität einiger spezieller Klassen von Polynomen. (Gemeinsam mit A. BRAUER und R. BRAUER.) Jahresbericht der DMV 35 (1926), 99—112.
8. Über Mindestzahlen von Fixpunkten. Math. Z. 26 (1927), 762—774.
9. A New Proof of the Lefschetz Formula on Invariant Points. Proc. Nat. Acad. of Sciences USA 14 (1928), 149—153.
10. On Some Properties of One-Valued Transformations of Manifolds. Proc. Nat. Acad. of Sciences USA 14 (1928), 206—214.
11. Zur Topologie der Abbildungen von Mannigfaltigkeiten. Erster Teil. Neue Darstellung der Theorie des Abbildungsgrades für topologische Mannigfaltigkeiten. Math. Ann. 100 (1928), 579—608.
12. Eine Verallgemeinerung der Euler-Poincaréschen Formel. Nachr. Ges. der Wissenschaften zu Göttingen, Math.-phys. Klasse (1928), 127—136.
13. Über die algebraische Anzahl von Fixpunkten. Math. Z. 29 (1929), 493—524.
14. Zur Topologie der Abbildungen von Mannigfaltigkeiten. Zweiter Teil. Klasseninvarianten von Abbildungen. Math. Ann. 102 (1929), 562—623.
15. Über die Verteilung quadratischer Reste. Math. Z. 32 (1930), 222—231.
16. Zur Algebra der Abbildungen von Mannigfaltigkeiten. J. reine angew. Math. 163 (1930), 71—88.
17. Über wesentliche und unwesentliche Abbildungen von Komplexen. Recueil math. de Moscou 37 (1930), 53—62.

---

*) Die Arbeiten 1 und 2 bildeten zusammen die Dissertation „Über Zusammenhänge zwischen Topologie und Metrik von Mannigfaltigkeiten" (Universität Berlin, 1925).

18. Über die Abbildungen der dreidimensionalen Sphäre auf die Kugelfläche. Math. Ann. 104 (1931), 637—665.

19. Beiträge zur Klassifizierung der Flächenabbildungen. J. reine angew. Math. 165 (1931), 225—236.

20. Über den Begriff der vollständigen differentialgeometrischen Fläche. (Gemeinsam mit W. Rinow.) Comm. Math. Helvetici 3 (1931), 209—225.

21. Géometrie infinitésimale et topologie. L'Enseignement Math. 30 (1931), 233—240.

22. Differentialgeometrie und topologische Gestalt. Jahresbericht der DMV 41 (1932), 209—229.

23. Die topologischen Gestalten differentialgeometrisch verwandter Flächen. (Gemeinsam mit W. Rinow.) Math. Ann. 107 (1932), 113—123.

24. Die Klassen der Abbildungen der n-dimensionalen Polyeder auf die n-dimensionale Sphäre. Comm. Math. Helvetici 5 (1933), 39—54.

25. Über stetige Deformationen von Komplexen in sich. (Gemeinsam mit E. Pannwitz.) Math. Ann. 108 (1933), 433—465.

26. Über die Abbildungen von Sphären auf Sphären niedrigerer Dimension. Fundamenta Math. 25 (1935), 427—440.

27. Über die Drehung der Tangenten und Sehnen ebener Kurven. Compositio Math. 2 (1935), 50—62.

28. Freie Überdeckungen und freie Abbildungen. Fundamenta Math. 28 (1936), 33—57.

29. Quelques problèmes de la théorie des représentations continues. L'Enseignement Math. 35 (1937), 334—347.

30. Über den Brouwerschen Dimensionsbegriff. (Gemeinsam mit P. Alexandroff und L. Pontrjagin). Compositio Math. 4 (1937), 239—255.

31. Über die Sehnen ebener Kontinuen und die Schleifen geschlossener Wege. Comm. Math. Helvetici 9 (1936/37), 303—319.

32. Zum Beweis des Kongruenzsatzes für Eiflächen. (Gemeinsam mit H. Samelson.) Math. Z. 43 (1938), 749—766.

33. Eine Charakterisierung der Bettischen Gruppen von Polyedern durch stetige Abbildungen. Compositio Math. 5 (1938), 347—353.

34. Über Isometrie und stetige Verbiegung von Flächen. (Gemeinsam mit H. Schilt.) Math. Ann. 116 (1938), 58—75.

35. Über faserungstreue Abbildungen der Sphären. (Gemeinsam mit M. Rueff.) Comm. Math. Helvetici 11 (1938/39), 49—61.

36. Sur la topologie des groupes clos de Lie et de leurs généralisations. C. R. Paris 208 (1939), 266—267.

37. Systeme symmetrischer Bilinearformen und euklidische Modelle der projektiven Räume. Vierteljahresschrift der Naturforschenden Gesellschaft in Zürich (Festschrift Rudolf Fueter) 85 (1940), 165—177.

38. Ein topologischer Beitrag zur reellen Algebra. Comm. Math. Helvetici 13 (1940/41), 219—239.

39. Ein Satz über die Wirkungsräume geschlossener Liescher Gruppen. (Gemeinsam mit H. Samelson.) Comm. Math. Helvetici 13 (1940/41), 240—251.

40. Über die Topologie der Gruppen-Mannigfaltigkeiten und ihrer Verallgemeinerungen. Annals of Math. 42 (1941), 22—52.

41. Über den Rang geschlossener Liescher Gruppen. Comm. Math. Helvetici 13 (1940/41), 119—143.

42. Bericht über einige neue Ergebnisse in der Topologie. Revista Mat. Hispano-Americana 6 (1946), 147—159.

43. Relations between the Fundamental Group and the Second Betti Group. Lectures in Topology. University of Michigan Press, Ann Arbor, Mich. (1941), 315—316.

44. Fundamentalgruppe und zweite Bettische Gruppe. Comm. Math. Helvetici 14 (1941/42), 257—309.

45. Nachtrag zu der Arbeit „Fundamentalgruppe und zweite Bettische Gruppe". Comm. Math. Helvetici 15 (1942/43), 27—32.

46. Maximale Toroide und singuläre Elemente in geschlossenen Lieschen Gruppen. Comm. Math. Helvetici 15 (1942/43), 59—70.

47. Enden offener Räume und unendlich diskontinuierliche Gruppen. Comm. Math. Helvetici 16 (1943/44), 81—100.

48. Eine Verallgemeinerung bekannter Abbildungs- und Überdeckungssätze. Portugaliae Math. 4 (1944), 129—139.

49. Über die Bettischen Gruppen, die zu einer beliebigen Gruppe gehören. Comm. Math. Helvetici 17 (1944/45), 39—79.

50. Beiträge zur Homotopietheorie. Comm. Math. Helvetici 17 (1944/45), 307—326.

51. Sur les champs d'éléments de surface dans les variétés à 4 dimensions. Topologie algébrique Paris 1947. (Colloques Internationaux CNRS Paris 1949), 55—59.

52. Zur Topologie der komplexen Mannigfaltigkeiten. Studies and Essays presented to R. Courant. (Interscience Publishers Inc., New York 1948), 167—185.

53. Introduction à la théorie des espaces fibrés. Colloque de Topologie (Espaces fibrés), CBRM, Bruxelles (1950), 9—14. George Thone, Liège, 1951.

54. Sur une formule de la théorie des espaces fibrés. Colloque de Topologie (Espaces fibrés), CBRM, Bruxelles (1950), 117—121. George Thone, Liège, 1951.

55. Die n-dimensionalen Sphären und projektiven Räume in der Topologie. Proceedings of the International Congress of Mathematicians, Cambridge, Mass. 1 (1950), 193—202. AMS 1952.

56. Über komplex-analytische Mannigfaltigkeiten. Rend. Mat. Univ. Roma 10 (1951), 169—182.

57. Über Flächen mit einer Relation zwischen den Hauptkrümmungen. Math. Nachrichten 4 (1951), 232—249.

58. Ein Satz aus der Flächentheorie im Großen. (Gemeinsam mit K. Voss.) Archiv der Math. 3 (1952), 187—192.

59. Einige Anwendungen der Topologie auf die Algebra. Rend. Mat. Univ. Torino 11 (1952), 75—91.

60. Sulla geometria riemanniana globale delle superficie. Rend. Mat. Univ. Milano 23 (1952), 48—63.

61. Über Zusammenhänge zwischen Topologie und Metrik im Rahmen der elementaren Geometrie. Mathematisch-Physik. Semesterberichte 3 (1953), 16—29.

62. Vom Bolzanoschen Nullstellensatz zur algebraischen Homotopietheorie der Sphären. Jahresbericht der DMV 56 (1953), 59—76.

63. Zur Differentialgeometrie geschlossener Flächen im euklidischen Raum. Convegno Internazionale di Geometria Differenziale, Italia 1953, p. 45—54. Edizioni Cremonese, Roma 1954.

64. Die Coinzidenz-Cozyklen und eine Formel aus der Fasertheorie. Algebraic Geometry and Topology. A Symposium in honor of S. Lefschetz. p. 263—279, Princeton University Press, 1957.

65. Schlichte Abbildungen und lokale Modifikationen 4-dimensionaler komplexer Mannigfaltigkeiten. Comm. Math. Helvetici 29 (1955), 132—156.

66. Felder von Flächenelementen in 4-dimensionalen Mannigfaltigkeiten. (Gemeinsam mit F. Hirzebruch). Math. Ann. 136 (1958), 156—172.

67. Über den Defekt stetiger Abbildungen von Mannigfaltigkeiten. Rend. Mat. Univ. Roma 21 (1962), 273—285.

68. Beweis einer Formel aus der algebraischen Topologie. Comm. Math. Helvetici. (Wird 1965 erscheinen.)

69. Kongruenzsätze für geschlossene Hyperflächen in Riemannschen Räumen. (Gemeinsam mit Y. Katsurada.) In Vorbereitung.